NIEMANN
ELEMENTOS DE MÁQUINAS

VOLUME I

Blucher

GUSTAV NIEMANN

Doutor Engenheiro, Professor da Escola Superior de Tecnologia de München

ELEMENTOS DE MÁQUINAS

VOLUME I

Tradutores
CARLOS VAN LANGENDONCK
Professor do Departamento de Engenharia Mecânica da Escola Politécnica da Universidade de São Paulo

OTTO ALFREDO REHDER
Professor da Escola de Engenharia de São Carlos da Universidade de São Paulo

MASCHINENELEMENTE
A edição em língua alemã foi publicada pela
SPRINGER – VERLAG
© 1950/60 by Springer-Verlag

Elementos de máquinas – vol. 1
© 1971 Editora Edgard Blücher Ltda.
15ª reimpressão – 2018

Blucher

Rua Pedroso Alvarenga, 1245, 4º andar
04531-934 – São Paulo – SP – Brasil
Tel.: 55 11 3078-5366
contato@blucher.com.br
www.blucher.com.br

É proibida a reprodução total ou parcial por quaisquer meios sem autorização escrita da editora.

Todos os direitos reservados pela Editora Edgard Blücher Ltda.

FICHA CATALOGRÁFICA

Niemann, Gustav
   Elementos de máquinas / Gustav Niemann – São Paulo : Blucher, 1971.

   Título original : Maschinenelemente
   Conteúdo: v. 1 / tradutor Otto Alfredo Rehder

   Bibliografia.
   ISBN 978-85-212-0033-8

   1. Engenharia mecânica 2. Máquinas I. Título

04-5170   CDD-621.8

Índice para catálogo sistemático:
1. Máquinas : Engenharia mecânica   621.8

PREFÁCIO À 6.ª REEDIÇÃO ALEMÃ DO VOLUME I

Mesmo na 6.ª reedição conseguiram-se introduzir algumas correções. Nas referências de normas deve-se observar, sempre, que são válidas as últimas edições.

Munique, maio de 1963
G. NIEMANN

PREFÁCIO À 1.ª EDIÇÃO ALEMÃ DO VOLUME I

Na compilação dêste livro segui minha prática como construtor e professor universitário, e adoto *os métodos de trabalho e as regras dos técnicos*, que se distinguem na construção mecânica, quando se constrói e dimensiona. Seguindo, menciono ainda os seguintes fundamentos:

resistência prática dos materiais, construção leve e materiais, também de acôrdo com a necessidade do construtor.

Daí se fundamentam os elementos de máquina isoladamente, tratados da seguinte maneira, no 1.º volume: os meios de junções, molas, associações de rolamento, mancais de rolamento e de escorregamento, eixos, junções de eixos e acoplamentos, e no 2.º volume: as transmissões por engrenagens, as transmissões de atrito, de correia e de cabo, acoplamentos por atrito, freios e catracas.*

Na representação de cada elemento de máquina, visei, de um lado, a dar ao construtor elementos suficientes, tabelas, exemplos de cálculos e bibliografia acessível, de tal maneira que não fôsse prejudicada a visão geral, a compreensão para a escolha crítica e escolha dos elementos, assim como a noção do tipo de solicitação e das influências, pois, quanto mais aliviarmos o construtor, tanto mais tempo êle ganhará para o seu trabalho pròpriamente dito: projetar, ponderar crìticamente, escolher e calcular.

Se eu desenvolvi alguns itens com mais detalhes, ou melhor, se os justifiquei para o construtor, tive então de condensar um pouco outros itens do texto, para o que peço compreensão.

Finalmente, agradeço a todos que auxiliaram na formação dêste livro:
especialmente ao professor Constantin Weber o Cap. 3.1 (Determinação da Tensão Nominal),
ao professor O. Kienzle o cálculo comparativo de assentamentos de cubos (Cap. 18.3) e a revisão dos Caps. 6 (Números Normais, Ajustes) e 18 (Ajustes com Interferência),
ao Dr. Eng.º Hans Wahl a obtenção de prospectos e a revisão do Cap. 2.12 (Medidas contra o Desgaste),
ao Eng. diplomado W. Appelt o projeto de figuras e tabelas e a responsabilidade de correção do manuscrito e de impressão,
ao Eng. diplomado K. Bötz as inúmeras críticas e a primeira revisão de vários capítulos.
ao Dr. Eng.º H. Glaubitz as Figs. 5.3 e 5.4,
aos Drs. Eng.ᵒˢ K. Talke, W. Thomas, W. Thuss, E. Rubo e ao Eng.º W. Hagen a primeira revisão crítica de vários capítulos,
e a tôdas as firmas que forneceram material.

Não como último, vale o meu agradecimento a minha espôsa, de quem obtive a energia e fortalecimento intelectual para a importância dêste livro que, para mim, foi um agradável estímulo a êste trabalho de anos.

À Editôra Springer agradeço pelo bom trabalho de conjunto.

Braunschweig, 21 de abril de 1950
GUSTAV NIEMANN

PREFÁCIO À 2.ª EDIÇÃO ALEMÃ DO VOLUME II

A nova edição permitiu-me eliminar algumas dúvidas e introduzir os seguintes complementos:
1. na determinação do êrro de tomada carga C_n considerar também a distribuição linear,
2. dados sôbre influências adicionais na resistência dos flancos, de acôrdo com as novas pesquisas,

---

*A edição brasileira compõe-se de 3 volumes. (N. do T.)

3. uma nova expressão para uma estimativa de cálculo da resistência dos flancos de engrenagens cilíndricas de dentes retos,
4. outros materiais e coeficientes para k_0 e σ_0 de engrenagens cilíndricas de dentes retos,
5. uma nova tabela para os dados de M_{ens} e para a escolha de óleos para redutores e
6. um nôvo gráfico para a determinação mais fácil do grau de recobrimento ε.

Munique, dezembro de 1964
GUSTAV NIEMANN

PREFÁCIO À PRIMEIRA EDIÇÃO ALEMÃ DO VOLUME II

Para uma observação genérica e a escolha de um redutor, temos, no primeiro capítulo, dados comparativos das propriedades, custos, dimensões construtivas e campos de aplicação. A seguir, expressões fundamentais para os processos de movimento e os efeitos de massa, que são características de todos os redutores e câmbios de eixo.

Os demais capítulos referem-se aos diversos redutores e câmbios de eixo, isoladamente. Deu-se, aqui, um valor especial em destacar a função mais importante, os limites de carga e os fundamentos de cálculo.

Além disso, visou-se a tornar úteis os dados e pesquisas mais recentes para o cálculo e a construção prática. A dedicação dêste livro permite inclusive solucionar problemas ainda não resolvidos e pelo menos eliminar parcialmente os pontos obscuros por meio de ensaios e trabalhos de pesquisa. Dêste trabalho veio-me a idéia de que muitos problemas serão resolvidos se evitarmos dados imprecisos para o cálculo e o projeto. Por exemplo, no meu instituto, uma série de experiências sôbre a resistência dos flancos de engrenagens cilíndricas de dentes retos mostraram que existem ainda grandes recursos que permitem elevar o limite de carga. Por outro lado, verificou-se que certas combinações de engrenagens e materiais resultaram numa resistência bem menor do que a esperada.

As experiências feitas para esclarecer êsses casos exigiram, naturalmente, muito tempo e com isso atrasaram a edição dêste volume. Devo agradecer à Editôra Springer pela compreensão, pois apesar da grande demora e das inúmeras modificações e complementações não perdeu a esperança.

Distinção especial merecem meus assistentes na conclusão dêste livro. Devo mencionar, em primeiro lugar, o Dr. Eng.° W. Richter (complementos para o Cálculo de Engrenagens, introdução às Transmissões por Corrente e por Correia, além da revisão completa), a seguir o engenheiro chefe Dr. H. Rettig (complementos para Engrenagens Temperadas e para Solicitações Dinâmicas nos Dentes), Dr. Eng.° H. Ohlendorf (introdução ao capítulo Acoplamentos por Atrito e Freios), Eng.° K. Stolzle (introdução ao capítulo Acoplamentos Direcionais), Eng.° Fr. Jarchow (complementos para o capítulo Redutores por Parafuso--sem-fim), Eng.° K. Langenbeck (complementos para o capítulo Engrenagens Cônicas Deslocadas) e Dr. Eng.° M. Unterberger (revisão de vários capítulos).

Encerro, assim, o meu livro "*Elementos de Máquinas*", esperando que êste, como o 1.° volume, consiga ser útil aos estudiosos e aos engenheiros de produção como livro didático e de consulta.

Munique, 9 de fevereiro de 1960
GUSTAV NIEMANN

Observações

Sistema de medida adotado: sistema técnico com kgf como unidade de fôrça.
Normas DIN citadas: valendo a última edição da editôra alemã de normas DIN (enderêço: Colônia, Friesenplatz, 5).
FZG: Entidade de pesquisa para engrenagens e construções de redutores, Escola Técnica Superior de Munique.

Índice

I. FUNDAMENTOS — 1

1. Pontos de vista e métodos de trabalho — 1
1.1. Noções sôbre o desenvolvimento dos projetos — 1
1.2. Exame das hipóteses e determinação dos problemas — 2
1.3. Soluções dos problemas — 3
1.4. O caminho para as novas soluções — 3
1.5. Crítica e escolha da solução — 5
1.6. Desenvolvimento do projeto — 7
1.7. Cálculos — 8
1.8. Modelos e ensaios — 8
1.9. Procedimento diante de problemas — 9
1.10. Bibliografia — 10

2. Regras de projeto — 11
2.1. Influência da função e da economia — 11
2.2. Influência da solicitação e da função — 11
2.3. Influência da operação, da manutenção e da segurança de funcionamento — 12
2.4. Influência do material e do tipo de fabricação — 13
2.5. Peças fundidas — 14
   1. Escolha do processo de fundição — 14
   2. A fundição — 15
   3. Regras de projeto de peças fundidas — 16
2.6. Peças soldadas — 17
2.7. Peças forjadas e prensadas — 17
2.8. Peças fabricadas com chapas e tubos — 18
2.9. Peças usinadas — 19
   1. Superfícies usinadas — 19
   2. Acabamento superficial e ajustes — 20
   3. Furos — 21
   4. Rôscas e centragem — 22
   5. Uniões — 22
2.10. Montagem — 23
2.11. Transporte — previsão — 23
2.12. Prevenção de desgaste — 24
   1. Significado — 24
   2. Análise do desgaste — 24
   3. Providências aconselháveis (generalizadas) — 25
   4. Desgaste de deslizamento — 26
   5. Desgaste de rolamento — 29
   6. Desgaste devido à incidência de jatos de minerais — 30
   7. Desgaste por sucção — 30
2.13. Proteção anticorrosiva — 30
   1. Tipos e ocorrências de corrosão — 30
   2. Comportamento dos metais sob o ponto de vista da corrosão — 30
   3. Medidas de proteção — 31
2.14. Bibliografia — 32

3. Cálculos de resistência dos materiais — 34
3.1. Determinação da tensão nominal — 35
   1. Determinação dos esforços na secção transversal — 35
   2. Tensão normal oriunda da fôrça normal — 36
   3. Tensão normal entre duas superfícies (pressão superficial) — 36
   4. Tensão normal oriunda de momento fletor — 37
   5. Tensão normal resultante de fôrça normal e de momento fletor — 39
   6. Tensão de cisalhamento oriunda de fôrças cortantes — 41
   7. Tensão de cisalhamento oriunda do momento de torção — 41
   8. Tensão de cisalhamento resultante — 44
   9. Cálculo da tensão equivalente — 44
   10. Flambagem de barras e de chapas — 45
   11. Tensões oriundas de choques — 47
   12. Tensões nominais e tensões efetivas — 48

3.2.	Propriedades mecânicas estáticas dos materiais	48
3.3.	Resistência a solicitações variáveis	50
3.4.	Resiliência	57
3.5.	Tensão admissível	57
3.6.	Bibliografia	59

4. Construções leves 61

4.1.	Introdução	61
4.2.	Comparação de materiais por meio de fatôres característicos	61
4.3.	Conformação econômica de material (construção leve)	66
	1. Algumas regras fundamentais	66
	2. Escolha ideal da secção transversal	67
	3. Outras precauções	70
4.4.	Construções leves de aço	72
	1. Redução de pêso permissível	72
	2. Maneiras de construir	74
	3. Rigidez e vibrações	74
4.5.	Construções leves de metais leves	74
	1. Reduções obteníveis de pêso e de custos	75
	2. Maneiras de construir	76
4.6.	Bibliografia	76

5. Materiais, perfis e respectivas tabelas 78

5.1.	Escolha dos materiais	78
5.2.	Ferro fundido	79
5.3.	Aços obtidos por fusão (aços laminados, aços para forjamento, aços estruturais)	82
	1. Influência dos elementos de liga	82
	2. Tratamentos térmicos e termoquímicos	83
	3. Normas DIN	85
	4. Chapas de aço	86
	5. Perfis de aço	86
	6. Aços para construção de máquinas	88
	7. Aços para cementação e nitretação	88
	8. Aços para beneficiamento	89
	9. Aços trefilados e aços de usinagem automática	90
	10. Aços para molas	91
	11. Aços resistentes ao calor e à corrosão a altas temperaturas	92
	12. Aços resistentes à ferrugem e a ácidos	92
	13. Aços para ferramentas e metais de corte	92
5.4.	Metais não-ferrosos	94
	1. Alumínio e ligas de alumínio	94
	2. Magnésio e ligas de magnésio	96
	3. Zinco e ligas de zinco	97
	4. Cobre e ligas de cobre	98
5.5.	Materiais não-metálicos	100
	1. Madeira	100
	2. Materiais plásticos artificiais	101
	3. Materiais cerâmicos	101
5.6.	Materiais especiais	103
5.7.	Bibliografia	104

6. Normas, números normalizados e tolerâncias 123

6.1.	Normas	123
6.2.	Números normalizados	123
6.3.	Tolerâncias	123
6.4.	Bibliografia	127

II. ELEMENTOS DE JUNÇÃO 129

7. Junções por meio de solda 129

7.1.	Utilização	129
7.2.	Execução	129
	1. Processos de soldagem	129
	2. Soldabilidade	130
	3. Precauções especiais	130
7.3.	Conformação	130
7.4.	Formatos de junções e de cordões de solda	131
7.5.	Simbologia gráfica	133
7.6.	Cálculo da resistência da soldadura	134

7.7.	Solda nas estruturas de aço	135
7.8.	Solda em caldeiraria	136
7.9.	Solda na construção de máquinas	137
7.10.	Bibliografia	141

8. Junções por meio de solda de difusão ... 142
    8.1. Generalidades ... 142
    8.2. Processos de soldagem ... 142
    8.3. Dimensionamento das junções por solda de difusão ... 143
    8.4. Bibliografia ... 144

9. Junções por meio de rebites ... 145
    9.1. Utilização e execução ... 145
    9.2. Solicitações e dimensionamento ... 146
        1. Símbolos utilizados ... 146
        2. Junções por meio de rebites com uma secção resistente ... 146
        3. Junções por meio de rebites com mais de uma secção resistente ... 148
    9.3. Considerações práticas ... 148
    9.4. Rebitagens nas estruturas de aço ... 149
    9.5. Rebitagens nas estruturas de metais leves ... 154
    9.6. Rebitagens na caldeiraria ... 155
    9.7. Rebitagens nas construções de reservatórios ... 159
    9.8. Bibliografia ... 159

10. Junções por meio de parafusos ... 161
    10.1. Utilização e fabricação ... 161
    10.2. Conformação e execução ... 161
    10.3. Símbolos ... 163
    10.4. Rôscas ... 164
    10.5. Transmissão de fôrças e rendimento ... 165
    10.6. Perigos ... 166
    10.7. Solicitações e dimensionamento ... 170
    10.8. Valores experimentais e dimensões de parafusos ... 175
    10.9. Normas (DIN) ... 179
    10.10. Bibliografia ... 179

11. Junções por meio de pinos e cavilhas ... 181
    11.1. Utilização ... 181
    11.2. Execução ... 181
    11.3. Solicitações e dimensionamento ... 184
    11.4. Bibliografia ... 185

12. Molas elásticas ... 186
    12.1. Utilização ... 186
    12.2. Tipos, seleção e propriedades especiais das molas ... 186
    12.3. Símbolos, curvas e fatôres característicos ... 187
    12.4. Resistência e solicitações admissíveis ... 189
    12.5. Molas solicitadas por tração ou por compressão ... 191
    12.6. Molas solicitadas por flexão ... 193
    12.7. Molas solicitadas por torção ... 198
    12.8. Molas de borracha ... 202
    12.9. Choque elástico ... 205
    12.10. Ressonância ... 206
    12.11. Bibliografia ... 207

13. Pares de rolamento ... 209
    13.1. Generalidades ... 209
    13.2. Símbolos ... 210
    13.3. Solicitações ... 210
    13.4. Carregamento admissível ... 213
    13.5. Atrito de rolamento ... 217
    13.6. Exemplos de cálculo ... 218
    13.7. Bibliografia ... 219

I. FUNDAMENTOS
1. Pontos de vista e métodos de trabalho

> "Um homem que deseja projetar...
> que *observe*, inicialmente, e *pense*!"

Projetar com sucesso exige algo mais do que apenas projetar! A primeira condição é, antes de tudo, uma dedicação integral ao trabalho. A condição seguinte é o domínio sôbre numerosos pontos de vista e experiências, que não se enquadram totalmente no ramo das atividades de projeto pròpriamente ditas.

A questão é, então, saber até que ponto se podem interpretar as citadas experiências e apresentá-las sob a forma de pontos de vista e métodos de trabalho, pois os fenômenos experimentais apresentam uma peculiaridade: a quem nunca presenciou, por si próprio, fenômenos análogos, êles pouco significam, e a enumeração de todos os fatôres de influência pode tornar-se enfadonha. O que se dá aqui é semelhante ao que se dá durante a vida: *experiências alheias tornam-se vivas e férteis sòmente a quem realizou, por si próprio, experiências semelhantes*!

Que as considerações seguintes constituam, então, uma vista geral sôbre métodos do trabalho utilizados na atividade de projetar. Entretanto, é necessário que essas considerações sejam vividas e exercidas durante o trabalho de cada indivíduo em particular, e sejam associadas com a experiência própria de cada um.

1.1. NOÇÕES SÔBRE O DESENVOLVIMENTO DOS PROJETOS

A observação do contínuo aperfeiçoamento de um projeto, desde as primeiras tentativas até a forma aperfeiçoada, evidencia a falta de experiência por ocasião da primeira tentativa, e que apenas passo a passo, de tentativa em tentativa, é possível aproximar-se do projeto ideal.

Dificuldades que surgem, efeitos secundários não previstos e as respectivas investigações e, ainda, as exigências que se ampliam com o êxito, e o não menos importante aumento da concorrência, também conseqüência do êxito, é que estimulam o aperfeiçoamento, até que êle atinja um nível satisfatório. De um modo geral, o aperfeiçoamento de uma criação técnica dá-se segundo a conhecida curva de crescimento biológico (Fig. 1.1) e, para quaisquer tentativas de aperfeiçoamento de um projeto, é interessante saber em que trecho da curva se encontra o nível de aperfeiçoamento atual, pois, quanto mais aperfeiçoado estiver um projeto, tanto menor o progresso que ainda pode ser obtido e tanto maiores as despesas que para isso se fazem necessárias.

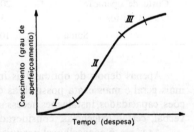

Figura 1.1 – Curva de Crescimento Biológico (curva S). Exprime, também, o aperfeiçoamento das criações técnicas. No estado de madureza (trecho III), conseguem-se apenas pequenos progressos, à custa de grandes despesas

Êsse aperfeiçoamento, mais ou menos constante, pode receber novos impulsos, devidos a *novos conhecimentos* (novos materiais, novos métodos, novas fontes de energia) ou *novas necessidades* (transformações políticas, sociais, econômicas), e que podem dar origem a novas soluções.

Em virtude do citado aperfeiçoamento técnico, costuma-se considerar separadamente cada um dos seguintes problemas de projeto:

1) *Considerações iniciais.* Obtenção dos efeitos desejados.
2) *Desenvolvimento.* Eliminação dos empecilhos, aperfeiçoamento, simplificação e barateamento do projeto.
3) *Adaptação* do projeto a determinado campo de utilização e desenvolvimento de considerações especiais com essa finalidade.
4) *Especificação.* Estabelecimento de determinadas dimensões, métodos de operação, capacidades, desde que não tenham sido anteriormente estabelecidos.
5) *Modificação* do processo de fabricação, tendo em vista outros materiais.
6) *Nova construção,* a partir de novos planos.

A questão, agora, é saber qual a melhor forma de resolver cada um dos problemas, quais os métodos de trabalho a serem recomendados e quais os pontos de vista a serem especialmente observados.

O primeiro passo denomina-se:

1.2. EXAME DAS HIPÓTESES E DETERMINAÇÃO DOS PROBLEMAS

Verifica-se que a maioria das dificuldades e erros de projetos são originados por uma exposição falha dos seus objetivos e por uma formulação incompleta dos problemas. Deve-se, inicialmente, saber o que se deseja e aonde se quer chegar! O projetista precisa saber se, no caso que se lhe apresenta, é a qualidade ou o preço que tem papel preponderante, se deve ser melhorado o funcionamento ou se deve ser reduzido o custo, pois *sempre a melhor solução é a que melhor satisfaz o compromisso entre os objetivos concorrentes.*

Assim, para as considerações iniciais, é preciso saber o que é exigido[1], quais as condições de trabalho que se apresentam, quais as exigências especiais que devem ser satisfeitas e, por outro lado, qual o efeito que pode ser obtido, e qual o custo pelo qual se pode obtê-lo.

A questão das exigências e do custo admissível só pode ser resolvida satisfatòriamente através de uma pesquisa dos preços existentes (pesquisa de mercado), da possibilidade de fornecimento e da qualidade desejada[2].

As citadas condições de trabalho e exigências especiais, assim como as experiências referidas, podem ser mais bem conhecidas nos próprios locais de trabalho, junto aos usuários. Aí se deve indagar o que é considerado necessário (potência, consumo de energia, segurança etc.), e o que é, ainda, desejável (operação cômoda, funcionamento silencioso etc.). Considera-se mais importante o custo inicial, o custo da energia consumida ou o custo de manutenção? Será a máquina sobrecarregada, mal cuidada, rara ou constantemente utilizada? Serão fatôres importantes a simplicidade e a segurança de operação, ou grandes capacidades e facilidade de utilização?

Freqüentemente, é através de cálculos e análises preliminares que se vem a saber onde devem ser feitos certos gastos e onde se devem fazer certas economias. Assim, por exemplo, a distribuição dos custos anuais de aparelhos de elevação e transporte, exposta na Tab. 1.1, revela que a economia de energia é importante na operação de monovia manual ou de transportador de rôsca helicoidal, mas não é significativa na operação de guindaste giratório de pórtico, onde seria importante uma redução do custo de depreciação (menor custo inicial ou maior vida útil) ou do custo de manutenção[3].

TABELA 1.1-*Distribuição dos custos anuais de diversos tipos de máquinas de elevação e transporte, em %.*

	Guindaste giratório de pórtico de 3 t, em pôrto marítimo	Transportador de correia	Transportador de rôsca helicoidal	Transportador manual suspenso de monovia
Depreciação e juros	52,7	65,0	27,45	12,9
Custo de manutenção	19,0	5,5	3,92	5,5
Custo de energia	4,4	29,5	68,63	81,6
Custo de operação	20,8	–	–	–
Outros custos	3,1	–	–	–
Soma	100	100	100	100

Apenas depois de obtidas tais informações é que se podem estabelecer, numèricamente, da maneira mais geral e mais exata possível, as exigências técnicas, como, por exemplo, potências, velocidades, rotações, capacidades, instalações necessárias etc. Freqüentemente será necessário reduzir, aqui, com um acôrdo verbal, certas exigências, consideradas exageradas sob outros pontos de vista (preço).

Às vêzes, é aconselhável pesquisar se é mais interessante distribuir o trabalho exigido por várias máquinas iguais (reserva no caso de avaria), ou por várias máquinas dispostas em série (que realizam apenas uma operação, em vez de uma máquina de múltiplas operações), ou, ao contrário, associar várias máquinas em uma só e, assim, considerar as hipóteses para obter uma solução satisfatória. Um ponto de vista não considerado pode transformar completamente um projeto[4].

---

[1] Uma avaliação errada das exigências é a causa mais freqüente do insucesso econômico de uma nova construção.

[2] Nas primeiras considerações predomina, geralmente, a preocupação relativa à qualidade, seguindo-se a relativa ao funcionamento. Na segunda etapa, surge a questão do preço em primeiro plano, que conduz a considerações relativas ao barateamento, mas tècnicamente satisfatórias. Na terceira, surge uma tendência ao retrocesso: para algumas aplicações a qualidade já não é satisfatória. Para êsses casos especiais, desenvolvem-se soluções mais dispendiosas, que devem ser adotadas juntamente com as mais baratas, destinadas aos casos comuns. Um bom exemplo dêste tipo de desenvolvimento são motores elétricos, chaves, fusíveis, tomadas e uniões para rêdes elétricas.

Como, na realidade, devem-se determinar os custos por tonelada movimentada, isto é, dividir-se o custo anual pelo número de toneladas anualmente movimentadas, pode-se, também, tentar aumentar a capacidade de movimentação de cargas.

[4] Assim, por exemplo, relativamente a guindastes portuários, o ponto de vista segundo o qual dever-se-ia utilizar maior número de guindastes por escotilha de navio introduziu o guindaste giratório de alcance variável, e o outro ponto de vista, segundo o qual dever-se-ia movimentar mais ràpidamente os ganchos descarregados e as cargas leves, introduziu o cabrestante com motor duplo.

A seguir, é preciso saber se a fabricação deve ser unitária, em série ou em massa, pois o número de peças determina o processo de fabricação, e êste determina a forma construtiva.

Consideram-se anàlogamente os demais problemas de projeto; assim, para um aperfeiçoamento (novos tipos)[5] se faz necessário um exame crítico das experiências e dificuldades existentes e, para a especificação, urge um conhecimento preciso das exigências, das dimensões mais convenientes e das várias possibilidades de utilização. Também devem ser cuidadosamente examinados os fatôres que exigem uma mudança ou uma adaptação de uma construção a outros tipos de utilização, outros processos de fabricação ou outros materiais.

Não se poupe tempo ou trabalho nessa exposição e determinação dos problemas, pois através delas se evitam muitas contrariedades.

Só então caminharemos para as

1.3. SOLUÇÕES DOS PROBLEMAS

Quanto mais clara a apresentação dos problemas e das exigências, tanto mais precisa se revela a solução. Na maioria das vêzes, apresentam-se certas soluções ou certas experiências que podem servir de base ao desenvolvimento do projeto.

A seguir, deve o projetista examinar suas próprias considerações relativas aos problemas, cujos dados técnicos, pesos e custos devem ser anotados e conservados de tal modo que possam ser fàcilmente consultados[6].

A pergunta seguinte é: *Como constroem os concorrentes?* Assim dizia o meu primeiro chefe de projeto, quando a êle me dirigia com uma nova sugestão:

"Isto é para mais tarde! Primeiramente, o senhor observe como é que os concorrentes constroem. Depois, indague por que o fazem assim. Quando o senhor tiver determinado, experimentalmente, o que é e o que não é aproveitável, então poderá, vir apresentar-me novas sugestões."

Os problemas de projeto consistem, freqüentemente, em transformar um projeto, cujos fundamentos são conhecidos, de modo que êle se torne mais aperfeiçoado para certas finalidades, ou possa satisfazer determinadas exigências.

É necessário, para isso, exaurir tôdas as possibilidades construtivas referentes às citadas exigências e finalidades, isto é, reconhecer os pontos críticos e conhecer perfeitamente os vários elementos de construção, para então, através de escolha apropriada, cálculo e utilização dêsses elementos, obter uma boa solução geral dos problemas.

Podem-se considerar as experiências também para a descoberta de novas soluções.

1.4. O CAMINHO PARA AS NOVAS SOLUÇÕES[7]

Deve existir, inicialmente, um incitamento! Que é que nos incita? Antes de tudo, a sensação impressionante de uma nova descoberta, um nôvo conhecimento ou novas necessidades (freqüentemente em outros campos de atividade). Papel importante desempenha aqui a excitação, ou seja, a alegria ou a admiração por algo nôvo, ou, ao contrário, a *raiva* causada por uma imperfeição (tôda ira deve ter seu valor!) ou a discussão vivaz com profissionais e pessoas que possuem experiência (o valor dos seminários).

Depois, o menos impressionante incitamento provocado pela leitura, que pode, às vêzes, dispensar qualquer outro estímulo. Assim se inicia a participação ativa e pessoal, através de atividades exteriores e interrogativas, ou de coordenações e deduções.

Outro processo importante é o auto-incitamento, através de proposições de questões a si mesmo (uma pergunta "ferve"), de críticas de pontos de vista até então aceitos e apresentação de novos pontos de vista e novos objetivos. Seja a pergunta: Que é que ainda está faltando? Quais objetivos ainda não foram alcançados? Quais dificuldades ainda não foram vencidas? Qual parece ser a solução ideal? Ou a pergunta: Onde se poderia aproveitar também essa solução[8]? Com quais outros processos se poderia atingir o mesmo objetivo? Poder-se-ia atingi-lo de maneira menos dispendiosa? Ou: Quais os outros gêneros de atividade

---

[5]O tempo necessário para o aperfeiçoamento de uma construção exige que se construa e se experimente um nôvo modêlo enquanto o atual ainda esteja funcionando. Deve-se fazer o menor número possível de modificações no processo de fabricação existente e adaptá-lo à fabricação do nôvo modêlo já aprovado. Prefere-se, portanto, um desenvolvimento por etapas.

[6]Assim, todo escritório de construção bem dirigido procura ter, para cada construção executada, uma ficha com todos os respectivos dados técnicos.

[7]Os métodos usados na descoberta de novas soluções são, ainda, pouco desenvolvidos. O bom observador sabe com quantos rodeios e dificuldades nós divagamos quando pensamos em algo que está fora do campo dos nossos conhecimentos. Seria interessante reunir as várias experiências dêsse gênero e elaborar uma "técnica". Pois, como em qualquer arte, as principais realizações se assentam sôbre três elementos: vocação, treinamento e "técnica". Acrescente-se o dom natural.

[8]Assim, o emprêgo de um jato de oxigênio na desobstrução da abertura de sangria dos altos-fornos foi que originou o desenvolvimento de maçaricos de corte autógeno.

em que surgiram os mesmos problemas, e que soluções foram adotadas? Portanto, façam-se comparações e observem-se sempre os campos de atividades básicas e correlatas! Assim, as questões relativas à construção de motores de combustão interna, de compressores e de bombas podem ser úteis à construção de máquinas a vapor, as relativas à construção de aviões podem ser de interêsse para a construção de automóveis, e as relativas à construção de automóveis para a construção de guindastes – e vice-versa.

Em segundo lugar, é preciso obter informações e dados experimentais relativos aos materiais de construção necessários à execução da solução adotada[9], para, então, em terceiro lugar, a partir das considerações pessoais e interiores, realizarem-se a coordenação e a seleção dos pensamentos relativos à solução dos problemas. Aí se revela a diferença entre atividade exterior (assimilação e incitamento) e *concentração* (coordenação e obtenção da solução).

Alternativas de Soluções. Por mais feliz que seja um projetista na descoberta de uma solução, e por mais firme que seja sua intenção de adotá-la – pode-se afirmar, ainda assim, que raramente a primeira solução é a mais aceitável. Deve-se, agora, tentar compreender melhor os raciocínios básicos, a partir dos quais se obteve a solução. Deve-se desenvolvê-los melhor, de modo a obter, a partir dêles, novas soluções, paralelas ou não, a fim de que se consiga conhecer bem o aspecto da solução; em suma: assimilar o "princípio" da solução. Sòmente através de tal análise se pode atingir o âmago da questão, surgindo assim novas idéias, novas combinações, que conduzem a novas soluções.

Êsse trabalho mental pode ser acompanhado de esboços (croquis): esboços do princípio de funcionamento, de certas particularidades e figuras esquemáticas, comparações e anotações expressivas e, em casos especiais, de modelos.

Quanto a problemas relativos a movimentos, é interessante saber que inversões de movimentos, como, por exemplo, movimentar uma ferramenta em vez de movimentar a peça, são indiferentes sob o ponto de vista cinemático, mas não sob o ponto de vista técnico, de modo que pode ser útil levar em consideração tais inversões (Fig. 1.2).

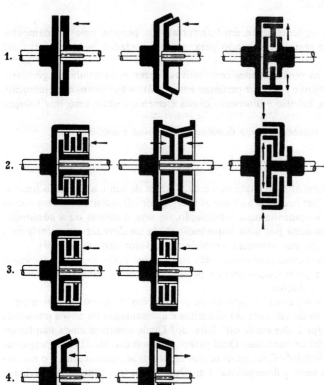

Figura 1.2 – Alternativas de uma Embreagem de Atrito (esquemàticamente), como exemplo da "técnica de alternativas"

1.ª alternativa: embreagem de disco, de cone, e cilíndrica
2.ª alternativa: multiplicação das superfícies de atrito e compensação das fôrças
3.ª alternativa: maior número de superfícies de atrito, interna ou externamente
4.ª alternativa: funcionamento sob compressão ou sob tração

Outra característica sujeita a alternativas seria o sistema de acionamento

Devem-se, geralmente, preferir movimentos em tôrno de um eixo (movimentos circulares) a movimentos translatórios retilíneos ou curvilíneos, bem como movimentos circulares de sentido de rotação constante aos de sentido de rotação alternados.

Movimentos relativos podem ser observados e registrados, simplesmente, por meio de fôlhas de papel transparente superpostas e deslocadas uma em relação à outra.

Convém, ainda, julgar se é vantajoso atribuir a um elemento de construção funções adicionais, que constituam soluções de alguns problemas (por exemplo, a função adicional de regulagem dos gases, dos

---

[9]Consultar bibliografia especializada (livros e revistas especializados, registros de patentes), pessoas especialistas ou entidades que forneçam informações técnicas (associações especializadas, institutos de pesquisa, escolas de engenharia).

pistões de motores de dois tempos, que consiste em abrir e fechar as janelas de admissão e de escape de gases, ou a utilização do conjunto motor-caixa de câmbio do trator Fordson, como elemento de união entre eixo dianteiro e eixo traseiro), ou se, ao contrário, constitui um progresso a individualização das funções e a atribuição de cada uma delas a um determinado elemento de construção (especialização).

As observações acima mostram, claramente, quão útil é, especialmente para o caso de novos projetos, o domínio de uma conscienciosa "técnica de alternativas" (Fig. 1.2), de cujo emprêgo no estudo da cinemática e dos mecanismos as obras [1/1] e [1/9] fornecem numerosos exemplos (embora parciais, às vêzes). É necessário ainda que estejamos familiarizados com os elementos de construção acima citados. Assim, por exemplo, para obter regulagem contínua com emprêgo de peças de formato especial, sòmente se dispõe das cunhas e de seus derivados (Fig. 1.3)[10]. Também faz parte da técnica de alternativas o método da multiplicação. Na geladeira, por exemplo, o pequeno efeito de refrigeração provocado pela expansão do gás comprimido só se torna tècnicamente aproveitável quando repetido múltiplas vêzes. Existem, ainda, as pesquisas em busca do *ótimo*, por exemplo, qual deve ser o formato de uma viga para que o seu pêso seja o mínimo ou a sua resistência ao vento a menor possível (ver Cap. 4.2), ou qual deve ser a forma de uma válvula para que seja mínima a resistência ao escoamento?

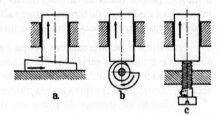

Figura 1.3 — Elementos para Ajustagem de Precisão
a) cunha; b) cunha giratória (excêntrico); c) parafuso (cunha enrolada sôbre um cilindro)

1.5. CRÍTICA E ESCOLHA DA SOLUÇÃO

Logo que se obtiverem várias soluções que satisfaçam às exigências estabelecidas, devem-se comparar umas às outras e proceder a uma avaliação das particularidades de cada solução (Tab. 1.2). Freqüentemente, alguns cálculos aproximados já revelam que uma ou outra solução não produzem o efeito desejado, ou redundam em despesas elevadas. Geralmente, entretanto, sobram algumas soluções, dentre as quais a mais conveniente sòmente pode ser escolhida através de alguns cálculos e desenhos esquemáticos em escala. Em outros casos, para se poder escolher uma solução, torna-se necessário esclarecer certas dúvidas, através de experiências, consultas a especialistas, fornecedores ou consumidores.

Fazer uma avaliação de vários pontos de vista concorrentes nem sempre é uma tarefa simples. O melhor recurso para êsses casos é a avaliação por pontos[11].

TABELA 1.2—*Exemplo de uma avaliação por pontos de quatro sistemas de transmissão para automóveis, segundo Kesselring* [1/3]. (Os sistemas de transmissão elétrico e hidráulico constituem-se de gerador, motor e regulador).

N.°	Característica	Sistema de transmissão				
		engrenagens	rodas de atrito	elétrico	hidráulico	ideal
1	Rendimento	4	3	2	2	4
2	Ausência de ruído	3	4	3	4	4
3	Facilidade de acoplamento	2	3	4	4	4
4	Funcionamento sem escalonamentos	2	4	4	4	4
5	Segurança de funcionamento	4	1	4	4	4
6	Durabilidade	3	1	4	4	4
7	Resistência a sobrecargas	4	1	3	3	4
8	Sensibilidade ao congelamento	2	3	4	4	4
9	Espaço necessário	4	2	1	2	4
10	Pêso	4	3	1	2	4
11	Marcha à Ré	3	3	4	4	4
12	Restrições relativas à instalação	3	2	4	2	4
13	Intervalo de variação da relação de transmissão	3	2	4	4	4
14	Necessidade de cuidados de manutenção	3	3	3	4	4
	Soma	44	35	45	43	56
	Valor técnico $x = z/z_i \leq 1$	0,79	0,63	0,80	0,77	1
	Valor estimativo $y = K/K_i \geq 1$	1,3	1,9	6,35	4,65	1
	Valor geral de comparação $s = x/y$	0,608	0,332	0,126	0,166	1

[10] Para regulagem por meio de fôrças: fôrças devidas a pesos, molas ou magnetos, pressão de líquidos ou de gases.
[11] Para que a questão se esclareça basta enunciar freqüentemente, em ordem, as vantagens e as desvantagens de uma construção.

Para isso, faz-se uma relação dos pontos de vista a serem avaliados e se lhes atribuem pontos z, que exprimem quão satisfatória é uma construção sob cada um dos citados pontos de vista (por exemplo, $z = 1$ até 4; 4 = ideal)[12]. A soma dos pontos obtidos por uma dada construção pode servir como têrmo de comparação na apreciação do seu valor técnico. A Tab. 1.2 mostra uma avaliação dêsse tipo.

Kesselring [1/3] desenvolve ainda mais êsse método de avaliação. Êle obtém, a partir da soma z dos pontos de uma dada construção e da soma z_i dos pontos da construção ideal, o *valor técnico* $x = z/z_i$, e a partir da estimativa K do custo da construção dada e da estimativa K_i do custo da construção ideal, o *valor estimativo*[13] $y = K/K_i$, e os transpõe em um diagrama $x - y$ (Fig. 1.4). A partir de x e y se pode obter o valor geral de comparação $s = x/y$.

Uma vantagem do método de avaliação por pontos reside no fato de exigir uma análise da construção e de cada uma de suas características separadamente. Note-se, ainda, que cada vez que se atribuem pontos relativos a determinado ponto de vista, é-se impelido a estudar quais as medidas a serem tomadas para elevar o número de pontos então atribuído. O sistema de pontos indica claramente o que ainda deve ser aprimorado em uma construção.

Em relação ao exemplo da Tab. 1.2 e da Fig. 1.4, pode-se dizer o seguinte: embora se tenha atribuído o mesmo pêso a tôdas as características (ideal = 4)[14], embora alguns dos pontos atribuídos estejam sujeitos a discussão e as diferenças entre valores estimativos não possam ser simplesmente comparadas com as diferenças entre valores técnicos, é interessante a visão geral obtida. Percebe-se que:

1) o sistema de engrenagens ocupa uma posição vantajosa, tanto em relação ao valor técnico quanto ao valor estimativo, e seria conveniente seu aperfeiçoamento relativamente às características 3, 4 e 8;

2) quanto à transmissão hidráulica, e especialmente à elétrica, apesar de apresentarem alta eficiência técnica, não podem ser utilizadas em automóveis, por serem excessivamente altos os seus valores estimativos;

3) quanto ao sistema de rodas de atrito, deve ser êle aperfeiçoado em relação às características 5, 6 e 7, para poder ser utilizado em automóveis.

Avalia-se mais objetivamente o valor de uma construção se, às suas características técnicas, forem atribuídos valores econômicos, estabelecidos através da observação dos efeitos da construção, como, por exemplo, o custo por tonelada movimentada, no caso de máquinas de elevação e transporte, ou o custo por tonelada por quilômetro, no caso de veículos de transporte de cargas, ou o custo por cavalo-hora, no caso de motores etc. Em tôda comparação de valores, é preciso verificar se estão sendo considerados corretamente todos os fatôres influentes e se é adequada a base adotada para as comparações.

Muitas vêzes, as seguintes observações, relativas a avaliações, podem ser úteis:

1) O pai de uma nova construção freqüentemente superestima a significação de características de seu projeto (serão elas, realmente, tão importantes?). Nesses casos, é interessante fazer-se a avaliação por outros profissionais, de preferência estranhos àqueles que se vão utilizar da construção.

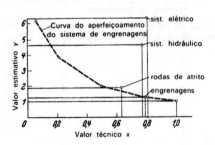

Figura 1.4 — Avaliação de Sistemas de Transmissão de Automóveis, relativa à Tab. 1.2, segundo Kesselring [1/3]

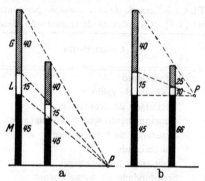

Figura 1.5 — Abaixamento do Custo Estimativo de uma Construção, em função do aperfeiçoamento técnico, segundo Kesselring [1/3]

a) caso normal, construção melhorada gradativamente (corresponde a 80% dos casos);
b) caso especial, fabricação racionalizada gradativamente; M custo de material, L custo de mão-de-obra, G custos diversos

[12]Geralmente é mais vantajoso adotar 1 ou 100 como número de pontos relativo à construção ideal.

[13]Segundo Kesselring [1/3], y é denominado "valor econômico" e s "vigor".

[14]Há casos em que uma ou mais características são primordiais, como por exemplo a alta velocidade para carros de corrida, a baixa pressão sôbre o solo para veículos utilizados em pantanais, ou a vedação segura contra areia para veículos utilizados em desertos. Nesses casos, atribuem-se a essas características pesos tais que exprimam sua importância por ocasião da avaliação por pontos.

2) Decisivo para o sucesso de uma construção é, antes de tudo, a realização de uma idéia básica notável. A sua falta não pode ser contornada com o emprêgo de sutilezas de projeto.

3) Para que uma nova construção sobreviva, é necessário que suas qualidades ultrapassem um determinado limite mínimo. Note-se que uma nova construção desalojará permanentemente outra mais simples, mas utilizável, sòmente quando sua superioridade fôr indiscutível.

4) Em casos de construções semelhantes, podem-se estabelecer os valores estimativos, baseando-se no preço do material utilizado (Fig. 1.5). Daqui se origina, também, o princípio fundamental das construções: fazer o possível para que seja mínimo o custo do material! E mais: preferir construções leves perfiladas (ver Cap. 4.3)! A Tab. 4.2 do Cap. 4.2 mostra custos de material de vigas que apresentam a mesma resistência à deformação e que são feitas de materiais diferentes.

1.6. DESENVOLVIMENTO DO PROJETO

Depois de esclarecer todos os pontos essenciais para o projeto de uma construção, iniciamos com

1) *Esbôço do conjunto, em escala*, que estabelece as dimensões principais e a disposição dos elementos do conjunto. Deve-se fazer, paralelamente, uma série de esboços com o fim de obter a melhor disposição dos elementos e, progressivamente, de esbôço em esbôço, deve-se obter uma disposição que satisfaça às exigências de montagem e funcionamento de cada elemento, e que seja a mais compacta e mais simples possível, para se reduzirem ao mínimo o pêso e o espaço ocupado. O esbôço de conjunto constitui a base para a etapa seguinte.

2) *Seccionamento do projeto*. Costuma-se dividir em subconjuntos os conjuntos construtivos de construções complexas. Êstes subconjuntos podem ser subdivididos em grupos construtivos, os quais ainda podem ser subdivididos em grupos parciais e subgrupos. Assim, por exemplo, um guindaste giratório de pórtico divide-se nos subconjuntos estrutura metálica, sistema de movimentação e instalação elétrica, o subconjunto sistema de movimentação subdivide-se nos grupos construtivos sistema de elevação, de giro, de translação etc., o grupo construtivo sistema de elevação subdivide-se nos grupos parciais sarilho e acessórios, o grupo parcial acessórios subdivide-se nos subgrupos gancho, polias de cabos, com mancais e protetores de cabos, cabos com sistema de fixação etc. Ao se proceder à divisão, devem-se estabelecer os dados iniciais relativos aos subconjuntos e aos grupos construtivos (medidas externas, fôrças externas, potência, velocidade etc.) e a estimativa do pêso da construção. A seguir se determinam o processo de fabricação e o emprêgo de materiais existentes no mercado ou que possam ser adquiridos ou normalizados.

Em seguida, o projetista de grupos construtivos prepara esboços dêstes, através dos quais se fornecem os dados necessários aos projetos dos subgrupos e dos detalhes, que serão feitos pelo projetista de detalhes. É preciso tomar providências para que se aprontem, inicialmente, os desenhos de peças fundidas, forjadas, e de peças que devem ser encomendadas a terceiros.

Tal desmembramento do projeto possibilita um desenvolvimento paralelo da construção, não só no setor de projeto, mas também nos setores de fabricação e montagem.

3) *Forma dos detalhes* (ver pág. 11).

4) *Verificação dos desenhos*. É preferível verificar um desenho cuidadosamente, por duas vêzes até, nos seus mínimos detalhes, a precisar alterá-lo, quando já se houver iniciado a fabricação, pois modificações tardias trazem mais aborrecimentos do que geralmente se espera, especialmente se não fôr possível corrigir imediatamente tôdas as cópias que tenham sido distribuídas a outrem, ou se já estiver fabricada parte da produção programada.

A melhor regra para a verificação de desenhos diz: *para cada ponto de vista uma verificação*!

Na prática, é difícil prestar atenção simultâneamente a vários pontos de vista independentes um do outro. É por isso que se deve estabelecer, antecipadamente, qual o único ponto de vista a ser considerado em uma dada verificação. Por exemplo:

a) *Pontos críticos*. Que pode dar origem a dificuldades? Durante a fabricação, na montagem, durante a utilização?

b) *Resistência*. Recalcular secções perigosas! Tentar reduzir momentos fletores em ressaltos e entalhes, ou originados por má orientação ou má distribuição dos esforços!

c) *Pontos de deslizamento*. Não há objeção quanto à associação dos materiais, ao acabamento das superfícies, às tolerâncias ou à lubrificação? Foram previstas possibilidades de ajustagem ou facilidades de substituição, por ocasião de desgastes?

d) *Vedação, arejamento e visores*. Onde se fazem necessários? São suficientes?

e) *Montagem*. Está determinada a seqüência e assegurada a possibilidade de montagem (seqüência das ajustagens, lugar para os polegares do montador)? Onde são necessários posicionamento e ajuste perfeitos (parafusos de graduação, chapas ajustadas)? Como pode ser facilitada a montagem?

f) *Fabricação*. Como fabricar, levantar e medir? Pontos de referências? Furos passantes? É possível a fabricação com as máquinas, os materiais e gabaritos existentes?

g) *Uniformização*. Construção simétrica ao invés de assimetria à direita ou à esquerda. Emprêgo de peças e materiais normalizados e que sejam encontrados no mercado, em vez de peças especiais. Diminuição da variedade de tamanhos de parafusos (número de ferramentas necessárias).

h) *Poupança.* Como se pode diminuir o comprimento, o pêso e o espaço ocupado pela construção? Como se pode poupar em relação ao custo e à qualidade dos materiais, tolerâncias e acabamento? (sugestão: afinar e folhear).

i) *Dimensões.* Estão cotados todos os ângulos e cantos? Internos e externos? Pontos de referência? Somar as dimensões dos detalhes e comparar com a dimensão do conjunto! Verificar se as dimensões de peças que devem ser acopladas uma à outra coincidem no lugar do acoplamento.

1.7. CÁLCULOS

Em nossos problemas de construção, procuramos utilizar, através de cálculos, fatôres mensuráveis, como por exemplo fôrças aplicadas, tensões e deformações, durabilidade ou desgaste, rendimento, potência e consumo de energia etc., com o fim de prever ou verificar posteriormente:

1) os efeitos que podem ser obtidos,
2) o custo da construção (dimensões e pesos) e
3) a vantagem de uma solução sôbre outra.

Além dos erros em operações matemáticas, constituem as hipóteses iniciais as principais ameaças à exatidão dos cálculos. De que adiantam os mais trabalhosos cálculos, se os dados iniciais não coincidem com a realidade, ou se determinadas hipóteses não são aceitáveis? Portanto, não basta calcular, mas urge raciocinar criticamente: serão válidos, também para o presente caso, as equações utilizadas e os valôres estabelecidos?

Isso é particularmente importante quando se empregam relações novas, ou equações e valores experimentais deduzidos para outras circunstâncias. Nestes casos deve-se examinar: quais são os fatôres, e elevados a que potências, que figuram na equação? Corresponde isso às relações existentes? Será que existem outros fatôres de influência? Para que resultados conduz a equação quando se ultrapassam os limites do campo em que ela é comprovadamente válida?

Não se deve, portanto, calcular "mecânicamente", mas sim ter sempre uma idéia do significado das equações e dos resultados, pois a capacidade de compreender é um auxiliar insubstituível do projetista.

Mas também a idéia pode estar errada e precisar ser corrigida através de experiências ou de raciocínios matemáticos. A propósito disso, um pequeno exemplo: uma esfera de aço de 1 m de diâmetro pesa aproximadamente 4 t e está pendurada por meio de um cabo de aço de 2 cm de diâmetro. Tomemos, agora, uma esfera de diâmetro 10 vêzes maior e, então, iludidos pela aparência, somos tentados a tomar um cabo de diâmetro 10 vêzes maior. Na realidade, deveria êle ser $\sqrt{10^3} = 31,6$ vêzes maior, pois o pêso da esfera varia com a terceira potência do diâmetro, enquanto a resistência à tração do cabo varia apenas com a segunda potência.

Freqüentemente se podem simplificar todos os cálculos, transformando-os, através de módulos característicos, em resolução de proporções, como será exposto no Cap. 4.2.

A seguir, deve-se verificar se o cálculo é determinado por valores máximos (por exemplo, relativos à ruptura violenta ou à deformação plástica) ou por valores médios (por exemplo, relativos à ruptura por fadiga, ou a desgaste e durabilidade).

Nos cálculos técnicos, é preciso prestar atenção para que cada grandeza figure nas equações com a *dimensão* apropriada (é a maior fonte de erros!).

No caso de cálculos importantes, confirma-se, através de cálculos de verificação, experiências ou novos raciocínios, a ordem de grandeza dos resultados finais. São especialmente empregados cálculos de verificação feitos por processos de cálculos diferentes. É freqüente surgirem daí divergências em relação ao primeiro cálculo, e cuja análise pode ser muito proveitosa.

O melhor processo de efetuar cálculos de séries consiste no emprêgo de tabelas, ou em colocar em um gráfico os valores calculados, a fim de se evidenciarem eventuais erros e se avaliar a precisão do cálculo.

Esboços e cálculos são feitos paralelamente durante um projeto. É geralmente mais cômodo, e também mais proveitoso para a formação de uma "sensibilidade técnica", esboçar inicialmente e em seguida calcular.

1.8. MODELOS E ENSAIOS

Os *modelos* não servem apenas para convencer os outros por meio de um processo visível, mas também para elucidar questões referentes ao projeto. Para isso são utilizados

1) Modelos de funcionamento, por exemplo, de papelão, madeira, metal ou Plexiglas, para esclarecer como se processam movimentos, ou de borracha, para o estudo de deformações e suas conseqüências sôbre a distribuição de tensões. Para fenômenos bidimensionais bastam simples modelos planos.

2) Modelos de forma, para estudar disposições especiais (layout) ou funcionamentos conjuntos em um dado espaço, para conhecer o desempenho ou a capacidade de penetração de uma dada forma, para ensaiar vedações ou localizar centros de gravidade. De acôrdo com suas finalidades, tais modelos podem ser feitos de madeira, gêsso, metal, ou cartolina, em uma escala conveniente ou em tamanho natural.

3) Modelos experimentais, para solucionar certas questões por meio de ensaios com modelos ampliados ou reduzidos, em relação às dimensões reais do projeto.

Os ensaios constituem, freqüentemente, a única maneira de se esclarecerem certas questões relativas às construções. Geralmente, entretanto, exigem êles mais tempo e maiores recursos do que se avalia inicialmente.

Relativamente simples são os ensaios de recepção (verificação do funcionamento) e os ensaios de durabilidade (verificação de tolerâncias e acabamento), que podem ser realizados no local da fabricação e que visam a controlar o funcionamento e a qualidade. Além dêsses, há os ensaios experimentais comuns, realizados em máquinas de ensaios, por meio de corpos de prova ou de modelos, como por exemplo ensaios de materiais, ensaios em túneis aerodinâmicos etc.

Bem mais dispendiosos e demorados são os ensaios que requerem instalações, equipamentos ou instrumentos de medidas especiais, e, sobretudo, se não bastar um único ensaio, mas forem necessárias demoradas medições em série, para se conhecerem qualitativa e quantitativamente as influências de vários fatôres. Daí a necessidade de muita cautela ao determinar as questões que devem ser resolvidas por meio dessas medições, e restrição ao que fôr absolutamente necessário.

Especialmente importantes para o projetista são medições relativas ao funcionamento de máquinas já construídas, a fim de obter dados iniciais verdadeiros para seus cálculos, como, por exemplo, medições de potência, momento torçor, fôrças e dilatações, para saber qual o verdadeiro rendimento da transmissão e quais as fôrças que realmente solicitam as peças das máquinas. Devem-se especificar, da maneira mais precisa possível, as condições de funcionamento sob as quais foram realizadas as medições.

1.9. PROCEDIMENTO DIANTE DE PROBLEMAS

Quando se inicia o funcionamento de uma nova construção, costumam surgir problemas imprevistos. Nesses casos, devem-se inicialmente determinar as suas origens, para depois removê-las, gradativamente.

É de grande importância a observação cuidadosa e pessoal das condições de funcionamento. Freqüentemente, será também necessário realizar ensaios que analisem todos os fatôres que possam prejudicar o funcionamento, até que se descubra a verdadeira origem dos problemas.

Na maioria dos casos, são fenômenos secundários imprevistos, como ruptura por fadiga ou fenômenos dinâmicos (fôrças dinâmicas, vibrações, ruído), questões de vedação ou desgaste que, apesar de porem em jôgo tôda a construção (por exemplo, a questão do desgaste do motor para pó de carvão), podem, às vêzes, ser evitados sem maiores dificuldades[15].

Sòmente depois de esgotadas tôdas as possibilidades de evitá-los, devem-se abandonar os princípios básicos de uma construção. Em outras palavras: para se saber se uma determinada doença é um defeito incurável de nascença ou não, é preciso que se realizem todos os exames e tratamentos possíveis. Assim, o eixo superior da Fig. 1.6 fraturava-se sempre ao longo do ressalto longitudinal, em a. Fica-se tentado a concluir que isso constitui um defeito básico do projeto. Entretanto, um simples prolongamento do cubo c (ver eixo inferior da Fig. 1.6) evitou êsse defeito.

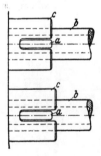

Figura 1.6 – As repetidas fraturas por fadiga do eixo b ao longo do ressalto longitudinal, em a (Figura superior), puderam ser evitadas através de um simples prolongamento do cubo c (Figura inferior), segundo Krumme [1/5]

Tais problemas constituem, por outro lado, a mais preciosa fonte de experiências para o projetista, insubstituível por quaisquer estudos teóricos — desde que êle saiba tirar proveito dêles.

Sòmente depois de ter enfrentado tais problemas poderá o projetista realmente verificar que, em qualquer projeto,

1) também o mais insignificante elemento do conjunto que constitui o projeto tem sua importância, e qualquer descuido ou falha no seu emprêgo pode tornar-se origem de problemas;

2) todos os elementos, além de cumprirem as funções próprias de cada um, devem estar relacionados uns aos outros (lembrar o elo mais fraco de uma corrente!);

3) com cada elemento que se adicione, com cada complicação que se introduza, aumenta a probabilidade de aparecimento de problemas. Por isso, diante de qualquer projeto, deve o projetista indagar: "será que, realmente, não pode ser mais simples?" Sòmente então poderá êle encontrar a melhor solução, aquela que satisfaça, sempre da melhor maneira possível, objetivos diferentes — e realizá-la.

---

[15]Assim, por exemplo, a borracha resolveu problemas dinâmicos de muitos projetos recentes de automóveis. Recursos contra a ruptura por fadiga são encontrados nos Caps. 3.3 e 4.3, e contra o desgaste, no Cap. 2.12.

1.10. BIBLIOGRAFIA

[1/1] MÜNZINGER, FR.: Ingenieure, Baumeister einer besseren Welt. 3.ª ed. Berlin/Göttingen/Heidelberg: Springer 1947.
[1/2] OHNESORGE, O.: "Schraubrill", Geschichte einer Erfindung. Bochum 1937.
[1/3] KESSELRING, F.: Konstruieren und Konstrukteur. Z. VDI 81 (1937) p. 365.
— Die starke Konstruktion. Z. VDI 86 (1942) p. 321.
[1/4] VOLK, C.: Der konstruktive Fortschritt. Berlin: Springer 1941.
[1/5] KRUMME, W.: Konstruktionserfahrungen aus dem Maschinen- und Gerätebau. München: Hanser-Verlag 1947.
[1/6] BAUERFEIND, R.: Konstruieren. Brandenburg: Selbstverlag 1947.
[1/7] KNAB, H. J.: Übersicht über Kinematik/Getriebelehre. Nürnberg: Selbstverlag, 1930. (Um manancial de alternativas e variações cinemáticas!)
[1/8] FRANKE, R.: Vom Aufbau der Getriebe. 1 vol. Die Entwicklungslehre der Getriebe, 2.ª ed. Berlin u. Krefeld-Uerdingen, 1948. (Contém excelentes exemplos relativos à técnica de alternativas.)
[1/9] NIEMANN, G.: Über Wippkrane mit waagerechtem Lastweg. Dissertação T. H. Berlin, 1928. (Um exemplo relativo à técnica de alternativas.)
[1/10] DAEVES, K.: Grosszahl-Forschung u. Häufigkeitsanalyse. Z. VDI 91 (1949), p. 65.
[1/11] STRAUCH, H.: Das Gesetz der Häufigkeitsverteilung in Massenerscheinungen. Arch. Metallkde, vol. 1 (1947), p. 201.
[1/12] WEBER, M.: Das Ähnlichkeitsprinzip der Physik und seine Bedeutung für das Modelversuchswesen. Forschg. Ing.-Wes. 11 (1940), p. 65.
[1/13] HAGEN, H.: Die Beurteilung der Werkstoffeignung für statische, dynamische und thermische Beanspruchung auf Grund des Ähnlichkeitprinzips. Die Technik 3 (1948), p. 6/14.
[1/14] ECKERT, E.: Ähnlichkeitsbetrachtungen an Strömungsmaschinen für Gase. Luftf.-Forschg. 18 (1941), Lfg. 11, p. 387.
[1/15] EVERLING, E.: Psychophysiologische Forderungen an die Technik. Die Technik 3 (1948), p. 511.
[1/16] DOCUMENTAÇÃO TÉCNICA INDUSTRIAL: Biblioteca do Museu Alemão de Munique. Museumsinsel 1. Assunto: Ciências Naturais Exatas e Técnica.
Treuhandstelle Reichspatentamt (Consultoria do Departamento de Patentes do Govêrno Alemão), Berlin SW 61, Gitschinerster. 97/103. Documentos distribuídos em 26 000 grupos, segundo a subdivisão em grupos das classes de patentes.
Biblioteca Central da Siemens u. Halske AG. Berlin-Siemensstadt e Munique, Hofmannstr. 51. Assuntos: publicações técnicas sôbre metrologia, publicações sôbre materiais.
Bergbaubücherei Essen (Biblioteca de Mineração de Essen), Friedrichstr. 2. Assuntos: Ciências Naturais e Técnica, Ciências Econômicas.
Gesellschaft deutscher Metallhütten-und Bergleute (Sociedade dos Mineiros e Metalúrgicos Alemães). Clausthal-Zellerfeld, Paul-Ernst-Str. 10. Assuntos: metalurgia, usinagem de metais, análise de metais.
Bücherei des Vereins deutscher Eisenhüttenleute e. V. (Biblioteca da União dos Siderúrgicos Alemães). Düsseldorf, Breite Str. 27. Assuntos: Produção de ferro e de aço, publicações sôbre materiais, análise de ferro e de aço, emprêgo de ferro e de aço, economia industrial.

2. Regras de projeto

Ao se estudar o projeto de uma máquina e de seus elementos de construção, é preciso considerar-se a sua função, sua operação e sua manutenção, bem como as características dos materiais e da fabricação. Sòmente depois de saber qual a importância de cada um dos fatôres acima, e como êles influem sôbre o custo da máquina, é que se pode obter a conformação ótima.

Algumas noções sucintas relativas a êste assunto estão aqui reunidas, podendo ser consideradas *regras de ofício* do projetista[1].

2.1. INFLUÊNCIA DA FUNÇÃO E DA ECONOMIA

De um modo geral, o projetista tenta projetar seus elementos de construção de tal modo que possam cumprir satisfatòriamente a sua função. Apenas depois de encontrada essa solução, é que êle procurará a maneira mais econômica de realizá-la. A maior economia pode consistir tanto em menores custos da construção, quanto em melhor desempenho de funções (maior potência, maior capacidade, maior durabilidade e, conseqüentemente, menor consumo de energia, custo de manutenção etc.). Em suma, é decisivo o aumento do valor geral de comparação, da "capacidade" da construção (pág. 6). Exemplos relativos a construções leves estão contidos na pág. 74.

O esfôrço para economizar é limitado pela falta de cumprimento de funções, e o cumprimento de funções especiais pelo comprometimento da economia.

Possibilidades de economia: observando sempre o princípio geral, segundo o qual "as características de uma construção devem ser tais que se possa obter a melhor qualidade com as menores despesas"[2], tenta-se, durante o projeto, economizar

1) *no custo da construção,* através do aproveitamento de construções existentes, do emprêgo de peças normalizadas, de elementos de construção e de peças semi-acabadas disponíveis no mercado, através de restrição do número de tipos e modelos, do tamanho e da forma das peças, isto é, de um modo geral, através do aumento do número de unidades de cada elemento da construção. Exemplos: emprêgo de barras perfiladas, chapas, eixos e tubos de dimensões normalizadas e disponíveis no mercado, de parafusos, pinos e chavêtas normalizados etc., e também através da simetria dos elementos de construção;

2) *no custo do material,* tanto através da economia da quantidade dêste, pelo uso de formatos convenientes (ver Construções Leves), quanto através de economia de materiais de preço elevado (como, por exemplo, tubos e ferramentas de corte com revestimento metálico, mancais de deslizamento etc., em lugar de peças grosseiras e materiais econômicos!) e, finalmente, através da redução de sobras e refugos (ver Fig. 2.10);

3) *no custo da fabricação,* através da escolha dos métodos mais adequados (ver pág. 13), do aumento do número de peças (ver acima), da redução de superfícies a serem acabadas, da escolha da qualidade do acabamento superficial e das tolerâncias; através da forma e disposição convenientes das superfícies a serem trabalhadas (economia de tempo de usinagem, de ferramentas, no preparo da máquina e da peça, nos custos de medição e de contrôle de qualidade) e, principalmente, através da possibilidade de fabricação em máquinas comuns, com ferramentas comuns, e sem necessidade de preparo ou de conhecimentos especiais; através também, de uma subdivisão da construção favorável sob o ponto de vista de fabricação. Exemplos nas págs. 13 a 23;

4) *nos custos de venda,* através de melhores características (o melhor é vendido mais fàcilmente!), de possibilidade de utilização da construção para vários tipos de serviços, de facilidade de montagem e desmontagem das peças substituíveis e, finalmente, através de um formato tal que reduza os custos de embalagem e de expedição. Exemplo: Fig. 2.31 à pág. 23.

2.2. INFLUÊNCIA DA SOLICITAÇÃO E DA FUNÇÃO

1) *Resistência e Projeto.* O elemento de construção não deve romper-se prematuramente, nem apresentar deformações, desgaste ou corrosão, inadmissíveis sob as condições de funcionamento. A êste respeito existem determinadas regras de projeto que serão abordadas, separadamente, no Cap. 4 — "Construções Leves" (escolha de secções transversais e formatos apropriados), no Cap. 2.12 — "Prevenção de Desgaste" e no Cap. 2.13 — "Proteção Anticorrosiva".

[1]Atenção, por favor! Quando lidas de uma só vez, tais noções podem parecer mais cansativas que interessantes. Pode-se, agora, consultar a parte que trata de assuntos mais gerais, até à p. 13, deixando as demais para serem consultadas à medida que, durante a própria atividade de projeto, surgirem casos a elas relativos, como por exemplo o Cap. 2.5 quando trata da conformação de uma peça fundida, o Cap. 2.9 quando trata de peças usinadas, e assim por diante.

[2]Segundo Bauerfeind [2/2].

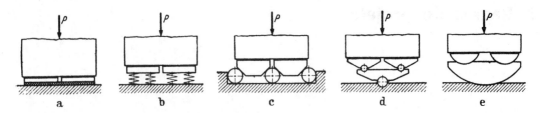

Figura 2.1 — Compensação de Fôrças. a) compensação plástica, por meio de apoio plástico intermediário, b) compensação elástica, por meio de molas, c) compensação por meio de cunhas, d) compensação por meio de alavanca, e) compensação articulada, por meio de espigas

2) *Evitar, sempre que possível*, esforços desnecessários ou inúteis! Preferir, portanto, apoios e junções cujas reações sejam estàticamente determináveis, como por exemplo apoios em três em vez de quatro pontos, compensação de fôrças segundo a Fig. 2.1, e mesmo limitação de fôrças (por exemplo, cavilha de segurança, sujeita a ruptura), com o fim de evitar sobrecargas.

3) *Em caso de choques e fôrças alternativas*, devem-se empregar junções isentas de folga e, se possível, protendidas, para evitar folgas conseqüentes de afrouxamentos e fôrças dinâmicas devido ao ponto morto (travar os parafusos!). Note-se ainda que os choques se tornam tanto menores quanto maiores forem os alongamentos (deformações plásticas ou elásticas). Servem de exemplo as uniões sob pressão com parafusos deformáveis, chavêtas, molas e as uniões por parafusos.

4) *Havendo rotações elevadas*, a construção deve ser bem balanceada e sua rigidez a maior possível, e, se houver ressonância, deve-se deslocar sua freqüência própria ou amortecer a vibração, a fim de evitar trepidações danosas e condições de funcionamento inaceitáveis.

5) *Sob o ponto de vista de menor ruído*, preferem-se pares cinemáticos que apresentem um certo atrito de escorregamento, por serem mais silenciosos que os pares cinemáticos de rolamento puro. Assim, por exemplo, preferem-se mancais de deslizamento a mancais de rolamento, transmissões por meio de engrenamento coroa-parafuso-sem-fim e engrenamentos cônicos descentrados a engrenamentos cilíndricos, engrenagens de dentes inclinados às de dentes retos etc. Materiais dotados de amortecimento interno, como por exemplo borracha, madeira, materiais prensados e ferro fundido, amortecem mais ruídos e vibrações do que, por exemplo, o aço (ver também Amortecimento na Solda, Cap. 7).

6) *Em pontos de atrito e desgaste*, minorar êste último através da associação adequada de materiais, acabamento superficial e lubrificação convenientes (ver Prevenção de Desgaste, pág. 24), bem como atenuar suas conseqüências prevendo possibilidades de ajuste e substituição, como, por exemplo, a substituição de contatos, buchas de mancais de deslizamento, superfícies de atrito de freios e embreagens, rôscas e bocais.

7) *Vedações eficientes* contra a entrada de pó ou de areia, bem como para evitar vazamentos de fluidos (óleo, gasolina, água, gás), são, freqüentemente, elementos de grande importância para o cumprimento seguro da função da construção (ver Vedações, Cap. 15.4).

2.3. INFLUÊNCIA DA OPERAÇÃO, DA MANUTENÇÃO E DA SEGURANÇA DE FUNCIONAMENTO

1) *Facilitar a operação*! Posicionamento, formato e movimentação simples, racionais, cômodos e que não induzam a erros do operador, das alavancas, alças e botões de operação, bem como redução de esforços e movimentos e posição adequada do operador (assentos, encostos, almofadas) diminuem o seu cansaço e aumentam o seu rendimento[3]. Deve-se procurar concentrar os órgãos de comando de tal modo que fiquem ao alcance das mãos e dos pés do operador, e os instrumentos indicadores de tal modo que permaneçam no seu campo visual. Às vêzes, é possível dotar uma só alavanca de vários movimentos de comando (alavanca única de comando). É muito recomendável instalar-se no próprio órgão de comando, ou em suas proximidades, um esquema ou uma instrução referente à sua operação. A alavanca com cabeça esférica é um formato muito conveniente de órgãos de operação e comando.

2) *Prever a falta de cuidado* por parte do operador! (Profissionais, leigos, donas de casa?) Assim, por exemplo, no caso de máquinas de uso doméstico deve-se exigir o menor número possível de cuidados relativos à operação e à manutenção, e tentar, por exemplo, dispensar lubrificação periódica dos pontos de atrito (mancais "sem óleo", mancais de rolamento).

3) *Segurança de funcionamento*. Pensar: Que pode acontecer se esta ou aquela peça falharem? Quanto mais graves as conseqüências de uma falha (perigo de vida?) mais cuidadoso deve ser o aperfeiçoamento da peça, tendo em vista sua segurança. Assim, por exemplo, os pontos de vista sob os quais se faz o pro-

---

[3]Dados sôbre as dimensões e as condições humanas de rendimento ótimo se encontram em Hütte, vol. 2, 27.ª ed., Berlim 1944, p. 328. Pontos de vista psicológicos em [1/15].

Dimensões normalizadas de cabos, alavancas, manivelas e volantes manuais encontram-se nas normas DIN: cabos esféricos DIN 99; botões esféricos 319; cabos claviformes 830, 831; cabos boleados 39, 98, 957, 958; chaves de torneiras 473; volantes manuais 388 a 390, 950 a 952, 955, 956; manivelas manuais 468, 469.

jeto do freio de um automóvel, de um elevador de passageiros ou de um guindaste, são diferentes daqueles sob os quais se projeta o freio de um tôrno revólver, devido à gravidade das conseqüências de eventuais falhas.

4) *Cuidados Especiais*. Devem-se tomar providências especiais contra acidentes, como por exemplo proteção contra peças girantes ou salientes como transmissões por engrenagens, correntes ou correias, rebolos e chavêtas com cabeça; proteção dos dedos junto a prensas; proteção de condutores de eletricidade que evitem quaisquer contatos com êles; proteção para os olhos diante de processos radiantes ou de existência de respingos; trava de segurança de elevadores etc. Deve-se, a seguir, examinar que providências urge tomar para que se evitem movimentos inadmissíveis (travamentos), ultrapassagem de limites de cursos (limitadores), cargas inadmissíveis (indicador de sobrecarga, interruptor limitador de carga ou molas), velocidades inadmissíveis (reguladores centrífugos), encaixes defeituosos (chumbamentos ou vedações especiais), afrouxamento e desmontagem de peças (por exemplo, travas com parafusos ou arames) etc.

5) *Facilitar a manutenção e o contrôle!* Itens que exigem um cuidado especial são os pontos sujeitos a desgastes, as vedações e os pontos de lubrificação. Caso não esteja prevista uma lubrificação centralizada ou uma lubrificação contínua (circulação do lubrificante, mancais com anéis de lubrificação, com depósito de graxa ou mancais de rolamentos), recomenda-se estabelecer um plano de lubrificação conveniente da máquina. Em muitos casos, é essencial a possibilidade de contrôle do nível de óleo (visor ou vareta graduada), da circulação de óleo (conta-gôtas ou manômetro de óleo) ou da temperatura do óleo (termômetro). Os pontos de lubrificação devem ser mantidos sempre fechados, ser acessíveis e caracterizados com a côr vermelha.

Uma forma exterior lisa de máquinas e peças facilita a limpeza e diminui o perigo de acidentes. Em certos casos, convém instalar, ao redor da máquina, canaletas para recolhimento de óleo ou de líquidos especiais. A manutenção deve necessitar o menor número possível de chaves ou ferramentas (diminuir a variedade de tamanhos de parafusos!).

2.4. INFLUÊNCIA DO MATERIAL E DO TIPO DE FABRICAÇÃO

1) *Projeto de acôrdo com o material e com a fabricação*. A Fig. 2.2 mostra, por meio de um exemplo simples, como o projeto de uma peça deve adaptar-se ao tipo de fabricação e ao material. Outros exemplos se encontram nas págs. 15 a 23. Um tal projeto, baseado nos tipos de materiais e de fabricação, exige uma escolha prévia dêsses materiais[4] e tipo de fabricação a ser adotado. Entretanto, não é sempre que isso acontece, pois o contrário também se pode dar, isto é, o projeto influenciar a escolha dos materiais e o tipo de fabricação. Em muitos casos, torna-se recomendável fazer esboços e cálculos comparativos.

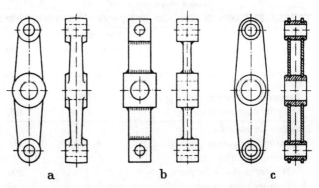

Figura 2.2 – Projeto de uma alavanca para vários processos de fabricação. a) fundida, b) soldada, c) estampada e unida com as buchas por meio de bordeamento

2) *Influência do número de peças*. Havendo fabricação em massa, isto é, de um grande número de peças, tornam-se vantajosos os tipos de fabricação que não produzem cavacos e economizam tempo e material (fundição, laminação, forjamento, injeção, repuxamento, estiramento e estampagem), pois o custo das fôrmas necessárias (modelos, matrizes, moldes, punções) é dividido pelo grande número de peças fabricadas. Tal custo é também compensado quando se dispõe de um projeto ótimo, e dotado do mais elevado grau de aperfeiçoamento, de uma construção cuja conformação exija equipamento especial (ferramentas, dispositivos e máquinas especiais) para a sua fabricação)

Para fabricação de uma só ou de pequeno número de peças, geralmente se adotam formatos mais simples, que possam ser fabricados com um equipamento disponível, sem necessitar de fôrmas ou de modelos. Predominam, então, as peças soldadas e forjadas sôbre as fundidas, além das usinadas, com formação de cavacos[5], a partir de um material bruto. Nesses casos, geralmente se prefere desenvolver um maior trabalho de ajustagem para poder facilitar a fabricação das peças.

A fabricação em série, sob o ponto de vista de projeto e fabricação, constitui um meio-têrmo entre os dois casos extremos acima expostos.

[4]Comparação dos materiais segundo suas propriedades características à p. 61; para a escolha do material ver p. 78.
[5]Conformação por torneamento, fresamento, furação, aplainamento, retificação.

2.5. PEÇAS FUNDIDAS

O seu formato deve estar de acôrdo com o processo de fundição, com a formação do molde e a retirada do modêlo (caso de fundição em areia) ou da peça fundida (caso de fundição em coquilhas e fundição sob pressão), e com o processo de escoamento, resfriamento desigual e contração do material fundido.

1. ESCOLHA DO PROCESSO DE FUNDIÇÃO

Para o ferro e o aço fundidos se adota sòmente a fundição em areia[6], com exceção de casos especiais em que se funde ferro duro em coquilhas; para metais leves e ligas de cobre e zinco também se adotam fundição em coquilhas e fundição sob pressão (injeção)[7]. Ver a Fig. 2.3 e a Tab. 2.1.

Para um pequeno número de peças, a fundição em areia é a mais econômica (ver Fig. 2.3), e é também apropriada para fundir peças muito grandes. A mínima espessura de parede é, aproximadamente, 3 mm para ferro fundido cinzento, e 5 mm para aço fundido (aumenta com o percurso de escoamento e com a vazão do material fundido); as dimensões podem ser obtidas com precisão de $\pm$ 1 mm, aproximadamente; a superfície é rugosa.

A fundição em coquilhas é própria para grandes séries de peças, e seu emprêgo já é discutível quando se deseja fundir peças simples em número menor que 200. Pêso de cada peça até 50 kgf, aproximadamente; espessura de parede $\geq$ 3 mm; precisão das dimensões $\geq$ 0,2 a 0,3 mm. Além do mais, a fundição em coqui-

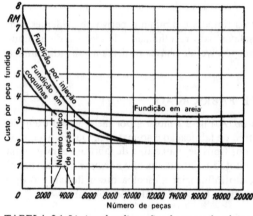

Figura 2.3 – Comparação dos custos de uma caixa de alumínio, fundida segundo diversos processos de fundição (segundo Lüpfert)

TABELA 2.1-*Limites das dimensões de peças de vários materiais, fundidas segundo vários processos* (segundo Lüpfert).

	Fofo cinzento fofo maleável (aço fundido)	Liga de Al	Liga de Mg	Liga de Zn	Latão
Fundição em areia:					
Espessura de parede (mm) $\geq$	3 (5)	3,5	3,5	3,5	3,5
Precisão obtenível (mm) $\pm$	1	0,8	0,8	0,8	1
Fundição em coquilhas					
Espessura de parede (mm) $\geq$	–	3	3	3	3
Precisão obtenível (mm) $\pm$	–	0,2 $\cdots$ 0,3	0,2 $\cdots$ 0,3	0,2 $\cdots$ 0,3	–
Número mínimo de peças	–	200	200	200	200
Pêso máximo da peça (kgf)	–	50	50	50	50
Fundição sob pressão					
Espessura de parede (mm) $\geq$	–	0,8 $\cdots$ 3	0,8 $\cdots$ 3	0,5 $\cdots$ 3	1 $\cdots$ 3
Precisão obtenível (mm) $\pm$	–	0,3 $\cdots$ 0,1	0,02 $\cdots$ 0,1	0,02 $\cdots$ 0,1	0,15 $\cdots$ 0,3
Número mínimo de peças	–	500	500	500	500
Pêso máximo da peça (kgf)	–	10	10	20	25
Para furos*:					
Diâmetro D (mm) $\geq$	–	2	2	0,5	4
Profundidade L (passante) $\leq$	–	3 D	4 D	8 D	3 D
Profundidade L (não-passante) $\leq$	–	2 D	3 D	4 D	2 D
Conicidade (% de L)	–	0,4 $\cdots$ 0,8	0,3 $\cdots$ 0,4	0,2 $\cdots$ 0,4	1,0 $\cdots$ 2,0

*A fundição sob pressão (fundição por injeção) permite a formação de furos desde que, nos moldes, sejam instalados pinos correspondentes (diâmetro D e comprimento L).

[6] Para peças mais pesadas, adota-se também a fundição em argila, utilizando-se chablonas para formar o molde.

[7] A fundição centrífuga é uma variedade na qual a pressão é exercida pela fôrça centrífuga (o molde gira!). É especialmente empregada na fabricação de coroas de bronze para engrenamentos parafuso-sem-fim, visando-se a obter uma textura compacta e de alta resistência.

lhas proporciona uma superfície lisa, uma granulação mais fina e mais densa e maior resistência que a fundição em areia. Pequenos recipientes de aço, pinos de aço etc. podem ser fundidos simultâneamente (impedir movimentos, por meio de ressaltos ou ranhuras!).

A fundição sob pressão é própria para a produção em massa de peças pequenas, de paredes delgadas e dimensões exatas (não sujeitas a correções) (discutível se a produção fôr menor que 500 unidades), e fornece uma granulação fina e densa. Pêso de cada peça, aproximadamente, até 10 kgf para metais leves, até 20 kgf para ligas de zinco e até 25 kgf para ligas de cobre. Mínima espessura de parede $\geq$ 0,5 a 3 mm, precisão das dimensões 0,03 a 0,3 mm (ver Tab. 2.1):

2. A FUNDIÇÃO

Para a execução de um projeto, é importante o conhecimento do fenômeno de solidificação do material fundido. Durante o período de solidificação, que não é o mesmo para todos os pontos da peça fundida, há uma redução do volume nos pontos que se solidificam posteriormente, isto é, onde são maiores as espessuras (pontos internos), em relação ao volume nos pontos em que as espessuras são menores (pontos externos) e que se solidificam anteriormente. Formam-se "vazios" (cavidades, Fig. 2.4 e 2.5), dão-se contrações (Fig. 2.6) das partes solidificadas posteriormente e surgem tensões ou fissuras, quando se impedem as contrações. Tais fissuras surgem, com facilidade, nos pontos de transição de uma secção transversal espêssa para outra delgada, e nas arestas vivas das paredes. Deve-se evitar, portanto, através de formatos adequados (Fig. 2.7 e 2.8) ou de certos cuidados por ocasião da fundição (Fig. 2.5), um resfriamento desigual ou possibilitar o equilíbrio das tensões (Fig. 2.8e). Quanto maior a contração do material, tanto mais importantes se tornam tais cuidados (por exemplo, no caso de aço fundido).

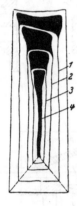

Figura 2.4 — Formação de "vazios" em um bloco fundido, por meio de um resfriamento progressivo do exterior para o interior. As linhas 1 a 4 exprimem cronològicamente o processo de solidificação (segundo Lüpfert)

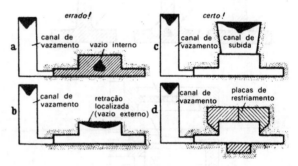

Figura 2.5 — Formação de "vazios" em peças fundidas em moldes (a, b) e a maneira de evitá-la (c, d), através de providências especiais por ocasião da fundição (segundo Lüpfert)

Valores médios de contração, em %: ferro fundido cinzento 1; ferro fundido duro 1,5; ferro fundido maleável 1,6; aço fundido 2; ligas de alumínio 1 a 1,7 (Silumin 1,15; liga com S para injeção 0,5); ligas de magnésio 1,2 a 1,9; ligas de zinco 1,8; bronze vermelho 1,5; latão 1,8; bronze com Zn 0,8 a 1,5.

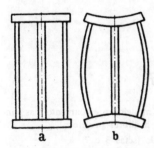

Figura 2.6 — Empenamento de uma peça fundida b devido a um resfriamento desigual. Encurtam-se as partes espêssas, solidificadas posteriormente; a mostra o modêlo (segundo Laudien)

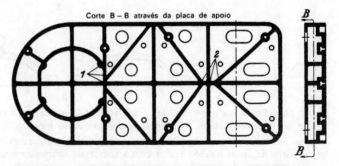

Figura 2.7 — Base da furadeira radial "Raboma" (segundo Widmeier), devidamente enrijecida por meio de nervuras, evitando-se acúmulos de material (formação de "vazios") através da separação dos pontos de junção das nervuras (ver pontos 1 e 2)

3. REGRAS DE PROJETO DE PEÇAS FUNDIDAS

a) Baixo custo de modelos se consegue por meio de linhas de contôrno simples (retas e arcos de circunferência),
superfícies fáceis de fabricar (planas e de revolução),
modelos inteiriços, sem machos especiais,
machos simples e de montagem segura (Fig. 2.8),
quando êles não puderem ser evitados totalmente. Tôda divisão de modêlo e cada macho aumentam o custo de construção, de moldagem e de limpeza, assim como a rejeição devida a defeitos e a descentragens dos machos e modelos.

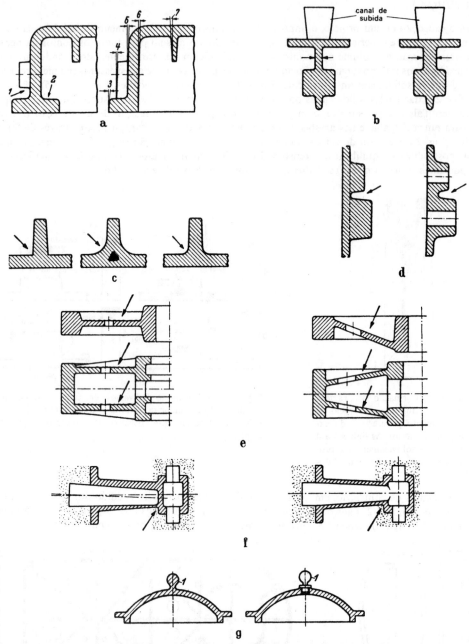

Figura 2.8 — Projeto de peças fundidas, tendo em vista a moldagem, a retirada dos modelos, o escoamento e as contrações do material fundido. À esquerda, encontram-se os piores e, à direita, os melhores projetos
a) evitar reentrâncias (setas 1 e 2) e prever inclinações para a retirada do modêlo (setas 3 e 7);
b) passagens de metal fundido com seções transversais suficientemente grandes;
c) arredondamento da concordância entre superfícies (se muito grande, origina "vazios" e, se muito pequeno, origina tensões);
d) maior uniformidade possível da espessura das paredes;
e) superfícies inclinadas favorecem a expulsão do ar e a uniformização das tensões;
f) machos apoiados em vários pontos provocam menos falhas de fundição;
g) separar peças complicadas e fabricá-las separadamente (índice 1).

b) Baixo custo de formação de moldes se obtém quando, segundo a Fig. 2.8,
se arredondam bem as concordâncias,
se evitam reentrâncias (se fôr impossível evitá-las, dividir o modêlo!),
se procura tornar mínima a altura do molde (os planos de divisão devem corresponder à direção longitudinal do modêlo),
as peças se desenvolvem em poucos planos (poucas caixas de machos),
se separam e se fundem separadamente detalhes complicados das peças,
sempre se adota uma "inclinação" das superfícies que se encontram na direção do movimento de retirada do modêlo, de

>até 1:100 para fundição em coquilhas e fundição sob pressão,
>até 1:50 para superfícies altas e
>até 1:3 para superfícies baixas.

c) Menos falhas de fundição surgem quando também se consideram no projeto o escoamento, os gases e as contrações do material fundido, segundo as Figs. 2.8b a 2.8e, através de

áreas das secções transversais dos canais suficientes à vazão do material líquido (espessuras das paredes correspondentes ao percurso e à vazão do líquido, Fig. 2.8b e 2.8d),
precauções contra acúmulo de material (menos vazios e segregações, Fig. 2.8c),
bom arredondamento das concordâncias (menos fissuras e tensões, Fig. 2.8c),
nervuras de refôrço mais delgadas que as paredes (menos fissuras e tensões, Fig. 2.8a), e
superfícies inclinadas em vez de horizontais (menos bôlhas superficiais, Fig. 2.8e).

d) Propriedades especiais que a peça fundida deve apresentar em pontos determinados, como densidade, superfície uniforme, sem poros ou lisa, resistência especial etc., devem ser indicadas explicitamente no desenho, a fim de que o modelador e o fundidor possam tomar as providências necessárias (Fig. 2.5). Recomenda-se, sobretudo, discutir com um profissional de fundição os esboços de peças fundidas especiais.

e) As peças de ferro fundido maleável devem ter paredes de espessura constante, igual a, aproximadamente, 3 a 8 mm, a fim de que todo o material seja maleabilizado (Fig. 2.9), enquanto peças de ferro fundido cinzento podem ter paredes de espessura variável, de 3 a 40 mm.

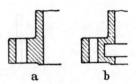

Figura 2.9 — Na fundição de ferro fundido maleável, para que todo o material seja maleabilizado, é recomendável que a espessura das paredes seja uniforme e de aproximadamente 3 a 8 mm

f) Apresentando os metais leves, como por exemplo o Silumin, maior fluidez e tenacidade a quente do que o ferro fundido cinzento, podem ser empregados, com bem maior segurança, na fundição de peças complicadas e, sobretudo, de peças com paredes delgadas. Assim, por exemplo, segundo Laudien, um cabeçote de motor de dimensões 1 × 0,6 m, com muitas saliências e nervuras, admite paredes de espessura 4 mm, se feito de Silumin (pêso aproximado 20 kg), e de aproximadamente 7 mm, se feito de ferro fundido cinzento (pêso aproximado 100 kg). Em peças fundidas de metais leves conseguem-se, portanto, maior uniformidade das espessuras das paredes, maiores raios de arredondamentos e maiores momentos de inércia de secções, devido às paredes delgadas suficientemente reforçadas por nervuras.

2.6. PEÇAS SOLDADAS

Ver no Cap. 7, e especialmente na Tab. 7.9, a maneira conveniente de projetar.

2.7. PEÇAS FORJADAS E PRENSADAS

Tais peças tornam-se, às vêzes, indispensáveis, devido à sua maior tenacidade em relação às peças fundidas. Peças forjadas manualmente são mais caras, como qualquer trabalho manual. É por essa razão que se devem adotar formatos bem simples, sendo que peças mais complicadas devem ser, preferivelmente, soldadas ou fundidas.

Devido ao alto custo dos moldes, compensa fabricar peças forjadas nêles apenas quando fôr grande o número de peças a fabricar e, mesmo assim, elas são sempre mais caras que as peças fundidas. Também para diminuir o custo dos moldes, são essenciais formatos simples, com cantos e arestas arredondados. Peças maiores ou mais complicadas devem ser subdivididas para serem prensadas, unindo-se as partes, posteriormente, com solda de tôpo (por exemplo, bielas de locomotivas). As tolerâncias alcançadas são, aproximadamente, ± 0,5 mm para aço, e ± 0,2 a 0,3 mm para peças de metais não ferrosos forjadas em moldes. Fabricam-se ainda, simples e econômicamente, por meio de extrusão, tubos e barras de ligas de cobre, alumínio, magnésio ou zinco, de vários perfis e com paredes de espessuras até menores que 2 mm.

2.8. PEÇAS FABRICADAS COM CHAPAS E TUBOS

As peças fabricadas a partir de chapas podem adquirir seu formato através de dobramentos, curvas e rebordas, por meio de prensagem, estiramento e repuxamento, estampagem e oxi-corte (por queima). É importante evitar que sobrem retalhos de chapas, isto é, fazer divisões convenientes das chapas e aproveitar os retalhos (Fig. 2.10).

Peças com grandes superfícies de chapa podem ser convenientemente reforçadas por meio de sulcos e perfis ocos prensados (Fig. 2.11). O raio de curvatura do perfil dos reforços é, aproximadamente, igual a 2 a 3 vêzes a espessura da chapa.

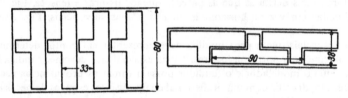

Figura 2.10 – Divisão de chapa para fabricação de peças estampadas. Pela divisão da esquerda, de uma chapa de dimensões 500 mm × 1 500 mm se obtêm 252 peças, e, pela da direita, 416 peças

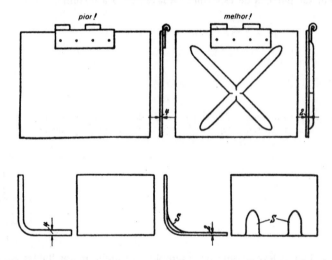

Figura 2.11 – Peças feitas com chapas podem ser reforçadas por meio de reforços vazados S (segundo Metzner)

TABELA 2.2-*Dimensões (mm) relativas a dobramentos de chapas (segundo Bauerfeind). Comprimento alongado*
$L = L_1 + L_2 - V;\ V = 1,48\,s + 0,43\,r.$
Os menores valores de r referem-se a chapas de aço de alongamento correspondente à ruptura $\delta_5 \geq 20\%$, os maiores a $\delta_5 \geq 15\%$.

Espessura de chapa s	0,5		0,8		1		1,2		1,5		2		2,5		3		4		5
Raio $r \geq$	0,6	1	1	1,6	1,6	2,5	1,6	2,5	2,5	4	2,5	4	4	6	4	6	6	10	10
Dimensão V	1	1,17	1,6	1,87	2,17	2,55	2,46	2,85	3,29	3,94	4,03	4,68	5,42	6,2	6,08	6,94	8,5	10,2	11,7

Em dobramentos de chapas, o raio r interno de curvatura e o comprimento alongado L dependem da espessura s da chapa. Ver Tab. 2.2.

Para o repuxo (também para o repuxo profundo) de objetos côncavos com forma de vasilha, diâmetro d e altura h, o recorte de chapa plana necessário, de mesma superfície que o objeto, deve ter um diâmetro aproximadamente igual a $D = \sqrt{d^2 + 4d \cdot h}$.

No dobramento de tubos (parede de espessura s), adota-se um raio de curvatura, relativo ao eixo do tubo, preferivelmente $\geq 3 \cdot s$ (em caso de necessidade, $2 \cdot s$).

2.9. PEÇAS USINADAS

Preferem-se formatos que possibilitem uma redução do tempo empregado na fixação, usinagem e medição da peça usinada, bem como dos custos relativos a máquinas e dispositivos. A êsse respeito, existem numerosas regras práticas a serem observadas no projeto.

1. SUPERFÍCIES USINADAS

a) Superfícies planas ou de revolução, paralelas ou perpendiculares à superfície de fixação, são usinadas com maior facilidade.

b) É mais barata a usinagem de ressaltos e olhais salientes do que de superfícies inteiras (Figs. 2.12 e 2.17).

c) Procurar colocar no mesmo nível as superfícies usinadas (Fig. 2.12).

d) As superfícies usinadas após uma mesma fixação se ajustam com maior precisão durante a montagem e é menor o custo de suas usinagens (Fig. 2.13).

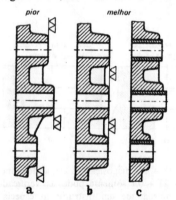

Figura 2.12 — Procurar colocar no mesmo nível as superfícies usinadas (b), ou montar buchas prèviamente usinadas (c)

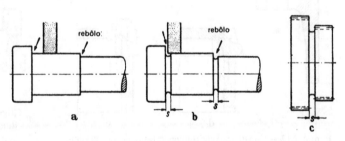

Figura 2.14 — Deixar espaço suficiente para a saída da ferramenta (para rebolos, aproximadamente 6 mm)

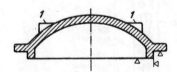

Figura 2.13 — Tampa com orelhas (1) para fixação, fundidas simultâneamente, a fim de permitir a usinagem completa após apenas uma fixação na máquina

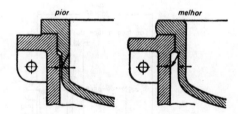

Figura 2.15 — Afastar suficientemente as superfícies usinadas!

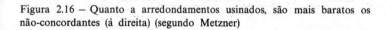

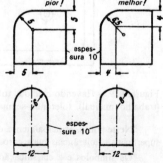

Figura 2.16 — Quanto a arredondamentos usinados, são mais baratos os não-concordantes (à direita) (segundo Metzner)

e) Prever faces de apoio, furos de fixação etc., necessários para a instalação da peça usinada (Fig. 2.13).

f) Não impedir a saída da ferramenta (Fig. 2.14) e afastar suficientemente os ressaltos usinados (Fig. 2.15).

g) Quanto a arredondamentos usinados, são mais baratos os não concordantes (Fig. 2.16).

2. ACABAMENTO SUPERFICIAL E AJUSTES[8]

a) Não recomendar acabamento superficial de qualidade mais fina do que a exigida pela função da peça! Por exemplo, fazer acabamento de fina qualidade apenas em superfícies de deslizamento ou de vedação (tornar a superfície bem lisa, por meio de retificação, polimento ou lapidação); apenas desbastar as superfícies carregadas estàticamente; se possível, deixar sem acabamento as superfícies não carregadas, de modo que uma borda saliente possibilite o encobrimento de pequenas imprecisões de fabricação (Fig. 2.17).

Profundidades de rugosidades (em 1/1000 mm)[9]: desbaste 40 a 250; alisamento e retificação grosseira 4 a 40; retificação fina, lapidação, polimento 0,4 a 4; retificação de precisão, lapidação e polimento 0,04 a 0,4.

b) Sempre que possível, evitar as pequenas tolerâncias de medidas! Deve-se ponderar: serão elas realmente exigidas pela função, e a disposição prevista permitirá que elas sejam mesmo obtidas e medidas? (Fig. 2.18) poderão elas, porventura, ser evitadas por ajustes plásticos ou elásticos? Ver Fig. 2.27 e, ainda, pino elástico e pino entalhado (Cap. 11) e assento forçado plástico (Cap. 18.2).

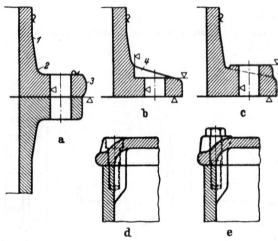

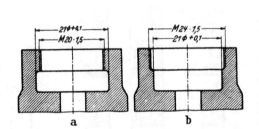

Figura 2.17 — Construção de flanges e tampas. Observem-se, em a, as concordâncias 1 e 2 e a borda saliente 3, e, em b, o rebaixo 4

Figura 2.18 — Na disposição da esquerda, a medida $\emptyset - 21 + 0,1$ sòmente pode ser verificada com o emprêgo de um instrumento especial, enquanto na disposição da direita basta um calibrador de rôscas comum (segundo Metzner)

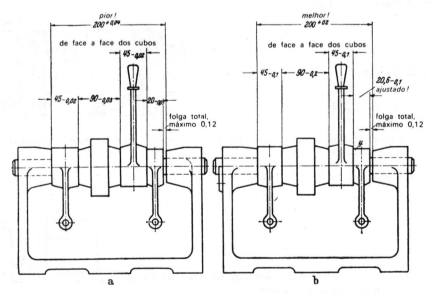

Figura 2.19 — Havendo medidas toleradas em série (esquerda), é freqüentemente mais econômico ajustar uma medida (trabalho manual), tolerando-se mais grosseiramente, portanto, as demais medidas (direita) (segundo Metzner)

---

[8] Neste ponto, principalmente, o principiante costuma errar, preferindo, por insegurança, recomendar acabamentos superficiais e tolerâncias mais caros, em vez de pensar um pouco mais ou procurar informações a êste respeito.

[9] Os símbolos e a classificação das qualidades de acabamento superficial encontram-se na norma DIN 140.

c) Os trabalhos de ajustagem são sempre caros. Mesmo assim, devem ser considerados quando, por meio dêles, fôr possível evitar tolerâncias ou dispositivos especiais ainda mais caros, como por exemplo nos casos de "tolerâncias em série" (Fig. 2.19), de engrenamentos de engrenagens cônicas ou de coroa-parafuso-sem-fim para obter a distribuição correta de cargas sôbre os dentes (por meio de discos de ajustagem ou rôscas).

3. FUROS

a) Dar preferência aos diâmetros de brocas disponíveis, entre os quais se encontram também os diâmetros de dimensões fracionárias, utilizados para furos passantes e não passantes (3,3; 4,2; 6,7; 8,4 etc.), bem como levar em consideração os alargadores e calibradores de que se pode dispor.

b) Em casos de furos oblíquos (Fig. 2.20), prever ou nivelar ressaltos especiais cujas superfícies sejam perpendiculares aos eixos dos furos.

c) É mais barato furar, alargar e medir furos passantes (Fig. 2.21) que furos cegos ou escalonados. Obter ressaltos e superfícies de encôsto por meio de anéis elásticos (ver Anéis Elásticos, pág. 119) ou buchas.

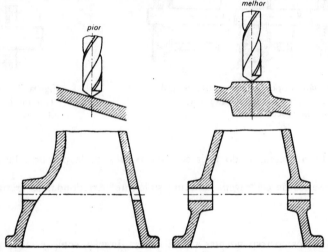

Figura 2.20 – Havendo furos oblíquos, prever ressaltos cujas superfícies sejam perpendiculares aos eixos dos furos (segundo Widmeier)

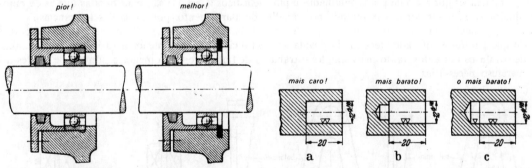

Figura 2.21 – Furos passantes (direita) são de fabricação mais econômica

Figura 2.22 – São mais baratos os furos cegos cujos fundos tenham o formato da ponta da broca (c)

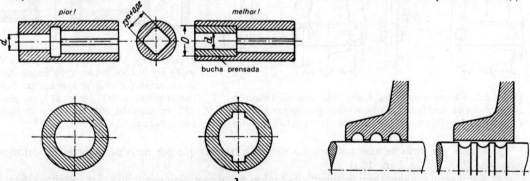

Figura 2.23 – Para furos passantes "brochados" procura-se adotar perfis simples, simétricos e de secção constante (b) (segundo Metzner)

Figura 2.24 – São mais baratos os torneamentos feitos em superfícies externas (direita)

d) Sempre que possível, os furos cegos devem permanecer com o formato das pontas das brocas, e suas profundidades devem ser as mínimas necessárias; tolerá-los. (Fig. 2.22).

e) Furos passantes "brochados" (Fig. 2.23) requerem brochas de preço elevado e para sua usinagem precisam estar abertos entre ambas as extremidades. São preferíveis, nestes casos, perfis simples e simétricos. Ressaltos devem ser obtidos por meio de buchas.

f) Torneamentos feitos em furos (superfícies internas) são mais caros que os feitos em eixos (superfícies externas), ver Fig. 2.24.

4. RÔSCAS E CENTRAGEM

a) Rôscas não proporcionam centragem! Portanto, devem-se prever, nesses casos, ressaltos especiais de centragem (Fig. 2.25).

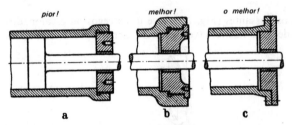

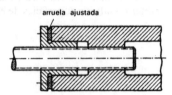

Figura 2.25 – Rôscas não proporcionam centragem (a)! Prever, portanto, ressaltos especiais de centragem (b), ou, se fôr o caso, dispensar as rôscas (c)

Figura 2.26 – Ajustagem de rôsca por meio de bucha roscada e arruela ajustada

b) Rôsca sem folga é cara, sendo mais econômico substituí-la por uma bucha roscada ajustável (Fig. 2.26).

c) Dotar os ressaltos de centragem de altura suficiente! Arredondar as arestas!

5. UNIÕES

a) Vínculos múltiplos correspondentes a uma mesma direção, como por exemplo eixos entalhados (Cap. 18.3), requerem uma alta precisão de usinagem; por isso, se possível, deve-se evitá-los, ou então possibilitar um equilíbrio dos esforços, através de processos elásticos (Fig. 2.27).

b) Uniões por meio de pinos entalhados e pinos elásticos (Cap. 11) são mais baratas que as de pinos cilíndricos ou pinos cônicos (economia no trabalho de alargamento, por causa das tolerâncias).

c) Uniões por meio de parafusos (Cap. 10) são mais baratas quando se utilizam parafusos com porcas do que parafusos ajustados (economia devida às tolerâncias). Quanto menor a variedade de tamanhos de parafusos utilizados, tanto mais simples o trabalho de furação e tanto menor o número de chaves-de-parafuso necessárias.

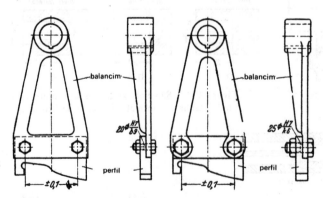

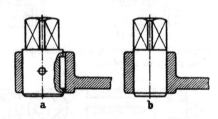

Figura 2.27 – Suporte de perfis. À esquerda, uma construção rígida, e, à direita, com braços elásticos livres, possibilitando, assim, a solicitação de ambos os parafusos ajustados (segundo Leinweber)

Figura 2.28 – União resistente à torção. A união por assento forçado (b) é mais barata que a união por chavêta ajustada (a). Economia proporcionada por b: 13% em pêso, 23% em material, 65% em tempo de fabricação (segundo Leinweber)

d) Uniões por meio de assentos forçados são mais baratas que por meio de chavêtas paralelas ou inclinadas (Fig. 2.28 e Cap. 18.1).

e) A usinagem e a ajustagem de superfícies cônicas não devem ser prejudicadas por ressaltos salientes (Fig. 2.29). Dar preferência às conicidades usuais, para as quais se dispõe de alargadores e calibradores. No desenho correspondente, indicar apenas um diâmetro e a conicidade.

Figura 2.29 – Evitar qualquer empecilho à ajustagem cônica de superfícies cônicas

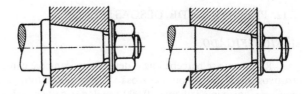

2.10. MONTAGEM

Considerando-se, agora, um caso particular, deve-se verificar:

1) se é necessária uma união rígida em determinadas superfícies de encôsto (ressaltos, centragens, limitadores, pinos de ajustagem) e em determinadas direções (longitudinalmente? transversalmente?), e se é possível obter a precisão que para isso se faz necessária;

2) se é conveniente uma união deformável (e deformável em que sentido?), por meio de um acoplamento elástico, plástico, articulado ou deslocável, e se é possível controlarem-se os desvios daí advindos;

3) se uma determinada posição das peças em relação às outras pode ser fixada por meio de encostos (ressaltos, arruelas, chavêtas e pinos ajustados) ou marcas (por exemplo, marcas de punção).

Como exemplo, a Fig. 2.30 mostra como é executada uma união dos grupos construtivos A a E, em parte elástica (entre A—B e D—E), em parte deslocável longitudinalmente (entre B—C) e em parte rígida (entre C—D). (Meditar: por quê?)

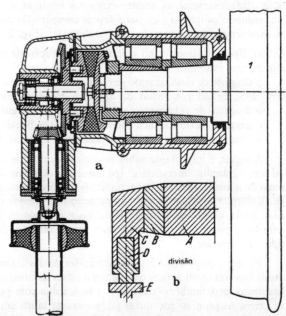

Figura 2.30 – Acionamento, pelo rodeiro 1, de um dínamo para veículos ferroviários. b Divisão em grupos construtivos A a E (segundo Krumme)

Deve-se, ainda, observar se é possível executar a montagem, se há espaço suficiente para os polegares do montador, espaço para a chave de parafusos etc., bem como onde se pode facilitar a montagem, por meio de rebarbações, arredondamentos de cantos vivos, emprêgo de pinos com assento cônico na extremidade ou de dispositivos e ferramentas especiais.

2.11. TRANSPORTE – PREVISÃO

Os pesos e dimensões de peças avulsas ou de grupos construtivos não devem ultrapassar as capacidades e os gabaritos dos meios de elevação e transporte disponíveis (transporte por meio de caminhão, trem, ou navio?). Se forem consideráveis os custos de transporte (casos de exportação), torna-se vantajoso um formato leve, de fácil acondicionamento, e que ocupe pouco espaço (Fig. 2.31).

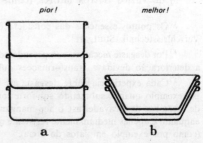

Figura 2.31 – Adaptação ao transporte. Os recipientes à direita, quando empilhados, ocupam menor espaço

2.12. PREVENÇÃO DE DESGASTE[10]

1. SIGNIFICADO

Raramente se percebe que o desgaste mecânico é causa mais freqüente de inutilização de grupos construtivos que a quebra ou a corrosão[11]. Segundo Kloth [2/36], por exemplo, os campos alemães recebem, por ano, aproximadamente 10 000 toneladas de aço, sob a forma de pó oriundo apenas do desgaste dos instrumentos agrícolas. Segundo Wahl [2/30], na indústria alemã de cimento se consomem, devido ao desgaste, aproximadamente 30 000 toneladas de aço e ferro por ano. Os prejuízos causados pelo desgaste mecânico custam ao povo vários bilhões de marcos, anualmente.

Quanto ao projetista, observe-se que o desgaste também

a) compromete o funcionamento das máquinas, dando origem a refugos na fabricação, a avarias das máquinas e a acidentes, bem como

b) é a causa de efeitos secundários indesejáveis, como aquecimento e ruído, maior consumo de energia e mais cuidados de manutenção, maiores custos de conservação e dos estoques.

2. ANÁLISE DO DESGASTE

Até agora, nossos conhecimentos relativos ao desgaste provêm de numerosas experiências avulsas, que ainda não se concatenaram para dar origem a noções básicas. Em vista disso, decidimos assimilar mais cuidadosamente as noções existentes relativas ao desgaste (tipo de desgaste, fatôres de influência etc., segundo os itens *a* a *c*), para depois compará-las com fatos semelhantes comprovados, aproveitando as experiências já feitas com essa finalidade[12] (Fig. 2.32).

a) *Tipos de desgaste:* no campo de construção de máquinas predominam, dependendo dos tipos de movimento existentes,

o desgaste de deslizamento (em mancais de deslizamento, guias de deslizamento, engrenagens, planos inclinados, britadores, relhas de arados e várias ferramentas de usinagem),

o desgaste de rolamento (em mancais de rolamento, rodas, camos, engrenagens) e ainda,

o desgaste devido à incidência de jatos (em bocais, turbinas, curvas de tubulações) e

o desgaste por "sucção" (cavitação em turbinas hidráulicas).

A seguir, é importante saber se o movimento que origina o desgaste é "lubrificado" ou "sêco", com ou sem "grânulos intersticiais" (pó mineral). A partir daqui, designaremos o processo de desgaste por meio de minerais (pedras, terra, minérios) simplesmente por "desgaste mineral", considerando o seu efeito particularmente deletério, em comparação a processos de desgaste por meio de outros materiais. Podemos, ainda, classificar os tipos de desgaste segundo os materiais em contato, o aspecto do desgaste (ver item b), o processamento do desgaste etc. É também possível o desenvolvimento simultâneo de vários tipos de desgaste.

b) *Aspectos de desgastes:* em desgastes de deslizamento, podem surgir asperezas superficiais e roçaduras finas (mais ou menos oxidadas!) e ainda deformações plásticas, estrias, riscos e, em desgaste de deslizamento sêco, também "riscagem", isto é, solda com posterior arrancamento de partículas de tamanhos variáveis. As próprias roçaduras podem causar tanto um efeito de "travamento" quanto um efeito de "rolamento" entre as superfícies de deslizamento. Em desgastes de rolamento podem surgir deformações plásticas, fissuras, esfacelamentos (pequenas cavidades, "pitting"), bem como descamação, deformações e prensagem de corpos estranhos, enquanto em desgastes por incidência de jatos ou por "sucção" se observam, sobretudo, solapamentos (erosões), erosões sob as superfícies e formação de cavidades.

c) *Fatôres de influência:* o tipo e a intensidade dos desgastes sofrem pronunciada influência

1) dos contatos (particularidades dos materiais em contato, da forma, acabamento, espessura e dureza das superfícies),

2) do material intersticial (líquidos, grânulos de poeira, material oriundo do próprio desgaste, gases, ar etc.),

3) da carga por unidade de superfície,

4) do movimento (tipo e velocidade do movimento),

5) de vários outros fatôres (como temperatura etc.).

---

[10]Os pontos essenciais das considerações seguintes baseiam-se nos trabalhos do Dr. Wahl [2/30], Institut für Verschleisstechnik Stuttgart.

[11]Por desgaste mecânico compreendemos a deterioração das superfícies devida a ações mecânicas, e por "corrosão" a deterioração devida a transformações químicas.

[12]Cada experiência sôbre desgaste até hoje realizada é significativa apenas em um campo bem restrito. Assim, por exemplo, quando submetido sob forte compressão, a um movimento de deslizamento (como por exemplo em dentes de caçambas de escavadeiras), o aço-manganês sofre um endurecimento a frio e torna-se muito resistente ao desgaste, enquanto é apenas medianamente resistente quando submetido a um movimento de deslizamento sob fraca compressão (como por exemplo em jatos de areia).

Regras de Projeto

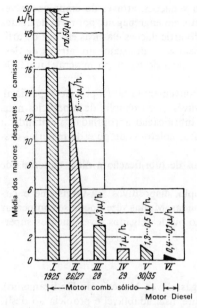

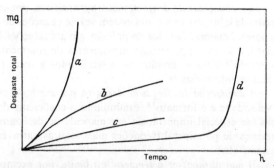

Figura 2.33 – Desenvolvimento cronológico de processos de desgaste (esquemàticamente)

a desgaste de deslizamento com "tendência a riscagem"
b desgaste de deslizamento com "tendência a amaciamento"
c desgaste de rolamento sêco
d desgaste de rolamento lubrificado

Figura 2.32 – Resultados do combate ao desgaste em motores de combustível sólido (pó de carvão) (segundo Wahl)

I Primeiros resultados experimentais relativos a motores de combustível sólido com camisas e anéis de ferro fundido
II Resultados experimentais do emprêgo de diversos recursos especiais relativos à construção e ao funcionamento
III Resultados experimentais da injeção de ar sob alta pressão; não econômico
IV Resultados experimentais da injeção de óleo; não econômico
V Resultados experimentais relativos a motores de combustível sólido de construção comum, mas com camisas e anéis de materiais especiais
VI Experiência para comparação com motores Diesel

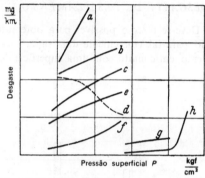

Figura 2.34 – Influência da pressão superficial no processo de desgaste (esquemàticamente)

a desgaste de deslizamento mineral sêco – metal//mineral,
b desgaste de deslizamento granular sêco – metal//metal,
c desgaste de deslizamento sêco – metal/metal,
d desgaste de deslizamento sêco de característica especial – metal/metal,
e desgaste de deslizamento granular lubrificado – – metal/metal,
f desgaste de deslizamento lubrificado – metal/metal,
g desgaste de rolamento sêco – aço/aço,
h desgaste de rolamento lubrificado – aço/aço

d) *Tendências dos desgastes:* através do conhecimento do processamento dos desgastes em função do tempo (Fig. 2.33), da carga (Fig. 2.34), da velocidade, da associação dos materiais (Fig. 2.35) e ainda da dureza das superfícies (Fig. 2.36 e 2.37), do tipo de desgaste etc., podem-se obter noções fundamentais relativas à prevenção de desgastes.

3. PROVIDÊNCIAS ACONSELHÁVEIS (GENERALIZADAS)[13]

Baseadas na análise do desgaste e na experiência até hoje adquirida (tendências de desgaste), existem as recomendações usuais para a atenuação dêle e de suas conseqüências, bem como indicações para pesquisas apropriadas (Fig. 2.32).

Recomendações gerais. a) *Associação conveniente de materiais.* Geralmente, pode-se minorar o desgaste através do emprêgo de materiais mais resistentes a êle, ou melhor, através de uma associação mais conveniente de materiais (Figs. 2.35 a 2.45). Note-se, entretanto, que uma associação conveniente para determinadas condições de desgaste pode não ser conveniente para outras condições. Quanto a isso, observem-se, nos itens 4. a 7., os resultados de experiências especiais. Em muitos casos, no entanto, pode-se obter maior sucesso diminuindo o próprio trabalho de desgaste, por meio de

---

[13] Creio que as noções relativas à técnica do desgaste teriam sentido se aplicadas à vida social humana – contatos adequados e inadequados. De qualquer modo, vê-se, com freqüência, muito atrito de deslizamento sêco com tendência a riscagem!

b) *movimentos de desgaste* mais apropriados, por exemplo, em vedações, através do emprêgo de vedações de labirinto, sem contatos, em vez de vedações de deslizamento, em engrenagens, por meio de dentes menores e maiores ângulos de pressão, em articulações, empregando articulações elásticas em vez de articulações de pinos; preferindo movimentos de rolamento a movimentos de deslizamento, atritos de deslizamento fluidos a semifluidos, e semifluidos a secos (também no caso de haver pó mineral formando grânulos intersticiais!);

c) *diminuição das fôrças de desgaste*, por exemplo, escolhendo convenientemente a pressão superficial, a velocidade e o formato[14], diminuindo o coeficiente de atrito, através, por exemplo, de superfícies mais lisas (de especial importância em mancais de deslizamento!), de lubrificação apropriada[15]; evitando a presença de pó mineral (vedações mais seguras), através de caneluras coletoras de pó e de material desgastado etc.;

d) *não ultrapassar a temperatura limite*, por exemplo, em casos de lubrificação a óleo, materiais de fricção artificiais etc.;

e) *minorar as conseqüências do desgaste*, prevendo, por exemplo, dispositivos ajustáveis que o circunscrevam a determinadas peças que possam ser fàcilmente substituídas. Muitas vêzes, pode-se compensar o desgaste por meio de enchimentos com solda ou por metalização ou de delgados revestimentos superficiais, como, por exemplo, a cromeação dura.

4. DESGASTE DE DESLIZAMENTO

Deve-se fazer o possível para obter atrito "fluido" (sem desgaste! ver Mancais de Deslizamento), sendo, para tal, conveniente uma superfície-suporte de metal patente, lisa, adaptável e propícia ao deslizamento, em contato com uma superfície de deslizamento lisa e dura (Fig. 2.35). Devem-se, ainda, evitar

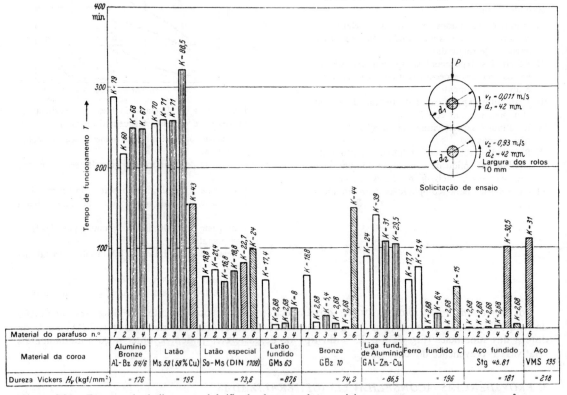

Figura 2.35 — Desgaste de deslizamento lubrificado de pares de materiais para engrenamentos coroa-parafuso, segundo ensaios de Wahl. Foi determinado o tempo de funcionamento decorrido até o início de riscagem do par de rolamento. As velocidades periféricas são $v_1 = 0{,}011$ m/s, e $v_2 = 0{,}93$ m/s. A cada par de materiais foi atribuída uma carga específica $K = \dfrac{P}{d \cdot b}$ (kgf/cm^2) própria! $d = \dfrac{d_1 \cdot d_2}{d_1 + d_2}$; lubrificação por gotejamento de óleo de fusos. Material do parafuso:

    1 aço VMS 135 ($H_V = 218$);   4 aço StC 16.61 cementado ($H_V = 807$);
    2 aço St 70.11 ($H_V = 278$);   5 aço St 60.61 cromado;
    3 aço StC 45.61 temperado ($H_V = 566$);   6 aço VMS 135 fosfatizado

[14] Obtém-se freqüentemente, a partir de uma forma desgastada, uma boa orientação para a pesquisa do formato mais conveniente.

[15] Em embreagens e freios de atrito com material de fricção artificial, por exemplo, uma ligeira lubrificação reduz sensivelmente o desgaste, e apenas ligeiramente o coeficiente de atrito.

pressões exercidas por cantos vivos e, por meio de vedações seguras, evitar a presença de pó mineral. Garantir, também, a lubrificação, favorecendo a formação da cunha de lubrificante (rasgos de lubrificação e folga do mancal corretos), escolhendo corretamente a viscosidade do lubrificante em função da velocidade, temperatura e carga, e assegurando alimentação suficiente de lubrificante (ver Mancais de Deslizamento). Nos casos de desgaste de deslizamento sêco, e também nos casos de atrito semifluido, urge, além do mais, que a associação dos materiais seja resistente à riscagem. As Figs. 2.36 e 2.37 mostram a influência da dureza e dos processos de endurecimento. Nos casos de desgaste de deslizamento sêco é considerável, também, a influência de gases[16]. As Figs. 2.35 a 2.39 mostram associações convenientes de materiais.

Nos casos de desgaste de deslizamento granular, como, por exemplo, de metal contra metal com pó mineral formando grânulos intersticiais (mancais de deslizamento de escavadeiras, caçambas e máquinas agrícolas), deve-se levar em consideração o "efeito de embutimento"; os grânulos intersticiais aderem mais fortemente ao material mole que ao duro e riscam, então, mais intensamente, o material mais duro

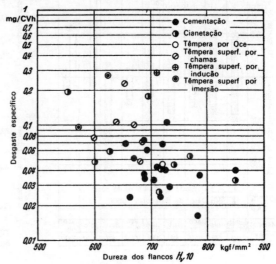

Figura 2.36 — Desgaste de deslizamento lubrificado de rodas dentadas tratadas tèrmicamente. Influência da dureza e do tratamento térmico, segundo Glaubitz [2/47]

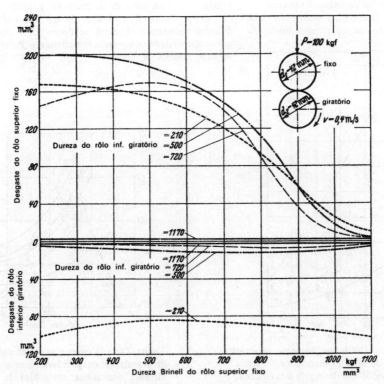

Figura 2.37 — Desgaste de deslizamento sêco de pares aço/aço de várias durezas, segundo ensaios de Wahl em máquina de ensaio de rolamento Amsler. Carga específica $K = \dfrac{P}{d \cdot b} = \dfrac{100}{2,1 \cdot 1} = 47,7$ kgf/cm², Velocidade periférica $= v \cong 0,4$ m/s

[16]Segundo ensaios de Siebel [2/40], o desgaste de deslizamento sêco de aço St 60 contra aço St 60 em atmosfera de N_2 foi igual a 1/5, em atmosfera de O_2 igual a apenas 1/180 do desgaste ao ar livre, enquanto em atmosfera de CO_2 foi pràticamente nulo.

que o material mais mole. Materiais de mesma dureza, se não forem mais duros que os grânulos intersticiais, são mais inconvenientes que materiais de diferentes durezas. As Figs. 2.38 a 2.40 mostram associações convenientes de materiais. Há pesquisas [2/38] que mostram que, também no caso de existência de grânulos minerais intersticiais, o desgaste é consideràvelmente reduzido quando as superfícies de deslizamento são lubrificadas (até então supunha-se o contrário).

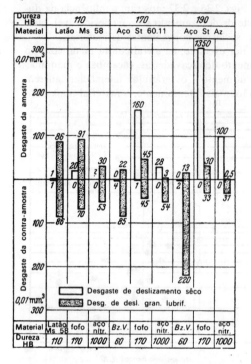

Figura 2.38 — Desgaste de deslizamento granular lubrificado (pasta de esmeril e óleo) e desgaste de deslizamento sêco de vários pares metálicos

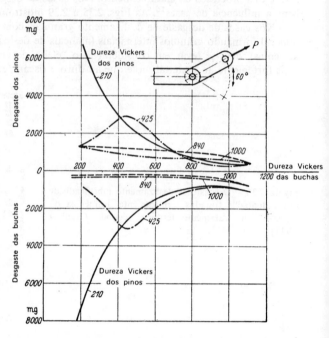

Figura 2.39 — Desgaste de deslizamento granular sêco: desgastes de pinos e buchas de correntes, de aço StC 60.61 submetido a diversos tratamentos térmicos, sendo de 60° o deslocamento angular relativo dos elos, e pressão superficial $p = P/d \cdot b) = 10 \, \text{kgf/cm}^2$, segundo ensaios de Wahl

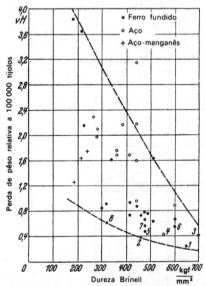

Figura 2.40 — Desgaste de deslizamento mineral: desgaste de facas de moinho malaxador de argila. Influências do material e da dureza da faca (segundo Dierker, Everhart e Russel). Teores de elementos de liga dos materiais mais adequados, os de número 1 a 8: n.° 1 (2% C, 3% Cr, 5% Mo); n.° 2 (2,5 C, 28 Cr); n.° 3 (3,4 C, 1,5 Cr, 4,6 Ni); n.° 4 (1,5 C, 14 Cr, 3,5 Cu); n.° 5 (3,1 C, 1,6 Mn, 1,0 Mo); n.° 6 (3,1 C, 2,9 Mn, 1,4 Mo); n.° 7 (3,1 C, 1,6 Mn); n.° 8 (3,9 C, 1,0 Mn, 1,0 Mo)

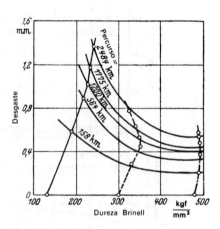

Figura 2.41 — Desgaste de rolamento sêco de rodas de translação de guindaste com superfície de rolamento constituída por soldas de várias durezas (segundo Hüngsberg)

Nos casos de desgaste de deslizamento mineral (mineral contra metal), como por exemplo em relhas de arado, escavadeiras, caçambas, calhas, britadores e moinhos, é geralmente recomendável, segundo a Fig. 2.40, o emprêgo de aços muito duros e, especialmente, o emprêgo de ferro fundido duro e de metais duros com altos teores de C, Cr, Mn, Ni e Mo.

5. DESGASTE DE ROLAMENTO

Havendo desgaste de rolamento, como por exemplo em rodas, engrenagens, rodas de atrito, comandos por meio de camos, mancais de rolamento e de cutelo, de aço ou de ferro, a carga que pode ser suportada (capacidade) é, aproximadamente, diretamente proporcional a H_B^2/E quando há contato por linha, a H_B^3/E^2 quando há contato por ponto. Se, além do rolamento, houver um deslizamento, como por exemplo nas cabeças dos dentes de engrenagens, será maior a carga suportável; se o funcionamento fôr sêco, cessará a formação de pequenas cavidades ("pipocamento"). No funcionamento sêco, entretanto, aumentam consideràvelmente a oxidação, as roçaduras e a descamação da superfície de rolamento. Nas Figs. 2.41 e 2.42 se pode ver a influência da dureza Brinell H_B.

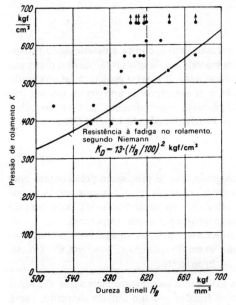

Figura 2.42 — Desgaste de rolamento lubrificado de rodas dentadas temperadas (segundo ensaios de Glaubitz). Influência da dureza sôbre o início da formação de pequenas cavidades ("pipocamento")

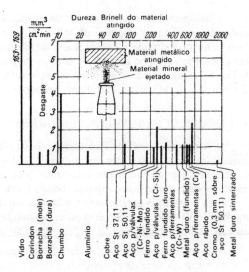

Figura 2.43 — Desgaste devido à incidência de jato de areia quartzosa perpendicular às superfícies de vários materiais (segundo Wellinger e Brockstedt)

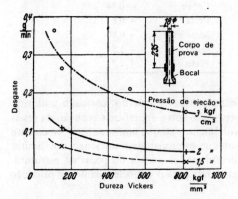

Figura 2.44 — Desgaste devido à incidência de jato de areia quartzosa tangente às superfícies de bocais de aços de diversas durezas (segundo Wellinger e Brockstedt)

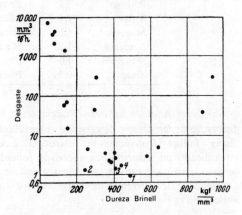

Figura 2.45 — Desgaste por sucção (cavitação) de vários materiais metálicos (segundo Mousson). Materiais mais apropriados: n.° 1 estelita laminada (30% Cr, 65% Co, 4% W); n.° 2 aço inoxidável depositado por solda elétrica (17 Cr, 7 Ni); n.° 3 aço inoxidável endurecido por esferas cadentes (18 Cr, 8 Ni); n.° 4 estelita laminada (30 Cr, 60 Co, 8 W)

6. DESGASTE DEVIDO À INCIDÊNCIA DE JATOS DE MINERAIS

Nos casos de desgaste devido à incidência de jatos de minerais (por exemplo, jato de areia contra qualquer material), se o jato fôr perpendicular à superfície do material atingido, a dureza dêste, se compreendida entre 100 a 600 Brinell, não exercerá, surpreendentemente, influência considerável sôbre o desgaste (Fig. 2.43), de tal modo que um material mais mole, como por exemplo borracha ou aço St 37, pode ser até mais conveniente que um material mais duro, como por exemplo ferro fundido duro, metal duro ou vidro.

Mas, se o jato fôr tangencial, a Fig. 2.44 mostra que o material mais duro será, em geral, consideràvelmente mais resistente ao desgaste. É também conveniente a formação de uma camada protetora cujo constituinte básico seja o material injetado.

7. DESGASTE POR SUCÇÃO

Nos casos de desgaste por sucção, recomendam-se, especialmente, segundo a Fig. 2.45, estelita e aços com altos teores de Cr, Co, Ni e W, cujas durezas se encontram no intervalo 250-500 Brinell.

2.13. PROTEÇÃO ANTICORROSIVA

A indispensável proteção de nossas máquinas contra a corrosão, isto é, contra a deterioração provocada por transformações químicas, influi não só na escolha dos materiais e da associação dêstes, mas também na forma construtiva e no processo de fabricação. Daí a necessidade de estar o projetista familiarizado com os vários tipos de corrosão e com as maneiras de evitá-la, e de ser capaz de aproveitar, em seu trabalho, os resultados das pesquisas sôbre a corrosão. Recomendam-se, especialmente, as "Tabelas sôbre a Corrosão de Materiais Metálicos, ordenados segundo suas Reatividades", de Ritter [2/58].

1. TIPOS E OCORRÊNCIAS DE CORROSÃO

a) A corrosão química é conseqüência de reações com oxigênio, que se processam pelo contato com gases (atmosfera), água, soluções aquosas, ácidos, bases ou outros materiais quìmicamente ativos, e que podem ser consideràvelmente aceleradas pela temperatura (ebulição ou incandescência), pelo contato mais próximo (superfícies rugosas, fissuras, estrias, granulação grosseira) e por impurezas.

Para a proteção anticorrosiva, é fundamental saber se é suficiente a película superficial protetora formada pelo próprio processo corrosivo (apassivação), como por exemplo quando se adiciona Cr, Cu etc. ao aço, quando se adiciona Si ao ferro fundido cinzento ou ao bronze etc.

b) A corrosão eletroquímica deriva da formação de pares galvânicos locais entre metais que, distantes um do outro na série de reatividade química (Tab. 2.3), estejam ligados por um líquido eletrólito, como por exemplo a água condensada. Nesses casos, é corroído o metal menos nobre, como o ferro em relação ao cobre.

TABELA 2.3-*Potenciais eletroquímicos de metais em solução aquosa, em relação a elétrodos de hidrogênio* (segundo Lüpfert).

Potássio	− 3,2	Ferro	− 0,43	Hidrogênio	+ 0
Sódio	− 2,8	Cádmio	− 0,40	Cobre	+ 0,34
Magnésio	− 1,55	Cobalto	− 0,29	Prata	+ 0,8
Alumínio	− 1,28	Níquel	− 0,22	Mercúrio	+ 0,86
Manganês	− 1,08	Chumbo	− 0,12	Ouro	+ 1,5
Zinco	− 0,76	Estanho	− 0,1	Platina	+ 1,8

c) *Ocorrências de corrosão*. Podem ser caracterizadas pelo seu aspecto externo: corrosão uniforme (formação de ferrugem e de carepas), formação de cavidades, corrosão sob a superfície e redução da resistência à fadiga (afrouxamento da estrutura); e pelo seu desenvolvimento: ataque uniforme, uniformemente intensificado ou reduzido (formação de película protetora), ataque intercristalino, ao longo dos limites de grão (afrouxamento da estrutura), e ataque seletivo, em determinados pontos ou peças da estrutura.

Do tipo de ocorrência de corrosão se obtêm dados fundamentais para o estabelecimento da proteção anticorrosiva.

2. COMPORTAMENTO DOS METAIS SOB O PONTO DE VISTA DA CORROSÃO

a) Ferro, quando exposto à atmosfera, água, soluções aquosas e também, de um modo geral, a ácidos, tende a enferrujar-se intensamente, ao passo que resiste a soluções alcalinas e ao ácido nítrico concentrado, e desenvolve uma película protetora quando exposto à água dura. Sua resistência à corrosão pode ser consideràvelmente aumentada, mediante a adição de Cu, Al, Si ou Cr.

b) Alumínio e ligas de alumínio – págs. 94 a 96.

c) Magnésio – pág. 96.

d) Zinco, quando exposto à atmosfera, desenvolve uma camada protetora de côr cinzenta pálida, de aspecto feio, espêssa, que também o protege do ácido sulfídrico, mas não oferece proteção contra outros ácidos derivados de enxôfre e cloretos que se encontram na atmosfera industrial, e nem contra água fervente, ácidos fracos, álcalis e soluções de cloretos ou sulfatos. A maioria das ligas de zinco é ainda mais vulnerável à corrosão.

e) Cádmio tem comportamento semelhante ao do zinco.

f) Chumbo, através da formação de camada protetora, resiste ao ar, à água dura, ao enxôfre e a compostos de enxôfre.

g) Estanho é resistente ao ar, a soluções aquosas e a ácidos fracos (indústria alimentícia), mas é muito sensível a ácidos derivados de enxôfre e ao frio (peste do estanho), e pouco menos sensível a soluções alcalinas e ácidos fortes.

h) Cobre é muito resistente ao ar (formação de pátina), gases, soluções aquosas, água do mar, bem como à maioria dos ácidos, bases e sais; mas não resiste ao ácido nítrico, ao amoníaco e ao enxôfre, e dá origem ao azinhavre (venenoso!), quando exposto a ácidos oriundos de frutos.

Ligas de cobre comportam-se semelhantemente (bronze, na maioria dos casos, ainda melhor que o cobre); latão com menos de 61% de cobre é sujeito à corrosão.

i) Níquel tem comportamento semelhante ao do cobre. Exposto ao calor, entretanto, gases sulfurosos podem atacar os limites de grão.

j) Platina, ouro e prata, sendo metais nobres, são resistentes à corrosão. Apenas a prata pode ser enegrecida pelo ácido sulfídrico e atacada pelo ácido nítrico e por outros oxidantes poderosos.

k) Cromo é muito resistente à corrosão por álcalis, mesmo a altas temperaturas, bem como por oxidantes.

3. MEDIDAS DE PROTEÇÃO

Quando a resistência à corrosão do material escolhido não é suficiente para o fim a que êle se destina, devem-se tomar providências especiais, em função do tipo de ataque da corrosão, do grau de proteção necessário e do próprio material. Eis algumas noções:

a) Proteção contra corrosão eletroquímica torna-se necessário, especialmente nos pontos de contato entre materiais de potenciais diferentes (Tab. 2.3), quando existe umidade. Assim, nos locais de contato entre aço e metais leves, pode-se galvanizar ou fosfatizar o aço, anodizar ou envernizar o alumínio, "bicromatizar" o magnésio ou utilizar uma camada intermediária isolante, de material artificial.

b) Revestimentos de graxa, com graxa mineral, graxa "Stauffer" ou vaselina, são próprios para proteger provisòriamente peças metálicas polidas contra a ferrugem.

c) O azulamento do ferro e do aço produz uma bela superfície negra e eleva a resistência ao enferrujamento.

d) Revestimentos de verniz (ou laca) (elásticos!) podem ser feitos por meio de pintura, pulverização ou imersão e, eventualmente, podem adquirir resistência a choques, através de um tratamento térmico. Dependendo das circunstâncias, utilizam-se vernizes à base de óleo, resinas sintéticas, lacas de nitrocelulose, lacas para aquecimento e também, contra a ação de lixívias, cloro ou ácidos fortes, verniz à base de borracha clorada.

e) A fosfatização ("parquerização" e "bonderização") está sendo cada vez mais aplicada, especialmente em peças de aço e de ferro, como proteção contra a ferrugem e como base para revestimentos de verniz ou de graxa. (Também é vantajosa para superfícies de deslizamento!)

f) Revestimentos de estanho, zinco, chumbo ou alumínio, por imersão ou por pulverização. Os revestimentos por pulverização são menos espessos e, portanto, de menor efeito protetor contra a corrosão. Maior resistência à formação de crostas de ferrugem se obtém por meio de revestimentos de alumínio.

g) A galvanização, especialmente a brilhante seguida de envernizamento com verniz transparente, é hoje preferida, como proteção de ferro e de aço contra a corrosão, à cromação, à cobreação e à niquelação.

h) Revestimentos galvânicos (galvanoestegia) de cobre, níquel, cromo ou cádmio. Os revestimentos são mais duros que os metais de que se originam. Está aprovado o uso da cromação dura como proteção contra o desgaste de ferramentas de corte, repuxo e medição.

i) A oxidação elétrica do alumínio (processo Eloxal) dá origem a uma camada protetora resistente à corrosão, à aderência e ao desgaste, além de ser isolante elétrico, refletir bem a luz, poder ser molhada e tinta, e ser muito dura. O processo correspondente para o magnésio (Elomag) ainda é pouco empregado, em relação ao tratamento com cromatos.

j) A difusão do alumínio no aço (alumitação, calorização, alitação) é feita para torná-lo resistente ao calor, ao oxigênio e ao enxôfre; a difusão de cromo no aço (incromação) visa a torná-lo resistente ao enferrujamento e à formação de carepas, e a difusão de nitrogênio (nitretação) no aço protege-o do desgaste.

k) O tratamento com cromatos, quase sempre seguido de um envernizamento, é um processo muito importante de proteção contra a corrosão, principalmente de ligas de magnésio, mas também de ligas de alumínio e de zinco.

l) A folheação é empregada quando é excepcionalmente elevada a corrosividade do ambiente, e é obtida pela laminação conjunta do metal de revestimento e do metal básico. Assim, por exemplo, se revestem chapas ou tubos de aço com Al, Cu, Ni, latão, Tombak ou aço cromo-níquel folheado, chapas de Al com Cu (Cupal), e chapas de liga Al—Cu—Mg são revestidas com Al resistente à corrosão.

m) Os revestimentos de esmalte para banheiras, potes, panelas etc. são quimicamente muito estáveis (não resistem a álcalis nem ao ácido fluorídrico) mas pouco resistentes a choques (frágeis).

2.14. BIBLIOGRAFIA

1. Generalidades

[2/1] KRUMME, W.: Konstruktionserfahrungen aus dem Maschinen-und Gerätebau München. Hanser-Verlag 1947.
[2/2] BAUERFEIND, R.: Konstruieren. Brandenburg: Selbstverlag 1947.
[2/3] WÖGERBAUER, H.: Die Technik des Konstruierens. München, Berlin: Oldenburg 1943.
[2/4] RABE, K.: Grundlagen feinmechanischer Konstruktionen. Wittenberg: Ziemsen-Verlag 1942.
[2/5] RICHTER, v. VOSS: Bauelemente der Feinmechanik. Berlin: VDI-Verlag 1942.
[2/6] WINTER, H.: Grundzüge der Maschinenkonstruktion und Normung. Wolfenbüttel: Verlagsanstalt 1947.
[2/7] – Winke für den Konstrukteur. AEG-Norm 175.
[2/8] LAUDIEN-EDERT-QUANTZ: Maschinenelemente. Leipzig: Jänecke 1931.
[2/9] ERKENS, A.: Die Grundlagen der Konstruktion, dargestellt an einem Beispiel der Praxis. Berlin: Beuth--Vertrieb 1930. – ainda: Aus der Konstruktionspraxis. Berlin, 1931.
[2/10] – Konstruiere mit Kerbstift. Kerb G. m. b. H. 1926.

2. Condições de Funcionamento e Projeto

(Ver também Cálculo da Resistência, e Construções Leves, página 76.)

[2/11] LEHR, E.: Spannungsverteilung in Konstruktionselementen. Berlin, 1934
[2/12] – Konstruktionstagung Stuttgart, Festigkeit und Formgebung. Stuttgart 1936.
[2/13] WUNDERLICH, F.: Festigkeit und Formgebung. Stuttgart: VDI-Verlag 1938.
[2/14] UDE, H.: Steigerung der Dauerhaltbarkeit der Konstruktionen. Z. VDI vol. 79 (1935) p. 47.
[2/15] UDE, H.: Neuere Erkenntnisse der Werkstofforschung als Grundlage der Konstruktion (conferência). Sumário em Techn. Blätter, vol. 31 (1941), p. 203.
[2/16] WIEGAND, H.: Oberflächengestaltung und-behandlung dauerbeanspruchter Maschinenteile. Z. VDI 84 (1940) p. 505.

3. Materiais e Projeto

[2/17] LÜPFERT, H.: Metallische Werkstoffe (Noções Fundamentais de Projeto de Peças Fundidas, p. 56). Bad Wörishofen: Verlag Banaschewski, 1946.
[2/18] – Werkstoffumstellung im Maschinen- und Apparatebau. Berlin: VDI-Verlag 1940.
[2/19] – Konstruieren in neuen Werkstoffen. VDI-Sonderheft Berlin: VDI-Verlag, 1942.
[2/20] – Werkstoffsparende Gestaltung. Hrsg. TWL. Berlin: Beuth-Vertrieb 1938.

4. Fabricação e Projeto

[2/21] LEINWEBER, P.: Passung und Gestaltung. Berlin: Springer 1942.
[2/22] METZNER, W.: Fertigungstechnische Richtlinien für die Gestaltung von Heeresgerät. Werkstattstechnik und Werksleiter Jg. 34 (1940) p. 322.
[2/23] LEHMANN, R.: Wirtschaftlicher konstruieren – billiger giessen! Berlin: VDI-Verlag 1932.
[2/24] LISCHKA, A.: Was muss der Maschineningenieur von der Eisengiesserei wissen? Springer 1929.
[2/25] KOTHNY, E.: Einwandfreier Formguss (Werkstattbücher H. 30). Berlin: Springer-Verlag 1938.
[2/26] VÄTH, A.: Der Schleuderguss. Berlin: VDI-Verlag 1934.
[2/27] JUNGBLUTH: Gestaltung für Temperguss. Kruppsche Monatshefte 1927, p. 193.
[2/28] – Gestaltung von Spritzgussteilen aus nichthärtbaren Kunststoffen. Berlin: VDI-Richtlinien 1942.
[2/29] – Der Spritz- und Pressguss. Düsseldorf 1942.

5. Prevenção de Desgaste

(Para maior bibliografia, consultar Wahl [2/30].)

[2/30] WAHL, H.: Verschleisstechnik. Die Technik, vol. 3 (1948), p. 193.
[2/31] WAHL, H.: Verschleissbekämpfung bei Staubmotóren. Z. VDI Vol. 80 (1936).
[2/32] – Reibung und Verschleiss. Vorträge der VDI-Verschleisstagung Stuttgart 1938. Berlin: VDI-Verlag 1939.
[2/33] SIEBEL, E.: Handbuch der Werkstoffprüfung Vol. I e II. Berlin: Springer 1939 e 1940.
[2/34] – Verein deutscher Eisenhüttenleute: Werkstoff-Handbuch Stahl und Eisen. Düsseldorf: Verlag Stahleisen 1937 (especialmente D 21).
[2/35] – Verein deutscher Eisenhüttenleute: Werkstoffausschuss. Comunicações n.ºs 37, 59, 210, 275, 339.
[2/36] KLOTH, W.: Die Haltbarkeit der Bodenbearbeitungswerkzeuge. Die Technik i. d. Landwirtschaft Vol. 11 (1930) p. 332.

[2/37] *KLOTH, W.:* Haltbarkeitsforschung im Landmaschinenbau. Z. VDI Vol. 75 (1931) p. 1127.
[2/38] *DAEVES:* Schwachstellenforschung. Autom.-tech. Z. Vol. 44 (1941) p. 107-111.
[2/39] *SPORKERT, K.:* Über die Abnutzung von Metallen bei gleitender Reibung. Werkstattstechnik Vol. 30 (1936) p. 221.
[2/40] *SIEBEL, E.* e *R. KOBITZSCH:* Verschleisserscheinungen bei gleitender trockener Reibung. Berlin: VDI-Verlag 1941.
[2/41] *KEHL, B.:* Untersuchungen über das Verschleissverhalten der Metalle bei gleitender Reibung. Dissertação Stuttgart 1935.
[2/42] *KNIPP, E.:* Über den Verschleiss von Eisenlegierungen auf mineralischen Stoffen. Giesserei Vol. 24 (1937) n.° 2, pp. 25-28.
[2/43] *HÜNGSBERG, H.:* Der Verschleiss von Auftragschweissen bei Kranlaufrädern und Rollenlagern im Betrieb und Laboratorium. Arch. Eisenhüttenwesen Vol. 16 (1942-43) n.° 11/12 – pp. 453-464.
[2/44] *DIERKER, A., J. D. EVERHART* e *R. RUSSEL:* Wearing properties of some metals in clay plant operation. Bull. Ohio State University Vol. 8 (1939) n.° 97, p. 25.
[2/45] *LISSNER, A.:* Über den Verschleisswiderstand metallischer Werkstoffe. Schlägel und Eisen Vol. 36 (1938) n.° 3, pp. 51-57.
[2/46] *EICHINGER, A.:* Verschleiss metallischer Werkstoffe. Mitt. KWI Eisenforschung Vol. 23 (1941) pp. 247-265.
[2/47] *GLAUBITZ, H.:* Oberflächenhärtung und Bauteilfestigkeit von Zahnrädern. Werkstatt und Betrieb Vol. 80 (1947) n.° 10, p. 249.
[2/48] *GLAUBITZ, H.:* Verschleisskennwerte für Zahnräder. ATM-Blatt V 9113-4, Okt. 1948.
[2/49] *NIEMANN, G.:* Walzenfestigkeit und Grübchenbildung bei Zahnrad- und Wälzlagerwerkstoffen. Z. VDI Vol. 87 (1942) p. 515.
[2/50] *MOUSSON, J. M.:* Pitting resistance of metals under cavitation conditions. Trans. Amer. Soc. mech. Engr. Vol. 59 (1937) p. 399.
[2/51] *NOWOTNY.:* Werkstoffzerstörung durch Kavitation. Berlin 1942.
[2/52] *WAHL, H.* e *F. HARTSTEIN:* Strahlverschleiss. Stuttgart: Franck'sche Verlagsbuchhandlung 1947.
[2/53] *WELLINGER, K.* e *N. C. BROCKSTEDT:* Versuche zur Ermittlung des Verschleisswiderstandes von Werkstoffen für Blasversatzrohre. Glückauf (1942) n.° 10 pp. 130-133; vgl. auch Stahl und Eisen Vol. 62 (1942) n.° 30 pp. 635-637.
[2/54] *ZEMANN, J.:* Die Abnützung als Berechnungsgrundlage für Maschinenteile. MTZ (1942) H. 10, p. 372.
[2/55] *OPITZ, H.:* Untersuchungen über das Verschleissverhalten von gusseisernen Flächen. Werkstattstechnik und Werksleiter Vol. 34 (1940) p. 42. – Festigkeit u. Verschleiss von Zahnrädern aus geschichteten Kunstpressstoffen. Dtsch. Kraftfahrtforsch. Berlin 1939 H. 36.
[2/56] *ENGLISCH, C.:* Verschleiss, Betriebszahlen u. Wirtschaftl. von Verbrennungskraftmaschinen. Berlin: Springer 1943.
[2/57] *HANFT, F.:* Untersuchungen über die Abnutzung an Kraftfahrzeugteilen. Dissertação TH. Dresden 1934. Complemento: *SEIDEL* e *TAUSCHER:* Gleitverschleiss von Grauguss, Die Technik Vol. 4 (1949), p. 455.

6. Proteção Anticorrosiva

(Consultar também Lüpfert [2/17].)

[2/58] *RITTER, F.:* Korrosionstabellen metallischer Werkstoffe, geordnet nach angreifenden Werkstoffen. Wien: Springer 1937.
[2/59] – Z. Metalloberfläche. München: Verlag Hanser.
[2/60] *BAUER, O., O. KRÖHNKE* e *G. MASSING:* Die Korrosion metallischer Werkstoffe, Leipzig 1936, 1940.

3. Cálculos de resistência dos materiais

Os cálculos de resistência dos materiais visam a determinar as dimensões dos elementos de uma construção, que lhes possibilitem suportar os carregamentos a que provàvelmente estarão sujeitos.

Para isso, calculamos, segundo as regras da resistência dos materiais, a partir de um carregamento nominal dado, a "tensão nominal" nos pontos críticos do elemento de construção, e a comparamos com uma "tensão admissível", ou procedemos de maneira inversa, isto é, a partir do carregamento nominal e da tensão admissível, calculamos as dimensões do elemento em seus pontos críticos.

Um cálculo preciso de resistência pressupõe um perfeito conhecimento das condições de funcionamento e dos conseqüentes esforços sôbre o elemento da construção, bem como a existência de experiências suficientes ao estabelecimento da tensão admissível. Quando essas hipóteses não são satisfeitas, devem-se obter esclarecimentos através de ensaios: de um lado, a medida dos esforços reais agentes durante o funcionamento e, de outro, a medida da resistência do elemento da construção, sob as condições de funcionamento.

Exporemos, a seguir, a determinação da tensão nominal, das várias propriedades mecânicas e o correspondente estabelecimento da tensão admissível. O cálculo das deformações se encontra em Molas (Cap. 12).

SÍMBOLOS

A	(cmkgf)	trabalho de deformação
a_k	(mkgf/cm^2)	resiliência
a	(–)	coeficiente = σ_{ad}/τ_{ad} ou σ_{fad}/τ_{fad}
b_0	(–)	coeficiente
b	(mm, cm)	largura
C	(–)	desvio de carga = σ_{func}/σ
d, D	(mm, cm)	diâmetro
d_a, d_i	(mm, cm)	diâmetro externo, diâmetro interno
E	(kgf/cm^2)	módulo de elasticidade
e	(cm)	distância à linha de contôrno
f	(cm)	percurso de deformação
h	(mm, cm)	altura
H_B	(kgf/mm^2)	dureza Brinell
H_R	(kgf/mm^2)	dureza Rockwell
H_V	(kgf/mm^2)	dureza Vickers
J_x, J_y	(cm^4)	momentos de inércia de secção transversal
J_t	(cm^4)	momento polar de inércia de secção transversal
i	(cm)	raio de giração = $\sqrt{J/S}$
L	(cm)	comprimento de barra
L_K	(cm)	comprimento livre de flambagem
L_0	(cm)	comprimento de referência
M_f	(cmkgf)	momento fletor
M_t	(cmkgf)	momento torçor
M_v	(cmkgf)	momento fletor de comparação
N	(–)	número de ciclos de solicitação
P	(kgf)	fôrça, carga nominal
P_{func}	(kgf)	carga de funcionamento
P_K, P_{KB}	(kgf)	carga de flambagem, carga de flambagem de chapas
p	(kgf/cm^2)	pressão superficial
q	(–)	coeficiente (Fig. 3.27)
r	(cm)	raio
s	(cm)	espessura de parede
S	(mm^2, cm^2)	secção transversal, área
S_N	(–)	coeficiente de segurança real
S_K	(–)	coeficiente de segurança à flambagem
S_0	(mm^2)	secção transversal primitiva
S_r	(mm^2)	secção transversal de ruptura
W	(cm^3)	módulo de resistência
W_t	(cm^3)	módulo de resistência à torção
y_0	(–)	coeficiente (Fig. 3.27)
δ	(%)	alongamento de ruptura = $100 \Delta L_z/L_0$
ΔL	(mm)	variação de comprimento ou alongamento absoluto
ΔL_z	(mm)	alongamento absoluto de ruptura
ε	(–)	alongamento relativo = $\Delta L/L_0$
η_1, η_2, η_3	(–)	coeficientes (Tab. 3.1)
λ	(–)	índice de esbeltez = L_K/i
σ	(kgf/cm^2, kgf/mm^2)	tensão normal, de tração ou de compressão
σ_-, σ_f	(kgf/cm^2, kgf/mm^2)	tensão de compressão, tensão de flexão
σ_K, σ_{KB}	(kgf/cm^2)	tensão de flambagem, tensão de flambagem de chapas

Cálculos de Resistência dos Materiais

τ_t, τ	(kgf/cm², kgf/mm²)	tensão de torção, tensão de cisalhamento	Ψ	(%)	contração de ruptura
			ω	(–)	fator relativo à flambagem

Índices:

Os símbolos de tensões σ, σ_-, σ_f, τ, e τ_t em cujos índices se encontram letras maiúsculas A, D, E, F, P, R, Ur,... representam determinadas propriedades mecânicas, segundo a pág. 49 e a Tab. 3.3, enquanto aquêles cujos índices são letras minúsculas representam determinadas tensões, como por exemplo a – variação de tensão, m – tensão média tensão alternante. r – tensão resultante. i – tensão inferior. v – tensão de comparação. ad – tensão admissível, func – tensão de funcionamento, x, y, z – grandezas referentes às coordenadas x, y e z, respectivamente.

3.1. DETERMINAÇÃO DA TENSÃO NOMINAL[1]

1. DETERMINAÇÃO DOS ESFORÇOS NA SECÇÃO TRANSVERSAL

Seja o corpo da Fig. 3.1a, no qual se aplicam as fôrças P_1 a P_4. Consideremos a secção transversal hachurada. Separemos, imaginàriamente, a parcela salientada pelas arestas em linha cheia. Na secção transversal, consideremos os eixos principais de inércia x e y e, perpendicularmente a êles, o eixo z. A ação das partículas de material cortadas é substituída por fôrças distribuídas, as quais, por sua vez, se reduzem a 6 esforços, que mantêm em equilíbrio a parcela separada. Assim é que, de um modo geral, sem considerar o carregamento da parcela cortada, apresentamos os seguintes esforços, agentes na secção transversal em questão:

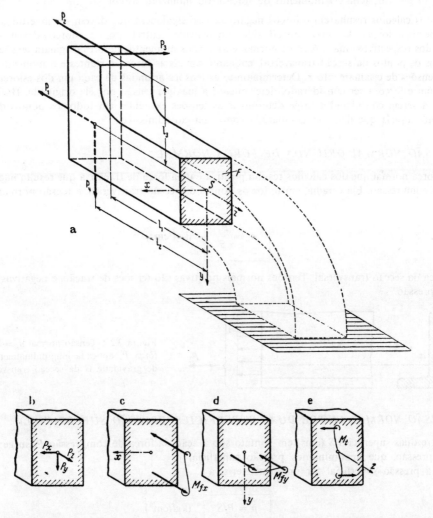

Figura 3.1 – Determinação dos esforços P_x, P_y, P_z, e M_{fx}, M_{fy}, M_t na secção transversal S de um corpo ao qual se aplicam as fôrças P_1 a P_4
a) apresentação geral, b) a e) representações particulares dos esforços

[1]Com base em C. Weber.

Fôrças P_x, P_y e P_z, aplicadas no centro de gravidade e orientadas nos sentidos dos três eixos, x, y e z, respectivamente, segundo a Fig. 3.1b; um binário que origina o momento M_{fx} em plano perpendicular ao eixo x, segundo a Fig. 3.1c; um binário que origina o momento M_{fy} em plano perpendicular ao eixo y, segundo a Fig. 3.1d; e um binário que origina o momento M_t em plano perpendicular ao eixo z, segundo a Fig. 3.1e. A fôrça de tração do binário que origina momento M_{fx} positivo tem seu ponto de aplicação sôbre o eixo y, com coordenada positiva; a fôrça de tração do binário que origina momento M_{fy} positivo tem seu ponto de aplicação sôbre o eixo x, com coordenada positiva.

Calculam-se os esforços por meio das seis condições de equilíbrio. Das somas das fôrças segundo as três direções dos eixos coordenados resulta:

$$P_x - P_3 = 0, \quad P_y + P_4 = 0, \quad P_z - P_1 - P_2 = 0.$$

Das somas dos momentos agentes nos três planos respectivamente perpendiculares aos três eixos resulta:

$$M_{fx} + P_2 l_3 + P_4 l_2 = 0, \quad M_{fy} - P_3 l_1 = 0, \quad M_t - P_3 l_3 = 0.$$

Eis a denominação dos esforços:

P_x (kgf) fôrça cortante de direção x
P_y (kgf) fôrça cortante de direção y
P_z (kgf) fôrça normal
M_{fx} (cmkgf) momento fletor agente em plano perpendicular ao eixo x
M_{fy} (cmkgf) momento fletor agente em plano perpendicular ao eixo y
M_t (cmkgf) momento de torção, ou momento torçor.

Se dos cálculos resultarem esforços negativos, isso significará que devem ser invertidos os sentidos das respectivas fôrças. Ao serem introduzidos nos cálculos, entretanto, os esforços devem ser acompanhados dos respectivos sinais. A fôrça normal e ambos os momentos fletores originam tensões normais σ em todos os pontos da secção transversal, enquanto ambas as fôrças cortantes e o momento torçor originam tensões de cisalhamento τ. Determinam-se as tensões oriundas de cada um dos esforços. Havendo apenas um esfôrço a ser considerado, determina-se a máxima tensão por êle originada. Havendo vários esforços a serem considerados, urge determinar as tensões existentes em todos os pontos de contôrno, para obter aquela que deve ser comparada com a tensão admissível.

2. TENSÃO NORMAL ORIUNDA DE FÔRÇA NORMAL

A fôrça normal que dos cálculos resulta positiva é uma fôrça de tração, a que resulta negativa é uma fôrça de compressão. Ela origina, em todos os pontos da secção transversal, a tensão normal

$$\boxed{\sigma_n = \frac{P_z}{S}} \quad (\text{kgf/cm}^2).$$

S é a área da secção transversal. Tensões normais positivas são tensões de tração, e negativas são tensões de compressão.

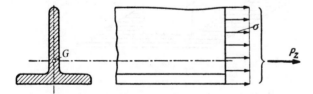

Figura 3.2 — Tensão normal $\sigma_n = P_z/S$ devida à fôrça P_z aplicada longitudinalmente ao centro de gravidade G da secção transversal

3. TENSÃO NORMAL ENTRE DUAS SUPERFÍCIES (PRESSÃO SUPERFICIAL)

Entre duas superfícies S (cm²) em contato sob a ação da fôrça de compressão P, surge uma tensão de compressão, que denominamos pressão superficial p.

Se a pressão superficial fôr uniforme, ter-se-á

$$\boxed{p = P/S} \quad (\text{kgf/cm}^2).$$

Sendo as superfícies inclinadas em relação à direção da fôrça, por exemplo, abauladas (Fig. 3.3), em cada elemento dS das superfícies age a fôrça $p \cdot dS$. Tais fôrças, somadas vetorialmente, compensam a fôrça de compressão P (Fig. 3.3, à direita). Também neste caso é válida a equação acima, quando se substitui S pela área da projeção da superfície de contato na direção da fôrça P (na Fig., $S = d \cdot L$).

Figura 3.3 – Pressão superficial média $p = P/S$ (kgf/cm^2), $S = d \cdot L$

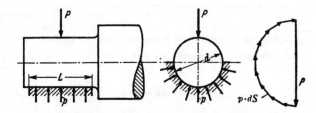

Se a pressão superficial não fôr uniforme, $p = P/S$ será a pressão superficial média. Para determinar-se a *máxima* pressão superficial é preciso conhecer-se também a lei de variação de p. Ver, como exemplo, a determinação da máxima pressão superficial (pressão de Hertz) em contatos de esferas e rolos no Cap. 13.

4. TENSÃO NORMAL ORIUNDA DE MOMENTO FLETOR

O momento fletor em plano perpendicular a um eixo principal de inércia, como por exemplo o momento M_{fx} em plano perpendicular a x, origina a tensão de flexão

$$\sigma_{fx} = \frac{M_{fx}}{J_x} y \quad \text{(kgf/cm}^2\text{)}.$$

J_{fx} é o momento de inércia da secção transversal em relação ao eixo x,
y é a distância de um ponto genérico da secção transversal ao eixo x.

A Fig. 3.4 mostra a distribuição das tensões. A tensão cresce com y, de zero ao valor máximo, correspondente, no lado tracionado, a y máx = e_1 e, no lado comprimido, a y máx = e_2.

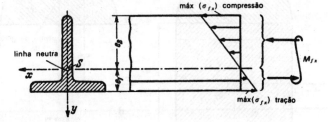

Figura 3.4 – Distribuição da tensão de flexão
$\sigma_{fx} = \frac{M_{fx}}{J_x} y$ na secção transversal T

Maior tensão de tração: máx $(\sigma_{fx})_{tr} = \frac{M_{fx}}{J_x} e_1 = \frac{M_{fx}}{W_{f1}}$.

Maior tensão de compressão: máx $(\sigma_{fx})_{comp} = \frac{M_{fx}}{J_x} e_2 = \frac{M_{fx}}{W_{f2}}$.

$W_{f1} = J_x/e_1$ (cm^3) módulo de resistência correspondente ao lado tracionado.
$W_{f2} = J_x/e_2$ (cm^3) módulo de resistência correspondente ao lado comprimido.

Equações análogas a essas são válidas para a flexão em plano perpendicular ao eixo y.
Se na secção transversal agir apenas o momento fletor $M_{fx} = M_f$ e se $e_1 = e_2$, então $W_{f1} = W_{f2} = W_f$, e a máxima tensão de flexão será

$$\sigma_f = M_f/W_f \quad \text{(kgf/cm}^2\text{)}.$$

a) Determinação de J e de W_f, Fig. 3.5.

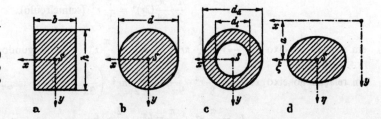

Figura 3.5 – Determinação de momentos de inércia
a) secção transversal retangular; b) secção transversal circular; c) secção transversal anular; d) com translação de eixos (lei de Steiner)

37

	Momento de inércia J (cm^4)	Módulo de resistência W_f (cm^3)
Em geral: em relação ao eixo x	$J_x = \int_{(F)} y^2 \, dS$	$W_{fx} = J_{x/e}$
em relação ao eixo y	$J_y = \int_{(F)} x^2 \, dS$	$W_{fy} = J_{y/e}$
Para secção transversal retangular, Fig. 3.5a	$J_x = b h^3/12$ $J_y = h b^3/12$	$W_{fx} = b h^2/6$ $W_{fy} = h b^2/6$
Para secção transversal circular, Fig. 3.5b	$J_x = J_y = \pi d^4/64$	$W_{fx} = W_{fy} = \pi d^3/32$
Para secção transversal anular, Fig. 3.5c	$J_x = J_y = \dfrac{\pi(d_a^4 - d_i^4)}{64}$	$W_{fx} = W_{fy} = \dfrac{\pi(d_a^4 - d_i^4)}{32 d_a}$
Lei de Steiner, Fig. 3.5d	$J_x = J_\xi + S \cdot a^2$	

onde J_ξ (cm^4) é o momento de inércia em relação ao eixo ξ que contém o centro de gravidade G, J_x (cm^4) é o momento de inércia em relação ao eixo x paralelo ao eixo ξ, S (cm^2) é a área da secção transversal, a (cm) é a distância entre os eixos.

b) J **de secções transversais compostas:**

O momento de inércia de uma superfície em relação a um eixo é obtido por meio de uma integração, mas também pode ser calculado somando-se os momentos de inércia de cada elemento da superfície em relação ao mesmo eixo. Isso, entretanto, não é válido para módulos de resistência.

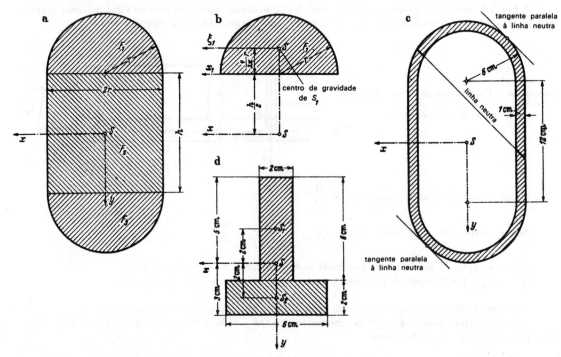

Figura 3.6 — Determinação de J_x de secções transversais compostas. a) e b) referente ao exemplo 1; c) referente ao exemplo 2; d) referente ao exemplo 3

Exemplo 1, Fig. 3.6a: a superfície total é composta das superfícies S_1, S_2 e S_3. Obtenhamos, inicialmente, o momento de inércia da superfície S_1 em relação ao eixo x (Fig. 3.6b).

Momento de inércia da superfície S_1 em relação ao eixo x_1:

$$\frac{1}{2} \frac{\pi}{64} (2r)^4 = \frac{\pi}{8} r^4 \text{ (semicírculo)},$$

em relação ao eixo ξ_1: $\dfrac{\pi}{8} r^4 - \dfrac{1}{2} \pi r^2 \left(\dfrac{4}{3\pi} r\right)^2 = \dfrac{\pi}{8} r^4 - \dfrac{8}{9\pi} r^4$ (segundo a lei de Steiner),

em relação ao eixo x: $J_1 = \dfrac{\pi}{8} r^4 - \dfrac{8}{9\pi} r^4 + \dfrac{1}{2} \pi r^2 \cdot \left(\dfrac{4}{3\pi} r + \dfrac{h}{2}\right)^2$ (segundo a lei de Steiner),

$$J_1 = \frac{\pi}{8} r^4 + \frac{\pi}{8} r^2 h^2 + \frac{2}{3} r^3 h.$$

Quanto à superfície S_3, tem-se $J_3 = J_1$; e quanto à superfície S_2, tem-se $J_2 = \frac{1}{12}2rh^3$. Daí resulta

$$J_x = J_1 + J_2 + J_3 = \frac{1}{6}rh^3 + \frac{\pi}{4}r^4 + \frac{\pi}{4}r^2h^2 + \frac{4}{3}r^3h.$$

Exemplo 2, dimensões indicadas na Fig. 3.6c: a superfície é composta dos semi-anéis superior e inferior e dos retângulos laterais. Os momentos de inércia J dos semi-anéis serão calculados como diferenças entre momentos de inércia de semicírculos.

$$J_x = \left(\frac{\pi}{4}6^4 - \frac{\pi}{4}5^4 + \frac{\pi}{4}6^2 \cdot 12^2 - \frac{\pi}{4}5^2 \cdot 12^2 + \frac{4}{3}6^3 \cdot 12 - \frac{4}{3}5^3 \cdot 12 + 2 \cdot \frac{1}{12} 1 \cdot 12^3\right) \text{cm}^4 = 3514 \text{ cm}^4,$$

$$J_y = \left(\frac{\pi}{4}6^4 - \frac{\pi}{4}5^4 + 2 \cdot \frac{1}{12} 12 \cdot 1^3 + 2 \cdot 1 \cdot 12 \cdot 5{,}5^2\right) \text{cm}^4 = 1255 \text{ cm}^4.$$

Exemplo 3, dimensões indicadas na Fig. 3.6d: a superfície é composta de dois retângulos.

$$J_x = \left(\frac{1}{12} 2 \cdot 6^3 + 2 \cdot 6 \cdot 2^2 + \frac{1}{12} 6 \cdot 2^3 + 2 \cdot 6 \cdot 2^2\right) \text{cm}^4 = 136 \text{ cm}^4.$$

$$J_y = \left(\frac{1}{12} 2 \cdot 6^3 + \frac{1}{12} 2^3 \cdot 6\right) \text{cm}^4 = 40 \text{ cm}^4.$$

5. TENSÃO NORMAL RESULTANTE DE FÔRÇA NORMAL E DE MOMENTO FLETOR

Como mostra a Fig. 3.7a, podem agir, simultâneamente, na secção transversal, a fôrça normal P_z e os momentos M_{fx} e M_{fy}. Conhecidas as dimensões da secção transversal, calculam-se S, J_x e J_y. Em um ponto qualquer da secção age a seguinte tensão normal resultante:

$$\boxed{\sigma_r = \frac{P_z}{S} + \frac{M_{fx}}{J_x}y + \frac{M_{fy}}{J_y}x} \quad (\text{kgf/cm}^2).$$

Impondo-se $\sigma_r = 0$, obtém-se a equação da linha neutra; é uma equação linear em x e y. As maiores tensões agem nos pontos mais distantes da linha neutra.

a) *Nos casos gerais*, traçam-se tangentes ao contôrno da secção transversal, paralelas à linha neutra — nos pontos de tangência agem as maiores tensões.

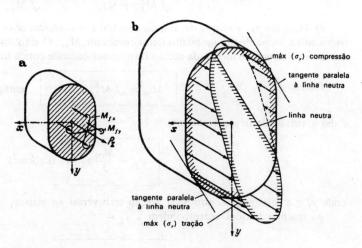

Figura 3.7 — Determinação da tensão normal σ_r resultante de P_z, M_{fx} e M_{fy}; a) representação dos esforços; b) tensões normais σ_r resultantes

Exemplo 4: na secção representada na Fig. 3.6c agem

$$P_z = 6\,000 \text{ kgf}, \qquad M_{fx} = 70\,000 \text{ cmkgf}, \qquad M_{fy} = 30\,000 \text{ cmkgf}.$$

A partir das dimensões da secção se obtêm (ver Ex. 2)

$$S = 58{,}5 \text{ cm}^2, \qquad J_x = 3514 \text{ cm}^4, \qquad J_y = 1255 \text{ cm}^4.$$

A tensão normal resultante da fôrça normal e de ambos os momentos fletores é

$$\sigma_r = \frac{6\,000}{58{,}5} + \frac{70\,000}{3514}y + \frac{30\,000}{1255}x \text{ kgf/cm}^2.$$

Impondo $\sigma_r = 0$, obtém-se a equação da linha neutra: $y = -5{,}13 - 1{,}20\,x$. A linha neutra está indicada na Fig. 3.6c.

Os pontos mais distantes da linha neutra têm coordenadas:

$$x_1 = 4{,}60\,\text{cm}, \quad y_1 = 9{,}84\,\text{cm}, \quad x_2 = -4{,}60\,\text{cm}, \quad y_2 = -9{,}84\,\text{cm}.$$

Substituindo-se êsses valores na equação de σ_r obtêm-se:

$$\text{máx}\,(\sigma_{tr}) = 412\,\text{kgf/cm}^2 \qquad \text{máx}\,(\sigma_{comp}) = -207\,\text{kgf/cm}^2.$$

b) *Nos casos de secções transversais que apresentem vértices*, como por exemplo secções retangulares, ou em forma de I, [, T ou L, devem ser calculadas as tensões agentes nos vértices externos.

Exemplo 5: na secção representada na Fig. 3.6d agem

$$P_z = 2\,400\,\text{kgf}, \qquad M_{fx} = 10\,000\,\text{cmkgf}, \qquad M_{fy} = -4\,000\,\text{cmkgf}.$$

Têm-se ainda, segundo o Ex. 3,

$$S = 24\,\text{cm}^2, \qquad J_x = 136\,\text{cm}^4, \qquad J_y = 40\,\text{cm}^4.$$

No vértice inferior esquerdo age, então, a tensão normal

$$\sigma_r = \frac{2\,400}{24} + \frac{10\,000}{136}\cdot 3 = \frac{4\,000}{40}\cdot 3 = 620\,\text{kgf/cm}^2.$$

No vértice superior direito age a tensão normal

$$\sigma_r = \frac{2\,400}{24} - \frac{10\,000}{136}\cdot 5 - \frac{4\,000}{40}\cdot 1 = -368\,\text{kgf/cm}^2.$$

c) *Nos casos de secções circulares e anulares*, a tensão de flexão resultante dos momentos fletores M_{fx} e M_{fy} é

$$\boxed{\sigma_{fr} = \sigma_{fx} + \sigma_{fy} = \frac{M_{fx}}{J_x}\cdot y + \frac{M_{fy}}{J_y}\cdot x} \quad (\text{kgf/cm}^2).$$

Nos pontos da linha neutra $\sigma_{fr} = 0$, ou seja, $y/x = -M_{fy}/M_{fx}$; os pontos mais distantes da linha neutra têm coordenadas

$$x = r\cdot\frac{M_{fy}}{\sqrt{M_{fx}^2 + M_{fy}^2}}, \qquad y = r\cdot\frac{M_{fx}}{\sqrt{M_{fx}^2 + M_{fy}^2}}.$$

d) *Momento fletor resultante.* É mais cômodo considerarem-se os momentos fletores M_{fx} e M_{fy} agrupados sob a forma de um momento fletor resultante M_{fr}. O eixo do momento M_{fr}, oblíquo em relação aos eixos principais de inércia da secção transversal, coincide com a linha neutra. Denominemo-lo eixo x_1.

Obtém-se

$$\boxed{M_{fr} = \sqrt{M_{fx}^2 + M_{fy}^2}} \quad (\text{cmkgf})$$

e daí a tensão de flexão resultante

$$\boxed{\sigma_{fr} = \frac{M_{fr}}{J_x} y_1} \quad (\text{kgf/cm}^2),$$

onde y_1 é a distância do ponto da secção transversal ao eixo x_1.

As maiores tensões correspondem a $y_1 = r$:

$$\boxed{\text{máx}\ \sigma_{fr} = \frac{M_{fr}}{W_f}} \quad (\text{kgf/cm}^2),$$

onde $W_f = J_x/r$.

Se na secção transversal agirem fôrça normal P_z e momentos fletores M_{fx} e M_{fy}, calcular-se-á o momento resultante M_{fr} e, a seguir, a tensão normal resultante

$$\boxed{\sigma_{fr} = \frac{P_z}{S} + \frac{M_{fr}}{W_f}} \quad (\text{kgf/cm}^2).$$

Exemplo 6: secção transversal circular com diâmetro $d = 10$ cm.

$P_z = 8\,000$ kgf, $M_{fx} = 40\,000$ cmkgf, $M_{fy} = 30\,000$ cmkgf, $S = 78,5$ cm^2, $W_f = 98,2$ cm^3.

Calcula-se $M_{fr} = \sqrt{40\,000^2 + 30\,000^2}$ cmkgf $= 50\,000$ cmkgf.

$$\sigma_r = \left(\frac{8\,000}{78,5} + \frac{50\,000}{98,2}\right) \text{kgf/cm}^2 = 612 \text{ kgf/cm}^2.$$

6. TENSÃO DE CISALHAMENTO ORIUNDA DE FÔRÇAS CORTANTES

Geralmente, nas secções transversais, simultâneamente aos momentos fletores, agem fôrças cortantes. Em barras longas solicitadas à flexão, as fôrças cortantes são significativas apenas nas secções de pequenas dimensões em que agem momentos fletores também pequenos. Êste é o caso de pontas curtas de eixos, bem como de extremidades de travessas solicitadas à flexão, quando há redução da secção transversal.

As tensões de cisalhamento não se distribuem uniformemente sôbre a secção transversal. As Figs. 3.8a a 3.8e mostram as distribuições das tensões de cisalhamento em algumas secções de formatos mais importantes. Se a secção transversal não fôr simétrica em relação à reta de ação da fôrça atuante aplicada externamente, a fôrça cortante não se aplicará no centro de gravidade da secção, mas sim no centro de torção T. São dadas as posições de T para as secções em forma de ⊏ e de ⟨. Uma fôrça transversal cuja reta de ação contém o centro de gravidade deve, portanto, ser substituída por uma fôrça cortante de mesmo módulo cuja reta de ação contenha o centro de torção, e por um momento torçor.

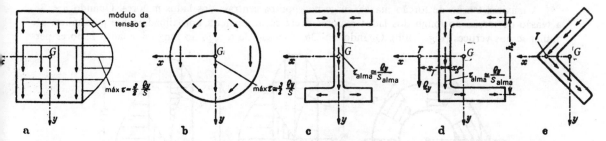

Figura 3.8 — Distribuição da tensão de cisalhamento τ oriunda de fôrça cortante Q_y, em várias tipos de secções transversais; a) secção transversal retangular; b) secção transversal circular; c) secção transversal I; d) secção transversal ⊏; e) secção transversal angular ⟨. G — centro de gravidade. T — centro de torção

$$\text{No perfil } [\,, x_T = \left(\frac{h_t}{2}\right)^2 \cdot \frac{S}{J_x} \cdot x_s$$

Dimensionam-se freqüentemente parafusos curtos e rebites ao cisalhamento, calculando-se um valor médio da tensão de cisalhamento $\tau_{médio} = Q/S$. As tensões realmente existentes são, entretanto, consideràvelmente mais elevadas, por causa da não uniformidade de distribuição e da concentração de tensões nas bordas dos furos.

Observe-se que, em vigas longas de secção transversal vazada ou com formato I, nas proximidades da linha neutra agem tensões de cisalhamento devidas às fôrças cortantes, apesar de ali serem nulas as tensões normais. Não se pode, portanto, admitir que se façam, em tais vigas, recortes semelhantes aos da Fig. 3.9, a não ser que se proceda a uma verificação mais cuidadosa.

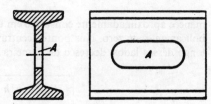

Figura 3.9 — Havendo grandes fôrças cortantes, o recorte A sòmente será admissível após verificação das tensões de cisalhamento

7. TENSÃO DE CISALHAMENTO ORIUNDA DO MOMENTO DE TORÇÃO

O momento de torção M_t (também denominado momento torçor) origina, em uma secção transversal, tensões de cisalhamento denominadas tensões de torção. A lei de distribuição dessas tensões é mais complicada que a da distribuição de tensões normais oriundas de momentos fletores. Far-se-ão, mais adiante, considerações relativas às máximas tensões de torção e às distribuições de tensões de torção nas secções de formatos mais importantes. A máxima tensão de cisalhamento devida à torção é

$$\text{máx } \tau_t = M_t/W_t,$$

onde W_t (cm^3) é o módulo de resistência à torção.

Se apenas nos interessar a máxima tensão de torção, escreveremos:

$$\tau_t = M_t/W_t \quad (\text{kgf/cm}^2).$$

Para o cálculo das tensões de cisalhamento agentes em algumas secções transversais, é necessário conhecer seu momento polar de inércia J_t (cm⁴). No Cap. 12 há valores de J_t de todos os tipos de secção citados, ali utilizados no cálculo de deformações angulares.

a) *Para secções transversais circulares e em coroa de círculo*, Fig. 3.10a:

A tensão de torção cresce linearmente com a distância ao centro de gravidade; o máximo valor se dá em pontos da periferia. Para secção em coroa de círculo:

$$J_t = \frac{\pi}{32}(d_a^4 - d_i^4) \quad (\text{cm}^4), \qquad W_t = \frac{\pi}{16}\frac{d_a^4 - d_i^4}{d_a} \quad (\text{cm}^3);$$

para secção circular:

$$J_t = \frac{\pi}{32}d^4 \quad (\text{cm}^4), \qquad W_t = \frac{\pi}{16}d^3 \quad (\text{cm}^3).$$

b) *Para secções retangulares*, Fig. 3.10b e 3.10c:

A máxima tensão de torção máx τ_t surge nos pontos centrais dos lados maiores. Quando $h < 3b$, a tensão de torção ao longo dos lados maiores decresce de maneira aproximadamente parabólica, até anular-se nos vértices (Fig. 3.10b). Quando $h > 3b$, a tensão de torção ao longo dos lados maiores per-

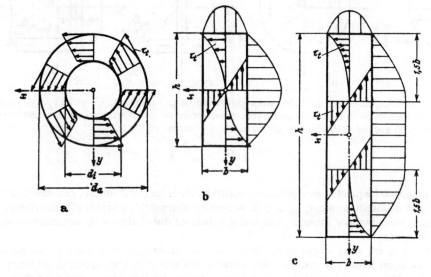

Figura 3.10 – Distribuição da tensão de torção τ_t em vários tipos de secções transversais. a) secção transversal anular; b) e c) secções transversais retangulares

manece aproximadamente constante em um trecho de comprimento $h - 3b$, fora do qual ela decresce parabòlicamente até zero. Nos pontos centrais dos lados menores, a tensão de torção é $\tau_t = \eta_1 \cdot$ máx τ_t, e, ao longo dêsses lados, decresce de maneira aproximadamente parabólica, até anular-se nos vértices.

$$J_t = \eta_3 b^3 h \quad (\text{cm}^4), \qquad W_t = \eta_2 b^2 h \quad (\text{cm}^3).$$

Os coeficientes η_1, η_2 e η_3 dependem da relação $h:b$, e se encontram na Tab. 3.1.

TABELA 3.1-*Coeficientes η_1, η_2, η_3, para secções transversais retangulares*

$h/b =$	1	1,5	2	3	4	6	8	10	∞
$\eta_1 =$	1,000	0,858	0,796	0,753	0,743	0,743	0,743	0,743	0,743
$\eta_2 =$	0,208	0,231	0,246	0,267	0,282	0,299	0,307	0,313	0,333
$\eta_3 =$	0,140	0,196	0,229	0,263	0,281	0,299	0,307	0,313	0,333

c) *Para secções de perfis laminados*, Fig. 3.11:

As secções transversais de perfis I, ⊏ e ⌊ podem ser consideradas como sendo compostas de retângulos de alturas $l_1, l_2, l_3 \ldots$ e larguras $b_1, b_2, b_3 \ldots$

A distribuição das tensões é, então, semelhante à que se verifica em secções transversais retangulares. Nos pontos dos contornos dos retângulos, com exceção dos que se encontram próximos aos vértices, age a tensão

$$\tau_t = \frac{M_t}{J_t} b \quad (\text{kgf/cm}^2).$$

J_t e W_t podem ser calculados pelas seguintes fórmulas aproximadas:

$$J_t \cong \frac{1}{3} [b_1^3 l_1 + b_2^3 l_2 + \ldots] \quad (\text{cm}^4), \qquad W_t \cong J_t / b_{\max} \quad (\text{cm}^3).$$

Se a largura da secção fôr continuamente variável (Fig. 3.11b), ter-se-á

$$J_t \cong \frac{1}{3} \int b^3 \, dl \quad (\text{cm}^4).$$

d) *Para secções vazadas com paredes de pequena espessura*, Fig. 3.12a:

Sejam os casos de espessura s constante ou variável.

Traça-se, entre as linhas de contôrno externa e interna, uma linha média U, que divide, em todos os pontos, a espessura em duas partes iguais. Seja S_U a superfície limitada por essa linha (Fig. 3.12b). A linha média U pode ser dividida nos trechos $U_1, U_2 \ldots$ correspondentes às espessuras $s_1, s_2 \ldots$ da secção.

Em um ponto qualquer da secção, a tensão de torção é constante sôbre a normal aos contornos externo e interno que contêm o ponto, e vale

$$\tau_t = \frac{M_t}{2 S_U \cdot s} \quad (\text{kgf/cm}^2).$$

J_t e W_t são dados por

$$J_t \cong \frac{4 \cdot S_U^2}{\left[\dfrac{U_1}{s_1} + \dfrac{U_2}{s_2} + \cdots \right]} \quad (\text{cm}^4);$$

$$W_t = 2 S_U \cdot s_{\min} \quad (\text{cm}^3).$$

Para espessura constante:

$$J_t = 4 S_U^2 \cdot s / U \quad (\text{cm}^4), \qquad W_t = 2 S_U \cdot s \quad (\text{cm}^3).$$

Exemplo 7: secção transversal da Fig. 3.6c.

$$S_U = \left(\frac{\pi}{4} 11^2 + 11 \cdot 12 \right) \text{cm}^2 = 227 \text{ cm}^2,$$

$$s = 1 \text{ cm}, \qquad W_t = 454 \text{ cm}^3.$$

$$M_t = 90\,000 \text{ cmkgf}, \qquad \tau_t = \frac{90\,000}{454} \cong 200 \text{ (kgf/cm}^2).$$

Muitas secções transversais sofrem um pronunciado abaulamento, sob a ação da torção (Fig. 3.13). Se uma barra tiver segmentos sujeitos a momentos torçores diferentes, não haverá concordância entre as secções transversais diferentemente abauladas dêsses segmentos, na região de transição entre um segmento e outro, o que pode dar origem a consideráveis tensões de flexão. Sempre que possível, tais casos devem ser evitados, ou, senão, examinados por meio de ensaios especiais.

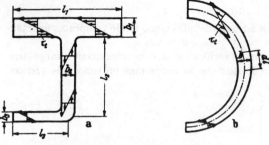

Figura 3.11 — Cálculo de J_t, W_t e tensão de torção τ_t em secções transversais de perfis laminados

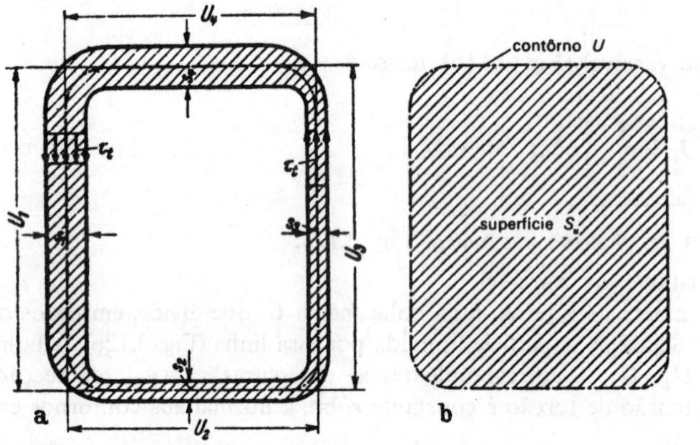

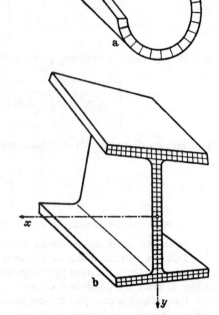

Figura 3.12 — Cálculo de J_t, W_t e tensão de torção τ_t em secções vazadas

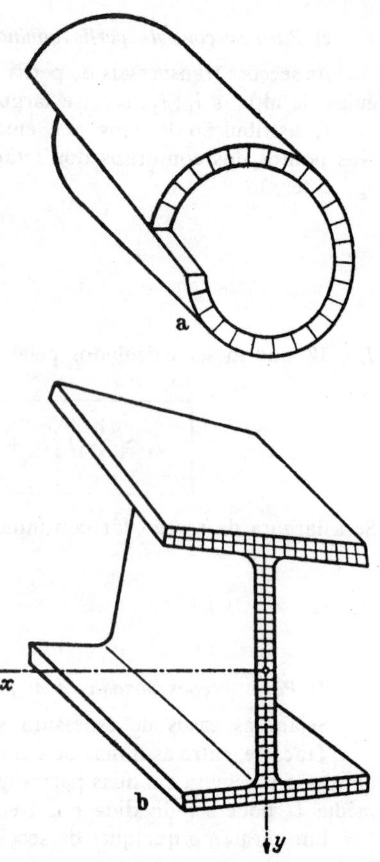

Figura 3.13 — Exemplos de secções transversais com abaulamentos provocados por esforços de torção

8. TENSÃO DE CISALHAMENTO RESULTANTE

As tensões de cisalhamento são originadas por fôrças cortantes e momentos de torção. Nos contornos das secções transversais, é sempre tangencial a direção de tais tensões. Nos vértices externos das secções transversais elas se anulam. Nos pontos de contornos, adicionam-se as tensões de mesmo sentido, subtraem-se as de sentidos opostos. Geralmente, as tensões de cisalhamento oriundas de fôrças cortantes podem ser desprezadas, em face das oriundas de momentos de torção.

9. CÁLCULO DA TENSÃO EQUIVALENTE

Por meio das fôrças normais e dos momentos fletores se calcula a tensão normal e por meio das fôrças cortantes e dos momentos de torção calcula-se a tensão de cisalhamento, agentes em cada ponto de contôrno considerado crítico. Conhecidas σ e τ, determina-se, então, a tensão equivalente σ_v, que servirá de base para o cálculo da resistência da peça:

$$\sigma_v = \sqrt{\sigma^2 + (a\tau)^2} \leqq \sigma_{ad}$$

onde $a = \sigma_{ad}/\tau_{ad}$

σ_{ad} = tensão normal admissível
τ_{ad} = tensão de cisalhamento admissível.

Exemplo 8: secção transversal da Fig. 3.6c,

$P_z = +6\,000$ kgf, $\quad M_{fx} = 70\,000$ cmkgf, $\quad M_{fy} = 30\,000$ cmkgf,
$M_t = 90\,000$ cmkgf, $\quad a = 1,5;$
máx $\sigma_{tr} = 412$ kgf/cm² (ver Ex. 4);
$\tau_t = 200$ kgf/cm² (ver Ex. 7);
$\sigma_v = \sqrt{412^2 + (1,5 \cdot 200)^2} = 510$ kgf/cm².

Casos particulares: 1) Se, em uma secção transversal circular ou de coroa de círculo, agirem apenas os momentos fletores M_{fx} e M_{fy} e o momento torçor M_t, calcular-se-á o momento fletor resultante $M_{fr} = \sqrt{M_{fx}^2 + M_{fy}^2}$, e, a partir de M_{fr} e M_t, o momento fletor equivalente

$$M_{fv} = \sqrt{M_{fr}^2 + \left(\frac{a}{2} M_t\right)^2}, \text{ onde } a = \sigma_{ad}/\tau_{ad}.$$

A tensão equivalente será, então,

$$\sigma_v = M_{fv}/W_f$$

2) Quanto às secções transversais retangulares, geralmente se calculam as tensões equivalentes relativas a vários pontos do contôrno.

No caso de barras de perfil $\underline{\text{I}}$ solicitadas à flexão, verificam-se não apenas os pontos de contôrno, mas também os pontos de junção das abas com a alma, pois aí se aplicam, simultâneamente, quase a máxima tensão de flexão e uma elevada tensão de cisalhamento oriunda de fôrça cortante.

10. FLAMBAGEM DE BARRAS E DE CHAPAS

É sempre necessário levar-se em consideração o perigo de flambagem a que estão sujeitas as barras esbeltas solicitadas à compressão ou à torção (flambagem de barras), bem como as peças de paredes delgadas solicitadas à compressão, à flexão ou à torção (flambagem de chapas). Ambos os tipos de flambagem são fenômenos relativos à estabilidade das construções.

a) *Tensão de flambagem de barras.* Barras delgadas sujeitas à compressão podem flambar, isto é, encurvar-se lateralmente, quando a fôrça de compressão $P = \sigma \cdot S$ atingir um determinado valor. Êste valor se denomina carga de flambagem $P_K = \sigma_K \cdot S$. Introduzindo-se o coeficiente de segurança à flambagem S_K, pode-se obter a carga de compressão admissível

$$P = \frac{P_K}{S_K} = \sigma \cdot F = \frac{\sigma_K \cdot S}{S_K} \quad (\text{kgf}),$$

ou, dada a carga de compressão P, calcular o coeficiente de segurança à flambagem

$$S_K = \frac{P_K}{P} = \frac{\sigma_K}{\sigma}$$

A tensão de flambagem σ_K no campo das deformações elásticas será calculada pelo processo de Euler (item b), e, no campo das deformações elasto-plásticas, pelo processo de Tetmajer (item c). As barras comprimidas de estruturas reticuladas serão calculadas pelo processo ω (item d).

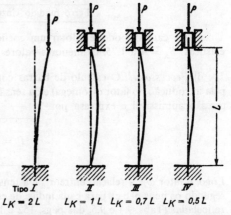

Figura 3.14 — Comprimento livre de flambagem L_K para vários tipos de apoio ou fixação de barras

Todos os processos de cálculo permitem a escolha do perfil da barra através do seu índice de esbeltez

$$\lambda = L_K/i$$

. L_K é o comprimento livre de flambagem de uma barra articulada nas duas extremidades.

Para outros tipos de apoio ou fixação, deve-se determinar o correspondente comprimento de flambagem

L_K, em função do comprimento L da barra, segundo a Fig. 3.14. O tipo de fixação mais comum é o de número II, ao qual corresponde $L_K = L$.

O têrmo $i = \sqrt{J/S}$ (cm) é o raio de giração da secção transversal de área S. J é o momento de inércia da secção em relação ao eixo em tôrno do qual se dá a flexão durante a flambagem. Não havendo planos preferenciais para o encurvamento da barra devido à flambagem, J deve ser o menor momento de inércia da secção transversal da barra. As Tabs. 5.31 a 5.37 das págs. 108 a 118 indicam os valores de S, J, e i de perfis normalizados.

b) *Flambagem de barras no campo das deformações elásticas (segundo Euler)*. Se σ_K fôr menor que o limite de proporcionalidade σ_P do material[2], a barra deformar-se-á elàsticamente. Neste caso, segundo Euler, tem-se:

$$\sigma_K = \frac{\pi^2 E}{\lambda^2} \text{ (kgf/cm}^2\text{)}, \qquad P = \frac{P_K}{S_K} = \frac{\pi^2 E \cdot J}{L_K^2 \cdot S_K} \text{ (kgf)}.$$

A tensão de flambagem é proporcional ao módulo de elasticidade E, e não depende da resistência do material; logo, não é mais elevada para aços de alta resistência do que para aços doces. Conhecidos E e σ_P do material, é possível determinar-se o mínimo valor de λ para o qual ainda é válida a fórmula de Euler. Assim, por exemplo,

Material	σ_P (kgf/cm^2)	E (kgf/cm^2)	$\sigma_K \cdot \lambda^2 = \pi^2 \cdot E$ (kgf/cm^2)	a fórmula de Euler é válida para $\lambda \geq$	$L_K \geq$ *
Aço St 37	2050	$2,1 \cdot 10^6$	$20,7 \cdot 10^6$	100	25 d
Aço St 60	2400	$2,1 \cdot 10^6$	$20,7 \cdot 10^6$	93	23 d
Aço p/ molas	5750	$2,1 \cdot 10^6$	$20,7 \cdot 10^6$	60	15 d
Ferro fundido	1540	$1 \cdot 10^6$	$9,87 \cdot 10^6$	80	20 d
Duralumínio	2000	$0,7 \cdot 10^6$	$6,9 \cdot 10^6$	59	14,8 d
Pinho	99	$0,1 \cdot 10^6$	$0,987 \cdot 10^6$	100	25 d

*Os valores de L_K apresentados são válidos para barras comprimidas de secção transversal circular (diâmetro d).

Como medida de segurança, basta adotar $S_K = 3$ a 6, desde que não haja necessidade de prever solicitações adicionais, através de um coeficiente de segurança ainda maior.

c) *Flambagem de barras no campo das deformações elasto-plásticas (segundo Tetmajer)*. Se os valores de λ forem menores que os acima indicados, a tensão de flambagem σ_K ultrapassará o limite de proporcionalidade σ_P. A fórmula de Euler deixa, então, de ser válida. Segundo pesquisas de Tetmajer, podem ser adotados os seguintes valores de σ_K:

Material	σ_K (kgf/cm^2)
Aço doce de menor dureza	$3100 - 11,4\,\lambda$
Aço doce de maior dureza	$3350 - 6,2\,\lambda$
Madeira	$293 - 1,94\,\lambda$
Ferro fundido cinzento	$7760 - 120\,\lambda + 0,53\,\lambda^2$

Neste campo, pode-se adotar um coeficiente de segurança menor que no campo das deformações elásticas: $S_K = 4$ a $1,75$, os menores valores para menores valores de λ.

d) *Processo ω*[3]. O cálculo de barras comprimidas de estruturas reticuladas é bastante simplificado pela introdução do fator ω (ômega) e da tensão admissível σ_{ad} que seria válida para $\lambda = 0$. A carga de compressão admissível é expressa por

$$P = \frac{S \cdot \sigma_K}{S_K} = \frac{S \cdot \sigma_{ad}}{\omega} \text{ (kgf)}.$$

Logo, o fator ω é a relação entre σ_{ad} e a tensão de compressão admissível σ_K/S_K. Êste fator foi calculado segundo os itens b) e c), para cada índice de esbeltez de cada material utilizado na construção de estruturas reticuladas (Tabs. 9.4 e 9.5, das págs. 152 e 153). Foi adotado, nesses cálculos, o coeficiente de segurança $S_K = 3,5$ para o campo de deformações elásticas, e $S_K = 3,5$ a $1,75$ para o campo das deformações elasto-plásticas (valores decrescentes com λ, até $\lambda = 0$).

[2]Ver σ_P à p. 48.
[3]DIN 1 050 e DIN 120.

Havendo aplicação excêntrica da carga, é necessário considerar o momento fletor adicional M_f, da seguinte maneira:

$$\sigma = \frac{\omega \cdot P}{F} + \frac{M_f}{W_f} \leq \sigma_{ad} \quad (\text{kgf/cm}^2).$$

e) *Momento torçor de flambagem.* O eixo longitudinal de uma barra solicitada à torção pode deformar-se segundo uma hélice, isto é, "flambar torsionalmente", quando o momento torçor M_t aplicado atinge um determinado valor M_K, denominado momento torçor de flambagem.

Segundo Flügge [3/21], $\quad M_K = 2E \cdot J_t/L \quad$ (cmkgf).

f) *Tensão de flambagem de chapas.* Peças de paredes delgadas, quando solicitadas à compressão, à flexão ou à torção, estarão sujeitas à "Flambagem de chapas", isto é, a uma flambagem localizada, se tensões localizadas ultrapassarem um determinado valor σ_{KB}, que é função das dimensões da peça. A carga correspondente é denominada carga de flambagem de chapas P_{KB}, e, análogamente, define-se o momento de flambagem de chapas M_{KB}.

No campo das deformações elásticas, para um tubo de paredes delgadas de espessura s, de secção transversal anular com diâmetro médio d_m, e coeficiente de segurança à flambagem de chapas S_{KB}, tem-se

1) *para carga de compressão central* (segundo Flügge):

carga de compressão admissível $\quad P = \dfrac{P_{KB}}{S_{KB}} = \dfrac{F \cdot \sigma_{KB}}{S_{KB}} \quad$ (kgf),

com tensão de flambagem de chapas $\quad \sigma_{KB} = 0{,}73 \cdot E \cdot s/d_m \quad$ (kgf/cm²).

Para que as tensões de flambagem de barras e de chapas sejam iguais, deve ser mantida a relação

$$d_m/s = 4{,}7 \left(\frac{L_K}{d_m}\right)$$

bem como a menor secção transversal do tubo;

2) *para solicitação à flexão:*

momento fletor admissível $\quad M_f = \dfrac{M_{KB}}{S_{KB}} = \dfrac{\sigma_{KB}}{S_{KB}} \cdot W_f \quad$ (cmkgf),

com tensão de flambagem $\quad \sigma_{KB} \cong 0{,}73\, E \cdot s/d_m \quad$ (kgf/cm²);

3) *para solicitação de torção* (segundo Flügge):

momento torçor admissível $\quad M_t = \dfrac{M_{KB}}{S_{KB}} = 1{,}13 \dfrac{E}{S_{KB}} \sqrt{s^5 \cdot d_m} \quad$ (cmkgf).

11. TENSÕES ORIUNDAS DE CHOQUES

Durante o fenômeno do choque ocorre uma absorção de energia cinética que dá origem a deformações elásticas ou plásticas. Conhecida a relação entre a fôrça P aplicada e a conseqüente deformação f, podem-se traçar gráficos semelhantes aos da Fig. 3.15, que permitem obter P em função de f. Observe-se que um aumento de f resulta em um aumento de P.

As áreas hachuradas representam o trabalho realizado durante o choque, isto é, o trabalho de deformação $A = \int P \cdot df$. A fôrça máxima aplicada é a fôrça de choque P. Se $P/f = c =$ constante, então $A = P \cdot f/2 = P^2/2c$, ou

$$P = \sqrt{2A \cdot c} \quad \text{(kgf)}.$$

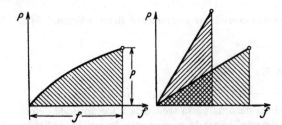

Figura 3.15 — Variação da fôrça P durante o choque. À esquerda: variação genérica. À direita: variação linear, com percursos de deformação f diferentes, porém com mesmo trabalho de deformação A (hachurado)

Portanto, quanto menor c, tanto maior a deformabilidade do elemento de construção, ou seja, para a mesma energia cinética absorvida, tanto menor é a fôrça de choque P (Fig. 3.15, acima). As tensões oriundas do choque são calculadas em função da fôrça P, pelos processos descritos nos itens anteriores.

A determinação de f, c, P e A referentes a deformações elásticas será feita durante o estudo de molas (Cap. 12).

12. TENSÕES NOMINAIS E TENSÕES EFETIVAS

Admitindo-se uma solicitação bem determinada, que se denomina "solicitação nominal", e aplicando-se as regras expostas nos itens anteriores, calculam-se as tensões agentes em cada elemento de construção, a saber, as "tensões nominais". Entretanto, a solicitação real a que está sujeito um elemento de construção durante o seu funcionamento, bem como as tensões por ela originadas, são variáveis em função das condições de funcionamento (acelerações, fôrças de inércia, funcionamento sob carregamento parcial, carregamento total, carregamento de ensaio etc.), e, por isso, a distribuição real das tensões pode diferir da distribuição calculada.

Apesar disso, o cálculo da resistência dos elementos de construção é feito com base nas tensões nominais, e as eventuais diferenças entre estas tensões e as tensões reais são levadas em consideração por meio de alterações da "tensão admissível", como será visto mais detalhadamente no parágrafo 3.5.

3.2. PROPRIEDADES MECÂNICAS ESTÁTICAS DOS MATERIAIS

No campo da construção de máquinas, são mais conhecidas as propriedades mecânicas determinadas pelo ensaio de tração dos materiais, principalmente a tensão de ruptura σ_r e a tensão de escoamento σ_e.

1) *O ensaio de tração* consiste em submeter um corpo de prova a uma tração progressiva, sob a ação de uma carga lenta e gradualmente crescente, em uma máquina de ensaios que permite medir, continuamente, a fôrça de tração P e a correspondente variação de comprimento ΔL de um segmento L_0 prèviamente assinalado no corpo de prova. O alongamento assim determinado compõe-se de deformações "elásticas" e "permanentes". A deformação permanente pode ser medida após o descarregamento da barra solicitada. Denomina-se "alongamento relativo" a relação $\varepsilon = \Delta L/L_0$. A tensão $\sigma = P/S_0$ refere-se à secção transversal primitiva S_0. Com os valores de ε e de σ obtém-se o gráfico tensão-deformação (Fig. 3.16), onde se distinguem os seguintes valores-limite:

Limite de elasticidade σ_E é a maior tensão que se pode aplicar ao corpo de prova sem que êle sofra deformação permanente. Considera-se limite de elasticidade "técnico" a tensão sob a qual se verifica uma deformação permanente de 0,03% (indica-se por $\sigma_{0,03}$).

Limite de proporcionalidade σ_P é a máxima tensão sob a qual ainda se verifica proporcionalidade entre a tensão e a deformação, isto é, sob a qual ainda é constante o módulo de elasticidade $E = \sigma/\varepsilon$.

Limite de escoamento σ_e é a tensão sob a qual se verifica um "escoamento", isto é, um alongamento sem um correspondente aumento da tensão aplicada. Durante o escoamento, a tensão pode variar entre o limite superior de escoamento σ_{es} e o limite inferior de escoamento σ_{ei}. Não sendo possível determinar o limite de escoamento, considera-se o mesmo como sendo igual à tensão sob a qual se verifica uma deformação permanente de 0,2% (indica-se por $\sigma_{0,2}$).

Limite de ruptura σ_r é a máxima tensão que se pode aplicar ao corpo de prova. A ruptura de materiais dúcteis verifica-se apenas em Z (Fig. 3.16), depois de uma diminuição da carga aplicada e uma contração da secção de ruptura.

Ductilidade. Verificada a ruptura, medem-se as correspondentes variação de comprimento ΔL_Z e secção transversal de ruptura S_Z, a partir das quais se calculam o alongamento de ruptura $\delta_{min} = 100\,\Delta L_Z/L_0$ em %, e a estricção de ruptura $\psi = 100\,(S_0 - S_Z)/S_0$ em %. Essas duas grandezas servem de medida da ductilidade do material. Quanto maior o comprimento inicial L_0 do segmento de medida, tanto menor será o valor de δ obtido. São normalizados os valores $L_0 = 5\,d$ (ao qual corresponde δ_5) e $L_0 = 10\,d$ (ao qual corresponde δ_{10}), onde d é o diâmetro do corpo de prova.

Para temperaturas elevadas (no caso do aço, superiores a 200°C) obtêm-se, por meio de ensaios, o limite de escoamento a quente (Tab. 3.2) e a resistência a quente. Em temperaturas muito elevadas (no caso do aço, superiores a 400°C), o alongamento torna-se função do tempo. Traçando-se, para diferentes

Cálculos de Resistência dos Materiais

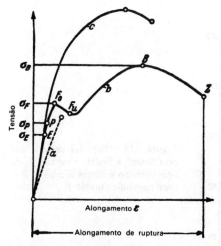

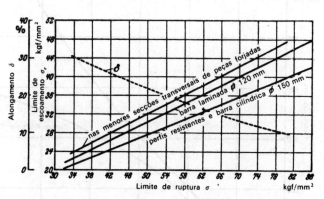

Figura 3.16 — Diagrama tensão-deformação relativo ao ensaio de tração. a) de ferro fundido; b) de aço doce; c) de aço de maior resistência. E = limite de elasticidade; P = = limite de proporcionalidade; E_s = limite superior de escoamento; E_i = limite inferior de escoamento; R = ponto de máxima tensão (resistência à ruptura); Z = ponto de ruptura

Figura 3.17 — Limite de escoamento σ_e e alongamento de ruptura δ de aço SM, em função de σ_r e do processo de fabricação (segundo Daeves)

cargas, as correspondentes curvas-alongamento $= f$(tempo), determina-se, então, a "resistência à fluência", ou seja, a tensão de tração aplicada ao corpo de prova sob a qual o alongamento quase se torna constante, após um intervalo infinito de tempo.

Em baixas temperaturas, elevam-se consideràvelmente os valores de σ_r e de σ_e, como, por exemplo, os limites de ruptura e de escoamento de aços-carbono, que, a $-180°C$ são iguais a $150-215\%$ dos mesmos limites a $20°C$. Os alongamentos, entretanto, decrescem consideràvelmente (ver no parágrafo 3.4, e Fig. 3.28 a diminuição da resiliência).

2) Ensaiam-se, também, os materiais submetendo-os a outros tipos de esforços. Assim, por meio de esforços de compressão, flexão, torção, determinam-se, respectivamente, o limite de escoamento por compressão σ_{-e}, o limite de escoamento por flexão σ_{fe}, e o limite de escoamento por torção τ_{te} do material ensaiado; se o material é frágil, determinam-se, respectivamente, os seus limites de ruptura por compressão σ_{-r}, por flexão σ_{fr}, e por torção τ_{tr}. O limite de ruptura por cisalhamento τ_r é determinado submetendo-se um corpo de prova cilíndrica ao cisalhamento por dois gumes cortantes ou por meio de ensaio de furação. Pode-se, ainda, determinar a resistência ao rolamento do material, submetendo-o à compressão exercida por esferas ou por rolos cilíndricos (Cap. 13), bem como a sua resistência à flambagem, através de um carregamento de flambagem (pág. 45).

3) *Dureza*. Pelos ensaios de dureza determina-se a resistência que um material opõe à penetração de punções feitas de materiais duros. Êsses ensaios se fazem em pouco tempo, sem grandes despesas, e permitem uma avaliação freqüentemente satisfatória da resistência do material ensaiado.

A *dureza Brinell* $H_B = P/S$ (kgf/mm^2) é determinada pela compressão, contra o material ensaiado, de uma esfera submetida à carga de ensaio P, e pela medição do diâmetro d da cavidade formada pela esfera no material, cuja superfície tem área S. A carga de ensaio P deve ser escolhida de tal modo que d esteja compreendido no intervalo de 0,2 a 0,5 diâmetro da esfera! A notação $H_{B\,5/250/30} = 440$ kgf/mm^2 significa: dureza Brinell 440 determinada com esfera de diâmetro 5 mm, submetida à carga de ensaio de 250 kgf aplicada durante 30 segundos.

A *dureza Vickers* $H_V = P/S$ (kgf/mm^2) é determinada pela compressão, contra o material ensaiado, de uma pirâmide de diamante com um ângulo de 136° entre as faces, submetida a uma carga de ensaio arbitrária (compreendida entre 0,5 e 120 kgf), e pela medição da diagonal da cavidade piramidal formada no material, cuja superfície tem área S. Utilizando-se pequenas cargas de ensaio podem-se determinar, também, as durezas de camadas ou de chapas de pequena espessura.

A *dureza Rockwell-C* R_C é determinada pela compressão de um cone de diamante de ângulo de vértice de 120° contra o material ensaiado. A dureza é obtida pela leitura em um relógio comparador que mede a diferença entre as profundidades das cavidades formadas pelo cone de diamante no material, sob uma carga de ensaio preliminar (10 kgf) e sob a carga de ensaio principal (150 kgf), respectivamente. Para se obter a dureza Rockwell-B procede-se de maneira análoga, utilizando-se, porém, uma punção esférica.

A *"dureza por riscagem"* é, segundo Martens, a carga, em gramas-fôrça, com que se deve comprimir, contra o material ensaiado, uma ponta de diamante de ângulo 90°, para que o risco por ela feito no material tenha espessura de 0,1 mm. É mais cômodo o processo inverso, ou seja, medir a espessura do risco feito pela ponta quando submetida a uma carga conhecida.

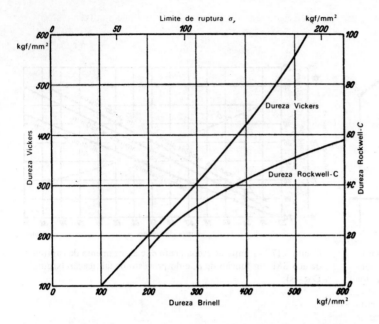

Figura 3.18 — Relações entre a dureza Brinell, o limite de ruptura σ_r de aços carbono e outras escalas de dureza (segundo Dubbel I)

4) *Valores práticos.* Nas tabelas das páginas 80 a 103, referentes às propriedades dos materiais, encontram-se os valores dos respectivos limites de ruptura σ_r e de escoamento σ_e. Valores de durezas Brinell encontram-se na Tab. 4.1, à pág 63.

A Fig. 3.18 mostra as relações existentes entre vários tipos de dureza e o limite de ruptura σ_r de aços-carbono.

Para aços-carbono e aços-carbono fundidos recozidos ($\sigma_r = 30 - 100 \text{ kgf/mm}^2$), é válida a relação

$$\sigma_r \cong 0{,}36 \, H_B \quad (\text{kgf/mm}^2).$$

Para aços-liga Cr—Ni recozidos ($\sigma_r = 65 - 100 \text{ kgf/mm}^2$) tem-se

$$\sigma_r \cong 0{,}34 \, H_B \quad (\text{kgf/mm}^2)$$

A Fig. 3.17 apresenta valores de limites de escoamento e de alongamentos de ruptura, e na Tab. 3.2 se encontram valores de limites de escoamento a quente.

Para ferro fundido cinzento: $\quad \sigma_r \cong 0{,}1 \, H_B \quad (\text{kgf/mm}^2)$;

para ferro fundido cinzento sem casca, $\sigma_{-r} \cong 32 + 2{,}2\,\sigma_r$,

$$\sigma_{fr} \cong 9 + 1{,}4\,\sigma_r; \quad \tau_{tr} \cong 8 + \sigma_r \,(\text{kgf/mm}^2)$$

TABELA 3.2-*Limites de escoamento a quente de aços*, em kgf/mm^2

Tipo de aço	20	200	300	350	400	450
Aço St 35.29	27	24	14	13	13	12
Aço St 55.29	34	27	23	22	21	19
Aço-níquel (0,18% C; 1,56% Ni)	36	34	31	29	27	24
Aço-Molibdênio (0,14% C; 0,3% Mo)	29	—	—	21	23	21
Aço cromo-molibdênio (0,12% C; 0,71% Cr; 0,3% Mo)	28	—	—	27	25	24

(Temperatura em °C)

3.3. RESISTÊNCIA A SOLICITAÇÕES VARIÁVEIS

1) *Fundamentos.* Na Fig. 3.19, que é um gráfico indicativo da variação, em função do tempo, da tensão originada por um carregamento periòdicamente variável, podem-se distinguir as seguintes tensões e tipos de carregamento[4]:

[4] O símbolo σ representa tensões de tração ou de compressão; para representar tensões de flexão e tensões de torção, utilizam-se os símbolos σ_f e τ_t, respectivamente.

tensão máxima σ_s, tensão mínima σ_{min}, tensão média $\sigma_m = \dfrac{\sigma + \sigma_{min}}{2}$, e tensão alternável $\sigma_a = \dfrac{\sigma - \sigma_{min}}{2}$.

Quando a solicitação é do tipo I (constante), tem-se:

$$\sigma_a = 0, \quad \sigma_m = \sigma = \sigma_{min}$$

Quando a solicitação é do tipo II (pulsante), tem-se:

$$\sigma_{min} = 0, \quad \sigma_a = \sigma_m = \sigma/2$$

Quando a solicitação é do tipo III (alternante), tem-se:

$$\sigma_m = 0, \quad \sigma_a = \sigma$$

Quando a solicitação é do tipo genérico, tem-se:

$$\sigma = \sigma_m \pm \sigma_a.$$

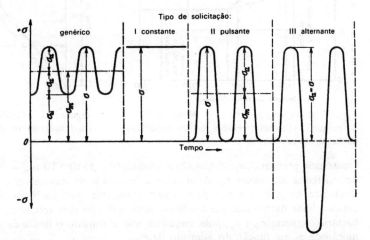

Figura 3.19 – Tipos característicos de solicitação

O diagrama refere-se a tensões normais σ. Nos casos de tensão de flexão ou de torção, troque-se o símbolo σ_n pelos símbolos σ_f, ou τ_t, respectivamente

Submetamos um corpo de prova a uma tensão $\sigma = \sigma_m \pm \sigma_a$ periòdicamente variável, e determinemos o número N de ciclos de solicitação aplicados até a sua ruptura, ou seja, a "ruptura por fadiga". Repitamos o ensaio com outros corpos de prova, diminuindo-se, de ensaio para ensaio, o valor de σ_a aplicado, até que não mais se verifique ruptura do corpo de prova ($N = \infty$).

Assim, a tensão máxima que pode ser aplicada periòdicamente ao corpo de prova sem que haja ruptura por fadiga é o denominado limite de resistência permanente $\sigma_D = \sigma_m \pm \sigma_A$, e a correspondente tensão σ_A constitui o limite de tensão alternável. (Observe-se que letras maiúsculas são utilizadas como índices de propriedades mecânicas de materiais, e letras minúsculas servem de índices para tensões).

As tensões periódicas, que provocam a ruptura por fadiga após um número N de ciclos, denominam-se limites de resistência temporária e são representadas pelos mesmos símbolos que os limites de resistência permanente, a cujos índices se acrescenta o número N de ciclos a que se refere o limite em questão. $\sigma_{A\,10^5}$, por exemplo, representa o limite de tensão alternável referente a um número $N = 10^5$ ciclos.

Determinando-se, em um gráfico, os pontos cujas abscissas sejam correspondentes a números N de ciclos de solicitações aplicadas, e cujas ordenadas correspondam aos limites de resistência temporária referentes aos respectivos números N, obtém-se uma curva decrescente, que se torna horizontal (paralela ao eixo das abscissas) ao ser atingido o limite de resistência permanente (ausência de ruptura por fadiga) (Fig. 3.20). O ponto de inflexão corresponde ao número-limite de ciclos que, para os aços, se encontra entre 3 e 10 milhões (crescente com σ_r e com a secção transversal), e para metais leves pode ultrapassar 100 milhões. Essa curva é denominada curva de vida ou curva de Wöhler. Enquanto os valores das tensões aplicadas se encontrarem abaixo da "linha de fadiga" não exercerão qualquer influência sôbre a vida do material.

Gráficos relativos à resistência à fadiga. Conhecidos os valores de σ_D ou de σ_A relativos aos tipos I a III de solicitação, podem-se traçar diagramas (pág. 52) dos quais é possível obter, em função de σ_m, os correspondentes valores de σ_D ou de σ_A.

No gráfico "σ_D" (Fig. 3.21), para cada abscissa foram marcados os pontos de ordenadas $\sigma_m + \sigma_A$ e $\sigma_m - \sigma_A$, os quais constituem, respectivamente, as curvas-limite superior e inferior de resistência à fadiga. Tais pontos podem também ser obtidos traçando-se a reta tracejada, que passa pela origem e forma ângulo de 45° com os eixos coordenados; as curvas-limite são obtidas acrescentando-se ou subtraindo-se das ordenadas dos pontos da reta, iguais a σ_m, os respectivos valores de σ_A.

Para o tipo I de solicitação ($\sigma_A = 0$, ponto de encontro das curvas-limite), o valor-limite das tensões é o limite de ruptura estática σ_r. Quando a solicitação é do tipo II ($\sigma_{min} = 0$), σ_D corresponde à denominada

Elementos de Máquinas

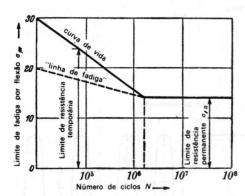

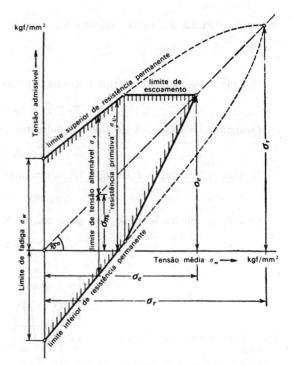

Figura 3.20 – Curva de vida, ou de Wöhler, e "linha de prejuízo" relativas a tensões cíclicas simétricas de flexão do aço St 50.11

Figura 3.21 – Gráfico "σ_D". Tensões aplicáveis ciclicamente, em função da tensão média σ_m

"resistência primitiva" σ_{U_r} e, quando a solicitação é do tipo III ($\sigma_m = 0$), σ_D é igual ao denominado limite de resistência alternante σ_W. Ainda com a finalidade de estabelecer os limites das tensões aplicadas, assinalou-se, no gráfico, a reta de ordenada constante igual ao limite de escoamento σ_e, constituindo-se, então, a linha hachurada, que é o limite prático das tensões aplicadas. Para traçar tal linha, pràticamente bastaria conhecer σ_W e σ_e, pois, enquanto não é atingido o limite de escoamento σ_e, é pequena a diminuição de σ_A em função do aumento de σ_m.

No gráfico "σ_A" (Fig. 3.22), para cada abscissa σ_m foi marcado o ponto de ordenada σ_A, enquanto o limite imposto pelo limite de escoamento σ_e é determinado pela reta $\sigma_A = \sigma_e - \sigma_m$ (que forma ângulo de 45° com o eixo das abscissas). A reta tracejada, que passa pela origem e forma ângulo de 45° com o eixo das abscissas, corresponde aos casos em que $\sigma_a = \sigma_m$, de modo que o seu ponto de intersecção com a curva-limite constitui o limite das tensões causadas por solicitações do tipo II ($\sigma_A = \sigma_m$). O gráfico "σ_A" é mais fácil de ser obtido e manuseado que o gráfico "σ_D".

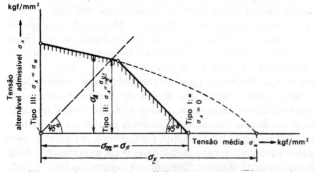

Figura 3.22 – Gráfico "σ_A". Limites σ_A de tensões alternáveis, em função da tensão média σ_m

Para cada espécie de solicitação, como por exemplo a tração, a compressão, a flexão, ou a torção, existem propriedades mecânicas relativas à resistência dos materiais à fadiga, e cujos símbolos se encontram na Tab. 3.3. Tais propriedades são determinadas, geralmente, por meio de ensaios de corpos de prova lisos, polidos ou retificados, de diâmetros entre 7 e 15 mm. É de especial importância a determinação do limite de fadiga por flexão σ_{fW}, pois, entre êste limite e as demais propriedades mecânicas relativas à resistência à fadiga, existem relações conhecidas (Tab. 3.4)[5]. Os gráficos das Figs. 3.23 e 3.24 permitem visualizar relações entre várias das citadas propriedades mecânicas dos materiais.

[5] O fato de o limite de fadiga por flexão ser maior que o limite de fadiga por tração e compressão é devido a uma redução das tensões máximas aplicadas aos pontos da superfície do corpo de prova submetido à flexão, ou seja, a uma alteração da distribuição linear de tensões. σ_{fW} e σ_W coincidem quando é muito grande a altura da secção transversal (ver coeficiente b_0 à Fig. 3.27). Ver também [3/11], [3/15], [3/22], [3/32], [3/38] e [3/47].

Cálculos de Resistência dos Materiais

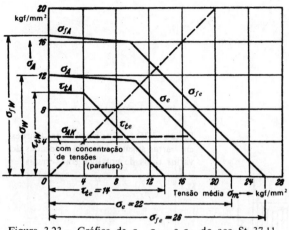
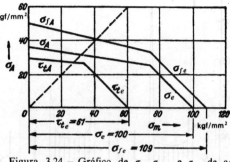

Figura 3.23 — Gráfico de σ_A, σ_{fA}, e τ_{tA} do aço St 37.11

Figura 3.24 — Gráfico de σ_A, σ_{fA}, e τ_{tA} de aço Cr-Ni-W

TABELA 3.3-*Símbolos das propriedades mecânicas relativas à resistência à fadiga, para diversos tipos de solicitações.*

	Tipo de solicitação	Tração	Compressão	Flexão	Torção
Limite de ruptura estática	I constante	σ_r	σ_{-r}	σ_{fr}	τ_{tr}
Limite de escoamento		σ_e	σ_{-e}	σ_{fe}	τ_{te}
Limite de resistência permanente	Genérica	$\sigma_D = \sigma_m \pm \sigma_A$	$\sigma_{fD} = \sigma_{fm} \pm \sigma_{fA}$	$\tau_{tD} = \tau_{tm} \pm \tau_{tA}$	
Limite de tensão alternável		σ_A	σ_{-A}	σ_{fA}	τ_{tA}
"Resistência primitiva"	II pulsante	σ_{Ur}	σ_{-Ur}	σ_{fUr}	τ_{tUr}
Limite de fadiga	III alternante	σ_W		σ_{fW}	τ_{tW}

(Os símbolos das propriedades mecânicas relativas à resistência à fadiga de corpos de prova sujeitos a concentrações de tensões apresentam o índice K)

TABELA 3.4-*Valores médios de propriedades mecânicas relativas à resistência à fadiga de aço e de ferro, referentes a corpos de prova polidos e com secção transversal circular. Valores de σ_r e de σ_e encontram-se nas Tabelas 5.2 a 5.4 e 5.8. Quanto à resistência a concentrações de tensões, ver Fig. 3.27 e Tab. 4.1.*

Material	Tração**		Flexão***			Torção		
	σ_W	σ_{Ur}	$\sigma_{fW\,10}$	σ_{fUr}	σ_{fe}	τ_{tW}	τ_{tUr}	τ_{te}
Aço-Carbono	$0,315\,\sigma_r \cong$ $0,7\,\sigma_{fW\,10}$	$1,8\,\sigma_W$	$0,45\,\sigma_r$	$1,8\,\sigma_{fW}$	$1,15\,\sigma_e$	$0,58\,\sigma_{fW}$	$1,9\,\tau_{tW}$	$0,6\,\sigma_e$
Aço fundido	$0,26\,\sigma_r \cong$ $0,65\,\sigma_{fW\,10}$	$1,8\,\sigma_W$	$0,4\,\sigma_r$	$1,8\,\sigma_{fW}$	$1,15\,\sigma_e$	$0,58\,\sigma_{fW}$	$1,9\,\tau_{tW}$	$0,7\,\sigma_e$
Ferro fundido cinzento*	$0,25\,\sigma_r \cong$ $0,5\,\sigma_{fW\,10}$	$1,6\,\sigma_W$	$0,5\,\sigma_r$	$1,6\,\sigma_{fW}$	—	$0,75\,\sigma_{fW}$	$1,4\,\tau_{tW}$	—
Ferro fundido maleável	$0,28\,\sigma_r \cong$ $0,7\,\sigma_{fW\,10}$	$1,8\,\sigma_W$	$0,4\,\sigma_r$	$1,8\,\sigma_{fW}$	$1,1\,\sigma_e$	$0,64\,\sigma_{fW}$	$1,9\,\tau_{tW}$	$0,7\,\sigma_e$

*Para ferro fundido cinzento, $\sigma_{-Ur} \cong 3\,\sigma_{Ur}$, $\sigma_{fr} \cong 9 + 1,4\,\sigma_r$ (kgf/mm^2). **σ_{-Ur}, relativo à compressão, é maior; no caso de aço para molas, por exemplo, $\sigma_{-Ur} \cong 1,3 \cdot \sigma_{Ur}$. ***Para diâmetros de 10 mm, $\sigma_{fW} = \sigma_{fW\,10} \cdot b_0$, b_0 segundo a Fig. 3.27.

Quanto à resistência à fadiga por rolamento, oriunda de compressão exercida por esferas ou por rolos, consulte-se o Cap. 13.

Valores experimentais de limites de fadiga por flexão etc.: para aço e ferro — Tab. 3.4 e Fig. 3.27, para metais leves e madeira — Tab. 4.1. Para bronze, $\sigma_{fW} \cong 0,23\,\sigma_r$, $\tau_{tW} \cong 0,15\,\sigma_r$.

2) *Diminuição da resistência à fadiga.* Se, em vez de um corpo de prova liso e polido, ensaiar-se outro que apresente um aumento brusco de secção transversal, verificar-se-á uma considerável redução da resistência à fadiga. A causa dêste fenômeno é a existência de concentrações localizadas de tensões, ou seja, de alterações, em determinados pontos do corpo de prova, da distribuição de tensões prevista pelos cálculos comuns de Resistência dos Materiais.

A que se devem tais concentrações de tensões? Segundo a Fig. 3.25, há um aumento das tensões aplicadas nos pontos externos de uma secção transversal reduzida de uma barra sujeita a tração, e tanto maior é êste aumento quanto mais brusco o aumento da secção reduzida nas vizinhanças dos pontos onde se aplicam as tensões estudadas. Os pontos externos da secção reduzida são mais fortemente vinculados às secções crescentes que lhes são vizinhas, suportando, portanto, maiores tensões.

Elementos de Máquinas

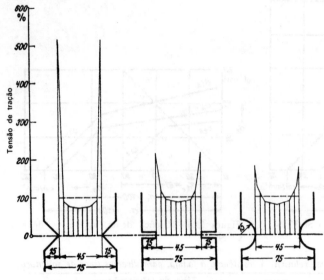

Figura 3.25 – Distribuição de tensões em barras sujeitas a tração e dotadas de vários tipos de entalhes transversais

Semelhante fenômeno se verifica numa superfície rugosa ou danificada. Arestas vivas, furos transversais, entalhes e cubos de rodas prensados também dão origem a concentrações localizadas de tensões, com conseqüente redução da resistência à fadiga. Genèricamente, denomina-se êste fenômeno "efeito de entalhe".

Para melhor compreender o fenômeno da concentração de tensões e a localização dos pontos em que ela se verifica, pode-se assemelhar a transmissão de esforços por um elemento de construção a um "fluxo de tensões" – qualquer variação ou desvio dêste fluxo acarreta um acúmulo de tensões, isto é, dá origem a uma concentração de tensões.

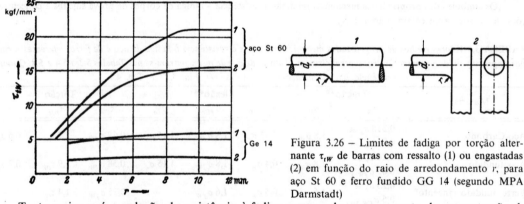

Figura 3.26 – Limites de fadiga por torção alternante τ_{tW} de barras com ressalto (1) ou engastadas (2) em função do raio de arredondamento r, para aço St 60 e ferro fundido GG 14 (segundo MPA Darmstadt)

Tanto maior será a redução da resistência à fadiga, provocada por um ponto de concentração de tensões, quanto mais "sensível a concentrações de tensões" (frágil) fôr o material, isto é, quanto menor fôr sua capacidade de uniformizar as distribuições de tensões. O processo usual de cortar vidro, por exemplo, é válido graças à "sensibilidade" dêste material à concentração de tensões. Nos materiais dúcteis, há uma uniformização das tensões quando elas ultrapassam o limite de elasticidade, e, por isso, a resistência à ruptura estática não é prejudicada pela concentração de tensões[6]. A linha tracejada da Fig. 3.23 mostra a variação do limite de tensão alternável σ_{AK} de uma barra entalhada, de aço e sujeita a tração. (Há um considerável aumento do limite de escoamento, pois o entalhe tende a impedir o escoamento.) É importante notar-se que os entalhes não provocam diminuição da resistência à fadiga quando as tensões aplicadas são de compressão.

Ainda não está definitivamente resolvida a questão relativa ao cálculo da diminuição da resistência à fadiga dos materiais, causada pelos diversos fatôres de concentração de tensões, e função de diversas dimensões.

Valores experimentais de limites de fadiga por flexão de peças sujeitas a concentrações de tensões σ_{fWK}. A Fig. 3.27 apresenta, em função do limite de ruptura estática σ_r, valores de limites de fadiga por flexão de corpos de prova, de aço e de diâmetro 10 mm, dotados dos mais freqüentes fatôres de concentração de tensões. Nota-se que, no caso do corpo de prova liso e polido (curva 1), σ_{fW} cresce de maneira quase linear com σ_r, enquanto que, no caso de existência de grande concentração de tensões (curva 13), σ_{fW} tem valores muito menores, que quase não apresentam variação em função de σ_r. Pode-se, assim, deduzir que, havendo solicitações periódicas, o emprêgo de aços de alta resistência será vantajoso sòmente

[6] A concentração de tensões eleva até mesmo o limite de escoamento. Ver Siebel [3/11] e [3/22].

se forem evitadas grandes concentrações de tensões, ou se fôr preponderante a necessidade de um elevado limite de escoamento. Verifica-se, ainda, que o limite de fadiga sofre consideráveis reduções nos casos de eixos escalonados cujos ressaltos apresentem raios de arredondamento muito pequenos (curva 10), de eixos com cubos chavetados (curva 12) ou prensados (curva 12a), e de eixos com furos transversais (curva 9).

A Fig. 3.26 mostra a influência dos arredondamentos de eixos escalonados e de eixos engastados sôbre o limite de fadiga por torção de aço St 60 e de ferro fundido cinzento. No ferro fundido, os limites de grão têm efeito semelhante ao dos entalhes, e, por isso, entalhes na superfície quase não exercem influência sôbre o limite de fadiga (engastamentos, entretanto, influem). A Tab. 4.1 apresenta limites de fadiga de outros materiais.

Influência química. É muito pequena a resistência à fadiga de eixos corroídos (curvas 11 e 14 da Fig. 3.27). O progresso da corrosão acarreta uma diminuição, também progressiva, da resistência à fadiga, de tal modo que, após certo tempo, o material passa a apresentar sòmente resistência temporária à fadiga. Por outro lado, tôda variação de tensões (variação de energia) favorece uma reação química, como por exemplo a corrosão é favorecida pelos atritos internos, reação esta que provoca nova redução da resistência dinâmica do material. É dêsse tipo a influência exercida pela corrosão devida ao atrito, em entalhes e em assentos de cubos.

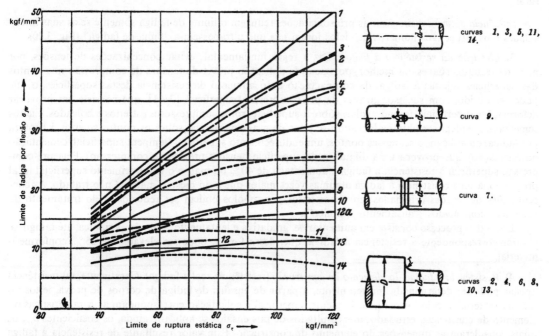

Figura 3.27* — Limite de fadiga por flexão σ_{fW10} de eixos de aço-carbono com diâmetros $d = 10$ mm, em função do limite de ruptura estática σ_r

a) *eixos lisos:* superfície polida (curva 1), retificada ou bem alisada (3), desbastada (5), corroída por água encanada (11), corroída por água salgada (14)
b) *com furo transversal:* $\delta = 0,175\,d$ (curva 9)
c) *com detalhe em V:* 1 mm de profundidade (curva 7)
d) *com cubo:* chavetado (curva 12), prensado, sem chavêta (12a)
e) *com ressalto D/d = 2:* para $y = r/d = 0,5$ (curva 2); $= 0,3$ (curva 4); $= 0,2$ (curva 6); $= 0,1$ (curva 8); $= 0,05$ (curva 10); $= 0$ (curva 13)
f) *com ressaltos que apresentam outros valores da relação D/d:* obtém-se a partir da curva correspondente a $y = r/d + q$
g) *para eixos com outros diâmetros d*** tem-se $\sigma_{fW} \cong \sigma_{fW10} \cdot b_0$, e $\tau_{tW} \cong \tau_{tW10} \cdot b_0$

$D/d =$	1,05	1,1	1,2	1,3	1,4	1,6
$q =$	0,13	0,1	0,07	0,052	0,04	0,022

$d = 10$	20	30	50	100	200	300
$b_0 = 1$	0,9	0,8	0,7	0,6	0,57	0,56

Exemplo: Eixo dotado de ressalto com $\sigma_r = 60$ kgf/mm²; $D/d = 70/50 = 1,4$; $r/d = 5/50 = 0,1$. Segundo a Tabela acima, $q = 0,04$ e, portanto, $y = 0,1 + 0,04 = 0,14$
Do diagrama (para $\sigma_r = 60$, interpolando-se entre as curvas 6 e 8), obtém-se $\sigma_{fW10} = 19$ kgf/mm²
Para $d = 50$ mm, $\sigma_{fW} = \sigma_{fW10} \cdot b_0 = 19 \cdot 0,7 = 13,3$ kgf/mm²

*As considerações seguintes baseiam-se em valores obtidos experimentalmente por Lehr e Thum
**Segundo as primeiras experiências de Lehr e Bautz. Fundamentos na nota 5 à pág. 52.

Influência das dimensões. Segundo Lehr, o aumento dos diâmetros de eixos lisos de aço acarreta reduções das respectivas resistências à fadiga por flexão e por torção, as quais assumem valores proporcionais aos coeficientes b_0^7.

Diâmetro d	10	20	30	50	100	200	250	300 mm
Coeficiente b_0	1	0,9	0,8	0,7	0,6	0,57	0,56	0,56

Para grandes diâmetros são também menores os efeitos da pré-compressão superficial e da têmpera, como protetores contra a fadiga (ver parágrafo 3). Por outro lado, o aumento do diâmetro acarreta um aumento do número-limite de ciclos, acima do qual não há mais ruptura por fadiga.

Influência da temperatura. Até à temperatura de 350°C o limite de fadiga do aço permanece quase inalterado; os limites de fadiga dos metais não-ferrosos decrescem sensivelmente com o aumento da temperatura. Consulte-se Schwinning[8] para obter propriedades mecânicas de materiais em baixas temperaturas.

Influência de pré-solicitações: as pré-solicitações reduzem o limite de fadiga sòmente se as suas intensidades e os respectivos números de ciclos forem tais que ultrapassem a "linha de fadiga" (Fig. 3.20).

3) *Elevação da resistência à fadiga.* Diz a regra fundamental: evitar concentrações de tensões, por meio de ressaltos suaves, ou melhor, por meio da aplicação prévia de tensões de compressão nos pontos das superfícies sujeitas à fadiga, da compactação e do aumento da resistência destas superfícies, o que pode ser obtido, com sucesso, através da pré-compressão superficial [3/44], que consiste em provocar deformações superficiais, fazendo rolar, sôbre a superfície, rolos compressores estreitos e boleados. Efeitos semelhantes podem ser obtidos lançando-se jatos de granalha de aço sôbre os pontos sujeitos à ruptura por fadiga, ou aplicando-se, nesses pontos, um endurecimento superficial (têmpera superficial, cementação ou nitretação), que provoca uma dilatação da superfície (tensões prévias de compressão). Pela pré-compressão superficial a resistência à fadiga é aumentada de 40% ou mais e o endurecimento superficial local proporciona uma resistência à fadiga algumas vêzes maior que a do mesmo material não tratado. As concentrações de tensões originadas em riscos feitos por rebolos podem ser reduzidas pelo tratamento da superfície com ácidos ("alisamento químico").

Um outro processo consiste em aumentar-se, gradativa e lentamente, a tensão periódica, até atingir-se o valor correspondente à resistência à fadiga, que, dessa forma, pode ser elevada até 25%, conforme o material.

4) *Resistência à fadiga do elemento de construção* (resistência real à fadiga). Geralmente, tal resistência apenas pode ser determinada indiretamente, a partir de ensaios de fadiga de corpos de prova, feitos do mesmo material, e cujo formato, acabamento superficial e solicitação correspondam às características do elemento de construção estudado; aos resultados de tais ensaios se aplicam, ainda, os coeficientes b_0, os quais consideram as dimensões do elemento de construção. Êste valor resultante de resistência à fadiga será denominado resistência real à fadiga (índice N). Mais segura, porém muito mais dispendiosa, é a determinação direta da resistência real à fadiga, ensaiando-se o próprio elemento de construção.

Se não forem disponíveis os dados acima citados, pode-se fazer uma estimativa da resistência real à fadiga baseando-se, sempre que possível, em resultados de pesquisas já conhecidos.

Exemplo. Eis algumas propriedades mecânicas de um virabrequim de motor, de aço[9], determinadas experimentalmente (em kgf/mm^2):

Ensaio de um corpo de prova cilíndrico $\sigma_r = 100$, $\sigma_e = 74$, $\sigma_{fW} = 45$,

Ensaio de um corpo de prova $\tau_{tW} = 31$, $\tau_{tWK} = 15$ (entalhado)

Ensaio de um modêlo 1:1 do engastamento da manivela $\tau_{tW} = 9$

Ensaio do virabrequim no motor $\tau_{tW} = 7 = \tau_{tN}$.

Neste caso, a resistência real à fadiga é τ_{tN}.

Se, por exemplo, fôsse conhecido apenas σ_r, estimando-se que haja considerável concentração de tensões e alteração do fluxo de tensões no engastamento da manivela, empregar-se-ia a curva 10 da Fig. 3.27, e, então, $\sigma_{fW10K} = 18$ kgf/mm^2. Para diâmetro do virabrequim de 75 mm, obtém-se $\sigma_{fW} = \sigma_{fW10K} \cdot b_0 = 18 \cdot 0{,}65 = 11{,}65$ e, segundo a Tab. 3.4, $\tau_{tW} = 0{,}58$, $\sigma_{fW} = 0{,}58 \cdot 11{,}65 = 6{,}8$ kgf/mm^2, que corresponde à resistência real à fadiga τ_{tN}, cujo valor, note-se, quase coincide com o valor obtido experimentalmente.

---

[7]Para barras entalhadas e outros materiais, modificam-se os valores dos coeficientes b_0. Ainda não são suficientes as pesquisas feitas sôbre êste assunto. Outras observações podem ser encontradas na nota 5 à p. 5..

[8]Schwinning: Die Festigkeitseigenschaften der Werkstoffe bei tiefen Temperaturen. Z. VDI 79 (1935) – p. 35.

[9]Mickel, E.: Mitt. Forsch.-Anst. Gutehoffnungshütte (1938) – p. 73.

3.4. RESILIÊNCIA

No caso de solicitações sob a forma de choques, pode-se determinar a energia absorvida por choque, isto é, a energia absorvida na deformação do corpo de prova até o início de sua ruptura. O quociente A/S (kgfm/cm^2) é a resiliência relativa à secção transversal de ruptura S. A resiliência é empregada não tanto nos cálculos de resistência, mas no contrôle de determinadas propriedades dos materiais (tenacidade). Definem-se:

1) *Resiliência, ou tenacidade, relativa a corpos de prova entalhados* (a_k). É determinada por meio do martelo de pêndulo, que golpeia um corpo de prova entalhado apoiado em ambas as suas extremidades. Além da resistência estática e da sensibilidade à concentração de tensões, a_k revela, sobretudo, a capacidade do material de deformar-se plàsticamente. No caso do aço, a diminuição da temperatura provoca uma acentuada redução de a_k (ruptura por choque em baixas temperaturas!), como mostra a Fig. 3.28; o mesmo efeito é provocado por tratamentos térmicos inadequados. a_k depende de formas e de dimensões e, portanto, é função das dimensões do corpo de prova.

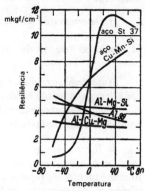

Figura 3.28 — Resiliência a_k de aço, alumínio, e ligas de alumínio em função da temperatura (segundo Lüpfert)

2) *Resistência à fadiga por choques*, como por exemplo a_{k10^6}, é a energia que pode ser absorvida por choque durante 10^6 choques repetidos. Segundo Lehr, tal resistência é proporcional a σ_{fW}^2 e, portanto, é útil também para cálculos de resistência.

3) *Número-limite de choques* é o número de choques que o material suporta antes de romper-se, sendo constante a energia absorvida por choque.

3.5. TENSÃO ADMISSÍVEL

1. *Determinação*. A tensão admissível é função da "resistência real" do elemento de construção e, portanto, depende não sòmente da resistência do material, mas também do formato e do fluxo de tensões, do processo de fabricação e das dimensões do elemento de construção, e ainda das condições de seu funcionamento, de modo que mesmo os "valores experimentais" conhecidos de tensões admissíveis devem ser submetidos a uma verificação, diante de cada caso de aplicação.

É necessário, então, saber em função de que se estabelece ou se varia a tensão admissível a ser aplicada a cada caso em particular.

Ao estabelecer a tensão admissível, deve-se ter em mente a diferença entre a carga nominal P, determinada pelos cálculos de resistência, e a carga de funcionamento P_{func}, medida durante o funcionamento, bem como a diferença entre as correspondentes tensões nominais σ (ou τ_t etc.) e tensões de funcionamento σ_{func} (ou τ_{tfunc} etc.). Define-se, assim, o "desvio de carga" $\boxed{C = \sigma_{func}/\sigma}$ utilizado na determinação da tensão admissível.

A tensão admissível deve também garantir uma segurança satisfatória em relação à "resistência real" do elemento de construção — é a "segurança real", expressa através do coeficiente S_N.

Adota-se $\qquad$ tensão nominal $\quad$ $\boxed{\text{tensão admissível} = \dfrac{\text{resistência real}}{\text{segurança real} \cdot C}}$

e se escreve, como por exemplo no caso de tensão de torção, $\quad \sigma \quad \boxed{\sigma_{ad} = \dfrac{\sigma_P}{S_N \cdot C}}$.

2) *Especificação da resistência real*. É a tensão que provoca a alteração inadmissível de um elemento de construção, ao qual ela é aplicada. Esta alteração pode ser, por exemplo, uma ruptura por fadiga, uma

deformação plástica, uma flambagem, uma ruptura violenta ou um desgaste inadmissìvelmente elevado. Em correspondência com as alterações a que esteja sujeito o elemento de construção, estabelece-se a resistência real:

a) *havendo perigo de ruptura por sobrecarga dinâmica* (carga simétrica, carregamento alternante até pulsante), a resistência real será σ_{DN}, relativa à resistência à fadiga (ou à resistência temporária à fadiga) do elemento de construção, cuja determinação foi estudada à pág. 56;

b) *havendo perigo de ruptura por sobrecarga estática* (carregamento estático até pulsante), a resistência real será relativa ao escoamento (ou à ruptura estática, ou à flambagem) do elemento de construção, ao qual se referem os limites σ_e, σ_{-e}, σ_{fe}, τ_{te} (ou σ_r, σ_{-r}, σ_{fr}, τ_{tr}, σ_K) característicos dos materiais;

c) *no caso de movimento de deslizamento*, a resistência real será o valor-limite da pressão superficial, acima do qual surgem aumentos inadmissíveis de desgaste ou de temperatura;

d) *no caso de movimento de rolamento*, a resistência real será o valor-limite da pressão de rolamento, acima do qual se originam deformações, formação de pequenas crateras ou aquecimento inadmissíveis (Cap. 13).

3) *Determinação do "desvio de carga" C.* Nos casos em que as tensões são diretamente proporcionais às cargas, o "desvio de carga" é $\boxed{C = P_{func}/P}$. Por P_{func} se entende:

a) *havendo perigo de ruptura por sobrecarga dinâmica*, P_{func} será a máxima carga repetidamente aplicada (carga nominal = fôrças adicionais estáticas e dinâmicas);

b) *havendo perigo de ruptura por sobrecarga estática*, P_{func} será a máxima carga global, calculada nas condições mais desfavoráveis, e que deve ser considerada ainda que aplicada apenas uma vez.

4) *Determinação do coeficiente de segurança real.* Nessa determinação devem-se considerar, de um lado, as conseqüências de uma ultrapassagem da resistência real (perigo de vida e longa interrupção de funcionamento, ou reparação fácil dos danos), e, de outro, a influência de S_N sôbre a economia e sôbre a eficiência do elemento de construção empregado. Geralmente, adota-se:

$S_N = 1,2$ a 2,0, quando σ_{DN} fôr fator decisivo no dimensionamento,
$S_N = 1,1$ a 1,8, quando σ_e fôr fator decisivo no dimensionamento,
$S_N = 1,8$ a 2,5, quando σ_r fôr fator decisivo no dimensionamento,
$S_N = 3$ a 6, quando σ_K fôr fator decisivo no dimensionamento.

5) *Exemplos de determinação de σ_{ad}. Exemplo 1:* O eixo fixo de um tambor de cabos sofre uma solicitação pulsante por flexão. Feito de aço St 50.11, o eixo tem diâmetro $d = 70$ mm, é liso, de superfície alisada, e não há cubos montados sôbre êle.

Para aço St 50.11 e superfície alisada obtém-se, da Fig. 3.27 (interpolação entre as curvas 3 e 5), $\sigma_{fW10} = 20,5$ kgf/mm². Para $d = 70$ mm, $\sigma_{fW70} = \sigma_{fW10} \cdot b_0 = 20,5 \cdot 0,65 = 13,3$ kgf/mm². Segundo a Tab. 3.4, para tensões pulsantes, $\sigma_{fUr} = 1,8 \cdot \sigma_{fW} = 1,8 \cdot 13,3 = 24$ kgf/mm² $= \sigma_{fN}$. Desvio de carga $C = P_{func}/P = 1,2$, correspondente à fôrça de inércia, igual a 20% de carga nominal estática P. Adotando-se $S_N = 1,5$, resulta

$$\sigma_{fad} = \frac{\sigma_{fN}}{S_N \cdot C} = \frac{24}{1,5 \cdot 1,2} = 13,3 \text{ kgf/mm}^2$$

Verificação: segurança real contra deformação plástica $S_N = \dfrac{\sigma_{fe}}{\sigma_{fad} \cdot C} = \dfrac{1,15 \cdot 27}{13,3 \cdot 1,35} = 1,73$, onde $C = 1,35$, relativo a 1,35 vêzes a carga de ensaio, e, segundo a Tab. 3.4, $\sigma_{fe} = 1,15 \cdot \sigma_e = 1,15 \cdot 27$, sendo $\sigma_e = 27$ kgf/mm².

Exemplo 2: Em um eixo de redutor, de aço St. 60.11 e de diâmetro 100 mm, está chavetada uma roda dentada. Nos pontos do eixo em que a roda se assenta, a tensão de flexão simétrica admissível é $\sigma_{fad} = \dfrac{\sigma_{fN}}{S_N \cdot C} = \dfrac{6,6}{1,5 \cdot 1,2} = 3,66$ kgf/mm², quando se adotam $S_N = 1,5 \cdot C = 1,2$ (fôrça de aceleração igual a 20% de carga nominal) e $\sigma_{fN} = \sigma_{fW} = \sigma_{fW10} \cdot b_0 = 11 \cdot 0,6 = 6,6$ kgf/mm², onde $\sigma_{fW10} = 11$ kgf/mm² foi obtida da curva 12 da Fig. 3.27 para aço St 60, e $b_0 = 0,6$ para $d = 100$ mm. Considerando as tensões de torção pulsantes tem-se, aproximadamente, $\tau_{tN} = \tau_{tUr} = 1,9 \cdot 0,58$, $\sigma_{fW} \cong 1,1 \cdot \sigma_{fN}$ (Tab. 3.4), ou $\tau_{tad} \cong \cong 1,1 \sigma_{fad}$.

Exemplo 3: Para o virabrequim do item 4, $\tau_{tN} = 7$ kgf/mm². O desvio de carga é $C = 1$, pois $P_{func} = P$ foi determinado através de ensaios. Para um motor de veículo, parece ser adequado o coeficiente de segurança real $S_N = 1,3$, de modo que $\tau_{tad} = \dfrac{\tau_{tN}}{S_N \cdot C} = \dfrac{7}{1,3 \cdot 1} = 5,4$ kgf/mm².

Nos estudos específicos de cada elemento de máquinas, encontram-se outros exemplos e coeficientes empíricos para a determinação de tensões admissíveis.

3.6. BIBLIOGRAFIA

1. Tensões:

[3/1] *NEUBER, H.:* Kerbspannungslehre. Berlin: Springer 1937.
[3/2] *LEHR, E.:* Spannungsverteilung in Konstruktionselementen. Berlin: VDI Verlag 1934.
[3/3] *MESMER, G.:* Spannungsoptik. Berlin: Springer 1939.
[3/4] *RÖTSCHER, F.* e *R. JASCHKE:* Dehnungsmessungen und ihre Auswertung. Berlin: Springer 1939.
[3/5] *WEBER, C.:* Die Lehre von der Drehungsfestigkeit. VDI-Forschungsheft n.º 249. Berlin 1921; e ainda ZAMM Vol. 6 (1926) p. 85.
— Festigkeitslehre. Wolfenbüttel: Verlagsanstalt 1947.
[3/6] *UEBEL:* Drehungsfestigkeit für Walzträger. Forsch. 10 (1939) p. 123.
[3/7] *LOVE, A. E. H.:* Lehrbuch der Elastizität, trad. alemã de Timpe. Leipzig-Berlin: Teubner 1907; edição mais recente em inglês (Theory of Elasticity). New York 1944.
[3/8] *TIMOSHENKO, S.* e *J. M. LESSELS:* Festigkeitslehre, trad. alemã de *MALKIN.* Berlin: Springer 1928.
[3/9] *HEISTER, H.:* Die Traglast elastisch eingespannter Stahlstützen. Dissertação T. H. Darmstadt 1948.
[3/10] *BENNEDIK, K.:* Vereinfachtes Verfahren zur Ermittlung von Trägheitsmomenten. Z. VDI Vol. 90 (1948) p. 352.
[3/11] *SIEBEL, E.:* Neue Wege der Festigkeitsrechnung. Z. VDI Vol. 90 (1948) p. 135.
[3/12] *FÖPPL, A.:* Vorles. über techn. Mechanik, Vol. III e IV. Leipzig: Teubner 1927.
[3/13] *FÖPPL, A.* e *L. FÖPPL:* Drang und Zwang, Vol. I e II. München-Berlin: Oldenburg 1924/28.
[3/14] *PÖSCHL, TH.:* Elementare Festigkeitslehre. Berlin: Springer 1936.
[3/15] *SIEBEL, E.* e *H. O. MEUTH:* Die Wirkung von Kerben bei schwingender Beanspruchung. Z. VDI Vol. 91 (1949) p. 319.
[3/16] *BACH, C.* e *R. BAUMANN:* Elastizität und Festigkeit. 9.ª ed. Berlin: Springer 1924.
[3/17] *KARMANN, TH. VON:* Enzykl. Math. Wiss. IV, Mechanik Vol. 4 (1907) p. 14. Leipzig: Teubner.
[3/18] *SCHLEICHER, F.:* Der Spannungszustand an der Fliessgrenze. ZAMM 6 (1926) p. 199.
[3/19] *JEEEK, K.:* Die Festigkeit von Druckstäben aus Stahl. Wien: Springer 1937.
[3/20] *BACH, J.:* Stand des Knickproblems stabförmiger Körper. Z. VDI Vol. 77 (1933) p. 610.
[3/21] *FLÜGGE, W.:* Statik und Dynamik der Schalen. Berlin: Springer 1934.
[3/22] *SIEBEL, E.* Festigkeitsrechnung bei ungleichförmiger Beanspruchung. Die Technik Vol. I (1946) p. 265.
[3/23] *TEN BOSCH, M.:* Vorlesungen über Maschinenelemente. Berlin: Springer 1940. (Na parte 1, Noções de Resistência dos Materiais Aplicada, onde se examinam detalhadamente a distribuição de tensões e o cálculo de determinados elementos de construção).
GERCKE, M. J.: Über die allgemeine Form der Knickbedingung des geraden Stabes. Konstruktion vol. 4 (1952) p. 46.

2. Ensaios de Materiais:

[3/24] Normas DIN: DIN 1 602, 1 604, 1 605 e DIN 50 101-50 114 — ensaios de resistência em geral; DIN 501 000 — ensaios de resistência a solicitações cíclicas; DIN 50 103 — ensaios de dureza Bockwell; DIN 50 132 e DIN 50 351 — ensaios de dureza Brinell; DIN 50 133 — ensaios de dureza Vickers; DIN 50 122 — ensaios de resiliência.

3. Resistência a Solicitações Cíclicas:

(Ver também as bibliografias referentes a materiais à pág. 104, a construções leves à pág. 76, e a molas no Cap. 12.11).

[3/25] *THUM, A.* e *W. BUCHMANN:* Dauerfestigkeit und Konstruktion. Mitt. d. MPA a. d. T. H. Darmstadt Fasc. 1 (1932).
[3/26] *THUM, A.* e *W. BAUTZ:* Steigerung der Dauerhaltbarkeit von Formelementen durch Kaltverformung. — Mitt. d. MPA. a. d. T. H. Darmstadt, Fasc. 8 (1936).
[3/27] *THUM, A.* e *H. OCHS:* Korrosion und Dauerfestigkeit. Mitt. d. MPA a. d. T. H. Darmstadt, Fascículo 9, (1937), VDI-Verlag, com 139 referências bibliográficas.
[3/28] *GRAF, O.:* Die Dauerfestigkeit der Werkstoffe und der Konstruktionselemente. Berlin: Springer 1929.
[3/29] *HEROLD, W.:* Wechselfestigkeit. Berlin: Springer 1934.
[3/30] *BARTELS, W.* Die Dauerfestigkeit ungeschweisster und geschweisster Guss- und Walzwerkstoffe. Berlin 1930.
[3/31] *LEQUES, W.:* Wechselfestigkeit und Kerbempfindlichkeit... bei Stahl. Dissertação 1931, *T. H. BRAUNSCHWEIG.*
[3/32] *MAILÄNDER, R.* e *W. BAUERSFELD:* Einfluss der Probengrösse und Probenform auf die Dreh-Schwingungsfestigkeit von Stahl. Techn. Mitt. Krupp (1934) p. 143.
[3/33] *BOLLENRATH, F.:* Zeit- und Dauerfestigkeit der Werkstoffe. Jb. dtsch. Luftfahrtforsch. 1938. Erg.-Bd. p. 147/157.
[3/34] *BARNER, G.:* Der Einfluss von Bohrungen auf die Dauerzugfestigkeit von Stahlstäben. VDI-Verlag 1931.
[3/35] *GRAF, O.:* Dauerfestigkeit von Stählen mit Walzhaut, ohne und mit Bohrung, von Niet- und Schweiss-verbindungen. VDI-Verlag 1931.
[3/36] *SEEGER, G.:* Wirkung der Druckvorspannungen auf die Dauerfestigkeit metallischer Werkstoffe. Berlin: VDI--Verlag 1935.
[3/37] *LEHR, E.:* Arbeitsblätter 1-5 des VDI-Fachausschuss für Maschinenelemente. (Gráficos relativos à resistência à fadiga). Berlin 1934.
[3/38] *LEHR, E.:* Dauerfestigkeit in *KLINGELNBERG:* Techn. Hilfsbuch. Berlin: Springer (1940) pp. 105-116.
[3/39] *THUM, A.* e *K. FEDERN:* Spannungszustand und Bruchausbildung. Berlin: Springer 1939.

[3/40] KÖRBER, F. e M. HEMPEL: Zug.- Druck-, Biege- und Verdreh-Wechselbeanspruchung an Stahlstäben mit Kerben und Querbohrungen. Separata Z. VDI Vol. 83 (1939) p. 1 226.
[3/41] LEHR, E. e K. H. BUSSMANN: Dauerfestigkeit von Stabköpfen. Z. VDI Vol. 83 (1939) p. 513.
[3/42] THUM A. e E. BRUDER: Gestaltung und Dauerhaltbarkeit von Stabköpfen. Berlin: VDI-Verlag 1939.
[3/43] — Maschinenelemente-Tagung, Aachen 1935. Berlin: VDI-Verlag 1936. Trabalhos sôbre distribuição de tensões, resistência à fadiga, e tensão admissível).
[3/44] FÖPPL, O.: (Compressão superficial e resistência à fadiga). ATZ Vol. 49 (1947); e Mitt. des Wöhler-Inst. Braunschweig fasc. 1 a 40; ver também a bibliografia do Cap. 12.11.
[3/45] BUCHMANN, W.: Die Kerbempfindlichkeit der Werkstoffe. Pesquisa 6 (1935) p. 36.
[3/46] — (Trabalhos de THUM, BAUTZ e outros sôbre resistência à fadiga) em Berichtswerk 74. Hauptversammlung des VDI, Darmstadt 1936. Berlin: VDI-Verlag 1936.
[3/47] ROŠ, M. M.: Die Dauerfestigkeit der Metalle. Revue de Metallurgie. Paris (1947) p. 125.
[3/48] — (Emprêgo de jatos de esferas para elevação da resistência à fadiga). Werkstatt und Betrieb 80 (1947) p. 212. Súmula de BALL baseada em Science and Technology.)
[3/49] — (Elevação da resistência à fadiga através da têmpera por indução). Werkstatt und Betrieb 80 (1947) pp. 210 e 212. Súmula de BALL baseada em Machinery, New York.)
[3/50] SEEGER, G.: Kerbwirkung an quergebohrten Torsionswellen. Die Technik Vol. 3 (1948) p. 311.
GRÖNEGRESS, H. W.: Festigkeitseigenschaften brenngehärteter Kettenbolsen. Z. VDI. Vol. 94 (1952) p. 231.

4. Propriedades Mecânicas dos Materiais (ver também a bibliografia referente a materiais, à pág. 104):

[3/51] LEON, A.: Zugfestigkeit und Brinellhärte von Gusseisen. Z. VDI Vol. 80 (1936) p. 281.
[3/52] HEMPEL, M.: Gusseisen und Temperguss unter Wechselbeanspruchung (gráfico "σ_D" para ferro fundido). Z. VDI Vol. 85 (1941) p. 290.
[3/53] GRUSCHKA, G.: Zugfestigkeit von Stählen bei tiefen Temperaturen. Berlin: VDI-Verlag 1934.
[3/54] FISCHER e EHMKE: Zahlentafel über die Warmfestigkeiten und Warmstreckgrenzen der Kesselbaustoffe. Kruppsche Monatshefte 1929, p. 209.
[3/55] NIEMANN G.: Walzenfestigkeit und Grübchenbildung von Zahnrad-und Wälzlagerwerkstoffen Z. VDI Vol. 87 (1943) p. 521.

5. Tensão Admissível (ver também 3/43):

[3/56] LEHR, E.: Wege zu einer wirklichkeitsgetreuen Festigkeitsberechnung. Z. VDI Vol. 75 (1931) p. 1473.
[3/57] VOLK, C.: Sicherheit und zuläss. Spannung. Elektroschweissung (1937) pp. 173/175.
[3/58] THUM, A.: Zur Frage der Sicherheit in der Konstruktionslehre. Z. VDI Vol. 75 (1931) p. 705; ainda em: Der Maschinenschaden (1935) p. 155; ainda 74. Hauptversammlung d. VDI (1936) p. 87.
[3/59] BOCK, E.: Zulässige Spannungen der im Maschinenbau verwendeten Werkstoffe. Masch.-Bau 9 (1930) p. 637 e 10 (1931) pp. 66/83.

4. Construções leves

4.1. INTRODUÇÃO

É perfeitamente justificável todo esfôrço feito com a finalidade de se obterem construções leves, isto é, de menores pesos próprios, desde que daí não resultem aumentos de custos nem comprometimentos de propriedades de elementos de construção.

Construções leves de custo mais elevado também poderão ser admitidas, principalmente se a redução de pêso possibilitar economia ou apresentar vantagens em outros setores quaisquer. Por exemplo, se

1) se reduzirem consideràvelmente as cargas aplicadas em outras peças, com conseqüente diminuição de seus respectivos pesos;

2) a redução do pêso possibilitar um aumento da carga útil, conservando-se o mesmo pêso total (como por exemplo em veículos, gaiolas de guinchos, caçambas automáticas, caçambas de escavadeiras, cabinas de teleféricos; ver exemplos à pág. 75);

3) houver redução dos custos de funcionamento e manutenção (custo da energia e de manutenção de veículos; ver exemplo à pág. 75);

4) houver facilitação de operação ou de transporte (por exemplo, de utensílios domésticos, de viagem, de esporte);

5) a construção precisar ser forçosamente leve, como por exemplo o avião.

Eis os caminhos que podem ser trilhados para a obtenção de construções leves:

a) obtenção de condições de funcionamento mais favoráveis, como por exemplo redução das fôrças máximas por meio de molas ou dispositivos especiais contra sobrecargas (acoplamentos deslizantes, pinos sujeitos à ruptura); melhor resfriamento de construções tèrmicamente isoladas, como motores elétricos, redutores de velocidade, freios e embreagens de atrito; abrandamento das condições e especificações de funcionamento etc.;

b) construções leves com base nos formatos de seus elementos, que consistem em adotar formatos, disposições e tratamentos convenientes de modo a se obter a mesma capacidade de carga com a menor quantidade possível de material (ver parágrafo 4.3);

c) construções leves com base nos materiais de seus elementos, que consistem no emprêgo de materiais mais resistentes, como por exemplo aço doce em vez de ferro fundido cinzento, aço St 52 em vez de aço St 37, aço temperado em vez de aço não-temperado (ver Construções leves de aço, à pág. 72), ou no emprêgo de materiais mais leves, como por exemplo metal leve, materiais prensados, ou madeira, em vez de aço, ferro fundido cinzento etc. (ver Construções leves de metal leve, à pág. 74).

4.2. COMPARAÇÃO DE MATERIAIS POR MEIO DE FATÔRES CARACTERÍSTICOS[1]

Ao se ponderar se um elemento de construção deve ser feito de aço ou de metal leve, por exemplo, em vez de ferro fundido cinzento, é interessante poder-se determinar, antecipada e numèricamente, para efeito de comparação, o pêso próprio Q, a secção transversal S e o custo do material K correspondentes a cada caso, admitindo um mesmo carregamento e um mesmo comprimento de construção. Apresentamos, então, para os tipos de carregamento mais freqüentes, os fatôres característicos do material.

SÍMBOLOS

A	(kgfcm)	energia absorvida em choque, trabalho de deformação elástica	J_t	(cm⁴)	momento polar de inércia de secção transversal
C	(–)	fator característico do material	K	(DM)	custos
C_Q, C_V	(–)	fator característico relativo a Q e relativo a V	k_i	(–)	coeficiente relativo ao perfil = S^2/J
			k_w	(–)	coeficiente relativo ao perfil = $S^{3/2}/W$
C_K	(–)	fator característico relativo a K			
d, D	(cm)	diâmetro	L	(cm)	comprimento de viga
E	(kgf/cm²)	módulo de elasticidade	M_f, M_t	(cmkgf)	momento fletor, momento torçor
f	(cm)	alongamento, flecha oriunda de deformação	P	(kgf)	carga
			q	(–)	coeficiente
G	(kgf/cm²)	módulo de elasticidade transversal	Q	(kgf)	pêso próprio
J	(cm⁴)	momento de inércia de superfície	s	(mm)	espessura de parede
J_f	(cm⁴)	momento de inércia de secção transversal	S	(cm²)	secção transversal
			V	(cm³)	volume

[1] A comparação de materiais, aqui exposta para vários tipos de carregamento, é de caráter geral e aparece neste capítulo referente a "Construções Leves" por ser de especial importância no estudo dêste tipo de construções.

Elementos de Máquinas

W_f, W_t	(cm³)	módulo de resistência, módulo de resistência à torção	σ	(kgf/cm²)	tensão de tração, tensão de compressão
α	(cm²/s)	coeficiente relativo à transmissão de calor	σ_f	(kgf/cm²)	tensão de flexão
			τ	(kgf/cm²)	tensão de torção, tensão de cisalhamento
β	(°C⁻¹)	coeficiente de dilatação			
γ	(kgf/cm³)	pêso específico	φ	(–)	distorção (dimensão de arco)
γ_P	(–)	coeficiente de segurança	$\sim$		proporcional
δ	(–)	amortecimento			

Como exemplo de aplicação do fator característico do material, consideraremos a viga sujeita a flexão, representada pela Fig. 4.1b.

A carga P aplicada nesta viga é limitada, sobretudo, pela tensão admissível: $\sigma_f = M_f/W = \dfrac{P \cdot L}{4W} \leq \sigma_{f\,ad}$.

A secções transversais, geomètricamente semelhantes, corresponde um mesmo valor do coeficiente $k_w = S^{3/2}/W_f$. Introduzindo-se o coeficiente relativo ao perfil k_w pode-se, então, escrever:

Secção transversal $S = (M_f \cdot k_w/\sigma_f)^{2/3} \sim 1/\sigma_f^{2/3}$.
Pêso $Q = S \cdot L \cdot \gamma = (M_f k_w)^{2/3} \cdot L \cdot \gamma/\sigma_f^{2/3} \sim \gamma/\sigma_f^{2/3}$.
Volume $V = S \cdot L = Q/\gamma \sim 1/\sigma_f^{2/3}$.
Custo do material $K = Q \cdot$ custo por kg $\sim \gamma/\sigma_f \cdot$ custo por kg.

Logo, para êste tipo de carregamento e êste limite de carga (σ_f), a influência exercida pelo material sôbre Q, V e K pode ser expressa através dos seguintes fatôres, que são característicos de cada material:

Fator característico relativo a $Q = C_Q = \gamma/\sigma_f^{2/3}$
Fator característico relativo a $V = C_V = 1/\sigma_f^{2/3}$
Fator característico relativo a $K = C_K = \gamma/\sigma_f^{2/3}$ custo por kg.

Portanto, quanto maiores os fatôres característicos dos materiais, tanto maiores os valores de Q, V e K.

Se a carga não fôr limitada por σ_f, mas pela flecha f oriunda da deformação, ter-se-á $f = \dfrac{P \cdot L^3}{48 \cdot E \cdot J} \leq f_{ad}$

(Cap. 12). Introduzindo-se o coeficiente $k_i = S^2/J$ pode-se, então, escrever:

$$S = \left(\dfrac{P \cdot L^3 \cdot k_i}{48 \cdot E \cdot f}\right)^{1/2} \quad e$$

$$Q = S \cdot L \cdot \gamma = \left(\dfrac{P \cdot k_i \cdot L^5}{48 \cdot f}\right)^{1/2} \cdot \gamma/E^{1/2} \sim \gamma/E^{1/2}$$

e os correspondentes fatôres característicos dos materiais para a viga, sujeita a flexão e carga limitada por f são:

$$C_Q = \gamma/E^{1/2}; \quad C_V = 1/E^{1/2}; \quad C_K = \gamma/E^{1/2} \text{ custo por kg.}$$

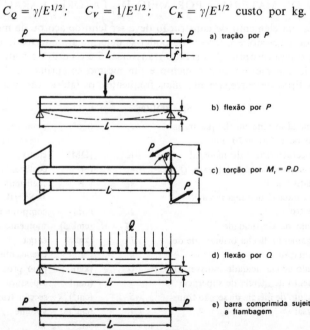

Figura 4.1 – Tipos de carregamentos correspondentes à Tab. 4.2

Construções Leves

TABELA 4.1-*Propriedades mecânicas de materiais.*
E = módulo de elasticidade, σ_{fWK} = limite de fadiga, com existência de concentração de tensões, H_B = dureza Brinell

Nr.	Material	γ kgf/dm³	E kgf/mm²	σ_r kgf/cm²	σ_e kgf/cm²	σ_{fW} kgf/cm²	σ_{fWK} kgf/cm²	$\dfrac{\sigma_{fWK}}{\sigma_{fW}}$	HB kgf/mm²	Preço por kg DM/kg	Preço por volume DM/dm³
	A. Ligas maleáveis									*Barras perfiladas*	
1.	Aço St 37	7,85	21 000	37	22	18	15	0,834	110	0,22	1,73
2.	Aço St 52	7,85	21 000	52	32	25	19	0,76	142	0,30	2,36
3.	Aço Si-Mn para molas	7,85	21 000	130	115	56	27	0,482	380	0,90	7,06
4.	Alumínio puro, duro .	2,7	7 100	18	9	6	5	0,834	40	3,20	8,65
5.	Aço Al-Cu-Mg de constr.	2,8	7 200	42	28	15	13,5	0,9	110	3,50	9,80
6.	Aço Mg-Al de constr. .	1,8	4 300	30	20	12	9,5*	0,792	65	3,90	7,02
	B. Ligas fundidas									*Peças fundidas médias*	
7.	Ferro fundido GG-18 .	7,25	10 000	19	11,5*	9	9	1,0	185	0,60	4,35
8.	Aço fundido GS-45 . .	7,8	21 500	45	22	19	14,5	0,764	—	1,00	7,80
9.	Liga fundida de Al . .	2,65	7 600	17	8	7	6	0,856	55	4,50	11,92
10.	Liga fundida de Mg. . .	1,8	4 100	20	9	5	4*	0,8	50	5,20	9,36
	C. Materiais prensados e madeira									*Placas*	
11.	Tecido duro T 3 . . .	1,4	1 000	7,7	4,6*	3,6	2,6	0,722	22	13,00	18,20
12.	Lignostone BF . . .	1,35	2 960	27	16,2*	7,5*	5,6*	0,746	22	12,30	16,61
13.	Freixo	0,72	1 200	13	7,0	3,6	3¹	0,834	—	0,84	0,61

*Valores apresentados para efeito de comparação.
**Preços de novembro de 1948.

De maneira análoga, determinaram-se as expressões do pêso próprio Q de barras comprimidas sujeitas a flambagem, de barras tracionadas, de barras sujeitas a torção, de elementos de construção sujeitos a choques e de barras flexionadas por seus pesos próprios, a partir das quais se obtiveram os correspondentes fatôres característicos dos materiais. Tanto as expressões de Q quanto os fatôres característicos se encontram na Tab. 4.2, a qual também apresenta uma comparação entre os materiais que figuram na Tab. 4.1².

Anàlogamente, podem-se determinar fatôres característicos cuja finalidade seja permitir a comparação de materiais em relação a outras causas de solicitações. Assim, segundo Hagen [5/5]³,

para *solicitações devidas a fôrças centrífugas* (por exemplo polias que giram): quanto maior fôr $(\sigma_{ad}/\gamma)^{1/2}$ tanto maior será a velocidade periférica admissível, que, por exemplo, é maior para liga Al—Cu—Mg que para aço St 70;

para *solicitações devidas a vibrações:* quanto maior fôr $(E/\gamma)^{1/2}$ tanto maior será a freqüência própria, que, por exemplo, é maior para Calita (material cerâmico, ver pág. 102) que para aço St 70;

para *solicitações devidas à variação de temperatura:* quanto maior fôr $\dfrac{\sigma_{ad}}{E \cdot \beta}$ tanto maior será a variação de temperatura admissível;

para *solicitações cíclicas alternadas devidas a variações de temperatura:* quanto maior $\dfrac{\sigma_{ad} \cdot \alpha}{E \cdot \beta}$ tanto maior será o acréscimo de temperatura admissível, que, por exemplo, para liga Al—Cu—Mg e para prata é maior que para aço St 70.

Sôbre a comparação de materiais (Tabs. 4.1 e 4.2):

Das Tabs. 4.1 e 4.2, podem-se tirar preciosas conclusões relativas à escolha de materiais, apesar da escolha depender consideràvelmente das circunstâncias especiais já expostas.

A Tab. 4.1 indica que o custo por kg (e o custo por volume) dos metais leves e dos materiais prensados é excessivamente elevado em comparação ao custo do aço. O custo por kg da liga Al—Cu—Mg, por exemplo, é igual a 16 vêzes (5,7 vêzes por volume) e o do material fibroso T 3 é igual a 59 vêzes (10,5 vêzes por volume) o custo por kg do aço St 37.

Portanto, para que os metais leves ou os materiais prensados possam concorrer com os aços, é preciso que haja uma considerável economia de pêso ou quaisquer outras vantagens apreciáveis. (Exs. à pág. 74).

As comparações no setor de materiais fundidos são, por sua vez, mais interessantes. Vê-se, por exemplo, que o custo por kg da liga de Mg é igual a 8,6 vêzes (2,1 vêzes por volume) o custo por kg do ferro fundido cinzento. O preço mais elevado da liga de Mg pode ser compensado, atualmente, pelos menores custos de usinagem, principalmente se as peças forem do mesmo volume (Exs. às págs. 17 e 75).

²Com base nos trabalhos de Fleury [4/7], Schwerber [4/6] apresenta ainda mais extensamente os fundamentos da escolha dos materiais, até mesmo a "transconstrução" de uma peça por meio de nomogramas, portanto sem cálculos.
³Ver p. 104.

Elementos de Máquinas

TABELA 4.2-Comparação

Pêso Q, volume V, custo do material K referentes a vigas retas de mesmo comprimento L, secções transversais cões se encontram na Tab. 4.1. Os coeficientes relativos aos perfis $k_i = S^2/J$ e $k_w = S^{3/2}/W$

I. Barra sujeita a tração Fig. 4.1a

$$Q = S \cdot L \cdot \gamma = P \cdot L \cdot \gamma/\sigma$$

pois $S = P/\sigma$

II. a) Barra sujeita a flexão Fig. 4.1b

$$Q = (M_f \cdot k_w)^{2/3} \cdot L \cdot \gamma/\sigma_f^{2/3}$$

pois $M_f = P \cdot L/4 = \sigma_f \cdot W_f = \sigma_f \cdot S^{2/2} \cdot k_w$

b) Barra sujeita a torção Fig. 4.1c

$$Q = (M_t \cdot kw)^{2/3} \cdot L \cdot \gamma/\tau^{2/3}$$

pois $M_t = P \cdot D = \tau \cdot W_t = \tau \cdot S^{3/2} \cdot k_w$

III. a) Barra sujeita a flambagem* Fig. 4.1e

$$Q = \frac{L^2}{\pi} (P \cdot S_K \cdot k_i)^{1/2} \cdot \frac{\gamma}{E^{1/2}}$$

b) Barra sujeita a flexão** Fig. 4.1b

$$Q = L^2 \left(P \cdot k_i \cdot \frac{L}{48f} \right)^{1/2} \cdot \frac{\gamma}{E^{1/2}}$$

c) Barra sujeita a torção*** Fig. 4.1c

$$Q = L \left(M_t \cdot k_i \cdot \frac{L}{\varphi} \right)^{1/2} \cdot \frac{\gamma}{E^{1/2}}$$

N.°	Material Tab. 4.1	Limite de solicitação considerado: σ_e Fator caract. rel. a Q: γ/σ_e Em % do n.° 1: Pêso Q	Volume V	Custo K	Limite de solicitação considerado: σ_e Fator caract. rel. a Q: $\gamma/\sigma_e^{2/3}$ Em % do n.° 1: Pêso Q	Volume V	Custo K	Limite de solicitação considerado: σ_{fWK} Fator caract. rel. a Q: $\gamma/\sigma_{fWK}^{2/3}$ Em % do n.° 1: Pêso Q	Volume V	Custo K	Limite de solicitação considerado: $S_K = 1$, $f = 1$, $\varphi = 1$ Fator caract. rel. a Q: $\gamma/E^{1/2}$ Em % do n.° 1: Pêso Q	Volume V	Custo K
1	Aço St 37	100	100	100	100	100	100	100	100	100	100	100	100
2	Aço St 52	69,6	69,6	94,8	78	78	106	85,5	85,5	116	100	100	136
3	Aço para molas	19,1	19,1	78,5	33,4	33,4	137	67,6	67,6	277	100	100	410
4	Alumínio puro	84	244	1220	62,4	182	905	71,6	208	1040	60	174,5	870
5	Al-Cu-Mg	28	78,5	445	30,4	85,4	484	38,3	107,5	610	60,9	170,1	970
6	Mg-Al	25,2	110	444	24,4	106,8	435	31,1	136	554	50,5	220	900
7	Ferro fund. GG-18	177	192	484	142	154	387	129,7	141	354	134	145	366
8	Aço fund. GS-45	99,3	100	451	94	100	427	101,5	102	462	98,2	98,9	446
9	Liga fund. de Al	92,7	275	1900	66,4	197	1360	62,2	184,5	1275	56	126	1150
10	Liga fund. de Mg	56	244	1320	41,6	182	984	55,4	242	1310	51,8	226	1220
11	Tecido T 3	85,2	478	5030	50,7	284	2110	57,4	322	3380	81,6	457,5	4820
11	Lignostone	23,2	135	1300	21,1	122,5	1180	33,2	193	1860	45,8	267	2565
13	Freixo	26	314	98,6	17,8	214	67,6	24,2	292	92	34,6	417	131,5

* Pois $Q = S \cdot L \cdot \gamma$; $P = \dfrac{\pi^2 \cdot E \cdot J}{L^2 \cdot S_K}$; $J = S^2/k_i$.

** Pois $Q = S \cdot L \cdot \gamma$; $M = P \cdot L/4$; $P = 3 \cdot f \cdot E \cdot J/L^3$; $J = S^2/k_i$.

*** Pois $Q = S \cdot L \cdot \gamma$; $M_t = P \cdot D = J_t \cdot G \cdot \varphi/L$; $J_t = S^2/k_i$.

De maior interêsse ainda são as comparações entre aços de alta resistência e aço St 37. O aumento do preço por kg é apenas um pouco maior que o aumento da resistência, de modo que, em muitos casos torna-se econômico o emprêgo de aços de alta resistência.

Deve-se ainda observar que, dentre todos os materiais apresentados, o menor custo por volume é o da madeira e o maior é o do material fibroso T 3.

Prosseguindo na comparação entre barras de materiais diferentes, porém com carregamento e comprimento iguais (Tab. 4.2), cumpre salientar alguns resultados obtidos:

1) *Para barras tracionadas* (Fig. 4.1a) em que σ_e constitui o limite da carga aplicada, prepondera o fator característico relativo a Q, $C_Q = \gamma/\sigma_e^4$. Note-se que, neste caso, o aço de alta resistência (n.° 3) é mais vantajoso que todos os demais materiais (mesmo os metais leves de alta resistência), tanto em relação ao pêso quanto em relação ao volume ou preço.

Comparação com o aço St 37

aço para molas apresenta 19% do pêso e 78,5% do custo de material
  Mg—Al   "   25% " " " 449% " " "
  Madeira   "   26% " " " 99% " " "
  Al—Cu—Mg "   28% " " " 445% " " "

Comparação com o ferro fundido cinzento GG 18

liga fundida de Mg apresenta 32% do pêso e 273% do custo de material
liga fundida de Al   "   52% " " " 395% " " "
aço fundido   45 "   56% " " " 95% " " "

⁴Quanto menor fôr γ/σ_r, tanto maior será o "comprimento de ruptura", isto é, o comprimento necessário para que o pêso próprio, agindo como fôrça de tração, provoque a ruptura.

Construções Leves

de materiais.
geomètricamente semelhantes, mesmo tipo de carregamento e feitas com os materiais 1 a 13 cujos limites de solicitação são constantes para secções transversais geomètricamente semelhantes.

IV. Barra sujeita a choque

$$Q = \frac{A}{\eta} \cdot \frac{\gamma \cdot E}{\sigma^2} \quad \text{para}$$

$A = P \cdot f/2 = \eta \cdot V \cdot \sigma/E = \text{const.}$

V. Barra sujeita a tração
Fig. 4.1a

$$Q = P \cdot \frac{L^2}{f} \cdot \frac{\gamma}{E} \quad \text{pois}$$

$P = S \cdot E \cdot f/L$

VI. Barra sujeita a flexão sob a ação de seu pêso próprio Q
Fig. 4.1d

$$Q = \frac{L^5}{8 \cdot k_w^2} \cdot \frac{\gamma^3}{\sigma_f^2} \quad \text{pois}$$

$M_f = Q \cdot L/8 = \sigma_f \cdot W_i =$
$= \sigma_f \cdot S^{3/2} \cdot k_w$

$$Q = \frac{5}{384} \cdot \frac{L}{f} \cdot L^4 \cdot k_i \cdot \frac{\gamma^2}{E}$$

pois $f = \frac{5}{384} \cdot \frac{Q \cdot L^3}{E \cdot J} = \text{const.}$
$J = S^2/k_i \; ; \; Q = S \cdot L \cdot \gamma$

N.°	Material Tab. 4.1	Limite de solicitação considerado: σ_e Fator caract. rel. a $Q: \gamma \cdot E/\sigma_e^2$ Em % do n.° 1:			Limite de solicitação considerado: $f = 1$ Fator caract. rel. a $Q: \gamma/E$ Em % do n.° 1:			Limite de solicitação considerado: σ_e Fator caract. rel. a $Q: \gamma/\sigma_e^{2/3}$ Em % do n.° 1:			Limite de solicitação considerado: $f = 1$ Fator caract. rel. a $Q: \gamma^2/E$ Em % do n.° 1:		
		Pêso Q	Volume V	Custo K	Pêso Q	Volume V	Custo K	Pêso Q	Volume V	Custo K	Pêso Q	Volume V	Custo K
1	Aço St 37	100	100	100	100	100	100	100	100	100	100	100	100
2	Aço St 52	47,2	47,2	64,2	100	100	136	47	47	64	100	100	136
3	Aço para molas	3,66	3,66	15	100	100	410	3,68	3,68	15,1	100	100	410
4	Alumínio puro	69,4	202	1010	101,8	294	1475	24	69,8	348	35	102	508
5	Al-Cu-Mg	7,54	21,1	120	104	292	1655	2,8	7,85	44,6	37,1	104	590
6	Mg-Al	5,7	24,4	105	112	490	1990	1,5	6,55	26,7	25,7	112	458
7	Ferro fund. GG-18	161	174,2	440	194	210	530	288	312	786	179	194	488
8	Aço fund. GS-45	101,5	101,9	462	97,1	97,8	442	98	98,6	446	96,5	97	439
9	Liga fund. de Al	92,4	274	1890	93,4	276	1910	29	86	595	31,5	93,4	646
10	Liga fund. de Mg	26,7	116,5	630	106	464	2500	7,2	31,4	170	24,3	106	574
11	Tecido T 3	19,4	108,6	1145	375	2100	22100	13	73	766	67	376	3950
12	Lignostone	4,46	26	250	122	709	6840	0,94	5,45	52,6	21	122	1175
13	Freixo	4,66	56,4	17,7	145	1750	550	0,76	6,05	2,9	12	145	45,6

2) *Para barras sujeitas a flexão e barras sujeitas a torção* (Fig. 4.1b e c), em que σ_e constitui o limite de carga aplicada, prepondera o fator característico relativo a Q, $C_Q = \gamma/\sigma_e^{2/3}$. Nestes casos, os materiais de alta resistência não parecem tão vantajosos quanto no caso 1 anterior. A madeira é que apresenta o menor pêso e o menor preço.

Comparação com o aço St 37

madeira	apresenta	17,8% do pêso e	68% do custo de material
Mg—Al	"	24 % " "	" 435% " " "
Al—Cu—Mg	"	30 % " "	" 484% " " "
aço para molas	"	33 % " "	" 137% " " "

Comparação com o ferro fundido cinzento GG 18

liga fundida de Mg	apresenta	30% do pêso e	254% do custo de material
liga fundida de Al	"	47% "	" 350% " " "
aço fundido	"	66% "	" 110% " " "

Se, em vez de σ_e, considerar-se, por exemplo, como limite de carga aplicada o limite de fadiga por flexão de peças sujeitas a concentrações de tensões σ_{fWK}, os materiais mais sensíveis a concentrações de tensões, como por exemplo o aço para molas em relação ao aço St 37, tornar-se-ão menos recomendáveis.

3) *Para barras sujeitas a flambagem* (Fig. 4.1e), considerando-se um determinado coeficiente de segurança à flambagem S_K, bem como para barras sujeitas a flexão ou a torção (Fig. 4.1b, c), considerando-se uma determinada deformação (f, φ), prepondera o fator característico relativo a Q, $C_Q = \gamma/E^{1/2}$.

Para tais casos, o aço St 37 não resulta em maior pêso (mas sim em menor preço) que o aço de alta resistência, e os materiais leves de alta resistência parecem menos convenientes que nos itens 1 e 2.

65

Comparação com o aço St 37

madeira	apresenta	35%	do pêso e	131%	do custo de material			
Mg—Al	"	50%	" "	" 900%	"	"	"	"
Al—Cu—Mg	"	61%	" "	" 970%	"	"	"	"
aço para molas	"	100%	" "	" 410%	"	"	"	"

Comparação com o ferro fundido cinzento GG 18

liga fundida de Mg	apresenta	39%	do pêso e	334%	do custo de material			
liga fundida de Al	"	42%	" "	" 315%	"	"	"	"
aço fundido	"	73%	" "	" 122%	"	"	"	"

4) *Para casos de existência de choques*, em que σ_e constitui o limite de carga aplicada, prepondera o fator característico relativo a Q, $C_Q = \gamma \cdot E/\sigma_e^2$. Com aço de alta resistência é que se obtêm, para êstes casos, construções mais leves e mais baratas, pois a madeira mal resiste aos esforços.

Comparação com o aço St 37

aço para molas	apresenta	3,7%	do pêso e	15%	do custo de material			
madeira	"	4,7%	" "	" 18%	"	"	"	"
Mg—Al	"	5,7%	" "	" 105%	"	"	"	"
Al—Cu—Mg	"	7,5%	" "	" 120%	"	"	"	"

Comparação com o ferro fundido cinzento GG 18

liga fundida de Mg	apresenta	16,6%	do pêso e	143%	do custo de material			
liga fundida de Al	"	57,3%	" "	" 248%	"	"	"	"
aço fundido	"	63 %	" "	" 105%	"	"	"	"

5) *Para barras tracionadas* pela carga P (Fig. 4.1a), considerando-se uma determinada deformação f/L, prepondera o fator característico relativo a Q, $C_Q = \gamma/E$. Nestes casos, o aço St 37 não resulta em maior pêso que o aço de alta resistência ou o metal leve, mas sim em preço consideràvelmente inferior.

6) *Para barras sujeitas a flexão*, sob a ação de seus pesos próprios Q, em que σ_e constitui o limite de carga aplicada, prepondera o fator característico relativo a Q, $C_Q = \gamma^3/\sigma_e^2$. Nestes casos, é ainda maior a vantagem apresentada pelos materiais de alta resistência, relativamente aos materiais leves, que nos casos do item 2.

Comparação com o aço St 37

madeira	apresenta	0,8%	do pêso e	2,9%	do custo de material			
Mg—Al	"	1,5%	" "	" 26,7%	"	"	"	"
Al—Cu—Mg	"	2,8%	" "	" 44,6%	"	"	"	"
aço para molas	"	3,7%	" "	" 15,1%	"	"	"	"

4.3. CONFORMAÇÃO ECONÔMICA DE MATERIAL (CONSTRUÇÃO LEVE)

Devido a sua importância no estudo de qualquer tipo de construção leve, bem como na resolução de qualquer problema construtivo, examinaremos mais detidamente as alternativas apresentadas a seguir. Uma boa orientação nos é dada por

1. ALGUMAS REGRAS FUNDAMENTAIS

1) *Limitar as fôrças externas*, isto é, evitar a aplicação de esforços externos elevados, distribuindo fôrças, empregando molas ou restringindo fôrças.

2) *Limitar as fôrças internas*, isto é, evitar todo esfôrço interno adicional, como por exemplo momentos fletores adicionais, garantindo-se uma transmissão imediata dos esforços, desde o ponto de entrada até o ponto de saída.

3) *Evitar picos de tensões*, isto é, transferir material dos pontos sujeitos a menores tensões aos sujeitos a maiores tensões, com o fim de manter uniforme a tensão aplicada em todos os pontos do corpo. Dêsse modo, também a segurança relativa à tensão-limite é uniforme em todos os pontos do corpo (corpos de igual resistência).

Assim, nos casos de peças solicitadas por flexão, por torção, ou sujeitas a flambagem, transfere-se material dos pontos mais interiores para as regiões externas altamente solicitadas. Passa-se, assim, do tipo de construção maciça para o tipo de construção calculada e de paredes finas (ver Tabs. 4.3 e 4.4, e Figs. 4.4, 4.6 e 4.7), ou seja, "construção em cascas", "construção celular" (subdividida, com células fechadas, Fig. 4.11), "construção com treliças" (vigas constituídas de barras sujeitas a tração ou a compressão). Podem-se, portanto, ligar entre si paredes finas sujeitas a flambagem ou a ruptura localizadas, subdividindo-se os respectivos comprimentos de flambagem (escoras, nervuras, superfícies boleadas, cavernas), segundo numerosos exemplos encontrados na Natureza. Freqüentemente, tais tipos de construção sòmente podem ser executados se existirem os correspondentes processos de fabricação, dentre os quais se salientam os que não dão origem à formação de cavacos, ou seja, a laminação, a trefilação, a estampagem, a injeção, o chanframento e a soldagem.

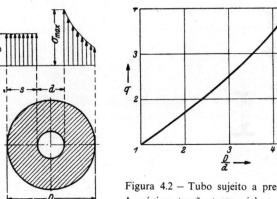

Figura 4.2 — Tubo sujeito a pressão interna p
A máxima tensão tangencial $\sigma_{max} = q \cdot \sigma$ cresce com a relação D/d

Tensão média $= \sigma = \dfrac{p \cdot d}{2s}$ e $q = 1 + \left(\dfrac{D}{d} - 1\right)^2 \!\!\Big/ \!\left(\dfrac{D}{d} - \dfrac{d}{D}\right)$

4) *Evitar as causas ou compensar diminuições de resistência*, como as devidas às concentrações de tensões (ver págs. 53, 56 e 70).

5) *Aplicar tensões prévias de compressão*, as quais agem como tensões de proteção quando possibilitam as reduções da máxima tensão de tração ou da máxima tensão alternável, ou quando eliminam folgas, reduzindo, portanto, a energia dispendida por choques. Nos estudos de junções por parafusos (Cap. 10) e por chavêtas (Cap. 18.4), apresentam-se exemplos referentes às tensões prévias de compressão.

Figura 4.3 — Tubo sujeito a pressão externa (tubo de fumaça). A forma ondulada é mais rígida, admitindo-se, portanto, sem que haja risco de flambagem ($p_u = 120$), pressão $p_u = 2s \cdot \sigma/D = 24$ kgf/cm² para $\sigma = 1\,200$ kgf/cm², enquanto com o emprêgo da forma lisa já há risco de flambagem com $p_u = 4,4$ kgf/cm² (segundo Thum)

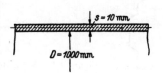 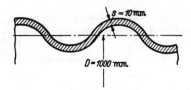

2. ESCOLHA IDEAL DA SECÇÃO TRANSVERSAL

1) *Nos casos em que se aplicam esforços de tração, de compressão ou de cisalhamento*, quanto às tensões originadas, é indiferente a forma da secção transversal, pois tais tensões correspondem às relações $\sigma = P/S$ ou $\tau = P/S$. Deve-se, entretanto, observar a influência exercida pela forma da secção transversal sôbre a eficiência de junções forçadas, sôbre a formação de ferrugem (retenção de água), sôbre uma pintura ligeira e, eventualmente, sôbre a resistência ao escoamento aerodinâmico (ação do vento).

2) *Nos casos de barras comprimidas sujeitas a flambagem*, a relação $P = \dfrac{\pi^2 \cdot E \cdot J}{L^2 \cdot S_K}$ indica a conveniência de se obterem, para uma secção transversal pequena, além de um módulo de elasticidade E elevado, um grande momento de inércia J, ou seja, o coeficiente relativo ao perfil $k_i = S^2/J$ menor possível, como por exemplo se verifica em uma secção transversal de tubo de parede fina, caso êste em que o abaulamento crítico (flambagem) é que determina a mínima espessura da parede (pág. 46). Segundo a Tab. 4.2, a secção transversal necessária é proporcional a $\sqrt{k_i}$.

3) *Nos casos de tubos sujeitos a pressão interna*, a Fig. 4.2 mostra que a variação da tensão tangencial de ponto para ponto da secção transversal da parede do tubo será tanto maior quanto maior fôr a espessura do tubo. É mais conveniente o emprêgo de vários tubos de paredes finas montados uns sôbre os outros que o de um tubo de parede grossa. A aplicação de tensões prévias de compressão nas regiões anulares internas das paredes dos tubos (por exemplo, por meio de deformação plástica prévia do tubo, sob a ação de pressão externa) constitui um outro recurso a ser adotado quando se deseja restringir σ_{max}.

4) *Quanto aos tubos sujeitos a pressão externa* (por exemplo tubos de fumaça de caldeiras), segundo a Fig. 4.3, são mais resistentes à flambagem os que apresentam secção longitudinal ondulada.

5) *Nos casos em que se aplicam esforços de flexão*, as relações $\sigma = M_f/W_f$, $f \sim 1/J$, $A \sim J/h^2$ (Tab. 4.2) indicam ser conveniente adotar-se:

um elevado valor de W_f/S, quando o esfôrço aplicado fôr limitado por σ_{ad};
um elevado valor de J/S, quando o esfôrço aplicado fôr limitado por f_{ad};
um elevado valor de $J/(h^2S)$, quando fôr dado A.

Na Tab. 4.3, encontram-se alguns perfis apropriados a êstes casos, enquanto a Tab. 4.4 apresenta claramente a evolução da viga maciça até a viga de construções leves, e a Fig. 4.4 mostra várias alternativas para a fabricação de vigas de construções leves solicitadas por flexão.

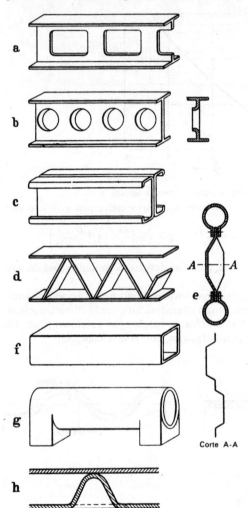

Figura 4.4 — Vigas de construções leves solicitadas por flexão. Tipo a para vigas longas sujeitas a pequenas fôrças cortantes: tipos d, f, e g são, além do mais, resistentes à torção; a parede ôca h é constituída de uma chapa lisa e outra com concavidades; a alma da viga de secção transversal e (construção de Zeppelin) é chanfrada (corte A-A), a fim de evitar-se flambagem lateral

6) *Quando se aplicam os esforços de flexão em um único sentido*, a Tab. 4.5 mostra serem mais convenientes as secções transversais com lado sujeito a tração reforçado (é mais elevada a resistência à compressão!), sobretudo nos casos de vigas curvas sujeitas a flexão, em cujo lado interno é maior o aumento das tensões de flexão, como se vê na Fig. 4.5.

Quanto a secções transversais nervuradas, a Tab. 4.6 mostra que as nervuras altas são mais convenientes quando se requerem resistência e rigidez elevadas, porém com reduzida capacidade de absorção de choques, enquanto se devem utilizar nervuras largas e baixas quando se requer também uma elevada capacidade de absorção de choques.

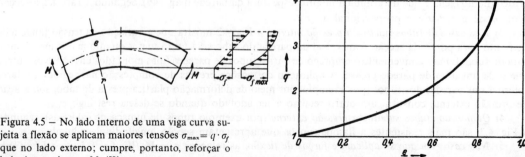

Figura 4.5 — No lado interno de uma viga curva sujeita a flexão se aplicam maiores tensões $\sigma_{max} = q \cdot \sigma_f$ que no lado externo; cumpre, portanto, reforçar o lado interno! $\sigma_f = M_f/W_f$

TABELA 4.3-*Valores admissíveis de P, f, e A, para vários tipos de vigas solicitadas por flexão* (segundo Thum). O perfil *a* é o mais conveniente quando o carregamento é limitado por σ ou por *f*, e o perfil *d* é o mais conveniente para carregamento limitado por *A*. Todos os perfis retangulares podem absorver a mesma energia oriunda de choque, quando apresentam a mesma área *S* de secção transversal.

Disposição	F cm²	Fôrça P $P = M/L = W \cdot \sigma_{ad}/L$	Flecha $f = \frac{2}{3} \frac{L^2}{h} \cdot \frac{\sigma_{ad}}{E}$	Energia absorvida em choque $A = P \cdot f/2$ $A = \frac{1}{3} \cdot \frac{L}{h} \cdot W \cdot \frac{\sigma_{ad}^2}{E}$
a	4	$1 \cdot 5{,}33\,\sigma_{ad}/L$	$1 \cdot 33{,}3 \frac{\sigma_{ad}}{E}$	$1 \cdot 4{,}44 \frac{\sigma_{ad}^2}{E}$
b	4	$0{,}25 \cdot 5{,}33\,\sigma_{ad}/L$	$4 \cdot 33{,}3 \frac{\sigma_{ad}}{E}$	$1 \cdot 4{,}44 \frac{\sigma_{ad}^2}{E}$
c	4	$0{,}0625 \cdot 5{,}33\,\sigma_{ad}/L$	$16 \cdot 33{,}3 \frac{\sigma_{ad}}{E}$	$1 \cdot 4{,}44 \frac{\sigma_{ad}^2}{E}$
d	4	$0{,}636 \cdot 5{,}33\,\sigma_{ad}/L$	$2{,}67 \cdot 33{,}3 \frac{\sigma_{ad}}{E}$	$1{,}7 \cdot 4{,}44 \frac{\sigma_{ad}^2}{E}$
e	4	$0{,}217 \cdot 5{,}33\,\sigma_{ad}/L$	$3{,}58 \cdot 33{,}3 \frac{\sigma_{ad}}{E}$	$0{,}77 \cdot 4{,}44 \frac{\sigma_{ad}^2}{E}$

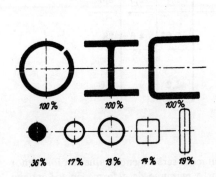

Figura 4.6 – Perfis de igual resistência à torção (segundo Erker). As secções transversais vazadas "fechadas" são realmente mais convenientes que as "abertas". A figura indica as áreas (em %) de secções transversais de vários perfis que apresentam um mesmo módulo de resistência à torção W_t

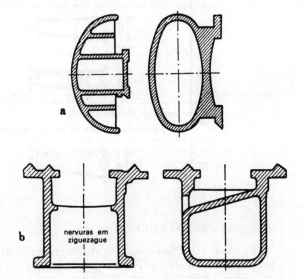

Figura 4.7 – Exemplos de vigas solicitadas simultâneamente à flexão e à torção. As secções transversais vazadas "fechadas" são consideràvelmente mais resistente à torção a) braço de furadeira radial; b) barramento de tôrno (segundo Thum)

7) *Nos casos em que se aplicam esforços de torção*, as relações $\tau_t = M_t/W_t$ e $\varphi = \dfrac{M_t \cdot L}{J_t \cdot G}$ mostram a conveniência de se obterem os menores valores dos coeficientes relativos ao perfil $k_w = S^{3/2}/W_t$ e $k_i = S^2/J_t$, respectivamente, e, portanto, a conveniência de secções transversais anulares ou de outros tipos de secções transversais vazadas (Tab. 4.7), ao passo que a impropriedade de secções vazadas abertas, bem como de secções em forma de U ou de I, é claramente evidenciada pela Fig. 4.6.

8) *Nos casos em que se aplicam simultâneamente esforços de flexão e de torção*, a Tab. 4.8 indica que também as secções transversais vazadas fechadas são as mais convenientes, pois apresentam, em relação a *S*, elevados valores quer de W_f quer de W_t, quer de J_f quer de J_t. A Fig. 4.7 mostra exemplos de aplicação prática.

TABELA 4.4-*Pesos de vigas solicitadas por flexão*
de aço (n.° 1 a 8) e aço Al-Cu-Mg de construção (n.° 9 e 10), para uma mesma tensão na secção de engastamento
$\sigma_f = 9,8$ kgf/mm² (n.° 1 a 8, segundo Kloth).

Nr.	Disposição	Pêso em kgf	vH	Flecha mm
1		13,6	100	6,6
2		12,0	88	8,25
3		5,6	41	6,0
4		5,9	43	4,16
5		4,4	32	6,95
6		4,0	29	7,1
7		2,5	18	9,5
8		1,7	12,5	9,6
9	Análogo ao perfil n.° 8, porém de aço Al-Cu-Mg de alta resistência	0,63	4,6	28
10		1,2	9	9,6

3. OUTRAS PRECAUÇÕES

9) *Quando se aplicam choques* (trabalho realizado *A*), as solicitações serão menores quando fôr menor a fôrça aplicada no choque $P = 2A/f$, ou seja, quando fôr maior o percurso de deformação *f*. Para um dado volume e uma dada tensão-limite, *f* será maior quando todo o volume fôr solicitado uniformemente, isto é, quando todos os seus pontos contribuírem igualmente para a deformação total. Se uma secção transversal fôr enfraquecida, será melhor que tôdas as secções transversais sofram o mesmo enfraquecimento, como mostra a Tab. 4.7.

10) *Rigidez elevada*, isto é, pequenas deformações, obtém-se por meio de módulo de elasticidade *E* elevado, como por exemplo pelo emprêgo do aço em vez do ferro fundido ou de metais leves; nos casos de aplicação de esforços de flexão, de torção ou de flambagem, pode-se também obter rigidez elevada através de momentos de inércia *J* elevados, bem como através de escoramentos especiais dos pontos sujeitos a maiores deformações. Observe-se, por exemplo, que um eixo de aço de alta resistência não é mais rígido que um eixo de aço St 37, pois os respectivos módulos de elasticidade *E* são pràticamente iguais.

11) *As causas de diminuições de resistência*, principalmente as concentrações de tensões devidas a mudanças bruscas do "fluxo de tensões", que se verificam por exemplo em ressaltos de eixos, em assentos de cubos ou de rolamentos, em rasgos de chavêtas ou em furos transversais de eixos, nem sempre podem ser evitadas, mas podem ser sensìvelmente atenuadas por meio de transições "suaves", ou compensadas por meio de reforços ou aumentos localizados de resistência, como mostram as Figs. 4.8 a 4.10. Ver também o estudo de rôscas resistentes à fadiga (Cap. 10) e outros processos para evitar diminuição de resistência, à pág. 9.

TABELA 4.5

Não havendo variação do sentido de aplicação da carga, torna-se mais conveniente o emprêgo de perfis cujas secções transversais apresentam reforçados os lados solicitados por tração (c) (segundo Thum).

Tipo de carregamento:

	Secção transversal da viga	Pêso kgf/m	Valores admissíveis Momento fletor $M_f = P \cdot \dfrac{L}{4} = W_f \cdot \sigma_{ad}$	Energia absorvida em choque $A = \dfrac{W_f}{3h} \cdot \dfrac{L \cdot \sigma_{ad}^2}{E}$
a		$1 \cdot 22$	$1 \cdot 90\,\sigma_{ad}$	$1 \cdot 3\,\dfrac{L \cdot \sigma_{ad}^2}{E}$
b		$0{,}82 \cdot 22$	$0{,}91 \cdot 90\,\sigma_{ad}$	$1{,}13 \cdot 3\,\dfrac{L \cdot \sigma_{ad}^2}{E}$
c		$0{,}89 \cdot 22$	$1 \cdot 90\,\sigma_{ad}$	$1{,}22 \cdot 3\,\dfrac{L \cdot \sigma_{ad}^2}{E}$

TABELA 4.6-*Influência das nervuras em vigas solicitadas por flexão* (segundo Thum).
Nervuras altas (b) aumentam a resistência mas diminuem a capacidade de absorver energia. Nervuras largas e baixas (c) conferem grande resistência e grande capacidade de absorver energia. Chapas planas (a) apresentam pequena resistência, porém elevada capacidade de absorção de energia. Cuidado com as concentrações de tensões oriundas das nervuras!
Prever arredondamentos convenientes!

Tipo de carregamento:

	Secção transversal da viga	Pêso kgf/m	Momento fletor $M_f = \dfrac{P \cdot L}{4} = W_f \cdot \sigma_{ad}$	Energia absorvida em choque $A = \dfrac{1}{3} \cdot \dfrac{L}{h} \cdot W_f \cdot \dfrac{\sigma_{ad}^2}{E}$	Flecha $f = \dfrac{1}{6} \cdot \dfrac{L^2}{h} \cdot \dfrac{\sigma_{ad}}{E}$
a		46,8	$1 \cdot 20\,\sigma_{ad}$	$1 \cdot 20\,\dfrac{L}{3} \cdot \dfrac{\sigma_{ad}^2}{E}$	$1 \cdot \dfrac{L^2}{12} \cdot \dfrac{\sigma_{ad}}{E}$
b		46,8	$1{,}72 \cdot 20\,\sigma_{ad}$	$0{,}3 \cdot 20\,\dfrac{L}{3} \cdot \dfrac{\sigma_{ad}^2}{E}$	$0{,}17 \cdot \dfrac{L^2}{12} \cdot \dfrac{\sigma_{ad}}{E}$
c		46,8	$1{,}96 \cdot 20\,\sigma_{ad}$	$0{,}61 \cdot 20\,\dfrac{L}{3} \cdot \dfrac{\sigma_{ad}^2}{E}$	$0{,}31 \cdot \dfrac{L^2}{12} \cdot \dfrac{\sigma_{ad}}{E}$

Elementos de Máquinas

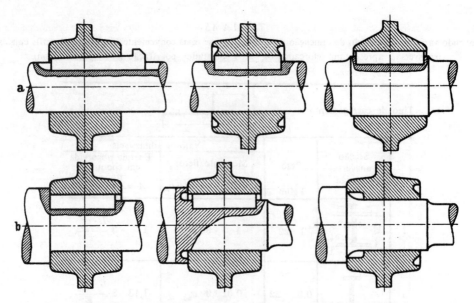

Figura 4.8 — Eixos com assentos de cubos. a) cubo sôbre eixo liso; b) cubo próximo ao ressalto do eixo. A concentração de tensões no eixo (assento forçado do cubo, rasgo de chavêta, ressalto) é consideràvelmente menor nos exemplos apresentados à direita (maior diâmetro do eixo no local do assento do cubo, e assento forçado, respectivamente)

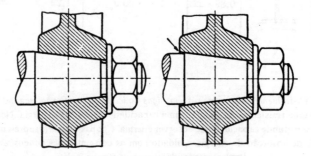

Figura 4.9 — Eixos com cubos cônicos. A concentração de tensões no eixo devida ao assento forçado do cubo é menor quando o cubo é saliente (seta)

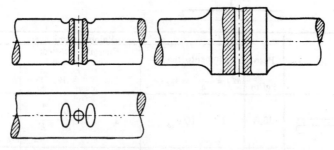

Figura 4.10 — Eixos com furos transversais. A concentração de tensões devida a furos transversais pode ser reduzida pelo arredondamento e "prensagem" das bordas dos furos e por impressão de "entalhes e alívio" próximos aos furos (à esquerda); caso contrário, reforçar o eixo nos locais dos furos (à direita)

4.4. CONSTRUÇÕES LEVES DE AÇO

Tanto nas construções de máquinas quanto nas de aço em geral se empregam os elementos de construção leve de aço, já que seus custos não são, geralmente, mais elevados que os custos dos elementos de construção pesada; seu emprêgo não se restringe, portanto, às construções *ambulantes* (veículos, navios, máquinas agrícolas, guindastes e máquinas de transporte), mas se estende também às construções *estacionárias* como máquinas operatrizes e motrizes, colunas, bases, estruturas, tôrres, pontes e pórticos.

1. *REDUÇÃO DE PÊSO PERMISSÍVEL*

Comparada à construção de ferro fundido cinzento, a construção leve de aço proporciona, geralmente, redução de 50% das espessuras das paredes e do pêso. Em comparação com outros tipos de construção

TABELA 4.7-Nos casos de solicitação por torção, são mais convenientes os tubos, tanto sob o ponto de vista de M_t quanto de A; M_t/Q e A/Q assumem os valores mais elevados (segundo Thum).

Tipo de carregamento: torção

Barra sujeita a torção	Pêso Q kgf	Momento torçor $M_t = W_t \cdot \tau_{ad}$	Energia absorvida em choque $A = 2J_p \cdot \dfrac{L}{d^2} \cdot \dfrac{\tau_{ad}^2}{G}$	$\dfrac{M_t}{Q}$	$\dfrac{A}{Q}$
a	1	$1 \cdot \tau_{ad}$	$1 \cdot \tau_{ad}^2$	1	1
b	0,25	$0,125 \cdot \tau_{ad}$	$0,25 \cdot \tau_{ad}^2$	0,5	1
c	0,625	$0,125 \cdot \tau_{ad}$	$0,133 \cdot \tau_{ad}^2$	0,2	0,21
d	0,936	$0,125 \cdot \tau_{ad}$	$0,027 \cdot \tau_{ad}^2$	0,13	0,029
e	0,75	$0,938 \cdot \tau_{ad}$	$0,938 \cdot \tau_{ad}^2$	1,25	1,25

TABELA 4.8-Nos casos de solicitação por flexão e por torção simultâneamente, são mais convenientes as secções vazadas fechadas (a e b) (segundo Thum).

Tipo de carregamento: flexão e torção simultâneas

	Pêso kgf/m	Momento fletor $M_f = W_f \cdot \sigma_{ad}$	Momento torçor $M_t = W_t \cdot \tau_{ad}$
a	22	$1 \cdot 58\,\sigma_{ad}$	$1 \cdot 116\,\tau_{ad}$
b	22	$1,15 \cdot 58\,\sigma_{ad}$	$0,97 \cdot 116\,\tau_{ad}$
c	22	$1,55 \cdot 58\,\sigma_{ad}$	$0,086 \cdot 116\,\tau_{ad}$
d	22	$0,81 \cdot 58\,\sigma_{ad}$	$0,189 \cdot 116\,\tau_{ad}$

de aço, a redução de pêso é, naturalmente, menor, mas não desprezível, como mostram os seguintes exemplos de construções executadas[5].

(Ver, à pág. 74, comparações com pesos de construções leves de metais leves).

1) *Coluna de máquina fresadora-retificadora:* de ferro fundido, 180 kgf; de aço (construção celular), 90 kgf.
2) Estrutura de um laminador de perfil: de ferro fundido, 5 775 kgf, de aço soldado, 2 500 kgf.
3) *Trilhadeira:* até então, 7 865 kgf; com construção leve de aço, 4635 kgf.
4) *Prensa de feno:* até então, 3 900 kgf; com construção leve de aço, 2 000 kgf.
5) *Vagão-tanque:* até então, 12 t; com construção leve de aço, 9,5 t.
6) *Ponte sôbre o pequeno "Belt":* de aço St 37 rebitado, 22 300 t; de aço St 52 rebitado, 13 800 kgf.

[5]Segundo Schwerber [4/6].

2. MANEIRAS DE CONSTRUIR

Como não há modificação do pêso específico γ, a redução de pêso deve ser obtida principalmente através de conformações e processos de fabricação que possibilitem economia de material (ver acima), ou seja, realizando construções calculadas e de paredes finas; pode-se, ainda, obter redução de pêso por meio de emprêgo de aços mais resistentes, e, conforme o caso, por meio de alterações convenientes das hipóteses iniciais (pág. 61).

A técnica de soldagem assume, aqui, um papel de especial importância (ver Cap. 7). Os elementos de construção correspondentes são:

a) *chapas de aço*, que, submetidas a chanframentos, calandragens, estiramentos, estampagens ou cortes com maçarico, assumem os formatos desejados;

b) *barras de aço* (perfis chanfrados leves ou tubos, barras chatas ou perfis laminados)[6], pág. 108 a 118;

c) *peças conformadas* por estampagem ou fundição posteriormente soldadas.

3. RIGIDEZ E VIBRAÇÕES

Os elementos de construção, sobretudo os de máquinas operatrizes, devem apresentar rigidez elevada, isto é, pequenas deformações elásticas quando submetidos à flexão ($1/f \sim E \cdot J_f$) ou à torção ($1/\varphi \sim G \cdot J_t$), bem como à freqüência própria de vibração também elevada ($\sim E \cdot J/Q$) e à menor amplitude de ressonância possível ($\sim 1/\delta \cdot Q$). Relativamente a estas propriedades, como se comportam as construções leves de aço em comparação com as de ferro fundido?

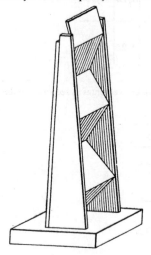 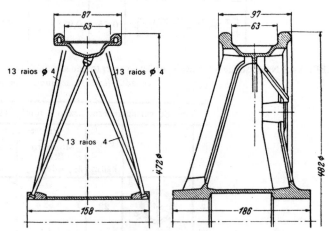

Figura 4.11 – Construção "celular" de uma coluna (chapa exterior removida)

Figura 4.12 – Construção leve de uma roda raiada de aço (à esquerda); "transconstrução" da mesma roda fabricada com liga de magnésio (à direita)

Segundo as relações que se encontram entre parênteses, o módulo de elasticidade E e o de elasticidade transversal G do aço, aproximadamente iguais ao dôbro dos respectivos módulos do ferro fundido, são favoráveis sob os pontos de vista de rigidez e de freqüência própria de vibração, bem como o menor pêso próprio Q relativamente à freqüência própria de vibração. Por outro lado, o menor pêso próprio Q é mais desfavorável sob o ponto de vista da amplitude de ressonância. As pesquisas comparativas fundamentais feitas por Kienzle [4/23] e seus discípulos [4/24 e 4/25] com vigas fundidas e soldadas mostram, entretanto, que o "esfregamento" entre os cordões de solda e as superfícies comprimidas umas contra as outras provoca um aumento do amortecimento próprio δ, que pode tornar-se até 100 vêzes maior que o amortecimento próprio do material, de modo que, também sob êste aspecto, bastam precauções durante a construção para que as vigas leves de aço não sejam mais desfavoráveis que as fundidas.

As Figs. 4.4, 4.11 e 4.12 e a Tab. 7.9 do Cap. 7 mostram exemplos típicos de conformações de construções leves de aço.

4.5. CONSTRUÇÕES LEVES DE METAIS LEVES

Por apresentarem custos de material consideràvelmente maiores, as construções de metais leves são geralmente bem mais caras que as de aço. Assim sendo, as construções leves de metais leves sòmente são cogitadas quando

1) a economia de pêso que pode ser obtida em relação às construções leves de aço fôr mais valiosa que a diferença de preços. Ver, abaixo, os exemplos 1 a 7, bem como as páginas 17 e 94;

---

[6] Quanto a andaimes de tubos de aço, consultar VDJ-Nachr. de 7 de agôsto de 1949. Sôbre construções de tubos de aço há trabalhos de Steinrath na revista Der Bau 1949, p. 267, e de Lewenton na revista Bauplanung und Bautechnik, junho de 1948, p. 171.

2) forem vantajosas as demais propriedades características dos metais leves, como maior facilidade de conformação e de usinagem, resiliência crescente em baixas temperaturas, maiores possibilidades de amortecimento de vibrações e de sons, e outras propriedades químicas, elétricas, magnéticas ou térmicas;

3) além das condições acima, as desvantagens dos metais leves, como maior volume, menores durezas, menor rigidez e resistência ao desgaste, não forem de importância decisiva.

1. REDUÇÕES OBTENÍVEIS DE PÊSO E DE CUSTOS

Em relação à construção de aço, a redução obtenível de pêso se salienta principalmente em tôdas as peças não integralmente solicitadas, como revestimentos, carcaças e caixas de redutores. O emprêgo dos metais leves é, ainda, vantajoso na fabricação de peças cujos pesos reduzidos acarretam reduções de pesos de outras peças (infra-estruturas) (ver, abaixo, o Ex. 4) ou possibilitem um aumento da carga útil (Ex. 1 a 3). Há casos em que os menores custos de usinagem (por exemplo, de carcaças de bombas de engrenagens) ou os de conservação (sem pintura) compensam os custos mais elevados do material.

São bem elucidativos os seguintes exemplos de construções realizadas:

1) *Cabine de teleférico* (teleférico Pfänder)[7],

até então, de aço: pêso 620 kgf para 25 pessoas = 25 kgf/pessoa;
de liga de alumínio: pêso 336 kgf para 38 pessoas = 8,9 kgf/pessoa.

2) *Cabine de teleférico* (teleférico Mucrone)[7],

até então, de aço: pêso 1 000 kgf para 16 pessoas = 62,6 kgf/pessoa;
de liga de alumínio: pêso 700 kgf para 23 pessoas = 30,4 kgf/pessoa.

A nova cabine, de liga de alumínio, possibilitou o transporte de 110 em vez de 60 pessoas/hora, de modo que os custos de remodelação para a instalação da cabine de alumínio, da ordem de 5% do capital investido no teleférico, amortizam-se em $1\frac{1}{2}$ temporada de funcionamento.

3) *Caçambas autocarregáveis para carvão* (Pittsburg Coal Co.)[8],

até então, de aço: pêso próprio 9,5 t para carga 6 t, pêso total 15,5 t;
de liga de alumínio: pêso próprio 6,5 t para carga 9 t, pêso total 15,5 t.

A construção da caçamba com metal leve possibilitou, portanto, um acréscimo de 50% da capacidade de transbôrdo, cujo custo permaneceu inalterado. O preço de aquisição da caçamba de metal leve, consideràvelmente mais elevado, constitui, entretanto, apenas uma pequena porcentagem dos custos próprios das instalações em conjunto.

Construção: paredes de chapas de alumínio, arestas guarnecidas por cantoneiras rebitadas de aço--manganês, dentes de aço cromo-vanádio. Foram feitas experiências semelhantemente bem sucedidas com caçambas de dragas fabricadas com metal leve.

4) *Carrinho de transportador de monovia, com o pôsto do operador*[7],

até então, de aço: pêso 5 200 kgf;
de liga de alumínio: pêso 2 900 kgf.

Os custos mais elevados do carrinho de alumínio foram satisfatòriamente compensados pela economia que se tornou possível fazer na construção da monovia (100 m de comprimento com 20 apoios). Acrescente-se ainda a economia constantemente proporcionada pelo menor consumo de energia, devido à menor resistência oposta ao movimento.

5) *Ponte rolante com capacidade 9,1 t e vão de 22 m* (Alcoa, E. U. A.)[7,9],

até então, de aço: pêso 36,3 t;
de liga de alumínio: pêso 19,5 t.

6) *Vagão ferroviário de passageiros*,

até então, de aço: pêso por assento 490 kgf;
de construção leve de aço: pêso por assento 390 kgf;
de construção leve de alumínio: pêso por assento 295 kgf.

A vantagem de tal redução de pêso reside no fato, experimentalmente comprovado, de ser a resistência ao movimento aproximadamente proporcional ao pêso, bem como nos custos anuais de operação, que também são proporcionais ao pêso do veículo (custo operacional da "Reichsbahn" — Estradas de Ferro Alemãs — em 1938 era, aproximadamente, 380 RM por t de pêso de veículo e por ano, enquanto o custo operacional dos bondes era, aproximadamente, 530 RM)[7]. A cada tonelada de pêso poupada corres-

---

[7]Segundo Schwerber [4/6].

[8]Segundo relatório de viagem do Dr. H. Ernst, Nürnberg 1939.

Cabe observar que pontes rolantes de mesma capacidade e mesmo vão, também de aço, construídas na Alemanha, pesam apenas 19 t. Isto poderia ser justificado pelo fato de os custos de material em relação aos salários serem mais elevados na Alemanha que nos Estados Unidos da América, de modo que os alemães têm maior interêsse em construir com economia de material (por exemplo fazendo vigas treliçadas em vez de vigas de almas cheias).

ponde, portanto, uma considerável poupança, que pode destinar-se tanto ao amortecimento do capital quanto ao pagamento dos custos mais elevados das construções de alumínio.

7) *Cabeçotes de motores* de Silumin em vez de ferro fundido cinzento. Ver pág. 17.

2. MANEIRAS DE CONSTRUIR

Utilização de chapas de pequena espessura, barras perfiladas ou peças fundidas, na construção de treliças, cascas e vigas de secções vazadas, que se unem por meio de rebites, de solda (é mais raro o emprêgo de solda a gás) ou de parafusos. Devem-se distribuir, da melhor maneira possível, os esforços transmitidos, como, por exemplo, por vários rebites ou parafusos (grandes arruelas para os parafusos!). Havendo contato de metais diferentes, é mister protegê-los contra fenômenos eletrolíticos! (ver pág. 31).

Peças fundidas de alumínio. Manter reduzidas as secções transversais, garantindo-se rigidez por meio de boleados e nervuras! As transições nas variações de secções devem ser corretas, principalmente entre pontos rígidos e pontos elásticos, e apresentam, neste caso, maior importância que nas peças de ferro fundido! Paredes e escoras de rodas devem, sempre que possível, apresentar formato cônico, a fim de se possibilitarem compensações de tensões.

A Fig. 4.12 mostra um exemplo de construção.

4.6. BIBLIOGRAFIA

Consultar também as bibliografias das págs. 59 (distribuição de tensões e resistência a solicitações cíclicas) e pág. 104 (materiais).

1. Construção Leve, Generalidades:

[4/1] *WANSLEBEN, F.*: Leichtbautechnik. Köln-Lindenthal: Ernst Stauf-Verlag 1937.
[4/2] *KREISSIG, E.*: Grundlagen des Leichtbaus. Stahl u. Eisen Vol. 56 (1936) pp. 33 e 81; Der Leichtbau als Konstruktionsprinzip. Techn. Mitt. (Essen) Vol. 31 (1938) p. 461.
[4/3] *DUFFING, P.*: Zur wirtschaftlichen Wahl von Werkstoff und Gestalt. Z. VDI Vol. 87 (1943) p. 305.
[4/4] *SCHULZ, E. H.*: Leichtmetalle und Stahl als Werkstoffe. Stahl u. Eisen Vol. 61 (1941) p. 1121.
[4/5] *ALTMANN, G.*: Werkstoffsparen im Zahnradgetriebebau. Berlin: VDI-Verlag 1942.
[4/6] *SCHWERBER, P.*: Stahl-Leichtbau und Leichtmetall-Sparbau. Z. VDI Vol. 86 (1942) p. 431.
— Vergleichende Stabilitäts- und Festigkeitsbetrachtungen des Sparbaus. Z. Aluminium Vol. 23 (1941) p. 5.
— Leichtbau. Z. Aluminium Vol. 23 (1941) p. 519.
— Sicherheit beim Leichtbau durch Festigkeit und Gestaltung. Z. Aluminium Vol. 23 (1941) p. 571.
— Vergleichende konstruktive Werkstoffkunde. Z. Aluminium Vol. 24 (1942) pp. 197, 249, 377, 413 e Vol. 25 (1943) pp. 5, 191, 307, 405.
[4/7] *DE FLEURY, R.*: Resistance des Materiaux. Comptes rend. Acad. Sciences 210 (1940) pp. 662; 211 (1940) pp. 457; 212 (1941) p. 781; ferner Nomogrammes de classification et de transposition. J. Ing. Aut. 16 (1943) p. 125; ferner Revue de Metallurgie Memoires. (1943) p. 58.
GRIESE, F. W.: Leichtbau und schweisstechn. Gestaltung. DEMAG-Nachrichten Junho 1950, p. 8.
SCHAPITZ, E.: Festigkeitslehre für den Leichtbau. Dt. Ingenieur-Verlag. Düsseldorf 1951.

2. Conformação Econômica de Material:

[4/8] *THUM, A.*: Neuere Anschauungen in der Gestaltung. Berichtswerk 74. Hauptversamml. des VDI in Darmstadt 1936. Fachvortrag p. 87. Berlin: VDI-Verlag 1936.
— Die Gestaltfestigkeit als Grundlage der Konstruktionslehre. Heft Festigkeit und Formgebung. Stuttgart: Landes-Gewerbe-Museum 1936, Abtl. Technik.
— Zweckmässige Konstruktion und Werkstoffwahl bei verschiedenen Betriebsbedingungen. Betriebsleitertagung 1937 der Allianz und Stuttgarder Verein. Vers. AG.
[4/9] *LEHR, E.*: Praktische Beispiele für Formgebung, Bearbeitung und Berechnung dauerbruchsicherer Maschinenteile. Fascículo "Festigkeit und Formgebung". Stuttgart: Landes-Gewerbe-Museum 1936, seção relativa à Técnica.
[4/10] *BAUTZ, W.*: Möglichkeiten zur Steigerung der Dauerhaltbarkeit von Konstruktionsteilen mit unvermeidlicher Kerbwirkung. Berichtswerk 74. Hauptversamml. des VDI in Darmstadt 1936. Fachvortrag p. 281. Berlin: VDI--Verlag 1936.
[4/11] *FLATZ, E.*: Werkstoffsparen im Maschinenbau. Z. VDI Vol. 81 (1937) p. 1481.
[4/12] *UHDE, H.*: Die Werkstofforschung als Grundlage der Konstruktion. Z. VDI Vol. 81 (1937) p. 929.
[4/13] *ERKER, A.*: Werkstoffausnutzung durch festigkeitsgerechtes Konstruieren. Z. VDI Vol. 86 (1942) p. 385.
WIEGAND, H.: Oberflächengestaltung und -behandlung dauerbeanspruchter Maschinenteile. Z. VDI Vol. 84 (1940) p. 505.

3. Construções Leves de Aço:

[4/14] *BOBEK, K., W. METZGER e F. SCHMIDT*: Stahlleichtbau von Maschinen. Berlin: Springer 1939.
[4/15] — Stahlleichtbau. Aufsatzfolge. Beratungsstelle für Stahlverwendung. Düsseldorf 1941.
[4/16] *FINKELNBURG, H.*: Leichtbau bei Werkzeugmaschinengetrieben. Getriebetechnik Vol. 8 (1940) p. 178; ferner Metallwirtschaft 18 (1939) p. 755.

[4/17] *KRUG, C.:* Die Stahlbauweise im Maschinenbau. Z. VDI Vol. 73 (1929) p. 14. Stahlleichtbau bei Werkzeugmaschinen. Z. VDI Vol. 84 (1940) p. 11; ferner Z. VDI Vol. 77 (1933) p. 301; Elektroschweissung (1938) Fasc. 1 Stahl und Eisen Vol. 58 (1938) Fasc. 2 p. 34; Werkst.-Techn. (1941) Fasc. 11 p. 189.

[4/18] *OSINGA:* Die Verwendung von geschweissten Hohfträgern im Waggonbau. Org. Fortschr. Eisenbahnw. Vol. 93 (1938) p. 416.

[4/19] *TANNENBERG, M. v.:* Über die Entwicklung des Doppelbleches nach Insektenflügelbauart. AWF-Mitt. (1939) Fasc. 7 p. 97.

[4/20] *KLOSSE, E.:* Untersuchungen über geschweisste Doppelbleche. Der Stahlbau Vol. 13 (1940) p. 101
GÖTZE, F.: Grundlagen des Leichtbaus von Maschinen. Konstruktion Fasc. 4 (1952) p. 16. (Gute Tafeln für Vergleiche.)

4. Rigidez e Vibrações:

[4/21] *THUM, A. e PETRI:* Steifigkeit und Verformung von Kastenquerschnitten. VDI-Forsch.:Fasc. 409. Berlin: VDI-Verlag 1941.

[4/22] *SONNEMANN, H.:* Die Schwingungsfestigkeit und Dämpfungsfähigkeit von handelsüblichen Stählen. Diss. T.H. BRAUNSCHWEIG 1936.

[4/23] *KIENZLE, O. e H. KETTNER:* Das Schwingungsverhalten eines gusseisernen und eines stählernen Drehbankbettes. Werkst.-Techn. Vol. 33 (1939) p. 229.

[4/24] *KETTNER, H.:* Dynamische Untersuchungen an Werkzeugmaschinengestellen. Diss. T. H. Berlin 1939, Würzburg: Aumühle u. Verlag Triltsch 1939.

[4/25] *HEISS, A.:* Dynamische Untersuchungen an Werkzeugmaschinengestellen im Stahlschweissbau. Diss. T. H. Berlin 1942.

5. Construções Leves de Metais Leves (ver também [4/6]):

[4/26] *HAAS, M. H.:* Aluminium-Taschenbuch. 9.ª ed. Berlin: Aluminium Zentrale 1942.

[4/27] *TEMPLIN, R. L.:* Traveling Cranes built of Aluminium Alloy. Engng. News Rec. 8. 10. 31. Sumulado por Dürbeck em Fördertechnik und Frachtverkehr Vol. 25 (1932) p. 138.

[4/28] *HOPPE:* Aluminium als Baustoff für Ausleger und Schürfkübel von Baggern in USA. Der Bauingenieur Vol. 14 (1933) p. 399.

[4/29] *SUHR, O.:* Anwendung von Aluminium und seinen Legierungen im Bauwesen. Der Bauingenieur Vol. 18 (1937) p. 238; ferner Laufkatze aus Al. Techn. Mitt., Essen Vol. 31 (1938) p. 513.

[4/30] *PÜTTNER, H.:* Werkstoffgerechte Gestaltung von Maschinenteilen aus Leichtmetalguss. Metallwirtsch. Vol. 18 (1939) p. 11.

[4/31] *BLEICHER, W.:* Der heutige Stand der Leichtmetallverwendung im Fahrzeugbau. Z. VDI Vol. 86 (1942) p. 49.

[4/32] — Maschinenelemente aus Magnesium und Aluminium. Das Industrieblatt, Vol. 45 (1940) Fasc. 17 p. 623. Stuttgart.

[4/33] *RAJAKOVICS, E. v.:* Dauerversuche mit Leichtmetall-Pleuelstangen. Z. VDI Vol. 85 (1941) p. 867.

[4/34] *BRENNER, P.:* Vervindung von Leichtmetall durch Kleben. Konstruktion Fasc. 2 (1950) p. 326. (Freqüentemente, o emprêgo de resina artificial como cola, obtendo-se resistência ao cisalhamento de 100 a 200 kgf/cm^2 é mais conveniente que a solda, principalmente quanto à resistência à fadiga).

5. Materiais, perfis e respectivas tabelas

5.1. ESCOLHA DOS MATERIAIS

Na escolha de materiais devem-se considerar, inicialmente, as exigências a serem satisfeitas pela peça fabricada relativamente à sua função, solicitação e durabilidade e, a seguir, as exigências relativas à conformação e à fabricação, bem como os custos de fabricação e os problemas de obtenção dos materiais.

Geralmente, podem-se tomar como base resultados conhecidos de experiências já realizadas e empregar materiais comuns de propriedades comuns. Assim, na construção de máquinas sempre se utilizam

para eixos e árvores simples, aço-carbono comum (St 37 a St 60);
para árvores de manivelas, aços especiais ou ferro fundido especial (devido à conformação e à concentração de tensões);
para chavêtas e pinos, aço St 60;
para bases, colunas e carcaças fundidas, ferro fundido cinzento e, em casos de maiores solicitações, ferro fundido especial ou aço fundido, quando não fôr preferível o emprêgo de aço soldado (geralmente chapas de aço);
para peças sujeitas a elevadas pressões de rolamento (mancais de rolamento, camos, engrenagens altamente carregadas), aço temperado;
para engrenagens, ferro fundido cinzento, aço fundido, aço (St 42 a St 70), aços temperados e beneficiados, dependendo do tipo de solicitação, e, em casos especiais, também madeira compensada, materiais prensados e metais não ferrosos;
para superfícies de deslizamento, dependendo das circunstâncias, materiais prensados, ferro fundido cinzento mole, bronze, metal branco, ligas de zinco e alumínio, que se associam a outros materiais constituindo uma superfície exterior resistente ao deslizamento;
para molas elásticas, aço para molas e borracha e, em casos especiais, também bronze para molas e madeira;
para peças menores produzidas em massa, ligas para fundição automática e sob pressão;
para corte, aços para ferramentas temperados ou metais para corte;
para peças considerâvelmente expostas ao calor ou ao fogo, aço resistente ao calor ou à oxidação[1], ou aço com superfície resistente à oxidação, ou, ainda, materiais cerâmicos;
para peças considerâvelmente sujeitas a desgaste ou que devem satisfazer a exigências especiais de natureza química, elétrica ou magnética, correspondentes materiais especiais.

A escolha dos materiais tornar-se-á problemática apenas quando as experiências até então efetuadas não forem suficientes, quando surgirem novos pontos de vista a serem considerados (novos conhecimentos, novas exigências, novos materiais, novas restrições, novas relações entre custos), ou quando houver concorrência entre vários materiais.

É necessário, então, examinar mais cuidadosamente

1) as exigências a serem satisfeitas pela peça (função, solicitação, durabilidade);
2) as condições de fabricação (número de peças, conformação, tipo e custos de fabricação);
3) as características dos materiais e, ainda assim, realizar pesquisas com os materiais ainda duvidosos.

Nessas circunstâncias, o projetista deve interessar-se pelas experiências dos especialistas em materiais e em fabricação e do consumidor ou utilizador da construção, a fim de evitar possíveis fracassos.

A decisão será mais simples se apenas algumas poucas e bem determinadas propriedades forem de importância capital; será mais difícil se várias exigências forem mais ou menos satisfeitas por vários materiais de construção.

Assim, por exemplo, a pergunta sôbre qual o melhor material a ser utilizado na construção de uma carroceria de automóvel de passageiros (madeira, madeira compensada ou matéria plástica, metal leve ou chapa de aço?) admite várias respostas, dependendo das circunstâncias e de outros fatôres decisivos. A avaliação por pontos, pág. 5, e a comparação de coeficientes característicos, pág. 61, auxiliam a escolha.

A seguir, os materiais devem ser examinados sob o ponto de vista do projetista. Salientam-se aqui o ferro e o aço, pois os demais materiais, devido aos preços (ver preços por kg, à pág. 62), assumem apenas uma função complementar na construção de máquinas, embora se tornem freqüentemente indispensáveis. Dados relativos à resistência dinâmica dos materiais, ver pág. 53, Tab. 3.4 e pág. 62, Tab. 4.1; dados para a resistência ao desgaste, ver págs. 25-30; comportamento corrosivo, ver págs. 30, 94 e 97,

---

[1] Ou aços fundidos e ferros fundidos cinzentos que apresentem tais propriedades.

Materiais, Perfis e Respectivas Tabelas

SÍMBOLOS

Símbolos de materiais

Al	Alumínio	
Be	Berílio	
Bz	Bronze	
C	Carbono	
Co	Cobalto	
Cr	Cromo	
Cu	Cobre	
Fe	Ferro	
GG	Ferro fundido cinzento (Grauguss)[2]	
Mg	Magnésio	
Mn	Manganês	
Mo	Molibdênio	
Ms	Latão (Messing)	
Ni	Níquel	
P	Fósforo	
Pb	Chumbo	
S	Enxôfre	
Si	Silício	
St	Aço (Stahl)	
GS	Aço fundido (Stahlguss)[3]	
GT	Ferro fundido maleável (Temperguss)[4]	
Ti	Titânio	
V	Vanádio	
W	Tungstênio	
Zn	Zinco	

Outros símbolos

A_f	(cmkgf/cm^2)	resiliência relativa à flexão
A_{fk}	(cmkgf/cm^2)	resiliência relativa à flexão com concentrações de tensões (sensibilidade a concentrações de tensões)
d	(mm)	diâmetro
E	(kgf/mm^2)	módulo de elasticidade
G	(kgf/m)	pêso por metro linear
H_B	(kgf/mm^2)	dureza Brinell
H_V	(kgf/mm^2)	dureza Vickers
H_R	(–)	dureza Rockwell
J, J_f	(cm^4)	momento de inércia (relativo à flexão)
J_t	(cm^4)	momento polar de inércia (relativo à torção)
i	(cm)	$= \sqrt{J/S}$ raio de giração
k	(–)	coeficiente relativo ao perfil $= S^2/J = S/i^2$
S	(cm^2)	secção transversal
W, W_f	(cm^3)	módulo de resistência
W_t	(cm^3)	módulo de resistência à torção
γ	(kgf/dm^3)	pêso específico
δ_5, δ_{10}	(%)	alongamento de ruptura
σ_e	(kgf/cm^2)	limite de escoamento
σ_r	(kgf/cm^2)	limite de ruptura estática por tração
σ_{-r}	(kgf/cm^2)	limite de ruptura estática por compressão
σ_{fr}	(kgf/cm^2)	limite de ruptura estática por flexão
σ_{DSt}	(kgf/cm^2)	limite de fluência

5.2. FERRO FUNDIDO

1) *Ferro fundido cinzento* (Grauguss – GG) é uma liga fundida de ferro com teor de carbono superior a 1,7% (geralmente 2 a 4%), preferencialmente utilizada na construção de máquinas para a fabricação de peças fundidas, desde que suas propriedades sejam suficientes, uma vez que o ferro fundido cinzento é barato; funde-se com facilidade (pequena contração, pouca tendência à formação de vazios) e apresenta boa usinabilidade.

Propriedades. O ferro fundido cinzento comum é frágil (pequeno alongamento de ruptura), portanto impróprio para resistir a solicitações por choques, e sua resistência à tração é reduzida pelos veios de grafite. Por outro lado, apresenta boa capacidade de deslizamento (melhor que o aço doce e o fundido), elevada resistência à compressão (aproximadamente $3 \cdot \sigma_r$ a $5 \cdot \sigma_r$), elevado amortecimento interno e não é sensível a concentrações de tensões, de modo que o ferro fundido cinzento de alta qualidade pràticamente pode apresentar quase a mesma resistência à fadiga por flexão que o aço entalhado (árvore de manivelas de GG, ver [5/28]). A resistência à tração do ferro fundido cinzento a altas temperaturas decresce apenas acima de 400°C (a resistência à compressão, acima de 200°C). O módulo de elasticidade E reduz-se com o aumento da solicitação (Tab. 5.2). O ferro fundido cinzento de dureza Brinell 120-180 é ferrítico, o de 180--250 é perlítico, e com dureza Brinell superior a 240 é de difícil usinagem.

A Tab. 5.1 refere-se ao emprêgo das várias espécies de ferro fundido cinzento.

As Tabs. 5.2, 3.4 e 4.1 apresentam as propriedades mecânicas.

Ferro fundido cinzento de alta qualidade e ferros fundidos cinzentos ligados, para aplicações especiais [5/20]. Obtêm-se

a) *ferro fundido perlítico* de maior resistência, reduzindo-se o teor de carbono pelo acréscimo de muita sucata e pela elevação do teor de silício (Exemplos: "Sternguss" e "Emmelguss") [5/22], [5/21];

b) *ferro fundido de grão fino e livre de tensões residuais*, reduzindo-se a velocidade de resfriamento (pré-aquecimento do molde) do ferro fundido normalmente mais branco e mais frágil;

c) *maior resistência*, através de superaquecimento de fusão;

d) *textura mais densa*, através de fundição centrífugada;

e) *maior resistência ao desgaste e maior fluidez*, adicionando-se fósforo;

f) *maior resistência ao desgaste, à corrosão e ao calor*, pela adição de níquel, cromo e molibdênio (Exemplo: "Fliegwerkstoff 1940");

[2]Ver DIN 1 691 (novembro de 1949).

[3]Ver·DIN 1 681 (março de 1942) e DIN 17 245 (outubro de 1951 e maio de 1952).

[4]Ver DIN 1 692 (novembro de 1950).

TABELA 5.1-*Ferro fundido cinzento*. Generalidades e aplicações.

Designação	Aplicação
Ferros fund. comerciais e de construção	Colunas, janelas, lareiras, fornos, tubulações, aquecedores.
Ferros fund. para máquinas: GG−12	peças pouco solicitadas, como carcaças, bases, colunas, se não houver prescrição de materiais.
GG−14 GG−18	peças sujeitas a maiores solicitações ou a atritos de deslizamento: carcaças, corrediças, cilindros, pistões e guarnições de máquinas a vapor, anéis de pistões.
GG−22 GG−26	peças mais resistentes sujeitas a temperaturas elevadas (até 420°), a atritos de deslizamento e a solicitações ainda maiores: cilindros, pistões, anéis de pistões.
Ferro fund. cinz. especial GG 30 (ferro fund. perlítico)	casos especiais e peças sujeitas a maiores solicitações.
com propriedades magnéticas especiais, p. ex. GG−12.9 (DIN 17 006)	máquinas elétricas com maior indução magnética.
Ferro fundido duro:	peças resistentes ao desgaste! (dificilmente usinável!) $H_B = 400 - 600$ kgf/mm².
Ferro fund. totalmente endurecido	emprêgo mais raro, por ser muito frágil. Exemplo de aplicação: bocais de jatos de areia.
Ferro fund. de superfície dura	ferro fund. coquilhado (núcleo mole) para placas e anéis resistentes ao desgaste de moinhos de bolas, moinhos de mós verticais e britadores; para punções, anéis de repuxo e rodas (ferro fund. Griffin).
Ferro fund. moderadamente duro	ferro fund. para cilindros de laminação, com textura fina e compacta.
Ferros fund. cinz. resistentes a ácidos e bases	aparelhos químicos, recipientes de soda, tubos, taças, vasilhas, bombas de ácidos.
Ferro fund. cinz. resistente ao fogo	barras de grelhas, cadinhos, recipientes para fusão de metais não-ferrosos.

TABELA 5.2-*Mínimos valores de propriedades mecânicas do ferro fundido cinzento, segundo DIN 1 691 (novembro de 1949).* Contração ≅ 1%; $\gamma = 7,25$ kgf/dm³; limites de resistência a esforços dinâmicos à pág. 53.

Designação	Espessura de parede (e diâmetro de corpos de prova)	Lim. de ruptura por tração σ_r kgf/mm²	Lim. de ruptura por flexão σ_{fr} kgf/mm²	Flecha* f mm	Dureza Brinell** H_B kgf/mm²	Módulo de elasticidade** E kgf/mm²
GG−12	8 ··· 50 (30)	12***			120 ··· 180	7000 ··· 4000
GG−14	4 ··· 8 (13)	18	32	2	120 ··· 200	9500 ··· 5500
	8 ··· 15 (20)	16	30	4		
	mais de 15 ··· 30 (30)	14	28	7		
	mais de 30 ··· 50 (45)	11	24	10		
GG−18	4 ··· 8 (13)	22	38	2	160 ··· 220	10500 ··· 8000
	8 ··· 15 (20)	20	36	4		
	mais de 15 ··· 30 (30)	18	34	7		
	mais de 30 ··· 50 (45)	15	30	10		
GG−22	4 ··· 8 (13)	26	44	3	180 ··· 240	12000 ··· 9500
	8 ··· 15 (20)	24	42	5		
	mais de 15 ··· 30 (30)	22	40	8		
	mais de 30 ··· 50 (45)	19	36	11		
GG−26	8 ··· 15 (20)	28	48	5	180 ··· 240	13000 ··· 11000
	mais de 15 ··· 30 (30)	26	46	8		
	mais de 30 ··· 50 (45)	23	42	11		
GG−30	mais de 15 ··· 30 (30)	30	48	8	180 ··· 220	
	mais de 30 ··· 50 (45)	25	45	11		

*Distância entre os apoios segundo DIN 1 691 (novembro 1949).
**Valores médios por mim acrescentados.
***Não estão regulamentados os ensaios de recepção.

g) *ferro fundido mais resistente ao calor e à oxidação*, pela adição de Ni—Cr—Si, ou de Cr—Al (exemplos: "Silal", Nicro-silal");

h) *ferro fundido inoxidável e resistente ao calor*, adicionando-se de 20% a 36% de cromo (exemplo: "Alferon");

i) *ferro fundido resistente à oxidação*, para fornalhas e grelhas, através de elevado teor de carbono e baixos teores de fósforo e de silício;

j) *ferro fundido resistente a ácidos*, adicionando-se de 14% a 18% de silício, ou, ainda melhor, adicionando-se metal Monel.

2) *Ferro fundido maleável* é obtido a partir do ferro gusa branco de boa fusibilidade, que é fundido e submetido à "maleabilização" (tratamento térmico posterior à fundição) tornando-se, assim, bem tenaz, algo deformável e fàcilmente usinável.

O ferro fundido maleável branco (região periférica ferrítica e região interna perlítica), comumente encontrado no comércio, é próprio para a fabricação em massa de pequenas peças (até 1 kg) como correntes transportadoras, rodas, chaves e ferragens.

O ferro fundido maleável prêto (totalmente ferrítico) pode também ser utilizado na fabricação de peças de paredes mais espêssas irregulares (3 a 40 mm) como as de aparelhos domésticos, carcaças de redutores, tambores de freios, pequenas peças de ferro etc., mas não pode ser soldado nem forjado, e não é próprio para altas temperaturas. Êste ferro fundido pode ser beneficiado através de têmpera a 800°C seguida de revenido [5/30].

O ferro fundido maleável é menos resistente ao desgaste que o ferro fundido cinzento, e é magnèticamente muito "macio"; σ_r decresce a temperaturas superiores a 400°C. Por meio de processos especiais, podem-se conferir também ao ferro fundido maleável superfícies mais resistentes à corrosão ou à oxidação ou ao desgaste (endurecimento por cementação) [5/30].

TABELA 5.3-*Ferro fundido maleável*. Propriedades mecânicas, segundo DIN 1 692 (novembro de 1950).
Contração $\cong$ 1,5%; limite de escoamento $\sigma_e \cong 0{,}7 \cdot \sigma_r$; $\gamma = 7{,}2$ a $7{,}6$ kgf/dm^3; limites de resistência e esforços dinâmicos à pág. 53.

Designação		Espessura de parede mm	Lim. rupt. tração σ_r kgf/mm^2	Along. de ruptura* δ %	Dureza Brinell** H_B kgf/mm^2	Módulo de elasticidade** E kgf/mm^2
Ferro fund. maleável branco	GTW–35	4···9	34	6	125	16000
		9···13	35	4	até	até
		18···40	36	3	220	17000
	GTW–40	4···9	38	10	125	16000
		9···13	40	15	até	até
		18···40	41	3	220	17000
Prêto Ferro fund. maleável	GTS–35		35	10	110	
	GTS–38		38	12	140	

*Alongamento correspondente a $L = 3d$.
**Não normalizado

3) *Aço fundido* (Stahlguss — GS) presta-se à fabricação de peças fundidas de resistência, elasticidade e tenacidade mais elevadas; pode ser forjado, soldado e endurecido por cementação, mas é de fundição mais difícil (observam-se contração igual ou maior que 2%, formação de vazios, tensões internas e fissuramento a quente) e, por isso, mais caro. O aço fundido apresenta superfícies mais rugosas e menor capacidade de deslizamento que o ferro fundido cinzento. Peças de aço de pequena espessura, como por exemplo pás de turbinas, podem ser fundidas. A textura (radiada e grosseira) é, geralmente, refinada por um recozimento (normalização, pág. 84). A mínima espessura de parede comumente admitida é 3 a 4 mm. A Tab. 5.4 apresenta propriedades mecânicas de aços fundidos comuns e especiais.

Aço fundido de alta qualidade para paredes finas [5/31] atinge, sem elementos de liga, até $\sigma_r = 75$ kgf/mm^2, e, com elementos de liga, $\sigma_r = 60 - 110$ kgf/mm^2, com alongamento $10 - 6\%$.

Aços-liga fundidos (DIN 17 245 de maio de 1952) são utilizados em casos especiais.

Aços fundidos de baixa liga (até 2% Mn, até 1,5% Si, até 2% Cr) são empregados quando se necessitam maior endurecibilidade, resistência ao desgaste e ao choque, capacidade de deslizamento ou estabilidade durante o revenido (beneficiado apresenta $\sigma_r = 60$ a 130 kgf/mm^2), como por exemplo na construção de engrenagens, cruzetas, pistões de navios e carcaças de turbinas a vapor.

Aço-manganês duro fundido (mais de 12% Mn, mais de 1% C) é especialmente resistente ao desgaste por atrito (endurece a frio) e não é magnético, sendo empregado, por exemplo, na fabricação de agulhas de desvios, dentes de escavadeiras etc.

Aço-cromo fundido (13 a 30% Cr) é especialmente resistente a ácidos e à ferrugem e, havendo mais de 1% Si, é também resistente ao calor, e, portanto, próprio à construção de peças de fornos, caixas para recozimento e recipientes de produtos químicos.

A adição de cromo e de tungstênio confere resistência ao corte por chama (revestimentos de cofres) e a adição de níquel proporciona resistência à corrosão por água salgada.

TABELA 5.4-*Aço fundido**. Mínimos valores de propriedades mecânicas, segundo DIN 1 681 (março 1942) e DIN 17 245 (outubro de 1951 e maio de 1952). 1) Contração $\cong 2\%$; $\gamma = 7,8$ kgf/dm^3; limites de resistência e esforços dinâmicos à p. 53

	Designação	Dureza Brinell H_B kgf/mm^2	Lim. rupt. tração σ_r kgf/mm^2	Along. de rupt. δ_5 %	Resiliência com conc. tensões A_{fK} (cmkgf/cm^2)	Lim. escoamento a quente σ_{FW} kgf/mm^2 300° 350° 400°	Lim. de fluência σ_{DSt} kgf/mm^2 400° 450° 500°	Teor de C %
DIN 1681	GS – 38	$\cong 110$	38	20	–	– – –	– – –	0,1
	GS – 45	$\cong 130$	45	16	–	– – –	– – –	0,2
	GS – 52	$\cong 150$	52	12	–	– – –	– – –	0,35
	GS – 60	$\cong 174$	60	8	–	– – –	– – –	0,45
DIN 17245	GS – C 25		45	22	500	17 15 13	12 8 –	–
	GS – 22 Mo 4		45	22	500	21 19 17	17 15 12	–
	GS – 22 Cr Mo 5		50	20	400	25 23 21	20 15 10	–
	GS – 22 Cr Mo 54		53	20	400	28 26 24	23 20 15	–

*Propriedades de materiais especiais em DIN 1 681 (março de 1942).
Propriedades de aços fundidos resistentes ao calor em DIN 17 245 (outubro de 1951 e maio de 1952).

5.3. AÇOS OBTIDOS POR FUSÃO (AÇOS LAMINADOS, AÇOS PARA FORJAMENTO, AÇOS ESTRUTURAIS)[5]

Pêso específico $\gamma \cong 7,85$ kgf/dm^3, módulo de elasticidade $E \cong 21\,000$ kgf/mm^2.

Sempre que possível, deve-se preferir o emprêgo dos aços baratos produzidos em massa, isto é, dos aços-carbono sem elementos de liga, que são fornecidos como produtos semi-acabados (pré-laminados ou pré-forjados sob a forma de lingotes, barras ou chapas planas) ou acabados (aços perfilados, tubos, chapas, fitas e arames). Apenas quando as propriedades dêsses aços deixam de ser satisfatórias é que se recorre aos aços-liga[6], de preço bem mais elevado.

1. INFLUÊNCIA DOS ELEMENTOS DE LIGA[6]

O carbono (C) eleva os limites de resistência σ_r, σ_e, e H_B (Fig. 5.1) e a sensibilidade a concentrações de tensões mas reduz a tenacidade (alongamento de ruptura δ) e a usinabilidade, bem como a forjabilidade, a soldabilidade e as condutibilidades térmica e elétrica. A formação de ferrugem, entretanto, é independente do teor de carbono. É, sobretudo, a insuficiência de tenacidade, associada ao teor de carbono e à dureza mais elevados, que se procura contornar através de certas precauções (adição de elementos de liga e tratamento térmicos).

O enxôfre (S) melhora a usinabilidade e, por isso, é adicionado aos aços de usinagem automática na proporção de até 0,3% (Tab. 5.13). Devido a sua tendência de formar "estruturas lineares", o enxôfre reduz a resistência à fadiga e, na falta de manganês, torna o aço "frágil a quente".

O fósforo (P) é encontrado nos aços comuns na proporção de até 0,2% e aumenta o limite de escoamento e a resistência à ferrugem. Teores mais elevados tornam o aço "frágil a frio" e reduzem sua resistência à fadiga.

O silício (Si) desoxida ("acalma") o aço, promove a formação de grafite e confere resistência a ácidos, eleva a endurecibilidade e a resistência elétrica e reduz a deformabilidade a frio. Assim sendo, em chapas para estampagem profunda, o máximo teor de silício é 0,2%, em aços para molas e para beneficiamento, 0,5 a 2%, e em chapas para dínamos, até 4%.

O cobre (Cu) eleva os limites de resistência σ_r e σ_e e, sobretudo, aumenta a resistência à ferrugem. Aços "cobreados", como por exemplo aços estruturais, apresentam 0,1 a 0,8% Cu.

O manganês (Mn) desoxida e dessulfura o aço, eleva sua resistência e melhora sua endurecibilidade. A sensibilidade ao superaquecimento e a fragilidade adquirida no revenido constituem as desvantagens do manganês (ver recurso no item referente ao vanádio). Os aços com teores mais elevados de manganês são muito resistentes ao desgaste por atrito (aço-manganês duro com 12 a 15% Mn).

[5] Aços obtidos por fusão, isto é, no estado líquido, são produzidos nos fornos de Bessemer, Thomas, Siemens-Martin, fornos elétricos e cadinhos; o aço oriundo de solda não se enquadra neste grupo, pois é obtido em estado pastoso. Denomina-se, atualmente, "aço" todo ferro que possa ser forjado sem exigir tratamento térmico.

[6] "Aços-liga" são aquêles que, além de carbono, contêm outros elementos de liga especiais.

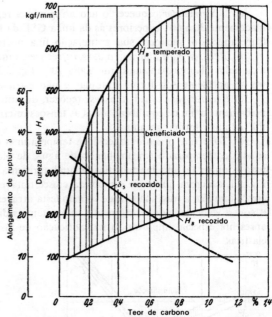

Figura 5.1 – Dureza Brinell H_B do aço recozido ao aço temperado e respectivos alongamentos de ruptura δ_r, em função do teor de carbono

O níquel (Ni) eleva o limite de escoamento, a resiliência e a resistência à fadiga de aços estruturais com teor de níquel de 1,5 a 4,5%. Na Alemanha, dá-se preferência ainda ao emprêgo dos aços-níquel (Tabs. 5.10 e 5.12), bem como dos aços—Cr—Ni—Mo, apenas na fabricação de peças altamente solicitadas (beneficiamento homogêneo em profundidade!) já que, nos demais casos, foram substituídos por aços para cementação ou para beneficiamento, principalmente pelos que apresentam Mn, Si, Mo, Cr e V como elementos de liga (Tabs. 5.9 e 5.11). Note-se, ainda, a importância dos aços com 10 a 20% Ni e 15 a 25% Cr pelo fato de não serem magnéticos e apresentarem resistência a ácidos e à ferrugem, ao calor e à corrosão (Tab. 5.15).

O cromo (Cr) eleva a dureza e a resistência ao desgaste dos aços devido à formação de carbetos de cromo, proporcionando também aumento de sua resiliência e endurecibilidade. Os aços-cromo de maiores teores de cromo (12 a 30%) apresentam notável resistência ao calor, à corrosão a quente, à ferrugem e a ácidos (Tab. 5.15). A Fig. 5.5 mostra os teores de Cr e de C, bem como as múltiplas aplicações dos vários aços-cromo.

O molibdênio (Mo) é o elemento de liga que mais eficazmente protege o aço contra a fragilidade de revenido e favorece a uniformidade de beneficiamento (beneficiamento em profundidade), de modo que o aço—Cr—Mo pode substituir, freqüentemente, o aço—Cr—Ni como aço para beneficiamento. O molibdênio eleva, ainda, a resistência do aço a altas temperaturas, sendo, por isso, empregado na fabricação de caldeiras de vapor e de ferramentas (Tab. 5.16).

O tungstênio (W) evita a fragilidade de revenido de aços—Cr—Ni de alta qualidade e confere elevada resistência a altas temperaturas aos aços rápidos, nos quais figura com teores de 4 a 12% (Tab. 5.16).

O vanádio (V) age como desoxidante, forma carbetos, e bastam alguns décimos de % dêste elemento para melhorar a resistência a altas temperaturas e a capacidade de resistir a superaquecimentos de aços de ferramentas e de aços estruturais. O vanádio eleva, ainda, a tenacidade, a vida de ferramentas de aços rápidos e o magnetismo remanente de aços para fins magnéticos.

O cobalto (Co) eleva sensìvelmente a capacidade de corte de aços rápidos (até 15% Co) e os torna mais estáveis durante o revenido e mais resistentes a altas temperaturas.

O alumínio (Al) eleva a dureza superficial de aços nitretados, através da formação de nitreto de alumínio, e aumenta a resistência dos aços à corrosão e ao "envelhecimento"[7]. Não se deve, entretanto, tolerar a existência de traços de Al_2O_3 nos aços.

2. TRATAMENTOS TÉRMICOS E TERMOQUÍMICOS[8]

Por meio dos tratamentos térmicos e termoquímicos é possível exercer-se uma notável influência sôbre as características de aços e de elementos de construção. Segundo as Figs. 5.2 e 5.3, distinguem-se:

Recozimento: aquecimento até a temperatura de recozimento, seguido de resfriamento não muito rápido, a fim de controlar a textura granular ou as tensões internas. A influência dos gases dos fornos sôbre a superfície do aço (formação de carepas e descarbonetação!) pode ser atenuada fazendo-se o recozimento em atmosfera de gases protetores ou em caixas protetoras (com cavacos de ferro fundido cinzento).

[7]Envelhecimento é o "aumento da fragilidade" (redução de δ e de A_{fK}) verificado durante um armazenamento prolongado de materiais prèviamente deformados a frio, como por exemplo chapas de aço. Pode ser acelerado por aquecimento. Não se verifica em aços totalmente desoxidados (acalmados).

[8]Têrmos técnicos em DIN 17 014 (fevereiro de 1952).

a)[9] *Normalizar:* aquecer o aço atingindo a região austenítica, isto é, até temperaturas de aproximadamente 30 a 60°, superiores às da linha GSE da Fig. 5.2, a fim de que um aço de granulação grosseira (superaquecido) recupere sua granulação fina normal.

b) *Recozer para diminuir a dureza:* recozer, durante 1 a 3 horas, a uma temperatura pouco inferior à da linha PK (aproximadamente 600 a 700°, Fig. 5.2) a fim de obter textura mais mole, em que a cementita se apresente sob forma granular e não estriada.

c) *Recozer para aliviar tensões:* recozer, durante várias horas, a temperaturas de 450 a 550° aproximadamente a fim de equilibrar tôdas as tensões internas sem perda de resistência, isto é, sem que a cementita adquira forma granular.

d) *Temperar:* o aço é aquecido a temperaturas de 30 a 60° acima da linha GSK (Fig. 5.2) e, nessas condições, temperado em um banho de água, de óleo, de sal, ou de ar, isto é, ràpidamente resfriado[10], para adquirir textura martensítica, a qual apresenta veios muito finos e elevada dureza. Como indica a Fig. 5.1, a dureza que pode ser obtida cresce notàvelmente com o teor de C. Com a dureza, entretanto, cresce também a fragilidade (que se manifesta através do reduzido alongamento de ruptura e tenacidade) e, com a velocidade de resfriamento, aumentam as distorções térmicas e as tensões internas[11]. A têmpera apresenta especial importância na fabricação de instrumentos de corte, mancais de rolamento e molas elásticas.

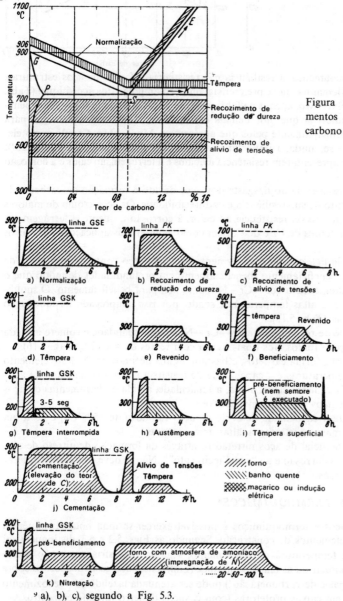

Figura 5.2 — Regiões de temperaturas de tratamentos térmicos do aço, em função do teor de carbono

Figura 5.3 — Tratamentos térmicos do aço, respectivas variações de temperatura e tempos de tratamento

[9] a), b), c), segundo a Fig. 5.3.

[10] Para realizar a têmpera, deve-se ultrapassar a "velocidade crítica de resfriamento", que varia com os tipos de aços-liga e de meios de resfriamento.

Originam-se do aumento de volume que se verifica durante a têmpera (formação de martensita) e podem causar fissuras de têmpera em pontos sujeitos a maiores concentrações de tensões. As tensões provocadas pela têmpera podem ser aliviadas por revenido a 120-200°, sem redução apreciável da dureza.

e) *Revenir:* as peças temperadas são aquecidas a temperaturas de revenido (100 a 400°) e, em seguida, lentamente resfriadas, a fim de aliviar as tensões internas oriundas da têmpera[12] e recuperar a tenacidade (alongamento de ruptura e resiliência). A dureza diminui com o aumento da temperatura de revenido.

f) *Beneficiar:* consiste em fazer, após a têmpera, um revenido à temperatura de beneficiamento (aproximadamente 450 a 650°, para aços estruturais) para se obter um considerável aumento de tenacidade (sacrificando-se a dureza).

g) *Têmpera interrompida:* as peças aquecidas à temperatura de têmpera são temperadas em água apenas durante 3 a 5 segundos, sendo, a seguir, transferidas para um banho de óleo ou um banho quente a fim de diminuir as distorções térmicas.

h) *Austemperar:* consiste em imergir diretamente em um banho quente (sal ou metal fundido) as peças aquecidas à temperatura de têmpera e deixá-las imersas até que se complete uma total transformação da textura metálica. Êste tratamento térmico convém especialmente às peças de pequenas dimensões e a aços sem elementos de liga, pois, além de uma dureza maior, confere-lhes tenacidade mais elevada.

i) *Têmpera superficial:* aquecendo-se ràpidamente as superfícies de aços de alto teor de carbono, por meio de maçaricos (têmpera por chamas), ou de banhos metálicos (têmpera por imersão), ou de corrente elétrica de alta freqüência (têmpera por indução), e resfriando-as, a seguir, em água ou óleo, obtêm-se superfícies duras e núcleos moles. Tanto os custos quanto o tempo necessário a êste tratamento térmico são relativamente pequenos e, por isso, o mesmo vem sendo freqüentemente empregado na fabricação de engrenagens, superfícies de deslizamento, pontas de eixos, parafusos etc.

j) *Cementação:* enriquecendo-se de carbono a camada superficial de aços de baixo teor de carbono (moles), o que se consegue através de recozimento a 800-950°C em um meio que liberte carbono com têmpera e revenido posteriores, obtém-se uma região superficial muito dura e resistente ao desgaste, coexistindo com um núcleo que permanece tenaz (Fig. 5.3). O enriquecimento de carbono (carbonetação) pode realizar-se em meios sólidos (pós ou pastas de cementação) e também em meios líquidos ou gasosos. A cementação é aplicada, principalmente, na fabricação de engrenagens altamente solicitadas, de eixos de comando de válvulas e de outras peças sujeitas ao desgaste durante o funcionamento que, além de elevada dureza, devem apresentar grande tenacidade (resistência ao choque). Podem-se cementar aços com teor de carbono até 0,25% (Tab. 5.9), bem como aços fundidos acalmados de usinagem automática (Tab. 5.13), chapas para estampagem profunda (Tab. 5.7) e aço fundido. Desejando-se núcleos de maior resistência, empregam-se aços-liga (Tab. 5.9) que, além de serem menos sensíveis aos tratamentos térmicos, apresentam núcleos mais tenazes.

3. NORMAS DIN

TABELA 5.5-*Normas DIN referentes a aços obtidos por fusão.*

	DIN		DIN
Generalidades:		Aços para molas de lâmina	17220···22
Ferro e aço	17006	Aços-níquel e aços-cromo-níquel	} 17200 e
Côres de identificação de aços não ligados	1599	Aços-cromo e aços-cromo-molibdênio	} 17210
Prescrições referentes à qualidade de produtos acabados:		*Dimensões:*	
Perfis de aço	1612	Perfis de aço	1013···1029
Tubos	1626···1629	Perfis de aço para esquadrias	4440···4451
Chapas	1620···1623	Tubos de aço	2440···2442
Chapas de caldeiraria	17155		2450···2456
Chapas de dínamos	46400	Tubos de aço de precisão	2385, 2391,
Tiras de aço laminadas a frio	1544		2393, 2394
Aços de usinagem automática	1651	Chapas de aço	1541···1543
Aço trefilado	1652	Tiras de aço	1544
		Aço trefilado	174···178
Prescrições referentes à qualidade de produtos semi-acabados:		Aço redondo	175, 668, 671
		Aço para chavêtas	6880
Aço para construção de máquinas	1611		
Aço para rebites e parafusos	1613		
Aços para cementação	17210		
Aços para beneficiamento	17200		

k) *Nitretação:* enriquecendo-se de nitrogênio aços-liga especiais e expondo-os a um fluxo de amoníaco a aproximadamente 500°C, obtém-se uma camada superficial de elevada dureza, porém de pequena espessura (Fig. 5.3). Relativamente à cementação, salientam-se a maior dureza, as menores distorções

[12]Ver nota à página anterior.

térmicas e a maior resistência à corrosão proporcionadas pela nitretação. A camada endurecida, entretanto, é mais delgada, o tempo consumido pelo tratamento térmico é maior e há necessidade de aços-liga (Cr—Al—Si). O tempo de tratamento térmico é aproximadamente 10 horas por 1/10 mm de espessura de camada endurecida (espessura máxima aproximadamente igual a 1 mm). Antes de ser nitretado, o aço para nitretação pode ser beneficiado em óleo.

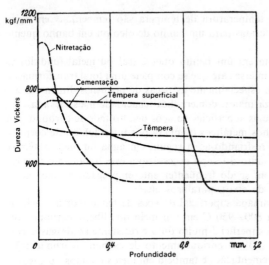

Figura 5.4 — Variação da dureza em pontos da camada superficial de um pino de aço, em função do processo de endurecimento (segundo Glaubitz). 1. nitretação; 2. cementação; 3. têmpera; 4. têmpera superficial

As Figs. 5.3 e 5.4 apresentam comparações entre os vários processos de endurecimento, relativas ao tempo de tratamento e ao desenvolvimento do fenômeno de endurecimento, e a Fig. 2.42, à pág. 29, mostra uma comparação da resistência ao desgaste de peças tratadas pelos diversos processos de endurecimento.

4. CHAPAS DE AÇO (Tab. 5.7)

Em função da espessura, distinguem-se chapas grossas (espessura superior a 4,75 mm), chapas médias (espessura entre 3 e 4,75 mm) e chapas finas (espessura inferior a 3 mm). Além da resistência e da qualidade da superfície, também a deformabilidade é um fator decisivo na escolha de chapas para peças estiradas. Para pequenas peças estampadas recomendam-se tiras de aço laminadas a frio (DIN 1624); para peças sujeitas a flexão, chapas submetidas a ensaio de dobramento; para peças estiradas, dependendo do grau de deformabilidade após o recozimento, utilizam-se chapas para estampagem profunda ou de fabricação de carrocerias. Para maiores deformações convém que os grãos sejam de pequeno tamanho a fim de que as chapas não se tornem rugosas nos pontos deformados (evitar recozimento entre 650 a 850°!). Quanto às chapas para fabricação de dínamos, são de capital importância suas propriedades magnéticas.

5. PERFIS DE AÇO (Tabs. 5.8 e 5.6)

Perfis, barras, perfis chatos e largos de aço laminado são fabricados, segundo DIN 1612, a partir dos aços St. 00.12, St 37.12 e St. 42.12 e apresentam as propriedades mecânicas dêstes aços, expostas na Tab. 5.8. Êsses perfis são empregados na construção de treliças e vigas de alma cheia rebitadas ou soldadas, de bases e armações, de mastros e de outras estruturas, sob as formas de ⌊, [, I , | (dimensões às págs. 109 e 118).

Os tubos de aço são laminados ou estirados, sem costura ou soldados, e apresentam as propriedades mecânicas expostas na Tab. 5.6 (algumas dimensões à pág. 108). São utilizados para a condução de gases e líquidos (tubos de gás, de vapor, de caldeira) e também na construção de estruturas, hastes e alavancas (ver Construções Leves, págs. 66, 74). Os tubos soldados não se prestam a alargamentos nem a rebordeamentos. Para menores diâmetros e maiores cargas recomendam-se os tubos sem costura, de preço pouco mais elevado.

TABELA 5.6-*Tubos de aço, segundo DIN* 1 629 (1 628) (*agôsto, setembro de* 1932).

Designação	σ_r kgf/mm²	δ_5 mínimo %	Observações
(St 34.28)	34 ··· 45	25	tubos soldados, com superposição das extremidades
St 00.29	—	—	tubos sem costura para condução de fluidos e para estruturas (até 25 atm)
St 35.29	35 ··· 45	25	tubos sem costura para maiores solicitações, a serem
St 55.29	55 ··· 65	17	utilizados quando houver prescrições relativas à qualidade

TABELA 5.7 – *Chapas de aço. Denominações. Propriedades mecânicas e aplicações* (segundo DIN 1621, 1622, 1623).

DIN	Designação	Denominação	Resistência à tração σ_r kgf/mm²	Mínimo alongamento δ_5 %	Ensaio de dobramento*	Observações
DIN 1621 (setembro 1934). Chapas grossas	St 00.21 St 37.21 St 42.21	Chapa comercial Chapa de construção I Chapa de construção II	— 37...45 42...50	— 20 20 $\Big\} \delta_5 \text{ para } s < 10 \text{ mm}$	o F F	Para reservatórios comuns. Para reservatórios e caldeiras.
DIN 1622 (setembro 1933). Chapas médias (3 a 4,75 mm)	St 00.22 St 00.22 S	Chapa comercial Chapa comercial S	$\Big\} \leq 50$	— —	o o	Soldabilidade por fusão garantida.
	St 34.22 P St 34.22 R	Chapa de estampagem Chapa de tubos	34...42 34...45	25 20	F —	Soldabilidade por fusão garantida.
	St 37.22 St 37.22 S St 42.22	Chapa de construção I Chapa de construção I S Chapa de construção II	37...45 37...45 42...50	20 20 20	F F F	
	St 50.22 St 60.22 St 70.22	Chapa de aço maior resistência	50...60 60...70 70...80	16 12 10	o o o	
DIN 1623 (maio 1932). Chapas finas (menos que 3 mm)	St I 23 St II 23 St III 23	Chapa preta I Chapa preta II Chapa para esmaltagem a fogo e chapa para galvanização	— — —	— — —	F F F	Chapas finas comerciais: Recozida na laminação. Para peças comuns de chapa preta. Recozida em caixa. Para maiores exigências relativas à superfície. Própria para ser esmaltada a fogo, galvanizada ou revestida de chumbo.
	St V 23 St VI 23 St VII 23 St VIII 23 t	Chapa de estampagem I Chapa de estampagem II Chapa de estampagem profunda Chapa especial de estampagem profunda.t	28...38 28...38 28...38 32...42	26 26 30 30 $\Big\}$ para espessuras de chapa de 2 a 3 mm	F F D D	Chapas finas de qualidade: Para peças estampadas simples e também esmaltadas a fogo: superfícies livres de oxidação. Para peças estampadas comuns: superfícies alisadas. Para peças de estampagem profunda: superfícies alisadas. Para peças de estampagem profunda: superfícies perfeitamente fôscas ou polidas, e que mais se prestam ao envernizamento por pulverização.
	St VIII 23 k	Chapa especial de estampagem profunda k	32...42	30	D	Para as maiores solicitações de estampagem profunda: superfícies lisas e envernizáveis por pulverização.
	St IX 23	Chapa de revestimento	28...38	20	F	Chapa de revestimento lisa, sem poros, e envernizável por pulverização, para automóveis e mobílias.
	St X 23	Chapa de carroceria	32...42	30	D	Chapa especial de estampagem profunda, para peças de carrocerias.
	St 34.23 St 37.23 St 42.23 St 50.23 St 60.23 St 70.23		34...42 37...45 42...50 50...60 60...70 70...85	25 20 20 18 14 10	F F F o o o	Chapas finas com resistência predeterminada, para peças estampadas, por exemplo.

*F = ensaio de dobramento prescrito, D = ensaio de duplo dobramento prescrito, o = sem ensaio de dobramento.

6. AÇOS PARA CONSTRUÇÃO DE MÁQUINAS (Tab. 5.8)

Trata-se aqui dos aços-carbono sem elementos de liga, mais freqüentemente empregados na construção de máquinas, sendo fornecidos sob a forma de produtos semi-acabados, forjados (blocos, placas, barras) ou laminados (secções transversais circulares, quadradas, sextavadas ou chatas). Quanto menor fôr o teor de carbono, tanto mais fáceis serão a usinagem, a solda, a cementação, tanto maior a tenacidade e menor a sensibilidade à concentração de tensões. Apenas quando houver maior necessidade de dureza ou de resistência à tração é que se recorrerá aos aços com teores mais elevados de carbono, que podem também ser temperados e beneficiados. Dados mais precisos na Tab. 5.8.

7. AÇOS PARA CEMENTAÇÃO E NITRETAÇÃO (Tabs. 5.9 e 5.10)

São utilizados na fabricação de peças que devem possuir uma superfície dura, resistente ao desgaste, ou, então, uma superfície dura com núcleo tenaz, ou, ainda, de peças que devem ser consideràvelmente resistentes à fadiga, como por exemplo árvores de manivelas, camos, parafusos-sem-fim, pinos de articulações, de molas e de pistões, engrenagens cilíndricas ou cônicas sujeitas a cargas elevadas. Geralmente, basta empregar aços não ligados ou aços de baixa liga para cementação, segundo a Tab. 5.9, ao passo que os aços com maior teor de carbono são utilizados quando se deseja maior resistência do núcleo, e os aços com maior teor de elementos de liga, quando se torna simultâneamente necessária uma tenacidade mais elevada. Peças mais complexas, como por exemplo engrenagens, são feitas de aços temperáveis em banhos de óleo ou de água e, por isso, estão sujeitas a menores deformações — exemplo: aços—Cr—Mn, segundo a Tab. 5.9.

Mesmo quando se exigem elevada resistência e tenacidade de núcleo, pode-se prescindir dos aços para cementação com alto teor de cromo e níquel, ou de cromo e molibdênio, exigindo-se, porém, maior cuidado na escolha do tratamento térmico e na usinagem do aço adotado. Tratamentos térmicos à pág. 83.

TABELA 5.8-*Aços para construção de máquinas*, segundo DIN 1 611 (dezembro de 1935) (aços-carbono sem elementos de liga).

Designação	Teor de C (valor médio) %	Resistência à tração σ_r kgf/mm²	Mínimo limite de elasticidade σ_e kgf/mm²	Mínimo along. de rupt. δ_5 %	Dureza Brinell* H_B kgf/mm²	Aplicações
St 00.11	0,1	< 50	–	–	–	para peças sujeitas a solicitações normais;
St 34.11	0,12	34···42	19	30	95···120	aço para forjamento, boa usinabilidade, bom para cementação e para solda por chama, grande tenacidade,
St 34.13**	0,12	34···42	19	30	95···120	rebitar;
St 37.11	0,15	37···45	(21)	25	105···125	aço para forjamento mais comumente utilizado na construção de máquinas, para eixos e engrenagens moderadamente solicitados, para pequenas bielas, para peças prensadas e moldadas;
St 42.11	0,25	42···50	23	25	120···140	
St 50.11	0,35	50···60	27	22	140···170	para eixos e engrenagens sujeitas a maiores solicitações, bielas e pistões, ainda de boa usinabilidade, pequena endurecibilidade, próprio para resistir a solicitações de deslizamento;
St 60.11	0,45	60···70	30	17	170···195	para peças ainda mais resistentes e mais sujeitas a solicitações de deslizamento como pinos ajustados, chavêtas, engrenagens, parafusos-sem-fim, fusos e êmbolos: pode ser temperado e beneficiado;
St 70.11	0,6	70···85	35	12	195···240	aço para ferramentas, para peças naturalmente duras e sujeitas a maiores solicitações como camos de disco e roletes, cilindros de laminação e moldes; também para peças temperadas, como molas de lâmina e helicoidais, punções, rolos, gumes cortantes. Presta-se bem à têmpera e ao beneficiamento, e ainda é usinável

*Valores básicos por mim acrescentados.
**Segundo DIN 1 613 (setembro 1943).

Materiais, Perfis e Respectivas Tabelas

TABELA 5.9-*Aços comuns para cementação*, segundo DIN 17 210 (dezembro de 1951) e aços para nitretação.

Designação segundo DIN 17 006	até então	Teores em % (valores médios) C	Mn	Cr	recozido H_B kgf/mm²	Propriedades mecânicas do núcleo, após a têmpera mínimos σ_r kgf/mm²	σ_e kgf/mm²	δ_5 %	processo de têmpera*
C 15	StC 16.61	0,15	0,3	—	até 140	50···65	30	16	W
C 22	StC 25.61	0,22	0,3	—	até 155	60···80	36	12	W
15 Cr 3	EC 60	0,15	0,5	0,6	até 187	60···85	40	13	W
16 MnCr 5	EC 80	0,16	1,15	0,95	até 207	80···110	60	10	O
20 MnCr 5	EC 100	0,20	1,25	1,15	até 217	100···130	70	8	O
Aço Cr-Al (para nitretação)		0,33	0,7	1,6***	— 235	80···100	—	12	**

*W = resfriado em água, O = resfriado em óleo.
**Beneficiado em óleo antes da nitretação.
***E 1,1% Al.

TABELA 5.10-*Aços cromo-níquel e aços cromo-manganês para cementação*, segundo DIN 17 210 (dezembro de 1951).

DIN	Designação	C	Ni	Cr	Mo	Mn	recozido H_B kgf/mm²	σ_r kgf/mm²	σ_e kgf/mm²	δ_5 %
17210	C 15	0,15	—	—	—	0,4	140	50···65	30	16
	15 Cr 3	0,15	—	0,65	—	0,5	187	60···85	40	13
	16 Mn Cr 5	0,16	—	0,95	—	1,2	207	80···110	60	10
	20 Mn Cr 5	0,20	—	1,2	—	1,3	217	100···130	70	8
	15 Cr Ni 6	0,15	1,5	1,6	—	0,5	217	90···120	65	9
	18 Cr Ni 8	0,18	2,0	2,0	—	0,5	235	120···145	80	7
	41 Cr 4	0,41	—	1,1	—	0,65	217	155···180	130	7

8. AÇOS PARA BENEFICIAMENTO (Tabs. 5.11 e 5.12)

Os aços para beneficiamento não são utilizados apenas no estado beneficiado, isto é, temperado e posteriormente revenido à temperatura de beneficiamento (pág. 85); podem, também, ser submetidos a endurecimento superficial (têmpera superficial por chamas, por indução ou por imersão em banhos metálicos) e, em alguns casos, são empregados sem que tenham sofrido qualquer endurecimento (recozidos). Empregam-se, preferivelmente, os aços para beneficiamento da Tab. 5.11, e mesmo os aços-carbono sem elementos de liga, quando se deseja resistência no estado beneficiado até $\sigma_r = 80$ kgf/mm² (podem-se obter valores mais elevados sacrificando-se a tenacidade); aços-liga, para σ_r maior que 70 kgf/mm² (com menor

TABELA 5.11-*Aços comuns para beneficiamento*, segundo DIN 17 200 (dezembro de 1951).

Designação segundo DIN 17 006	até então	Teores em % (valores médios) C	Si	Mn	Cr	recozido max H_B kgf/mm²	beneficiado, para espessuras de 16 a 40 mm σ_r* kgf/mm²	σ_e kgf/mm²	δ_5 %
C 22	StC 25.61	0,22	0,25	0,45	—	155	50···60	30	22
C 35	StC 35.61	0,35	0,25	0,55	—	172	60···72	37	18
C 45	StC 45.61	0,45	0,25	0,65	—	206	65···80	40	16
C 60	StC 60.61	0,60	0,25	0,65	—	243	75···90	49	14
40 Mn 4	—	0,40	0,4	0,95	—	217	80···95	55	14
30 Mn 5	VM 125	0,31	0,25	1,35	—	217	80···95	55	14
37 Mn Si 5	VMS 135	0,37	1,25	1,25	—	217	90···105	65	12
42 Mn V 7	—	0,42	0,25	1,75	—	217	100···120	80	11
34 Cr 4	—	0,34	0,25	0,65	1,1	217	90···105	65	12
50 Cr V 4	50 Cr V 4	0,52	0,25	0,95	1,1	235	110···130	90	10
Aço de mancais de rolamento***		1,0	até 0,35	0,3	1,5	200	205	$H_B = 650$**	

*Válido para barras; peças acabadas são freqüentemente beneficiadas de modo que se atinjam valores mais elevados (até $\sigma_r = 175$ kgf/mm²).
**Temperado em óleo entre 820 e 850°.
***Acrescentado.

89

tenacidade, até $\sigma_r = 175$ kgf/mm^2), principalmente quando deve ser mínima a distorção térmica (têmpera em óleo ou em banhos aquecidos); utilizam-se aços-cromo quando se deseja σ_r maior que 150 kgf/mm^2, ou na fabricação de peças de maiores espessuras, mesmo como menor (endurecibilidade!). Os aços para mancais de rolamento, com elevado teor de carbono e cromo, são vantajosamente utilizados nos casos em que se desejem, simultâneamente, boa tenacidade, dureza superficial elevada ($H_B \cong 650$) e resistência ao desgaste.

Atualmente, recorre-se aos aços—Cr—Ni e Cr—Mo para cementação, da Tab. 5.12, apenas quando, também para peças de maiores dimensões, há necessidade de máxima dureza superficial e, sobretudo, de máxima endurecibilidade e tenacidade (resiliência e resistência à fadiga com concentração de tensões), e quando é suficientemente vantajosa a maior simplicidade de seu tratamento térmico.

TABELA 5.12-*Aços cromo-níquel e aços cromo-molibdênio para beneficiamento*, segundo DIN 17 200 (dezembro de 1951).

DIN	Designação, segundo DIN 17 006	Teores em % (valores médios)					recozido max H_B	beneficiado, para diâmetros de 16 a 40 mm		
		C	Ni	Cr	Mn	Mo		σ_r kgf/mm^2	σ_e kgf/mm^2	δ_5 %
17 200	25 Cr Mo 4	0,25	—	1,1	0,65	0,20	217	80···95	55	14
	34 Cr Mo 4	0,34	—	1,1	0,65	0,2	217	90···105	65	12
	42 Cr Mo 4	0,42	—	1,1	0,65	0,2	217	100···120	80	11
	50 Cr Mo 4	0,50	—	1,1	0,65	0,2	235	110···130	90	10
	30 Cr Mo V 9	0,30	—	2,5	0,55	0,2	248	125···145	105	9
	36 Cr Ni Mo 4	0,36	1,1	1,1	0,65	0 2	217	100···120	80	11
	34 Cr Ni Mo 6	0,34	1,6	1,6	0,55	0,2	235	110···130	90	10
	30 Cr Ni Mo 8	0,30	2,0	2,0	0,45	0,3	248	125···145	105	9

9. AÇOS TREFILADOS E AÇOS DE USINAGEM AUTOMÁTICA (Tab. 5.13)

Para a fabricação de maiores quantidades de peças torneadas, usinadas principalmente em máquinas automáticas, empregam-se aços trefilados, calibrados com maior precisão, e que, apresentando teores mais elevados de enxôfre e de fósforo, também são fornecidos com a denominação de aços de usinagem automática. A trefilação proporciona um encruamento (maiores σ_r e σ_e) que reduz a capacidade de deformar-se e, portanto, diminui o alongamento de ruptura e a resiliência do aço, como se pode notar, principalmente, em peças de menores secções transversais. Para casos em que as propriedades oriundas da capa-

TABELA 5.13-*Aços trefilados*, segundo DIN 1 652, e aços de usinagem automática, segundo DIN 1 651 (agôsto de 1944).

DIN	Designação*	Teor de C Valores médios %	recozido σ_r kgf/mm^2	δ %	trefilado para ∅ 18 a 30 σ_r kgf/mm^2	δ %	trefilado e beneficiado para ∅ 16 a 40 σ_r kgf/mm^2	δ_5 %	Observações b = acalmado na solidificação ub = efervescente na solidificação
DIN 1 652	St 00 K	0,1	sem garantia		sem garantia				
	St 34 K	0,12	34	30	47	8			cementável
	C 15 K St 37 K	0,15	37	25	50	8			
	C 22 K St 42 K	0,22	42	25	56	7	55	18	
	C 35 K St 50 K	0,35	50	22	65	6	65	16	beneficiável
	C 45 K St 60 K	0,45	60	17	75	6	75	13	
	C 60 K St 70 K	0,60	70	12	85	5	85	9	
	Aço prata**	1,1	75	10	85	5	90	7	polimento de alta qualidade e tolerâncias rigorosas
DIN 1 651	9 S 20	0,09	38	25	50	11	—	—	ub, aço doce
	10 S 20	0,10	38	25	50	11	—	—	
	15 S 20	0,15	38	25	50	11	—	—	b, cementável
	22 S 20	0,22	42	25	50	10	50	18	
	35 S 20	0,35	50	20	60	8	60	16	b, beneficiável
	45 S 20	0,45	60	15	70	8	65	12	
	60 S 20	0,60	70	12	80	7	75	9	

*Aços trefilados (DIN 1 652): sem índice suplementar = trefilado, com índice suplementar G = trefilado e recozido; com índice suplementar N = trefilado e normalizado; com índice suplementar V = trefilado e beneficiado.

Aços de usinagem automática (DIN 1 651): sem índice suplementar = laminado, forjado, descascado, normalizado ou recozido; com índice suplementar K = trefilado; com índice suplementar KV = trefilado e beneficiado.

**Não normalizado!

cidade de deformação forem de maior importância, tais aços poderão ser obtidos no estado recozido. Êsses aços também podem ser cementados ou beneficiados, dependendo do teor de carbono, como mostra a Tab. 5.13.

10. AÇOS PARA MOLAS (Tab. 5.14).

Para a fabricação de molas de arame, se as solicitações forem pequenas bastarão arames encruados e, se forem maiores, utilizar-se-ão arames trefilados e patenteados (temperados em banho de chumbo) com limites de elasticidade mais elevados. Os arames temperados em óleo e revenido são mais fáceis de enrolar (menores limites de elasticidade e maior tendência a permanecer no estado deformado!). Para molas de lâmina empregam-se, mais freqüentemente, aços sem elementos de liga, e aços-liga quando forem

TABELA 5.14-*Aços para molas*, segundo DIN 17 220 ··· 22 (abril de 1955) (molas de lâminas e molas helicoidais cônicas) e segundo Lüpfert [5/6].

Módulo de elasticidade $D \cong 21\,000$ kgf/mm^2, módulo de elasticidade transversal $G \cong 8\,300$ kgf/mm^2.

Dados segundo	Designação*	Teor em % (valores médios) C	Si	Mn	outros	Resistência da mola σ_r (mínimo) kgf/mm^2	δ_5 mín. %	H_B^{**} kgf/mm^2	Tratamento*	Utilização
DIN 1669	50 M 7 H	0,5	até 0,4	1,7	—	120	7	340···400	H	Molas de lâminas para veículos automóveis
	48 S 7 T	0,47	1,65	0,62	—	130	6	370···430	T	Molas de lâminas para veículos ferroviários
	55 S 7 H	0,55	1,65	0,7	—	130	6	370···430	H	Molas de lâminas (espessuras até 10 mm) para veículos automóveis e veículos ferroviários urbanos e agrícolas
	65 S 7 H	0,65	1,65	0,7	—	135	6	385···445	H	Molas de lâminas (espessuras maiores que 10 mm) para veículos automóveis e veículo ferroviários urbanos e agrícolas
	50 CV 4 h	0,5	até 0,4	0,75	1,0Cr 0,1V	135	6	385···445	H	Molas de lâminas para maiores solicitações
Lüpfert		0,55	0,15	0,7	0,7	90···185	2	—	P	Molas helicoidais sujeitas a tração
		0,7	0,15	0,7	—	140···210	2	—	—	Molas helicoidais sujeitas a compressão
		0,95	0,15	0,5	—	170···350	2	—	—	Molas helicoidais sujeitas a tração ou a compressão, para elevadas solicitações
		0,65	0,15	0,7	—	140···180	6	—	—	Molas helicoidais sujeitas a compressão e a fadiga
		0,62	3,0	0,9	—	160···180	—	—	H	Molas armas
		0,5	0,3	0,8	1,1Cr 0,1V	130···155	5	—	—	Barras de torção e molas de lâminas para veículos automóveis
		0,6	0,9	0,4	1,1Cr	130···160	—	—	—	Molas solicitadas sob altas temperaturas
		0,65	0,15	0,3	—	100···130	5	—	—	Molas de lâminas, suplementarmente deformadas
		0,85	0,15	0,3	—	150···180	4	—	H	Molas de gramofones
		1,0	0,15	0,3	—	200···230	3	—	—	Cordas de relógios

*H = temperado em óleo e revenido; T = temperado em água e revenido; P = arames de molas trefiladas e patenteadas, tratamento êste que confere maiores resistências σ_r aos arames de menores espessuras.

**Para molas helicoidais cônicas, admite-se dureza até $H_B = 520$.

maiores as espessuras. Todos os aços para molas apresentam quase o mesmo módulo de elasticidade (e módulo de elasticidade transversal), porém os limites de elasticidade (tendência à deformação permanente) e os limites de fadiga dependem da composição, do tratamento térmico e do estado da superfície (fissuras e descarbonetação superficial) dos aços. A tendência a deformar-se permanentemente (deformação plástica) pode ser reduzida, por meio de revenido, a aproximadamente 250° posterior à conformação da mola; o limite de fadiga pode ser elevado por meio de polimento ou de rolamento (compressão) da superfície do aço.

11. AÇOS RESISTENTES AO CALOR E À CORROSÃO A ALTAS TEMPERATURAS
(Tab. 5.15)

Tais aços são, ainda, resistentes à corrosão a temperaturas próximas de 550°C — formação de camadas protetoras —, além de indeformáveis e resistentes à tração, em sua maior parte. São utilizados na fabricação de válvulas de motores de combustão interna, em fornalhas e na indústria química. Os aços-cromo e os aços-cromo-alumínio da Tab. 5.15 são resistentes à corrosão até em temperaturas de 800 a 1300°C, e os aços cromo-níquel, além de resistentes à corrosão, apresentam resistência mecânica a altas temperaturas e não são magnéticos.

TABELA 5.15-*Aços resistentes à ferrugem e a ácidos* (segundo Lüpfert).

Aço	Teor em %					Propriedades mecânicas (valores médios)			Resistência à oxidação até °C
						a 20°C		a 800°C	
	C	Si	Mn	Cr	outros	σ_r kgf/mm^2	δ_5 %	σ_{DSt} kgf/mm^2	
Aço-Cr	0,15	0,4	0,5	25	—	60	20	0,2	1150
Aço-Cr-Al	0,1	1,0	0,5	23	2Al	60	12	0,2	1250
Aço-Cr-Ni	0,15	2,5	1,0	25	20Ni	65	45	1,5	1250
Aço-Cr-Ni-W	0,5	1,5	1,0	15	13Ni 2,5W	90	18	2,0	800

12. AÇOS RESISTENTES À FERRUGEM E A ÁCIDOS (Tab. 5.16, Fig. 5.5)

Há aços-cromo não temperáveis, com 0,05 a 0,2 % C e 14 a 18 % Cr, e temperáveis, com 0,3 a 1 % C e 12 a 18 % Cr, utilizados na fabricação de aparelhos domésticos, facas e ferramentas; existem ainda aços-cromo-manganês, com 0,05 a 0,15 % C e 9 a 16 % Cr, e aços-cromo-níquel, com 17 a 19 % Cr e 8 a 11 % Ni, utilizados nas indústrias química, têxtil e de celulose.

13. AÇOS PARA FERRAMENTAS E METAIS DE CORTE (Tab. 5.16)

Dependendo das condições, empregam-se aços para ferramentas com ou sem elementos de liga, aços rápidos ou para trabalhos a quente, bem como os muito caros metais de corte. A conservação do corte, a tenacidade, a resistência ao desgaste e a dureza a quente são fatôres decisivos na escolha do material (Fig. 5.6). A Tab. 5.16 apresenta exemplos de utilização dêsses materiais.

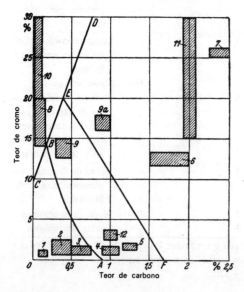

Figura 5.5 — Classificação e empregos dos aços-cromo (segundo Lüpfert)

1. Aços para cementação
2. Aços para beneficiamento
3. Aços para ferramentas de cunhagem
4. Mancais de rolamento
5. Brocas, lâminas de tesouras
6. Fieiras, ferramentas de corte
7. Anéis de fieiras
8. Aços resistentes à oxidação e a ácidos, não-temperáveis
9. e 9a. Aços resistentes à oxidação e a ácidos, porém temperáveis
10. Aços resistentes ao calor
11. Ferros fundidos resistentes ao calor
12. Aços para fins magnéticos

TABELA 5.16 – Aços para ferramentas e metais de corte (segundo Lüpfert).

Material	C	Cr	Mn	Mo	W	V	Outros	Utilização
Aços sem elementos de liga	0,6	—	0,4	—	—	—	—	Martelos, lâminas de serras, chaves-de-fenda, ferramentas de carpintaria
	0,8	—	0,4	—	—	—	—	Martelos, matrizes de forjamento
	mais 1,0	—	0,4	—	—	—	—	Ferramentas de corte, de cunhagem, de estampagem, de prensagem, facas
	de 1,1	—	0,4	—	—	—	—	Brocas para furação de rochas, limas, fieiras, navalhas, elevada resistência ao desgaste
Aços-liga	1,4	0,5	0,3	—	3,2	0,3	—	Ferramentas perfiladas e alargadores, ferramentas de dobramento e de repuxo, também usinam aço fundido duro
	0,5	—	1,7	—	—	—	—	Mordentes de máquinas automáticas
	1,0	0,6	1,0	—	—	—	—	Machos de roscar, talhadeiras, serras, ferramentas de precisão
	2,0	12,2	0,3	—	0,4	até 0,25	—	Brochas, ferramentas de corte, de estampagem, de trefilação e de prensagem
Aços para trabalho a quente	0,45	2,5	—	0,5	—	0,35	—	Moldes de fundição de zinco e de alumínio sob pressão
	0,55	0,75	0,55	0,5	—	—	1,6 Ni	Punções para extrusão de metais, matrizes de forjamento e de estampagem
	0,4	1,5	0,75	0,6	—	0,4	—	Moldes de fundição de alumínio e de magnésio sob pressão, recipientes de máquinas de extrusão de alumínio e de magnésio
	0,35	2,5	—	—	4	0,2	—	Moldes de fundição sob pressão, matrizes de estampagem, prensas de extrusão de metais
	0,35	2,5	—	—	8,5	0,2	—	Matrizes de estampagem altamente solicitadas e punções de prensas
Aços rápidos	0,7	4,0	—	0,55	9,5	1,6	—	
	1,35	4,0	—	0,95	11,5	4,4	—	Ferramentas de corte
	0,95	3,7	—	2,3	1,35	2,8	—	
Materiais de corte	3,0	29	—	—	17	—	45 Cu 5 Fe	Ferramentas resistentes à corrosão e ao desgaste
G I*	6	—	—	—	88	—	6 Co	Ferramentas de corte para usinagem de ferro fundido, metais não-ferrosos e materiais não-metálicos
S I*	8	—	—	—	74,5	—	5,5 Co 12 Ti	Ferramentas de corte para usinagem de aço e aço fundido

*Metais duros sinterizados, como por exemplo Widia, Böhlerit, Titanit. Propriedades de Widia: $\gamma = 14{,}7 \text{ kgf/dm}^3$, $H_B = 1\,800 \text{ kgf/mm}^2$, $E = 50\,000$ a $63\,000 \text{ kgf/mm}^2$.

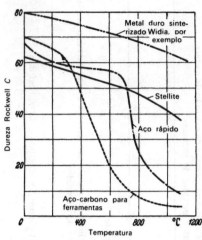

Figura 5.6 — Dureza a altas temperaturas de ligas para ferramentas de corte

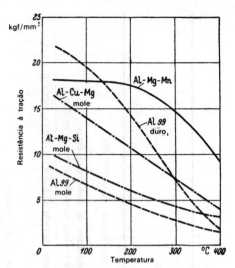

Figura 5.7 — Resistência de ligas de alumínio a temperaturas elevadas (segundo Lüpfert)

5.4. METAIS NÃO-FERROSOS

1. ALUMÍNIO E LIGAS DE ALUMÍNIO

Devido aos seus pequenos pesos específicos (γ = 2,7 a 2,85) e às suas resistências relativamente elevadas, as ligas de alumínio são vantajosamente empregadas na construção de máquinas imóveis ou ambulantes (veículos, aparelhos eletrodomésticos) bem como na fabricação de peças de máquinas dotadas de movimentos de alta velocidade (por exemplo, pistões e bielas). Quando a redução do pêso justificar o custo mais elevado da matéria-prima, as ligas de alumínio também serão utilizadas, em vez do aço ou do ferro fundido, na fabricação de peças sujeitas a esforços moderados, como por exemplo carcaças e caixas (ver "Construções Leves", págs. 61, 66, 74). O emprêgo das ligas de alumínio pode ser conveniente por causa de sua elevada condutibilidade térmica e elétrica.

Para a construção de máquinas utilizam-se principalmente as ligas de alumínio para conformação plástica e as ligas fundidas de alumínio, sendo o alumínio puro empregado apenas em casos especiais.

Normas DIN. Alumínio puro, 1 712; ligas de alumínio, 1 725; peças estampadas de alumínio e de ligas de alumínio, 1 749; barras perfiladas, 1 747, 1 748, 1 771, 1 790, 1 796 a 1 799, 9 711 a 9 714, 46 421, 6 422; tubos, 1 746, 1 789, 1 794, 1 795, 6 423; chapas e tiras, 1 745, 1 753, 1 783, 1 784, 1 788, 1 793; arames, 46 425, 46 420.

O alumínio puro é fornecido principalmente sob a forma de barras maciças, tubos, chapas (DIN 1 788), tiras, fios (para condução de eletricidade) e folhetas (para embalagens, condensadoras e isolamento térmico), laminado, prensado ou trefilado, sendo o alumínio fundido (sob pressão) empregado quase que sòmente na fabricação de induzidos de motores elétricos de corrente alternada.

Características. O alumínio recozido é plástico e deformável (pode ser sujeito a estampagem profunda), mas adquire uma resistência apreciável quando deformado a frio (Tabs. 5.17 e 5.18), a qual se reduz sensivelmente, entretanto, à temperatura de apenas 100°C (Fig. 5.7) e se eleva a baixas temperaturas. O alumínio não é magnético, é bom condutor de eletricidade (60% do Cu) e de calor (56% do Cu) e reflete luz e calor (isolação Alfol), é soldável, embora seja difícil sua solda a gás (formação de película de óxido).

Corrosão. O alumínio não se enferruja como o ferro, pois se reveste de uma película protetora, não é corroído pela água pura, pelo ácido fosfórico diluído, pelo ácido nítrico concentrado, pelo dióxido de enxôfre, nem por vários compostos de nitrogênio, mas pode ser corroído pela água do mar, por ácidos inorgânicos, pela soda, pela argamassa e pelo concreto. Nos pontos de contato com outros metais, o alumínio deve ser protegido contra a corrosão eletrolítica por uma pintura protetora ou por outro isolamento especial. Pode também ser folheado eletrolìticamente ou anodizado (anodização elétrica) (ver "Proteção Anticorrosiva", pág. 30).

TABELA 5.17-*Alumínio puro*.
Propriedades mecânicas: $\gamma \cong 2{,}7$ kgf/dm^3, $E = 7\,000$ kgf/mm^2.

Estado	σ_r kgf/mm^2	σ_e kgf/mm^2	δ_{10} %	H_B kgf/mm^2
Fundido	9 – 12	3 – 4	18 – 25	24 – 32
Recozido	7 – 10	2 – 4	30 – 45	12 – 20
Laminado, dureza média	10 – 14	5 – 8	8 – 25	25 – 40
Laminado, duro	14 – 23	12 – 20	3 – 8	40 – 60

TABELA 5.18-*Barras maciças de alumínio puro*,
segundo DIN 1 790 (setembro de 1938).
$\gamma = 2{,}7$ kgf/dm^3, $E = 7\,000$ kgf/mm^2

Designação*	Diâmetro mm	Propriedades mecânicas mínimo σ_r kgf/mm^2	mínimo δ_{10} %	médio H_B kgf/mm^2
Al 99,7 F 7	todos	7	22	18
Al 99,7 F 9	até 25	9	6	26
Al 99,7 F 11	até 25	11	5	30
Al 99,7 F 13	até 18	13	3	35
Al 99,7 F 17	até 3	17	2	–
Al 99 F 8	todos	8	22	20
Al 99 F 10	até 30	10	5	28
Al 99 F 12	até 18	12	4	32
Al 99 F 14	até 10	14	3	37
Al 99 F 18	até 3	18	2	–

*Os mesmos valores de propriedades mecânicas de barras de Al 99,7 são válidos para barras de Al 99,5, e os de barras de Al 99 são válidos para barras de Al 98/99. Dá-se quase o mesmo em relação a chapas e tiras (DIN 1 788), a tubos (DIN 1 789) e a peças estampadas (DIN 1 749).

Influência de elementos de liga. O ferro torna o alumínio duro e frágil, o chumbo provoca a formação de bôlhas mas melhora a sua usinabilidade; o cobre eleva a dureza; o magnésio eleva a resistência e melhora a usinabilidade; o antimônio e o titânio aumentam a resistência à corrosão pela água do mar; o manganês eleva a resistência mecânica e a resistência à corrosão. Cumpre salientar a "endurecibilidade" (aumento da resistência) conferida pela adição de Cu—Si ou Cu—Mg—Si, de Cu—Mg—Ni ou Mg—Si.

Ligas de alumínio para conformação plástica. Estas ligas podem ser laminadas, estiradas, estampadas, forjadas e soldadas. As principais são: *liga Al—Cu—Mg* (Duralumínio, por exemplo), que apresenta resistência mecânica consideràvelmente elevada, boa usinabilidade, mas pequena resistência à corrosão; *liga Al—Mg—Si*, com elevada resistência à corrosão e notável condutibilidade térmica; *liga Al—Mg*, com maior resistência mecânica e considerável resistência à corrosão, também pela água do mar e pelos álcalis; *liga Al—Mg—Mn*, que também resiste à corrosão pela água do mar, possui maior resistência mecânica a quente (Fig. 5.7) e é mais propícia à estampagem profunda quando é de resistência um pouco menor; finalmente, a *liga Al—Mn*, que é muito resistente à corrosão, sendo utilizada principalmente na indústria química e de produtos alimentícios. A Tab. 5.19 apresenta propriedades mecânicas e a Fig. 5.8 os limites de fadiga dessas ligas.

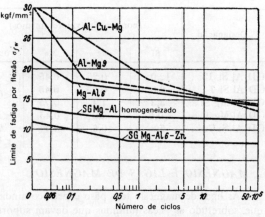

Figura 5.8 – Limites de fadiga à flexão de ligas de alumínio e magnésio (segundo Lüpfert)

Ligas fundidas de alumínio. Estas ligas devem ser escolhidas em função de propriedades de fundição (capacidade de preenchimento do molde, contração), principalmente quando se trata de fundição em coquilhas, e, em seguida, em função de sua resistência mecânica e de outras características. A liga de alumínio mais utilizada para fundição é G Al—Cu—Si. Havendo solicitações mecânicas consideràvelmente elevadas, empregam-se ligas que contenham silício, como por exemplo Silumin (alta tenacidade) ou, então, a liga eutética G Al—Si—Mg Silumin Gamma, que apresenta muito pequena tendência à formação de vazios. As ligas Al—Mg não se fundem tão bem quanto as anteriores mas são muito resistentes à corrosão (também pela água do mar), e a que possui teor de 5 a 7% de Mg também apresenta boa resistência mecânica a temperaturas elevadas (empregada, por exemplo, na fabricação de cabeçotes).
A Tab. 5.21 apresenta características de ligas de alumínio para fundição sob pressão.

TABELA 5.19-*Ligas de alumínio para conformação*, segundo DIN 1 725 (janeiro de 1951), e propriedades mecânicas de barras maciças, segundo DIN 1 747 (dezembro 1951)*.

$\gamma = 2{,}6$ a $2{,}8$ kgf/dm^3; $E = 6\,900$ a $7\,200$ kgf/mm^2

Designação	Teor em % (valores médios)				Propriedades mecânicas (valores mínimos)			Valores práticos	Estado
	Cu	Mg	Mn	outros	σ_r kgf/mm^2	$\sigma_{0,2}$ kgf/mm^2	δ_{10} %	H_B kgf/mm^2	
Al Cu Mg F 42	4,1	1,1	1,0	0,5 Si	42	27	6	100	} temperado
Al Mg Si F 25	<0,1	0,85	0,8	0,9 Si	25	15	8	70	
Al Mg 5 F 22	<0,05	4,7	0,4	–	22	9	15	50	} mole
Al Mg 7 F 30	<0,05	6,5	0,4	–	30	14	13	65	
Al Mg Mn F 18	<0,05	2,2	1,0	–	18	8	12	50	

*Os dados das normas relativas a barras perfiladas (DIN 1 748), a chapas e tiras (1 745) e a tubos (1 746) diferem apenas ligeiramente dos dados aqui expostos.

TABELA 5.20-*Ligas fundidas de alumínio*, segundo DIN 1 725 (junho de 1951).

$\gamma = 2{,}6$ a $2{,}7$ kgf/dm^3; $E = 7\,650$ a $8\,500$ kgf/mm^2; contração $\cong 1\%$

Designação	Teor em % (valores médios)				Fundição em areia			Fundição em coquilha			Estado
	Si	Mg	Mn	outros	σ_r kgf/mm^2	δ_5 %	H_B kgf/mm^2	σ_r kgf/mm^2	δ_5 %	H_B kgf/mm^2	
G Al Si *	12,7	0,05	0,4	<0,6	17···22 / 18···22	4···8 / 6···10	50···60 / 50···60	20···26 / 20···26	3···7 / 6···10	55···70 / 50···60	não tratado / recozido
G Al Si Mg**	9,5	0,3	0,4	<0,1 Zn	18···24 / 20···26	2···5 / 1···4	55···65 / 65···85	22···30 / 24···32	1···4 / 1···4	80···110 / 85···115	não tratado / temperado
G Al Mg 3	0,6	2,5	0,3	<0,1 Zn	14···19 / 15···20	3···8 / 3···8	50···60 / 50···60	21···28 / 22···33	2···8 / 4···15	70···90 / 65···90	não tratado / temperado
G Al Mg 5	0,6	5	0,3	<0,1 Zn	16···19	2···5	55···70	17···25	3···8	60···80	não tratado
G Al Cu Si	3	0,5	0,6	5,5 Cu	16···20	0,5···2	75···100	17···22	0,2···2	80···110	não tratado

*Silumin, por exemplo, possui elevada tenacidade.
**Silumin Gamma, por exemplo.

TABELA 5.21-*Ligas de alumínio fundidas sob pressão*, segundo DIN 1 725 (junho de 1951).

Designação	Teor em % (valores médios)				Propriedades mecânicas			Observações
	Si	Mg	Mn	outros	σ_r kgf/mm^2	δ_5 %	H_B kgf/mm^2	
GD Al Si 13	12,0	0,25	0,45	<1,5 Fe / <0,4 Cu	18···26	3···1	60···80	peças fundidas complexas, material quìmicamente estável
GD Al Si 7	8,0	0,25	0,45		17···24	3···1	55···75	
GD Al Mg Si	3,3	1,4	0,75		16···19	3···1	55···70	peças fundidas sujeitas a polimento, material quìmicamente estável
GD Al Mg 9	<0,6	8,0	0,45	<1,5 Fe	19···27	3···1	65···85	
GD Al SiCu	5,8	<0,5	0,4	2,5 Cu / <1,5 Fe	19···23	2,5···1	55···75	peças fundidas de quaisquer tipos

2. MAGNÉSIO E LIGAS DE MAGNÉSIO

As ligas de magnésio têm pêso específico ainda menor que as ligas de alumínio ($\gamma = 1{,}8$), de modo que, sobretudo as peças fundidas que devam suportar uma dada carga, apesar da menor resistência da matéria-prima, ficam mais leves se feitas de liga de magnésio que se feitas de liga de alumínio. Como mostra a Fig. 5.8, as ligas de alumínio e de magnésio apresentam quase a mesma resistência à fadiga. As ligas de magnésio são muito fàcilmente usináveis, de modo que, por exemplo, carcaças usinadas e acabadas de pequenas bombas de engrenagens, se feitas de liga de magnésio não custam mais que se feitas de ferro fundido cinzento, embora a peça fundida bruta de liga de magnésio custe, aproximadamente, o dôbro do que custa a de ferro fundido. Por outro lado, as ligas de magnésio não podem ser soldadas por solda a gás, são dificilmente soldáveis por solda elétrica e não tão bem deformáveis a frio. Devido ao seu baixo módulo de elasticidade ($E = 4\,400$ kgf/mm^2), as ligas de magnésio são insensíveis a golpes ou choques e amortecem ruídos quando utilizadas na construção de carcaças de redutores; sua pequena rigidez, entretanto, é insuficiente para vários casos de aplicação. O ponto de inflamação dessas ligas é muito baixo, encontrando-se

Materiais, Perfis e Respectivas Tabelas

já por volta de 400°, o que torna perigosos os cavacos e o pó de magnésio[13] por serem inflamáveis. As condutibilidades térmica e elétrica das ligas de magnésio são iguais a, aproximadamente, 4,4% e 38% da do cobre, respectivamente.

Corrosão. Também o magnésio se recobre de uma película de óxido protetora, resiste à corrosão por ácidos líquidos e apresenta também considerável resistência à corrosão por bases (até 120°C). O magnésio é, no entanto, mais rigorosamente atacado pela água do mar e pela água exsudada que o alumínio, e por isso é geralmente protegido contra a corrosão pela imersão e reação com bicromatos e, eventualmente, ainda por uma camada protetora de verniz ou de liga Al—Mg pulverizada; contra a corrosão eletrolítica nos pontos de contato com outros metais empregam-se vernizes isolantes.

As ligas de magnésio são utilizadas na construção de carcaças, estruturas, rodas e polias de máquinas ambulantes e na fabricação de peças dotadas de alta velocidade.

Escolha da liga (Tab. 5.22). Utilizam-se, sobretudo, ligas fundidas de magnésio; para fundição em areia, prefere-se a liga G Mg—Al 4 Zn, mas empregam-se a liga G Mg—Al 3 Zn quando se requer densidade compacta, e a liga G Mg Al 9 quando se requer elevada resistência mecânica; quando se desejam maior resistência à corrosão e maior soldabilidade, utilizam-se ligas Mg—Mn. A Tab. 5.22 apresenta dados relativos a ligas para fundição em coquilhas ou sob pressão.

TABELA 5.22-*Ligas de magnésio*, segundo DIN 1 729 (novembro de 1943).
$\gamma = 1,8$ kgf/dm^3; $E = 4400$ kgf/mm^2; contração $= 1,2\%$ para ligas Mg-Al $= 1,9\%$ para ligas Mg-Mn.

	Designação	Teor em % (valores médios) Al	Zn	Mn	σ_r kgf/mm^2	δ_5 %	H_B kgf/mm^2	Estado
Fundição em areia	G Mg Al 3 Zn	3	1	0,3	16···20	10···6	40	não tratado tèrmicamente
	G Mg Al 4 Zn	3,7	2,7	0,3	17···21	9···5	45	,,
	G Mg Al 6 Zn I	5,7	2,7	0,3	16···20	6···3	50	,,
	G Mg Al 6 Zn II	5,7	2,7	0,4	14···18	5···1,5	50	,,
	G Mg Al 9	8,3	0,5	0,3	24···28	15···8	55	tratado tèrmicamente
Fundição em coquilha	G Mg Al 9 K	8,3	0,5	0,3	16···20	5···2	55	não tratado tèrmicamente
	G Mg Al 9 g K	8,3	0,5	0,3	24···28	15···8	55	tratado tèrmicamente
	G Mg Al 8 I	7,7	0,5	0,3	17···21	6···3	50	não tratado tèrmicamente
	G Mg Al 8 II	7,7	0,5	0,4	15···20	5···1,5	50	,,
Fundição sob pressão	D Mg Al 9 I	8,3	0,5	0,3	16···23	2···0,4	55	não tratado tèrmicamente
	D Mg Al 9 II	8,8	0,6	0,3	15···22	1···0,2	55	,,
Ligas para conformação*	Mg Mn	—	—	1,9	20···24	15···3,5	45	não tratado tèrmicamente especial para chapas, boa soldabilidade
	Mg Al 6	6	1	0,2	27···33	16···6	60	não tratado tèrmicamente
	Mg Al 7	7,3	1,3	0,2	28···37	12···6	65	,,

*As propriedades mecânicas apresentadas não são estabelecidas pela norma DIN 1 729.

Como liga de magnésio para conformação emprega-se principalmente a liga Mg—Al 6, sob a forma de barras, tubos, perfis, peças estampadas, peças forjadas ou chapas. Para peças forjadas de maior resistência mecânica recomenda-se a liga Mg—Al 9, e para chapas soldáveis e resistentes à corrosão (revestimentos e recipientes), utiliza-se principalmente a liga Mg—Mn.

Normas DIN. Ligas de magnésio, 1 729; barras perfiladas, 9 715, 9 701 a 9 708, 9 711 a 9 714; tubos, 9 709, 9 710; chapas, 9 101.

3. ZINCO E LIGAS DE ZINCO

Na construção de máquinas, o zinco puro é essencialmente empregado apenas sob a forma de chapas (também para estampagem profunda e peças moldadas a frio) e de proteção contra a corrosão (chapas de ferro galvanizadas, por exemplo). Maior importância apresentam as ligas de zinco, como materiais que podem substituir satisfatòriamente o latão, o bronze vermelho ou o bronze, na fabricação de armaduras e, mais recentemente, também na fabricação de superfícies de deslizamento (mancais de deslizamento, engrenamentos por parafuso-sem-fim) e, especialmente, de pequenas peças fundidas sob pressão em mecânica fina (contadores, peças de máquinas de escrever etc.). A Tab. 5.23 mostra as composições, propriedades mecânicas e utilização das ligas de zinco. Outros dados se encontram em Lüpfert [5/6].

Normas DIN. Zinco e ligas de zinco, 1 743; chapas, 9 721; tiras, 9 722.

---

[13] Pedaços maciços de magnésio não são inflamáveis, pois dissipam ràpidamente o calor. Faz-se cessar a queima do magnésio recobrindo-o com cavacos de ferro fundido cinzento!

TABELA 5.23-*Ligas finas de zinco.*
$E = 73\,000$ kgf/mm^2; contração $= 1,8\%$; (...)-valores relativos ao material no estado envelhecido.

Designação	Teor em % (valores médios) Al	Cu	outros	Propriedades mecânicas (valores mínimos) σ_r kgf/mm^2	δ_5 %	H_B kgf/mm^2	γ kgf/dm^2	Utilização
Zn Al 4 Cu 1	4,0	0,8	0,03 Mg	30	5	80	6,7	barras e tubos trefilados, peças estampadas
				35	3	80	6,7	chapas e tiras laminadas
Zn Cu 1	0,1	1,1	0,2 Mn	18	25	40	7,1	chapas e tiras para estampagem profunda
				20	20	50	7,1	barras, tubos e arames trefilados
Zn Cu 4 Pb 1	0,12	4,0	1,2 Pb	27	5	70	7,2	barras trefiladas e peças para usinagem automática
G Zn Al 4 Cu 1	3,9	0,8	0,03 Mg	18	0,5	70	6,7	fundição em areia ⎫ por exemplo, para mancais e coroas de engrenamentos coroa-parafuso
GK Zn Al 4 Cu 1				20	1	70	6,7	fundição em coquilha ⎭
GD Zn Al 4	3,9	0,3	0,03 Mg	25(20)	1,5	70	6,7	fundição sob pressão, boa estabilidade dimensional
G Zn Al 6 Cu 1	5,8	1,4	Zn Rest	18	1	80	6,5	fundição em areia ⎫ peças de fundição tècnicamente complexa
GK Zn Al 6 Cu 1				22	1,5	80	6,5	fundição em coquilha ⎭
GD Zn Al 4 Cu 1	3,9	0,8	0,03 Mg	27(21)	2(1)	80	6,7	fundição sob pressão, armaduras

4. COBRE E LIGAS DE COBRE

Pela Tab. 5.24, tem-se uma vista geral das ligas de cobre. Estas possuem características muito apreciadas, como grande resistência à corrosão (pág. 31), boa soldabilidade, boas propriedades mecânicas e de deslizamento, elevada condutibilidade térmica e elétrica, e possibilidade de se submeterem a vários processos de conformação como fundição, estampagem, injeção, trefilação, extrusão, forjamento e laminação, o que permite que sejam fornecidas sob as formas de tarugos fundidos, placas, chapas, barras perfiladas, tubos, tiras e arames.

Sendo materiais de preços elevados, procura-se substituir, sempre que possível, as ligas de cobre por outros materiais ou utilizar a mínima quantidade possível delas (peças revestidas em vez de peças maciças de ligas de cobre[14]) ou, então, utilizar essas ligas com menores teores de cobre e de zinco. Assim, empregam-se

em vez de cobre: para condutores elétricos, ligas de zinco ou de alumínio; para trilhos, ligas de magnésio; para fornalhas de locomotivas, aço; para recipientes de água quente (corrosão!), ligas Cu—Si ou chapas de alumínio revestidas de cobre (Cupal), ou materiais cerâmicos; para tubulações, tubos de aço revestidos de cobre (tubos "Tebe" e "Mb"), tubos de alumínio revestidos de cobre (Cupal), tubos de papel duro revestidos de cobre (Kuprema) e tubos de material cerâmico. Freqüentemente, são suficientes os revestimentos galvânicos de cobre;

em vez de ligas de cobre: para pás de turbinas, aço—Cr com 14% de Cr; para armações de tubulações e de condutores elétricos, ligas de alumínio e de zinco resistentes à corrosão; para resistências elétricas, ligas de ferro ou liga Cu—Mn; na mecânica fina, ligas de alumínio ou de zinco de usinagem automática, em vez de latão; para parafusos-sem-fim e engrenagens helicoidais, bronze ao alumínio em vez de bronze ao estanho e, ainda, ligas de alumínio e de zinco, ferro fundido ou materiais prensados; para superfícies de deslizamento (mancais de deslizamento), bronze ao chumbo em vez de bronze ao estanho e outros metais e materiais prensados (Cap. 15.7).

Há casos, entretanto, em que o cobre e as ligas de cobre não podem ser totalmente dispensados, como por exemplo o bronze nos redutores de parafuso-sem-fim de elevada potência e, nas bobinas elétricas, o fio de cobre de pequeno diâmetro, cuja elevada condutibilidade elétrica, associada à resistência mecânica e à soldabilidade, ainda não se encontrou em nenhum outro material.

Normas DIN. a) *Cobre:* 1 708; produtos semi-acabados, 1 787, 40 500; chapas, 1 752; tiras, 1 792; barras de secção circular, 1 767; perfis maciços, 1 773; perfis chatos, 1 768; tubos, 1 754, 1 786; fios, 1 766, 46 431; fios isolados, 46 435, 46 436, 46 450.

[14] Folheação, ver [5/96].

TABELA 5.24 – Cobre e ligas de cobre.

Contrações relativas à fundição em areia: latão G Ms 60 = 1,5% bronze G bz 10 = 0,8%; γ para o cobre = 8,9 kgf/dm³, para o latão Ms 85 e bronze G Bz 10 = 8,7 kgf/dm³, para o latão Ms 60 = 8,5 kgf/dm³ e para o Be Bz = 8,2 kgf/dm³; módulos de elasticidade E: cobre = 12 500 kgf/mm², latão = 9 000 kgf/mm², G Bz 10 = 11 600 kgf/mm², Be Bz = 12 500 kgf/mm².

DIN	Material	Designação	Cu	Zn	Pb	Sn	outros	σ_r kgf/mm²	δ_{10} %	H_B kgf/mm²	
1708 (fev. 1941)	Cobre de fundição A	A Cu	acima de 99,0	—	—	—	—	23	38	30	mole, barras
1774 (jan. 1939)	Latão	Ms 63 F 29	63	Rest	1	—	—	29	45	75	mole, barras e chapas, para estampagem profunda
1774 (jan. 1939)	,,	Ms 63 F 41	63	Rest	1	—	—	41	15	110	duro, chapas
1774 (jan. 1939)	,,	Ms 63 F 52	63	Rest	1	—	—	52	5	160	dureza de mola, chapas
1726 (março 1948)	Tombak	Ms 85	85	Rest	0,1	—	—	30	45	55	mole, barras e chapas
1726 (março 1948)	Latão fundido	G Ms 60	60	Rest	1,5	—	—	25	10	70	fundição em areia
1705 (abril 1939)	Bronze vermelho	Rg 5	85	7	3	5	—	15	10	60	fundição em areia
1705 (abril 1939)	Bronze de Sn*	G SnBz 10	90	—	—	10	—	20	15	60	fundição em areia*
—	Bronze fosforoso	FW 2310	91	—	—	8,5	0,3 P	37	60	85	mole*
								70	10	170	duro
1726 (março 1948)	Bronze de Pb-Sn	PbSnBz 22	Rest	—	20	5	—	15	5	50	fundição em areia
1726 (março 1948)	Bronze de Al	AlBz 4	Rest	—	—	—	4 Al	30	50	50	mole, barras e chapas
1726 (março 1948)	Bronze de Be**	BeBz 2	97	—	—	—	2,5 Be	(62)	(2,2)	(105)	mole
								135	4,0	365	duro, beneficiado
1726 (março 1948)	Argentão	NS 65/12	65	Rest	—	—	12 Ni	35	40	120	mole, barras e chapas
1727 (jan. 1944)	Metal monel		35	—	—	—	65 Ni	84	40	—	produtos semi-acabados, resistente à corrosão

*Quando submetido a fundição centrífuga, apresenta σ_r 1,8 vêzes maior, para um mesmo alongamento.
**Ideal para a fabricação de molas e membranas de alta resistência mecânica e resistentes à corrosão; é também soldável, não-magnético, soldável por chama, temperável, e não emite fagulhas (para martelos e ferramentas) [5/68].

99

b) *Latão:* 1 709; chapas, 1 751, 1 774, 1 778; tiras, 1 791; barras de secção circular, 1 756, 1 758, 1 782; perfis maciços, 1 759 a 1 765, 1 776; tubos, 1 775, 1 755, 1 772; fios, 1 757.

c) *Ligas de cobre:* 1 726; conceitos, 1 718; bronze e bronze vermelho, 1 705; bronze de alumínio, 1 714; bronze de chumbo, 1 716.

5.5. MATERIAIS NÃO-METÁLICOS

1. MADEIRA

Em relação aos metais, a madeira apresenta algumas vantagens como, por exemplo, menor preço por volume (pág. 62), melhor usinabilidade e menor pêso específico, menor condutibilidade térmica e elétrica e notável elasticidade e resistência ao atrito. Como desvantagens salientam-se a irregularidade da qualidade, a inflamabilidade, menor resistência mecânica e durabilidade e a tendência a deformar-se, a qual nem sempre se pode evitar.

TABELA 5.25-*Madeira.*

Tipo de madeira	Pêso específico (valor médio) kgf/dm³	Propriedades mecânicas * (valores médios) σ_{-r} kgf/mm²	σ_r kgf/mm²	σ_{fr} kgf/mm²	E (flexão) kgf/mm²	Comparação de preços %	Propriedades e utilização
Pinheiro silvestre	0,6	5,3	9,7	8,7	1080	65	mole, pode ser fàcilmente talhada, resistente às intempéries, pequena contração. Madeira para construções, tábuas de assoalhos, caixotes e componentes de veículos.
Rodeno Aberto	0,55	4,3	9,0	6,6	1110	60	mole, pode ser fàcilmente talhada, pouco resistente às intempéries. Madeira para postes e cujo campo de utilização é semelhante ao do pinheiro silvestre.
Faia ruiva	0,75	5,3	13,5	10,5	1280	55	dura, resistente à compressão, compacta, pode ser fàcilmente talhada mas dificilmente cravada, pouco resistente às intempéries, grande contração. Madeira para ripas.
Faia branca	0,8					70	muito dura, compacta, muito tenaz, dificilmente talhada e cravada, pouco resistente às intempéries, grande contração. Madeira para manúbrios e peças compactas e tenazes.
Olmo	0,72					80	dura, tenaz, dificilmente talhada mas fàcilmente deformável por flexão. Madeira para sapatas de freios.
Carvalho	0,8	5,4	9,0	9,1	1000	100	dura, muito resistente à compressão tenaz, fàcilmente talhada, muito resistente às intempéries, grande contração (tendência a fendilhamento). Madeira para embalagens de elevado valor.
Freixo	0,75	5,4	10,4	10,2		100	dura, compacta, tenaz, elástica, fàcilmente talhada, resistente às intempéries, contração moderada, boa flexibilidade. Madeira para cambotas de rodas e lanças de veículos de tração animal.

As propriedades mecânicas apresentadas referem-se a solicitações aplicadas na direção das fibras, e seus valores se reduzem consideràvelmente com o aumento do teor de umidade da madeira. Os módulos de elasticidade são aproximadamente iguais a: $E_{tração} = 0,6\ \sigma_r$; $E_{compressão} = 0,4\ \sigma_{-r}$, $E_{flexão} = 0,5\ \sigma_r$.

A madeira, entretanto, também será utilizada na construção de máquinas quando forem suficientes sua durabilidade e demais propriedades. Dêste modo, é empregada na fabricação de modelos de fundição, de gabaritos e fôrmas para caldeiraria e funilaria, de aros de polias, de molas de lâminas para trilhadeiras e serradoras, de elementos de fricção de várias embreagens e freios, de mancais lubrificados a água[15], de cabos e manúbrios, de pisos, assentos e carrocerias de veículos, de colunas, estruturas, carcaças e revestimentos de moinhos, de revestimentos e embalagens para o transporte de máquinas e aparelhos em geral. A Tab. 5.25 apresenta propriedades mecânicas e características da madeira.

Há diversos casos especiais de utilização de madeira beneficiada: madeira compensada (material constituído de lâminas de madeira coladas umas sôbre as outras), para placas de maiores dimensões, para barris de paredes finas [5/75] e para os casos em que fôr conveniente equilibrar as características relacionadas com a direção de crescimento da madeira; madeira blindada (madeira folheada com chapas), para os casos em que se desejem superfícies mais resistentes ou maior segurança quanto à ruptura; madeira estratificada comprimida (por exemplo, Lignofol) e madeira prensada (por exemplo, Lignostone), para quando forem necessárias uniformidade de qualidade, resistência mais elevada e indeformabilidade (por exemplo, para a fabricação de engrenagens silenciosas). A Tab. 5.26 apresenta propriedades mecânicas de madeiras.

Normas DIN. Madeiras beneficiadas e materiais semelhantes à madeira, 4076; madeira prensada, com resina sintética, 7707; placas de madeira compensada, folheados e placas de marcenaria, 4078; ensaios de madeira, 52180 a 52190.

TABELA 5.26-*Madeira estratificada, madeira estratificada comprimida (Lignofol) e madeira prensada (Lignostone), de faia ruiva.*

Número de fôlhas por cm de espessura	Pêso específico kgf/dm^2	σ_{-r} kgf/mm^2	$\sigma_{f r}$ kgf/mm^2	$\sigma_{f r}$ kgf/mm^2	E kgf/mm^2
5	0,65···0,75	7 ···8,1	8 ···13,5	12 ···14,3	
20	0,75···0,85	8 ···10	13 ···18,7	14 ···18	
28	0,8 ···0,9	8,5···10	13,5···17,7	14,5···19	
40	0,85···0,95	9 ···11	14 ···17,4	15 ···20	
Lignofol	1,3	–	20	25	
Lignostone	1,4	até 15	30	28	2960

2. MATERIAIS PLÁSTICOS ARTIFICIAIS

Distinguem-se os seguintes tipos de materiais plásticos artificiais: materiais *albuminóides*, que são termoplásticos (chifre artificial, galalite); materiais *celulósicos*, que podem apresentar maior ou menor plasticidade ou termoplasticidade (fibra vulcanizada, celulóide, Cellon, Trolit); materiais *polimerizados*, que são termoplásticos e soldáveis em corrente de ar quente (Vinidur, Mipolam, Plexiglas, Buna); materiais *condensados* (prensados com resinas artificiais, com ou sem material de enchimento), que são temperáveis e endurecíveis (baquelite, papelão e tecido duros).

Dentre êstes materiais, os mais utilizados na construção de máquinas são os condensados e os polimerizados. Empregam-se, por exemplo, para pequenas carcaças e invólucros de proteção (peças moldadas de baquelite), para coberturas e quadros de comando (placas de material prensado), para superfícies de deslizamento (materiais prensados, ver "Mancais de Deslizamento"), para alavancas, interruptores e isoladores, para tubulações (Vinidur, Mipolam), mangueiras e vedações, para modelos transparentes utilizados com fins didáticos (Plexiglas) e modelos para ensaios de fotoelasticidade (resina fenólica). Êsses materiais possuem pequeno pêso específico, resistência uniforme e durabilidade, são quìmicamente estáveis e de pequena condutibilidade elétrica e térmica, sendo limitada sua resistência a temperaturas elevadas (60 a 150°). A Tab. 5.27 apresenta propriedades mecânicas dêsses materiais[16].

Normas DIN. Materiais prensados, 7702 a 7708; tolerâncias de peças estampadas de material prensado, 7710; ensaios de materiais prensados, 53451 a 53453; tubos de cloreto de polivinila, 8061, 8062; placas, rolos e tiras de cartão acetinado, 40600; placas de papelão duro, 40605; placas de tecido duro, 40606; tubos de papelão e de tecido duros, 40607; madeira prensada, com resina sintética, 7707.

3. MATERIAIS CERÂMICOS

É notório o aproveitamento da resistência que os materiais cerâmicos oferecem ao ataque por ácidos e lixívias, na construção de tubulações, reservatórios, cubas, tambores, filtros, peneiras, bocais, trocadores de calor e ainda para revestimentos de grés ou de porcelana nas indústrias de produtos químicos, sanitários ou alimentícios; sua resistência ao fogo e resistência mecânica a altas temperaturas são aproveitadas pela

---

[15] Atualmente, preferem-se materiais prensados em vez de guáiaco.

[16] Quanto ao emprêgo de verniz de resina sintética como proteção contra a corrosão, ver pág. 32, e como trava e vedação de rôscas e de juntas, ver a revista "Konstruktion – vol. 1 (1948) – p. 28.

TABELA 5.27-*Materiais plásticos artificiais*.

Materiais artificiais	Tipo	Pêso específico kgf/dm³	σ_{fr} kgf/mm²	σ_{-r} kgf/mm²	σ_r kgf/mm²	A_f cmkgf/cm²	E (médios) kgf/mm²	Resist. ao calor até °C	Fornecimento sob formas de *
Materiais albuminóides: chifre artificial, galalite	—	1,4	10	7	—	20	—	60	P, S, R, F
Materiais celulósicos: por exemplo, fibra vulcanizada	—	1,2	8	—	8	120	—	80	T
Materiais polimerizados (termoplásticos):									
Vinidur	—	1,34	11	7,8	6	250	—	60	Fo, R, P
Mipolam	—	1,38	—	—	6	175	—	70	Pr, Sp
Plexiglas	—	1,18	7	—	7,5	15	—	70	F, Fo, Sp
Materiais condensados (temperáveis):									
Resinas fenólicas: resina fundida, por exemplo baquelite	—	1,3	5–12	13	6	12	—	55	B, P, S
com fibras anorgânicas	M	1,8	7	12	2,5	15	1300	150	
com pó de madeira	S	1,4	7	20	2,5	6	700	125	
com fibras têxteis	T_1	1,4	6	14	2,5	6	700	—	F
	T_2	1,4	6	14	2,5	12	850	125	P
	T_3	1,4	8	12	5	25	650	—	R
com celulose	Z_1	1,4	6	14	2,5	5	600	—	
	Z_2	1,4	8	10	2,5	8	800	125	
	Z_3	1,4	12	16	8	15	1050	—	
Resina de material ósseo: com enchimento orgânico	K	1,5	6	18	2,5	5	750	100	
Materiais prensados estratificados:									
papelão duro **	II	1,4	15(13)	15	12	25	950	—	
tecido duro (algodão, grosso)	G	1,4	10 (8)	20	5	25	700	—	
tecido duro (algodão, fino)	F	1,4	13(10)	20	8	30	800	—	

* P placas, S barras, R tubos, F peças especiais, T placas grossas, Fo lâminas, Fr massa para prensagem, Sp massa para injeção, B blocos.

** Os valores entre parênteses referem-se ao material já trabalhado, e os demais valores, ao material no estado bruto de fornecimento.

TABELA 5.28-*Porcelana dura e massas cerâmicas especiais**.

	Pêso específico γ kgf/dm³	σ_{fr} kgf/mm²	σ_{-r} kgf/mm²	σ_r kgf/mm²	A_b cmkgf/cm²	E (valores médios) kgf/mm²	Resist. ao calor até °C	Observação	Condutibilidade térmica kcal/h m °C	10^6 x Coeficiente de dilatação térmica para 1 °C
Porcelana dura										
vidrada	2,4	9	45	3	—	7500	1670	denso	1,35	4,0
não-vidrada	—	5	40	2,5	1,8					
Steatita, vidrada	2,7	12	85	6	—	10500	1350	denso	2,05	6,2
não-vidrada	—	12	85	4,5	3,0					
Calita, vidrada	2,75	14	95	6,5	—	12000	1350	denso	2,05	7,0
não-vidrada	—	14	90	4,5	4					
Pyrodur, não-vidrado	2,6	12	65	3	2,4	10000	> 1750	denso	2,4	4,6
Calodur, não-vidrado	2,4	1,5	6,0	1	1	—	> 1750	poroso	1,5	4,2
Heschotherm, denso	2,35	3,0	3,5	1,5	1,5	—	—	denso	5,6	3,0

* Segundo informações da Hermsdorf-Schomburg-Isolatoren-Ges., Hermsdorf/Thür.

engenharia térmica (materiais refratários e materiais especiais para fornos) e sua resistência elétrica é aproveitada na fabricação de isoladores (porcelana dura, Steatita, Calita), de suportes de bobinas, de condensadores (Calita) e pela eletrotécnica em geral; a facilidade de conformação dêsses materiais (antes do cozimento) é aproveitada na fabricação de peças para as quais não há exigência de materiais específicos (manúbrios, por exemplo).

Não tão marcantes, entretanto, são os seguintes fatos: os materiais cerâmicos podem ser usinados com precisão por metal duro e por rebolos; peças metálicas podem ser enchidas ou revestidas com material cerâmico; os materiais cerâmicos podem ser utilizados na fabricação de peças complicadas e sujeitas a elevadas solicitações mecânicas, como as de bombas centrífugas e de engrenagens, de redutores de engrenamentos cilíndricos ou coroa-parafuso, de mancais de deslizamento ou de rolamento e até mesmo molas elásticas helicoidais [5/82]; existem massas cerâmicas especiais, com características especiais (Tab. 5.28), como por exemplo tenacidade elevada (Steatita, Calita, Pyrodur), elevada condutibilidade térmica (Heschotherm para trocadores de calor), condutibilidade elétrica parcial (Heschotherm e Fesi para aquecedores elétricos), pequena dilatação térmica e elevada resistência à fadiga térmica (coríndon sinterizado, Ardostan, Calodur), dureza máxima (carbeto de boro, como ferramenta de usinagem de materiais prensados, e coríndon sinterizado, para velas de ignição de elevada resistência, para cadinhos de fundição e aparelhos de laboratórios químicos).

Normas DIN. Materiais cerâmicos, 40 686; materiais cerâmicos isolantes, 40 685; materiais cerâmicos para canalizações, 1 230; tolerâncias e especificações de isoladores de material cerâmico, 40 680.

5.6. MATERIAIS ESPECIAIS

1) *Materiais sinterizados.* Sob a ação do calor e de compressão é possível sinterizar misturas de pós de diversos metais, constituindo-se corpos de dimensões fixas que apresentam características especiais tanto sob o ponto de vista da composição quanto da textura (porosidade). Destacam-se, por exemplo, os aços (Tab. 5.29) e os bronzes sinterizados para mancais de deslizamento, vedações e pequenas engrenagens, os ímãs sinterizados Alnico, os metais duros sinterizados (Tab. 5.16), os materiais sinterizados para contatos elétricos (cobre-grafite, por exemplo) e os materiais sinterizados de fricção. Ainda não cessou a evolução dêsses materiais, esperando-se, portanto, o surgimento de novos produtos.

TABELA 5.29-*Propriedades de ferro sinterizado para mancais de deslizamento.*

\multicolumn{4}{c}{Teor em %}	\multicolumn{4}{c}{Propriedades mecânicas}	γ	Porosidade
C	Mn	Si	Cn	σ_r kgf/mm^2	δ_{10} %	H_B kgf/mm^2	A_{fk} cmkgf/cm^2	kgf/dm^3	%
0 0,2	0,25	<0,1	0,2	7—10	>2	27	30	5,8—6	25%

2) *Materiais compostos.* Pela união de materiais de características diferentes podem-se obter propriedades que cada material, isoladamente, não poderia apresentar.

Assim, com os materiais compostos visa-se, principalmente, a

1) *economizar materiais mais raros ou mais caros*, utilizando-se um material básico mais barato revestido por outro de preço mais elevado, como por exemplo aço ou ferro fundido revestido ou folheado por cobre, bronze ou metal duro;

2) *conferir propriedades adicionais ao material de construção básico* (principalmente à sua superfície), como por exemplo torná-lo resistente à tração (concreto armado, vidro armado, materiais tecidos prensados), ao desgaste (trilho de aço composto com boleto de dureza mais elevada), a reações químicas (tubos compostos com superfícies mais resistentes à corrosão), condutor de eletricidade ou de calor (materiais compostos para contatos elétricos), ou não condutor, resistente ao deslizamento (materiais compostos para mancais de deslizamento), refletor etc.;

3) *obter novas propriedades* (por exemplo, metais duros sinterizados, bimetais empregados como termômetros).

A união dos materiais pode ser feita por fundição, solda, colagem, sinterização, difusão (incromação, por exemplo), metalização, laminação ou galvanostegia.

Citam-se, ainda, outros exemplos: madeira blindada (madeira revestida de chapas), fio com blindagem de cobre (alma de aço e revestimento de cobre), casquilhos de mancais de deslizamento, porcas e coroas de parafuso-sem-fim de material composto fundido (camada externa de bronze ou de metal patente), coxins elásticos (borracha entre placas metálicas), chapas esmaltadas a fogo etc.

Os materiais compostos satisfazem de modo especial aos anseios do engenheiro de obter os melhores efeitos com a maior economia.

3) *Materiais de deslizamento* (Cap. 15.7).
4) *Materiais de solda* (Cap. 8).
5) *Materiais de fricção* (embreagens de atrito, vol. III).
6) *Materiais de substituição* (Cap. 15.7).
7) *Borracha* (Cap. 12.8).

5.7. BIBLIOGRAFIA

Generalidades:

[5/1] HÜTTE: Taschenbuch der Stoffkunde. Berlin: Ernst & Sohn 1937.
[5/2] v. RENESSE, H.: Werkstoff-Ratgeber. Essen: Girardet 1943.
[5/3] BÖHNE, Cl.: Werkstoff, Taschenbuch. Stuttgart: Franck'scher Verlag 1948.
[5/4] – Din-Taschenbuch 4, Werkstoffnormen. Berlin: Beuthvertrieb.
[5/5] HAGEN, H.: Die Beurteilung der Werkstoffeignung für statische, dynamische und thermische Beanspruchung auf Gund des Ähnlichkeitsprinzips. Die Technik Vol. 3 (1948) p. 6.
[5/6] LÜPFERT, H.: Metallische Werkstoffe, 2.ª ed. Bad Wörishofen: Verlag Banaschewski 1946.
[5/7] – Werkstoffhandbuch Stahl und Eisen, 2.ª ed. Düsseldorf: Stahleisen 1937.
[5/8] OBERHOFFER, P., W. EILENDER e H. ESSER: Das technische Eisen. Berlin: Springer 1936.
[5/9] GUERTLER, W.: Einführung in die Metallkunde. Leipzig: Barth 1943.
[5/10] MASING, G.: Grundlagen der Metallkunde. Berlin: Springer 1940.
[5/11] ZIMMERMANN, W.: Werkstoffkunde 1944.
[5/12] HOFMANN, W. e O. SCHMITZ: Metallkunde. Wolfenbüttel: Verlagsanstalt 1948.
[5/13] SCHIMPKE, P.: Technologie der Maschinenbaustoffe, 9.ª ed. Leipzig: Verlag Hirzel 1945.
[5/14] WIEDERHOLT, W.: Metallschutz, AWF-Schriften Vol. 1 e 2 Leipzig 1938 e 1940.
[5/15] MACHU, W.: Metallische Überzüge. Leipzig: Verlagsanstalt 1941.

Classificação dos Materiais:

[5/16] – Konstruieren in neuen Werkstoffen. VDI-Sonderheft. Berlin: VDI-Verlag 1942.
[5/17] – Werkstoffumstellung im Maschinen- und Apparatebau. Berlin: VDI-Verlag 1940.
[5/18] SCHAFT, O.: Austauschwerkstoffe, Handbuch für den Braunkohlenbergbau. Halle: Wilhelm Knapp 1944.

Ferro Fundido, veja também [5/1] até [5/11]:

[5/19] PIWOWARSKY, E.: Der Eisen- und Stahlguss. Düsseldorf: Giesserei-Verlag 1937.
[5/20] PIWOWARSKY, E.: Hochwertige Gusseisen. Berlin: Springer 1942.
[5/21] EMMEL, K.: (Emmelguss) Stahl und Eisen 1925 p. 1466.
[5/22] KLEIBER, P.: (Sternguss). Krupp'sche Monatshefte 8 (1927) p. 109.
[5/23] – (Lanz-Perlitguss), Giessereizeitung 1928 p. 441.
[5/24] LEON, A.: Zugfestigkeit u. Brinellhärte von Gusseisen. Z. VDI Vol. 80 (1936) p. 281.
[5/25] HEMPEL, M.: Gusseisen und Temperguss unter Wechselbeanspruchung (σ_D-Schaubilder für Ge). Z. VDI Vol. 85 (1941) p. 290.
[5/26] BAUTZ, W.: Die neue Entwicklung des Gusseisens als Konstruktionsmaterial. Masch.-Bau-Betrieb Vol. 17 (1938) p. 389.
[5/27] GRÖNEGRESZ, H. W.: Die Oberflächenhärtung von Gusseisen im Werkzeugmaschinenbau. Werkstattechnik Vol. 34 (1940) p. 232.
[5/28] THUM, A. e K. BANDOW: Die Gusskurbelwelle. Z. VDI Vol. 80 (1936) p. 23.
[5/29] KOTHNY, E.: Stahl- und Temperguss (Werkstattbücher Heft 24). Berlin: Springer 1940.
[5/30] HERMANNS, H.: Der Temperguss von heute im Auslande. Die Technik Vol. 2 (1947) p. 483.
[5/31] RUDNIK, K. e H. JURETZEK: Dünnwandiger Stahlguss im Maschinenbau. Masch.-Bau-Betrieb Vol. 20 (1941) p. 217.
[5/32] RYS, A.: Legierter Stahlguss in Theorie u. Praxis. Stahl u. Eisen (1930) p. 423.
[5/33] LIESTMANN, W. e C. SALZMANN: Über die Warmfestigkeit von Stahlguss mit geringen Zusätzen von Nickel und Molybdän. Stahl u. Eisen (1930) pp. 442/46.

Aço Fundido, veja também [5/1] até [5/11]:

Processos de Têmpera:

[5/34] – AWF-Härtebuch (AWF-Schrift 261). Berlin 1936.
[5/35] STRAUSZ: (Nitrierhärtung), Kruppsche Monatshefte (1927) p. 208, (1928) p. 46 Vol. 93.
[5/36] RUHFUS, H. e J. KLÄRDING: Tauchhärtung. Z. VDI Vol. 85 (1941) p. 486.
[5/37] HILLER, H.: Möglichkeiten und Grenzen des autogenen Oberflächenhärtens. Masch.-Bau-Betrieb Vol. 19 (1940) p. 115.
[5/38] VOSS, H. Örtliche Oberflächenhärtung von Kurbelwellen, Z. VDI Vol. 79 (1935) p. 743.
[5/39] GRÖNEGREZ, H. W.: Brennhärten (Werkstattbücher Fasc. 89). Berlin: Springer 1942; ainda: Brennhärten im Zahnradbau. Werkstatt u. Betrieb Vol. 81 (1948) p. 145.
[5/40] RIEBENSAHM, P.: Härtereitechn. Mitt. Vol. I, II, III. Berlin: Union D. V. 1942, 1943, 1944.
[5/41] RAPATZ, F. e F. REISER: Das Härten des Stahles. Leipzig A. Felix: 1932.
[5/42] RIEBENSAHM, P.: Vergleich der Oberflächenhärtungsverfahren. Härtereitechn. Mitt. Vol. III (1944) pp. 63/79.
[5/43] GLAUBITZ, H.: Oberflächenhärtung und Bauteilfestigkeit von Zahnrädern. Werkstatt und Betrieb Vol. 80 (1947) pp. 249/59 e 277/82.
[5/44] SEULEN, G. e H. VOSZ: Oberflächenhärtung mit Induktionserhitzung. Stahl u. Eisen Vol. 63 (1943) pp. 919/35 e 962/65.
[5/45] WIEGAND, H.: Nitrieren im Motorenbau. Härtereitechn. Mitt. Vol. I (1942) pp. 166/85.

Materiais, Perfis e Respectivas Tabelas

Aços de Construção:

[5/46] KREKELER, K.: Die Baustähle fürden Maschinen- und Fahrzeugbau. Werkstattbücher Fasc. 75. Berlin: Springer 1939.
[5/47] HOUDREMONT, E.: Sonderstahlkunde. Berlin: Springer 1943.
[5/48] RAPATZ, F.: Die Edelstähle. Berlin: Springer 1942.
[5/49] KIESSLER, H.: Nickel- und molybdänfreie Baustähle. Z. VDI Vol. 84 (1940) p. 385.
[5/50] SCHRADER, H.: Bleihaltige Automatenstähle. Z. VDI Vol. 84 (1940) p. 439.
[5/51] ULBRICHT, W.: Eigenschaften der Automatenstähle. Die Technik Vol. 2 (1947) p. 537.
[5/52] — Merkblatt über Automatenstähle. Hrsg.Verein deutscher Eisenhüttenleute.
[5/53] SCHMIDT, M.: Werkzeugstähle. Düsseldorf: Stahleisen 1943.
[5/54] DIERGARTEN, H.: Wälzlagerstähle. Z. VDI Vol. 86 (1942) p. 167.

Aços Resistentes ao Calor:

[5/55] BOLLENRATH, F., H. CORNELIUS, e W. BUNGARDT: Untersuchung über die Eignung warmfester Werkstoffe für Verbrennungs-Kraftmaschinen. Luftfahrtforschung Vol. 15 (1938) pp. 468-480.
[5/56] — Warmfeste Stähle für Gasturbinen. Die Technik Vol. 3 (1948) p. 187.
[5/57] HESSENBRUCH, W.: Metalle und Legierungen für hohe Temperaturen. Berlin: Springer 1940.
[5/58] KRISCH, A.: Nickelfreie und nickelarme rost- und säurebeständige Stähle. Z. VDI Vol. 85 (1941) p. 701.

Materiais Não-ferrosos:

[5/59] — Werkstoffhandbuch Nichteisenmetalle. Berlin: VDI-Verlag 1938.
[5/60] — Aluminium-Taschenbuch. Berlin: Aluminiumzentrale 1942.
[5/61] v. ZEERLEDER, A.: Technologie des Aluminiums und seiner Leichtlegierungen. Leipzig: Verlag Becker u. Erler 1943.
[5/62] HALLER: Al-Zn-Legierung hoher Festigkeit (σ_B = 60-70 kg/mm^2, γ = 2,8, Zieral). Kurznotiz in Die Technik Vol. 2 (1947) p. 558.
[5/63] BAUERMEISTER, H.: Erfahrungen mit Al-Legierungen im Seewasser. Z. Metallkde. (1930) p. 119.
[5/64] BECK, A.: Magnesium und seine Legierungen. Berlin: Springer 1939.
[5/65] BURKHARDT, A.: Technologie der Zinklegierungen. Berlin: Springer 1940.
[5/66] — Zinktaschenbuch. Halle: Wilhelm Knapp 1942.
[5/67] DONICKE: Kupfer- und Zinnlegierungen. 1932.
[5/68] SARGENT, A. P.: The Marvels of Beryllium-Bronces, Monthly Engng. Articles. Vol. III n.º 3, March 1946.
[5/69] — Nickelhandbuch. Hrsg. Nickel-Informationsbüro. Frankfurt a. Main 1939.

Materiais Não-metálicos, (materiais prensados sintéticos, veja também
mancais de escorregamento e engrenagens):

[5/70] — Das Holz-ABC. Berlin: Verlag Archiv und Kartei (1947).
[5/71] KOLLMANN, F.: Technologie des Holzes. Berlin Springer 1936.
[5/72] KOLLMANN, F.: Holz im Maschinenbau. (Mitt. d. Fachaussch. f. Holzfragen Heft 16). Berlin VDI-Verlag 1936. (Auszug Z. VDI Vol. 80 [1936] p. 1503.)
[5/73] RIECHERS, K.: Über Verwendung und Prüfung von hochverdichtetem Holz. Z. Hols als Roh.- u. Werkstoff Vol. 2 (1939) p. 109.
[5/74] BITTNER, J. e L. KLOTZ: Furniere-Sperrholz-Schichtholz T. 1 u. 2. Berlin: Springer 1939/40.
[5/75] RÜSCH, F. e P. SANDER: Ein bauchiges Fass aus Sperrholz. Z. VDI Vol. 85 (1941) p. 338.
[5/76] BENZ, H.: Buchenschichtholz als Werkstoff für Werkzeuge zur spanlosen Verformung von dünnen Blechen. Z. Holz als Roh- und Werkstoff Vol. 1 (1938) p. 469.
[5/77] — Kunst- und Presstoffe 1 und 2. Berlin: VDI-Verlag 1937.
[5/78] PABST, F. e R. VIEWEG: Kunststoffe. Berlin: VDI-Verlag 1938.
VIEWEG, R.: Die heutige Lage auf dem Kunststoffgebiet. Z. VDI Vol. 90 (1948) p. 331.
[5/79] WEIGEL, W.: Kunstharzpresstoffe im Maschinenbau. Berlin: Springer 1942.
[5/80] NITSCHE: Eigenschaften warmgepresster Kunstharzpresstoffe nach DIN 7701. Z. VDI Vol. 83 (1939) p. 161.
[5/81] — Fachkartei Kunststoffe (Fachschrifttum 1939-1943). München: Hanser-Verlag 1947.
[5/82] NAUMANN, O.: Porzellan und keramische Sondermassen als techn. Werkstoffe. Die Technik Vol. 2 (1947) pp. 385/92.
[5/83] — Keramische Sondermassen für die Elektrotechnik. Z. VDI Vol. 90 (1948) p. 184.

Materiais Especiais e Compostos (metal sinterizado e materiais compostos, veja também mancais de
escorregamento), borracha, veja molas, materiais de atrito, acoplamentos por atrito,
vol. 2, solda e uniões por solda:

[5/84] EISENKOLB, F.: Gegenwartsaufgaben der Metallkeramik. Die Technik Vol. 1 (1946) p. 173.
[5/85] — Sintermetalle und Pulvermetallurgie. Skaupy-Gedenkblatt. Archiv für Metallkunde 1 (1947) Fasc. 7/8.
[5/86] SKAUPY, F.: Mischkörper aus Metallen und Nichtleitern, insbesondere Oxyden. Die Technik Vol. 2 (1947) p. 157.
[5/87] RITZAU, G.: Zur neueren Entwicklung der Metallkeramik. Werkstatttechnik und Werksleiter Vol. 35 (1941) p. 145.
[5/88] — Widia-Handbuch der Fa. Krupp, Essen.

[5/89] BECKER, K.: Hochschmelzende Hartstoffe und ihre techn. Anwendung. Berlin: Verlag Chemie 1933.
[5/90] DAWIHL, W.: Grundlagen der Verwendung von Hartmetallegierungen. Masch.-Bau-Betrieb Vol. 19 (1940) p. 521.
[5/91] — Maschinen- und Vorrichtungsteile aus Hartmetall (Schleifspindel-Gleitlager aus Hartmetall). Werkstatt u. Betrieb Vol. 81 (1948) p. 50.
[5/92] CANZLER, H.: Bauweise mit Verbundstoffen. Metallwirtschaft Vol. 19 (1940) p. 828.
[5/93] KNIPP, E.: Metallersparnis durch Verbundguss. Giesserei Vol. 24 (1937) p. 485.
[5/94] ALTMANN, F. G.: Schneckenräder aus Verbundguss. Z. VDI Vol. 85 (1941) p. 399.
[5/95] AMMAN, F.: Die deutsche Hartmetallindustrie (Eigenschaften u. Werkstoffwerte der Hartmetalle). Stahl u. Eisen (1947) p. 124.
[5/96] ENGELHARDT, W.: Plattierung. Die Technik Vol. 3 (1948) p. 381.

Complementos:

[5/97] SIEBEL, E. e N. LUDWIG: Sonderstähle und Legierungen für hohe Temperatur. Konstruktion Vol. 1 (1949) p. 13.
[5/98] STRADTMANN, F. H.: Stahlrohr-Handbuch. Essen 1949.
[5/99] DOSOUDIL, A.: Dauerfestigkeit der verdichteten Hölzer. Z. VDI Vol. 91 (1949) p. 85.

Materiais, Perfis e Respectivas Tabelas

TABELA 5.30-*Secções transversais circulares*.

Diâmetro d, secção transversal S, momento de inércia (relativo à flexão) J, módulo de resistência W, pêso próprio de perfis de aço G ($\gamma = 7{,}85$ kgf/dm^3, comprimento 1 m), módulo de resistência à torção $W_t = 2 \cdot W$, momento polar de inércia (relativo à torção) $\cdot J_t = 2 \cdot J$.

d	$S = \dfrac{\pi d^2}{4}$	$J = \dfrac{\pi d^4}{64}$	$W = \dfrac{\pi d^3}{32}$	G	d	$S = \dfrac{\pi d^2}{4}$	$J = \dfrac{\pi d^4}{64}$	$W = \dfrac{\pi d^3}{32}$	G
cm	cm^2	cm^4	cm^3	kgf/m	cm	cm^2	cm^4	cm^3	kgf/m
1,0	0,79	0,049	0,098	0,617	6,0	28,27	63,62	21,20	22,20
1,1	0,95	0,072	0,131	0,746	6,1	29,22	67,97	22 28	22,94
1,2	1,13	0,102	0,170	0,888	6,2	30,19	72,53	23,40	23,70
1,3	1,33	0,140	0,216	1,042	6,3	31,17	77,33	24,55	24,47
1,4	1,54	0,189	0,269	1,208	6,4	32,17	82,36	25,74	25,25
1,5	1,77	0,249	0,331	1,387	6,5	33,18	87,62	26,96	26,05
1,6	2,01	0,322	0,402	1,578	6,6	34,21	93,14	28,22	26,86
1,7	2,27	0,410	0,482	1,782	6,7	35,35	98,92	29,53	27,68
1,8	2,55	0,515	0,573	1,998	6,8	36,32	105,0	30,87	28,51
1,9	2,84	0,640	0,673	2,226	6,9	37,39	111,3	32,25	29,35
2,0	3,14	0,785	0,785	2,466	7,0	38,48	117,9	33,67	30,21
2,1	3,46	0,955	0,909	2,719	7,1	39,59	124,7	35,14	31,08
2,2	3,80	1,150	1,045	2,984	7,2	40,72	131,9	36,64	31,96
2,3	4,16	1,374	1,194	3,261	7,3	41,85	139,4	38,19	32,86
2,4	4,52	1,629	1,357	3,551	7,4	43,00	147,2	39,78	33,76
2,5	4,91	1,918	1,534	3,853	7,5	44,18	155,3	41,42	34,68
2,6	5,31	2,243	1,726	4,168	7,6	45,36	163,8	43,10	35,61
2,7	5,73	2,609	1,932	4,495	7,7	46,57	172,6	44,82	36,56
2,8	6,16	3,017	2,155	4,834	7,8	47,78	181,7	46,59	37,51
2,9	6,61	3,472	2,394	5,185	7,9	49,02	191,2	48,40	38,48
3,0	7,07	3,976	2,651	5,549	8,0	50,27	201,1	50,27	39,46
3,1	7,55	4,533	2,925	5,925	8,1	51,53	211,3	52,17	40,45
3,2	8,04	5,147	3,217	6,313	8,2	52,81	221,9	54,13	41,46
3,3	8,55	5,821	3,528	6,714	8,3	54,11	233,0	56,14	42,47
3,4	9,08	6,560	3,859	7,127	8,4	55,42	244,4	58,19	43,50
3,5	9,62	7,366	4,209	7,553	8,5	56,74	256,2	60,29	44,55
3,6	10,18	8,245	4,580	7,990	8,6	58,09	268,5	62,44	45,60
3,7	10,75	9,200	4,973	8,440	8,7	59,45	281,2	64,65	46,67
3,8	11,34	10,24	5,387	8,903	8,8	60,82	294,4	66,90	47,75
3,9	11,95	11,36	5,824	9,378	8,9	62,21	308,0	69,20	48,84
4,0	12,57	12,57	6,283	9,865	9,0	63,62	322,1	71,57	49,94
4,1	13,20	13,87	6,766	10,36	9,1	65,04	336,6	73,98	51,06
4,2	13,85	15,27	7,274	10,88	9,2	66,48	351,7	76,45	52,18
4,3	14,52	16,78	7,806	11,40	9,3	67,93	367,2	78,97	53,32
4,4	15,21	18,40	8,363	11,94	9,4	69,40	383,2	81,54	54,18
4,5	15,90	20,13	8,946	12,48	9,5	70,88	399,8	84,17	55,64
4,6	16,62	21,98	9,556	13,05	9,6	72,38	416,9	86,86	56,82
4,7	17,35	23,95	10,19	13,62	9,7	73,90	434,6	89,60	58,01
4,8	18,10	26,06	10,86	14,21	9,8	75,43	452,8	92,40	59,21
4,9	18,86	28,30	11,55	14,80	9,9	76,98	471,5	95,26	60,43
5,0	19,64	30,68	12,27	15,41	10	78,54	490,9	98,17	61,65
5,1	20,43	33,21	13,02	16,04	20	314,2	7 854	758,4	246,6
5,2	21,24	35,89	13,80	16,67	30	706,9	39 760	2 651	554,9
5,3	22,06	38,73	14,62	17,32	40	1257	125 700	6 283	986,5
5,4	22,90	41,74	15,46	17,98	50	1964	306 800	12 270	1541,4
5,5	23,76	44,92	16,33	18,65	60	2827	636 200	21 200	2219
5,6	24,63	48,28	17,24	19,34	70	3848	1 179 000	33 670	3021
5,7	25,52	51,82	18,18	20,03	80	5027	2 011 000	50 270	3945
5,8	26,42	55,55	19,16	20,74	90	6362	3 221 000	71 570	4994
5,9	27,34	59,48	20,16	21,46	100	7854	4 909 000	98 180	6165

107

TABELA 5.31-Tubos de aço.

Dimensões mm D**	s***	S cm²	G kgf/m	J cm⁴	W cm³	i cm
	Tubos de aço sem costura (redondos). Tubos estruturais e para tubulações segundo DIN 2 448 (janeiro de 1940)
38	2,5	2,79	2,19	4,41	2,32	1,26
41,5*	2,5	3,06	2,40	5,85	2,82	1,38
44,5	2,5	3,30	2,59	7.30	3,28	1,49
47,5*	2,5	3,53	2,77	8,97	3,78	1,60
51	2,5	3,81	2,99	11,2	4,40	1,72
54	2,5	4,04	3,18	13,4	4,98	1,82
57	2,75	4,68	3,68	17,3	6,07	1,92
60	3	5,37	4,22	21,9	7,29	2,02
63,5	3	5,70	4,48	26,2	8,24	2,14
70	3	6,31	4,96	35,5	10,1	2,37
76	3	6,88	5,40	45,9	12,1	2,58
83	3,25	8,14	6,39	64,8	15,6	2,83
89	3,25	8,75	6,87	80,6	18,1	3,04
95	3,5	10,1	7,90	105	22,2	3,24
102	3,75	11,6	9,09	140	27,4	3,48
108	3,75	12,3	9,64	167	30,9	3,70
114*	3,75	13,0	10,2	198	34,7	3,90
121	4	14,7	11,5	252	41,6	4,14
127*	4	15,5	12,1	293	46,1	4,44
133	4	16,2	12,7	338	50,8	4,57
140*	4,5	19,2	15,0	440	62,9	4,79
146	4,5	20,3	15,7	501	68,7	4,96
152	4,5	20,8	16,4	567	74,8	5,22
159	4,5	21,8	17,2	652	82,0	5,47
165*	4,5	22,7	17,8	731	88,6	5,68
171	4,5	23,5	18,5	824	96,4	5,92
178*	5	27,2	21,3	1020	114	6,12
191	5,5	32,0	25,2	1380	145	6,56
203*	5,5	34,1	26,8	1670	179	6,99
216	6,5	42,8	33,6	2350	218	7,41
229*	6,5	45,4	35,7	2820	246	7,87
241	6,5	47,9	37,6	3300	273	8,30
254*	6,5	50,5	39,7	3870	305	8,75
267	7	57,2	44,9	4840	362	9,20
279*	7,5	63,9	50,2	5900	423	9,61
292	7,5	67,0	52,6	6800	466	10,08
305*	7,5	70,1	55,0	7760	509	10,52
318	8	77,9	61,2	9370	589	10,97
	Tubos de secções retangulares ou quadradas com costura soldada
50·30	2	2,98	2,40	10,1 / 4,55	4,06 / 3,03	1,84 / 1,23
60·50	3	6,06	4,88	30,7 / 23,2	10,2 / 9,27	2,26 / 1,95
89	3,75	12,6	9,9	149	33,5	3,44
101,5	5	19,0	14,9	278	56,5	3,88

* Êstes tamanhos devem ser evitados, sempre que possível.
** Fornecem-se também tubos com $D < 38$ mm ou $D > 318$ mm.
*** Fornecem-se também tubos com maiores ou menores espessuras de parede.

TABELA 5.32-*Perfis leves de tiras de aço dobradas.*
As tiras são laminadas a quente e trefiladas a frio.
Comprimentos até 15 m.
São iguais as dimensões b e a de todos os perfis: $b = 40\,mm$, $a = 15\,mm$.

Perfil n.°	Dimensões mm			S cm²	G kgf/m	Posição do eixo central de inércia y-y e cm	Em relação ao eixo de flexão						Perfil n.°
							x-x			y-y			
	h	B	d				J_x cm⁴	W_x cm³	i_x cm	J_y cm⁴	W_y cm³	i_y cm	
	Perfil simples
80	80	—	2,00	3,64	2,86	1,48	36,9	9,22	3,18	8,52	3,38	1,53	80
			2,25	4,07	3,20	1,48	41,0	10,3	3,17	9,38	3,72	1,52	
			2,50	4,50	3,53	1,48	45,0	11,3	3,16	10,2	4,06	1,51	
			3,00	5,34	4,19	1,48	52,7	13,2	3,14	11,8	4,68	1,49	
100	100	—	2,00	4,04	3,17	1,34	62,2	12,4	3,92	9,20	3,46	1,51	100
			2,25	4,52	3,55	1,34	69,2	13,9	3,91	10,1	3,81	1,50	
			2,50	5,00	3,92	1,34	76,1	15,2	3,90	11,1	4,16	1,49	
			3,00	5,94	4,66	1,34	89,4	17,9	3,88	12,8	4,81	1,47	
120	120	—	2,00	4,44	3,49	1,23	95,6	15,9	4,64	9,76	3,52	1,48	120
			2,25	4,97	3,90	1,23	107	17,8	4,63	10,8	3,89	1,47	
			2,50	5,50	4,32	1,23	117	19,5	4,62	11,8	4,25	1,46	
			3,00	6,54	5,13	1,24	138	23,0	4,59	13,5	4,90	1,44	
140	140	—	2,00	4,84	3,80	1,14	138	19,7	5,34	10,2	3,57	1,45	140
			2,25	5,42	4,26	1,14	154	22,0	5,32	11,3	3,94	1,44	
			2,50	6,00	4,71	1,14	169	24,2	5,31	12,3	4,30	1,43	
			3,00	7,14	5,60	1,14	200	28,5	5,29	14,2	4,97	1,41	
160	160	—	2,00	5,24	4,11	1,06	190	23,7	6,02	10,6	3,61	1,42	160
			2,25	5,87	4,61	1,06	212	26,5	6,00	11,7	3,98	1,41	
			2,50	6,50	5,10	1,06	233	29,2	5,99	12,8	4,35	1,40	
			3,00	7,74	6,08	1,07	276	34,5	5,97	14,8	5,03	1,38	
180	180	—	2,25	6,32	4,96	0,99	282	31,3	6,67	12,1	4,02	1,38	180
			2,50	7,00	5,50	0,99	311	34,5	6,66	13,2	4,39	1,37	
			3,00	8,34	6,55	1,00	367	40,8	6,63	15,2	5,08	1,35	
200	200	—	2,25	6,77	5,32	0,93	364	36,4	7,33	12,5	4,06	1,36	200
			2,50	7,50	5,89	0,94	402	40,2	7,32	13,6	4,43	1,34	
			3,00	8,94	7,02	0,94	475	47,5	7,29	15,7	5,13	1,32	
220	220	—	2,50	8,00	6,28	0,89	508	46,2	7,96	13,9	4,46	1,32	220
			2,75	8,77	6,88	0,89	555	50,4	7,95	15,0	4,82	1,31	
			3,00	9,54	7,49	0,89	601	54,6	7,94	16,0	5,16	1,30	
	Perfil duplo
80	80	80	2,00	7,28	5,72	—	73,8	18,5	3,18	32,9	8,24	2,13	80
			2,25	8,15	6,37	—	82,0	20,5	3,17	36,6	9,14	2,12	
			2,50	9,00	7,07	—	90,0	22,5	3,16	40,1	10,0	2,11	
			3,00	10,70	8,38	—	105	26,4	3,14	47,0	11,8	2,10	
100	100	80	2,00	8,08	6,34	—	124	24,9	3,92	32,9	8,24	2,02	100
			2,25	9,06	7,10	—	138	27,7	3,91	36,6	9,15	2,01	
			2,50	10,00	7,85	—	152	30,5	3,90	40,2	10,0	2,00	
			3,00	11,90	9,33	—	179	35,8	3,88	47,0	11,8	1,99	
120	120	80	2,00	8,88	6,97	—	191	31,9	4,64	33,0	8,24	1,93	120
			2,25	9,97	7,81	—	213	35,5	4,63	36,6	9,15	1,92	
			2,50	11,00	8,64	—	234	39,1	4,62	40,2	10,0	1,91	
			3,00	13,10	10,30	—	276	46,0	4,59	47,1	11,8	1,90	
140	140	80	2,00	9,68	7,60	—	276	39,4	5,34	33,0	8,24	1,84	140
			2,25	10,90	8,51	—	307	43,9	5,32	36,6	9,15	1,83	
			2,50	12,00	9,42	—	339	48,4	5,31	40,2	10,1	1,83	
			3,00	14,30	11,20	—	399	57,0	5,29	47,1	11,8	1,82	
160	160	80	2,00	10,50	8,23	—	380	47,5	6,02	33,0	8,25	1,77	160
			2,25	11,80	9,22	—	424	53,0	6,00	36,6	9,16	1,76	
			2,50	13,00	10,20	—	467	58,4	5,99	40,2	10,1	1,76	
			3,00	15,50	12,20	—	551	68,9	5,97	47,2	11,8	1,75	
180	180	80	2,25	12,70	9,93	—	563	62,6	6,67	36,6	9,16	1,70	180
			2,50	14,00	11,00	—	621	69,0	6,66	40,2	10,1	1,70	
			3,00	16,70	13,10	—	734	81,6	6,63	47,2	11,8	1,68	
200	200	80	2,25	13,60	10,60	—	728	72,8	7,33	36,7	9,17	1,65	200
			2,50	15,00	11,80	—	803	80,3	7,32	40,3	10,1	1,64	
			3,00	17,90	14,00	—	950	95,0	7,29	47,3	11,8	1,63	
220	220	80	2,50	16,0	12,6	—	1020	92,3	7,96	40,3	10,1	1,59	220
			2,75	17,5	13,8	—	1110	101	7,95	43,9	11,0	1,58	
			3,00	19,1	15,0	—	1200	109	7,94	47,3	11,8	1,57	

Os perfis poderão também ser fornecidos sem rebordos (de altura a), se forem grandes as encomendas efetuadas.

Elementos de Máquinas

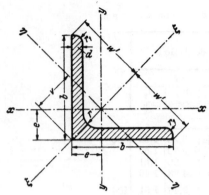

TABELA 5.33-*Cantoneiras de abas iguais, de aço.*

Comprimentos normais = 3 a 15 m

Coeficiente relativo a perfil $k_i = \dfrac{S^2}{J} \cong 6$ (valor médio)

O eixo $\xi - \xi$ é bissetor do ângulo formado pelas abas.

Designação	Dimensões mm b d r r₁	S cm²	G kgf/m	Posições dos eixos cm e w' v	Para o eixo de flexão $x-x=y-y$ $J_x=J_y$ cm⁴ / $W_x=W_y$ cm³ / $i_x=i_y$ cm	$\xi-\xi$ J_ξ cm⁴ / i_ξ cm	$\eta-\eta$ J_η cm⁴ / W_η cm³ / i_η cm	Furação das abas segundo DIN 997 (abril de 1927) d₁ mm / w mm
L				Cantoneiras de abas iguais, de aço, segundo DIN 1 028, fôlha 1 (julho de 1940)				
20·20·3 / 4	20 / 3 4 / 3,5 / 2	1,12 / 1,45	0,88 / 1,14	0,60 / 0,64 / 1,41	0,85 / 0,90 / 0,39 / 0,48 / 0,28 / 0,35 / 0,59 / 0,58	0,62 / 0,77 / 0,74 / 0,73	0,15 / 0,19 / 0,18 / 0,21 / 0,37 / 0,36	— / —
25·25·3 / (4) / 5	25 / 3 4 5 / 3,5 / 2	1,42 / 1,85 / 2,26	1,12 / 1,45 / 1,77	0,73 / 0,76 / 0,80 / 1,77	1,03 / 1,08 / 1,13 / 0,79 / 1,01 / 1,18 / 0,45 / 0,58 / 0,69 / 0,75 / 0,74 / 0,72	1,27 / 1,61 / 1,87 / 0,95 / 0,93 / 0,91	0,31 / 0,40 / 0,50 / 0,30 / 0,37 / 0,44 / 0,47 / 0,47 / 0,47	— / —
30·30·3 / 4 / 5	30 / 3 4 5 / 5 / 2,5	1,74 / 2,27 / 2,78	1,36 / 1,78 / 2,18	0,84 / 0,89 / 0,92 / 2,12	1,18 / 1,24 / 1,30 / 1,41 / 1,81 / 2,16 / 0,65 / 0,86 / 1,04 / 0,90 / 0,89 / 0,88	2,24 / 2,85 / 3,41 / 1,14 / 1,12 / 1,11	0,57 / 0,76 / 0,91 / 0,48 / 0,61 / 0,70 / 0,57 / 0,58 / 0,57	8,5 / 17
35·35·4 / 5 / 6	35 / 4 5 6 / 5 / 2,5	2,67 / 3,28 / 3,87	2,10 / 2,57 / 3,04	1,00 / 1,04 / 1,08 / 2,47	1,41 / 1,47 / 1,53 / 2,96 / 3,56 / 4,14 / 1,18 / 1,45 / 1,71 / 1,05 / 1,04 / 1,04	4,68 / 5,63 / 6,50 / 1,33 / 1,31 / 1,30	1,24 / 1,49 / 1,77 / 0,88 / 1,01 / 1,16 / 0,68 / 0,67 / 0,68	11 / 20
40·40·4 / 5 / 6	40 / 4 5 6 / 6 / 3	3,08 / 3,79 / 4,48	2,42 / 2,97 / 3,52	1,12 / 1,16 / 1,20 / 2,83	1,58 / 1,64 / 1,70 / 4,48 / 5,43 / 6,33 / 1,56 / 1,91 / 2,26 / 1,21 / 1,20 / 1,19	7,09 / 8,64 / 9,98 / 1,52 / 1,51 / 1,49	1,86 / 2,22 / 2,67 / 1,18 / 1,35 / 1,57 / 0,78 / 0,77 / 0,77	11 / 22
45·45·5 / (7)	45 / 5 7 / 7 / 3,5	4,30 / 5,86	3,38 / 4,60	1,28 / 1,36 / 3,18	1,81 / 1,92 / 7,83 / 10,4 / 2,43 / 3,31 / 1,35 / 1,33	12,4 / 16,4 / 1,70 / 1,67	3,25 / 4,39 / 1,80 / 2,29 / 0,87 / 0,87	11 / 25
50·50·5 / 6 / 7 / 9	50 / 5 6 7 9 / 7 / 3,5	4,80 / 5,69 / 6,56 / 8,24	3,77 / 4,47 / 5,15 / 6,47	1,40 / 1,45 / 1,49 / 1,56 / 3,54	1,98 / 2,04 / 2,11 / 2,21 / 11,0 / 12,8 / 14,6 / 17,9 / 3,05 / 3,61 / 4,15 / 5,20 / 1,51 / 1,50 / 1,49 / 1,47	17,4 / 20,4 / 23,1 / 28,1 / 1,90 / 1,89 / 1,88 / 1,85	4,59 / 5,24 / 6,02 / 7,67 / 2,32 / 2,57 / 2,85 / 3,47 / 0,98 / 0,96 / 0,96 / 0,97	14 / 30
55·55·6 / 8 / (10)	55 / 6 8 10 / 8 / 4	6,31 / 8,23 / 10,1	4,95 / 6,46 / 7,90	1,56 / 1,64 / 1,72 / 3,89	2,21 / 2,32 / 2,43 / 17,3 / 22,1 / 26,3 / 4,40 / 5,72 / 6,97 / 1,66 / 1,64 / 1,62	27,4 / 34,8 / 41,4 / 2,08 / 2,06 / 2,02	7,24 / 9,35 / 11,3 / 3,28 / 4,03 / 4,65 / 1,07 / 1,07 / 1,06	17 / 30
60·60·6 / 8 / 10	60 / 6 8 10 / 8 / 4	6,91 / 9,03 / 11,1	5,42 / 7,09 / 8,69	1,69 / 1,77 / 1,85 / 4,24	2,39 / 2,50 / 2,62 / 22,8 / 29,1 / 34,9 / 5,29 / 6,88 / 8,41 / 1,82 / 1,80 / 1,78	36,1 / 46,1 / 55,1 / 2,29 / 2,26 / 2,23	9,43 / 12,1 / 14,6 / 3,95 / 4,84 / 5,57 / 1,17 / 1,16 / 1,15	17 / 35
65·65·7 / 9 / 11	65 / 7 9 11 / 9 / 4,5	8,70 / 11,0 / 13,2	6,83 / 8,62 / 10,3	1,85 / 1,93 / 2,00 / 4,60	2,62 / 2,73 / 2,83 / 33,4 / 41,3 / 48,8 / 7,18 / 9,04 / 10,8 / 1,96 / 1,94 / 1,91	53,0 / 65,4 / 76,8 / 2,47 / 2,44 / 2,42	13,8 / 17,2 / 20,7 / 5,27 / 6,30 / 7,31 / 1,26 / 1,25 / 1,25	20 / 35
70·70·7 / 9 / 11	70 / 7 9 11 / 9 / 4,5	9,40 / 11,9 / 14,3	7,38 / 9,34 / 11,2	1,97 / 2,05 / 2,13 / 4,95	2,79 / 2,90 / 3,01 / 42,4 / 52,6 / 61,8 / 8,43 / 10,6 / 12,7 / 2,12 / 2,10 / 2,08	67,1 / 83,1 / 97,6 / 2,67 / 2,64 / 2,61	17,6 / 22,0 / 26,0 / 6,31 / 7,59 / 8,64 / 1,37 / 1,36 / 1,35	20 / 40
75·75·7 / 8 / 10 / 12	75 / 7 8 10 12 / 10 / 5	10,1 / 11,5 / 14,1 / 16,7	7,94 / 9,03 / 11,1 / 13,1	2,09 / 2,13 / 2,21 / 2,29 / 5,30	2,95 / 3,01 / 3,12 / 3,24 / 52,4 / 58,9 / 71,4 / 82,4 / 9,67 / 11,0 / 13,5 / 15,8 / 2,28 / 2,26 / 2,25 / 2,22	83,6 / 93,3 / 113 / 130 / 2,88 / 2,85 / 2,83 / 2,79	21,1 / 24,4 / 29,8 / 34,7 / 7,15 / 8,11 / 9,55 / 10,7 / 1,45 / 1,46 / 1,45 / 1,44	23 / 40

Passos de rebitagens de cantoneiras de abas iguais: DIN 999, fôlhas 1 e 2 (julho de 1927)
Sempre que possível, evitar os tipos de perfis apresentados entre parênteses.

Materiais, Perfis e Respectivas Tabelas

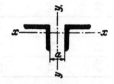

Para qualquer distância a, o momento principal de inércia relativo ao eixo $y-y$ é maior que o momento principal de inércia relativo ao eixo

Para b até 100 mm, emprega-se uma fileira de rebites; para $b > 100$ mm, empregam-se duas fileiras de rebites, mas com rebites decalados.

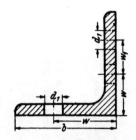

Designação	Dimensões mm				S cm²	G kgf/m	Posições dos eixos cm			Para o eixo de flexão							Furação das abas, segundo DIN 997 (abril de 1927)		
										$x-x=y-y$			$\xi-\xi$		$\eta-\eta$					
	b	d	r	r_1	cm²	kgf/m	e	w'	v	$J_x=J_y$ cm⁴	$W_x=W_y$ cm³	$i_x=i_y$ cm	J_ξ cm⁴	i_ξ cm	J_η cm⁴	W_η cm³	i_η cm	d_1 mm	w mm	w_1 mm
L	Cantoneiras de abas iguais, de aço, segundo DIN 1028, fôlha 2 (julho de 1940)																		
80·80·8	80	8	10	5	12,3	9,66	2,26	5,66	3,20	72,3	12,6	2,42	115	3,06	29,6	9,25	1,55	23	45	—
10		10			15,1	11,9	2,34		3,31	87,5	15,5	2,41	139	3,03	35,9	10,9	1,54			
12		12			17,9	14,1	2,41		3,41	102	18,2	2,39	161	3,00	43,0	12,6	1,53			
14		14			20,6	16,1	2,48		3,51	115	20,8	2,36	181	2,96	48,6	13,9	1,54			
90·90·9	90	9	11	5,5	15,5	12,2	2,54	6,36	3,59	116	18,0	2,74	184	3,45	47,8	13,3	1,76	26	50	—
11		11			18,7	14,7	2,62		3,70	138	21,6	2,72	218	3,41	57,1	15,4	1,75			
13		13			21,8	17,1	2,70		3,81	158	25,1	2,69	250	3,39	65,9	17,3	1,74			
16		16			26,4	20,7	2,81		3,97	186	30,1	2,66	294	3,34	79,1	19,9	1,73			
100·100·10	100	10	12	6	19,2	15,1	2,82	7,07	3,99	177	24,7	3,04	280	3,82	73,3	18,4	1,95	26	55	—
12		12			22,7	17,8	2,90		4,10	207	29,2	3,02	328	3,80	86,2	21,0	1,95			
14		14			26,2	20,6	2,98		4,21	235	33,5	3,00	372	3,77	98,3	23,4	1,94			
16		16			29,6	23,2	3,06		4,32	262	37,7	2,97	413	3,74	111	25,6	1,93			
110·110·10	110	10	12	6	21,2	16,6	3,07	7,78	4,34	239	30,1	3,36	379	4,23	98,6	22,7	2,16	26	45	25
12		12			25,1	19,7	3,15		4,45	280	35,7	3,34	444	4,21	116	26,1	2,15			
14		14			29,0	22,8	3,21		4,54	319	41,0	3,32	505	4,18	133	29,3	2,14			
120·120·11	120	11	13	6,5	25,4	19,9	3,36	8,49	4,75	341	39,5	3,66	541	4,62	140	29,5	2,35	26	50	30
13		13			29,7	23,3	3,44		4,86	394	46,0	3,64	625	4,59	162	33,3	2,34			
15		15			33,9	26,6	3,51		4,96	446	52,5	3,63	705	4,56	186	37,5	2,34			
(17)		17			38,1	29,9	3,59		5,08	493	58,7	3,60	778	4,51	208	41,0	2,34			
130·130·12	130	12	14	7	30,0	23,6	3,64	9,19	5,15	472	50,4	3,97	750	5,00	194	37,7	2,54	26	50	40
14		14			34,7	27,2	3,72		5,26	540	58,2	3,94	857	4,97	223	42,4	2,53			
16		16			39,3	30,9	3,80		5,37	605	65,8	3,92	959	4,94	251	46,7	2,52			
140·140·13	140	13	15	7,5	35,0	27,5	3,92	9,90	5,54	638	63,3	4,27	1010	5,38	262	47,3	2,74	26	55	45
15		15			40,0	31,4	4,00		5,66	723	72,3	4,25	1150	5,36	298	52,7	2,73			
(17)		17			45,0	35,3	4,08		5,77	805	81,2	4,23	1280	5,33	334	57,9	2,72			
150·150·14	150	14	16	8	40,3	31,6	4,21	10,6	5,95	845	78,2	4,58	1340	5,77	347	58,3	2,94	26	55	55
16		16			45,7	35,9	4,29		6,07	949	88,7	4,56	1510	5,74	391	64,4	2,93			
18		18			51,0	40,1	4,36		6,17	1050	99,3	4,54	1670	5,70	438	71,0	2,93			
160·160·15	160	15	17	8,5	46,1	36,2	4,49	11,3	6,35	1100	95,6	4,88	1750	6,15	453	71,3	3,14	29	60	55
17		17			51,8	40,7	4,57		6,46	1230	108	4,86	1950	6,13	506	78,3	3,13			
19		19			57,5	45,1	4,65		6,58	1350	118	4,84	2140	6,10	558	84,8	3,12			
180·180·16	180	16	18	9	55,4	43,5	5,02	12,7	7,11	1680	130	5,51	2690	6,96	679	95,5	3,50	29	60	75
18		18			61,9	48,6	5,10		7,22	1870	145	5,49	2970	6,93	757	105	3,49			
20		20			68,4	53,7	5,18		7,33	2040	160	5,47	3260	6,90	830	113	3,49			
200·200·16	200	16	18	9	61,8	48,5	5,52	14,1	7,80	2340	162	6,15	3740	7,78	943	121	3,91	32	60	90
18		18			69,1	54,3	5,60		7,92	2600	181	6,13	4150	7,75	1050	133	3,90			
20		20			76,4	59,9	5,68		8,04	2850	199	6,11	4540	7,72	1160	144	3,89			

Passos de rebitagens de cantoneiras de abas iguais: DIN 999, fôlhas 1 e 2 (julho de 1927).

111

TABELA 5.34-Cantoneiras de abas desiguais, de aço.

Comprimentos normais = 3 a 15 m

Coeficiente relativo ao perfil $k_i = S^2/J \cong 7$, para $b/a = 3/2$
$\cong 11$, para $b/a = 2/1$

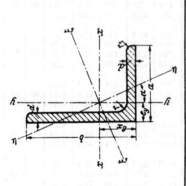

Designação	Dimensões mm a	b	d	r	r₁	S cm²	G kgf/m	Posições dos eixos Distâncias c_z cm	e_y cm	Eixo η−η tg α	x−x J_x cm⁴	W_x cm³	i_x cm	y−y J_y cm⁴	W_y cm³	i_y cm	ξ−ξ J_ξ cm⁴	i_ξ cm	η−η J_η cm⁴	i_η cm	a₁ mm	Furação d₁	d₂	w₁	w₂	w₃
L 20·30·3	20	30	3	3,5	2	1,42	1,11	0,99	0,50	0,431	1,25	0,62	0,94	0,44	0,29	0,56	1,43	1,00	0,25	0,42	5,2	—	—	—	—	—
4			4			1,85	1,45	1,03	0,54	0,423	1,59	0,81	0,93	0,55	0,38	0,55	1,81	0,99	0,33	0,42	4,2	—	—	—	—	—
20·40·(3)	20	40	3	3,5	2	1,72	1,35	1,43	0,44	0,259	2,79	1,08	1,27	0,47	0,30	0,52	2,96	1,31	0,30	0,42	14,6	—	—	—	—	—
4			4			2,25	1,77	1,47	0,48	0,252	3,59	1,42	1,26	0,60	0,39	0,52	3,79	1,30	0,39	0,42	13,8	—	—	—	—	—
30·45·4	30	45	4	4,5	2	2,87	2,25	1,48	0,74	0,436	5,78	1,91	1,42	2,05	0,91	0,85	6,65	1,52	1,18	0,64	8,0	8,5	11	17	25	—
5			5			3,53	2,77	1,52	0,78	0,430	6,99	2,35	1,41	2,47	1,11	0,84	8,02	1,51	1,44	0,64	7,2					
30·60·5	30	60	5	6	3	4,29	3,37	2,15	0,68	0,256	15,6	4,04	1,90	2,60	1,12	0,78	16,5	1,96	1,69	0,63	21,4	8,5	17	17	35	—
(7)			7			5,85	4,59	2,24	0,76	0,248	20,7	5,50	1,88	3,41	1,52	0,76	21,8	1,93	2,28	0,62	19,2					
40·50·(3)	40	50	3	4	2	2,63	2,06	1,48	0,99	0,632	6,58	1,87	1,58	3,76	1,25	1,20	8,46	1,79	1,89	0,85	1,0	11	14	22	30	—
(4)			4			3,46	2,71	1,52	1,03	0,629	8,54	2,47	1,57	4,86	1,64	1,19	10,9	1,78	2,46	0,84	—					
5			5			4,27	3,35	1,56	1,07	0,625	10,4	3,02	1,56	5,89	2,01	1,18	13,3	1,76	3,02	0,84	—					
40·60·5	40	60	5	6	3	4,79	3,76	1,96	0,97	0,437	17,2	4,25	1,89	6,11	2,02	1,13	19,8	2,03	3,50	0,86	11,2	11	17	22	35	—
6			6			5,68	4,46	2,00	1,01	0,433	20,1	5,03	1,88	7,12	2,38	1,12	23,1	2,02	4,12	0,85	10,2					
7			7			6,55	5,14	2,04	1,05	0,429	23,0	5,79	1,87	8,07	2,74	1,11	26,3	2,00	4,73	0,85	9,2					

Em relação ao eixo de flexão — Cantoneiras de abas desiguais, de aço, segundo DIN 1029, fôlha 1 (julho de 1940)

Furação das abas, segundo DIN 997 (abril de 1927) Dimensões em mm

Materiais, Perfis e Respectivas Tabelas

40·80·6	40	80	6	7	3,5	6,89	5,41	2,85	0,88	0,259	44,9	8,73	2,55	7,59	2,44	1,05	47,6	2,63	4,90	0,84	29,0	11	23	22	45	—
8				8		9,01	7,07	2,94	0,95	0,253	57,6	11,4	2,53	9,68	3,18	1,04	60,9	2,60	6,41	0,84	27,2					
50·65·5	50	65	5	6,5	3,5	5,54	4,35	1,99	1,25	0,583	23,1	5,11	2,04	11,9	3,18	1,47	28,8	2,28	6,21	1,06	3,6	14	20	30	35	—
7				7		7,60	5,97	2,07	1,33	0,574	31,0	6,99	2,02	15,8	4,31	1,44	38,4	2,25	8,37	1,05	1,8					
9				9		9,58	7,52	2,15	1,41	0,567	38,2	8,77	2,00	19,4	5,39	1,42	47,0	2,22	10,5	1,05	—					
50·100·6	50	100	6	6	4,5	8,73	6,85	3,49	1,04	0,263	89,7	13,8	3,20	15,3	3,86	1,32	95,2	3,30	9,78	1,06	37,6	14	26	30	55	—
8				8		11,5	8,99	3,59	1,13	0,258	116	18,0	3,18	19,5	5,04	1,31	123	3,28	12,6	1,05	35,4					
(10)				10		14,1	11,1	3,67	1,20	0,252	141	22,2	3,16	23,4	6,17	1,29	149	3,25	15,5	1,04	33,8					
55·75·5	55	75	5	5	3,5	6,30	4,95	2,31	1,33	0,530	35,5	6,84	2,37	16,2	3,89	1,60	43,1	2,61	8,68	1,17	8,4	17	23	30	40	—
7				7		8,66	6,80	2,40	1,41	0,525	47,9	9,39	2,35	21,8	5,32	1,59	57,9	2,59	11,8	1,17	6,6					
9				9		10,9	8,50	2,47	1,48	0,518	59,4	11,8	2,33	26,8	6,66	1,57	71,3	2,55	14,8	1,16	5,0					
(60·90·6)	60	90	6	6	3,5	8,69	6,82	2,89	1,41	0,442	71,7	11,7	2,87	25,8	5,61	1,72	82,8	2,73	14,4	1,30	17,8	17	26	35	50	—
(8)				8		11,4	8,96	2,97	1,49	0,437	92,5	15,4	2,85	33,0	7,31	1,70	107	2,70	18,8	1,29	16,0					
(10)				10		14,1	11,0	3,05	1,56	0,431	112	18,8	2,82	39,6	8,92	1,68	129	2,66	23,1	1,28	14,2					
65·75·(6)	65	75	6	6	4	8,11	6,37	2,19	1,70	0,740	44,0	8,30	2,33	30,7	6,39	1,94	60,2	2,85	14,4	1,34	—	20	23	35	40	—
(8)				8		10,6	6,34	2,28	1,78	0,736	56,7	10,9	2,31	39,4	8,34	1,92	77,3	2,82	18,8	1,33	—					
10				10		13,1	10,3	2,35	1,86	0,732	68,4	13,3	2,29	47,3	10,2	1,90	92,7	2,79	23,0	1,33	—					
65·80·6	65	80	6	6	4	8,41	6,60	2,39	1,65	0,649	52,8	9,41	2,51	31,2	6,44	1,93	68,5	2,85	15,6	1,36	—	20	23	35	45	—
8				8		11,0	8,66	2,47	1,73	0,645	68,1	12,3	2,49	40,1	8,41	1,91	88,0	2,82	20,3	1,36	—					
10				10		13,6	10,7	2,55	1,81	0,640	82,2	15,1	2,46	48,3	10,3	1,89	106	2,79	24,8	1,35	—					
12				12		16,0	12,6	2,63	1,88	0,634	95,4	17,8	2,44	55,8	12,1	1,87	122	2,76	29,2	1,35	—					
65·100·7	65	100	7	7	5	11,2	8,77	3,23	1,51	0,419	113	16,6	3,17	37,6	7,54	1,84	128	3,39	21,6	1,39	21,8	20	26	35	55	—
9				9		14,2	11,1	3,32	1,59	0,415	141	21,0	3,15	46,7	9,52	1,82	160	3,36	27,2	1,39	19,8					
11				11		17,1	13,4	3,40	1,67	0,410	167	25,3	3,13	55,1	11,4	1,80	190	3,34	32,6	1,38	17,8					
(65·115·8)	65	115	8	8	4	13,8	10,9	3,94	1,46	0,324	188	24,8	3,69	44,2	8,78	1,79	205	3,85	27,4	1,41	35,4	20	26	35	50	25
(10)				10		17,1	13,4	4,02	1,54	0,321	229	30,6	3,66	53,3	10,8	1,77	249	3,82	33,2	1,40	33,4					

Passos de rebitagens de cantoneiras de abas desiguais: DIN 998, fôlhas 1 e 2 (abril de 1927).

Sempre que possível, evitar os tipos de perfis apresentados entre parênteses.

113

Elementos de Máquinas

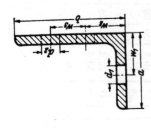

Para b até 100 mm, emprega-se uma fileira de rebites; para $b > 100$ mm, empregam-se duas fileiras de rebites, mas com rebites decalados.

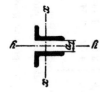

a_1 = distância entre os dois perfis L para a qual o perfil por êles composto apresenta momentos principais de inércia iguais e de valor $2 \cdot J_x$

Cantoneiras de abas desiguais, de aço, segundo DIN 1029, fôlha 2 (julho de 1940)

Designação L	Dimensões mm a	b	d	r	r₁	s cm²	G kgf/m	Posições dos eixos - Distâncias eₓ cm	eᵧ cm	Eixo η-η tg α	Em relação ao eixo de flexão x-x Jₓ cm⁴	Wₓ cm³	iₓ cm	y-y Jᵧ cm⁴	Wᵧ cm³	iᵧ cm	ξ-ξ Jξ cm⁴	iξ cm	η-η Jη cm⁴	iη cm	a mm	Furação das abas, segundo DIN 997 (abril de 1927) Dimensões em mm d₁	d₂	w₁	w₂	w₃
65·130· 8	65	130	8	11	5,5	15,1	11,9	4,56	1,37	0,263	263	31,1	4,17	44,8	8,72	1,72	280	4,31	28,6	1,38	48,6	20	26	35	50	40
10			10			18,6	14,6	4,65	1,45	0,259	321	38,4	4,15	54,2	10,7	1,71	340	4,27	35,0	1,37	46,8					
12			12			22,1	17,3	4,74	1,53	0,255	376	45,5	4,12	63,0	12,7	1,69	397	4,24	41,2	1,37	44,6					
(75·90· 7)	75	90	7	8,5	4,5	11,1	8,74	2,67	1,93	0,683	88,1	13,9	2,81	55,5	9,98	2,23	117	3,24	27,1	1,56	—	23	26	40	50	—
(9)			9			14,1	11,1	2,76	2,01	0,679	110	17,6	2,79	69,1	12,6	2,21	145	3,21	34,1	1,56	—					
(11)			11			17,0	13,4	2,83	2,09	0,675	130	21,1	2,77	81,7	15,5	2,19	171	3,17	40,9	1,55	—					
75·100· 7	75	100	7	10	5	11,9	9,32	3,06	1,83	0,553	118	17,0	3,15	56,9	10,0	2,19	145	3,49	30,1	1,59	8,8	23	26	40	55	—
9			9			15,1	11,8	3,15	1,91	0,549	148	21,5	3,13	71,0	12,7	2,17	181	3,47	37,8	1,59	7,0					
11			11			18,2	14,3	3,23	1,99	0,545	176	25,9	3,11	84,0	15,3	2,15	214	3,44	45,4	1,58	5,2					
(75·130· 8)	75	130	8	10,5	5,5	15,9	12,5	4,36	1,65	0,339	276	31,9	4,17	68,3	11,7	2,08	303	4,37	41,3	1,61	39,2	23	26	40	50	40
(10)			10			19,6	15,4	4,45	1,73	0,336	337	39,4	4,14	82,9	14,4	2,06	369	4,34	50,6	1,61	37,4					
(12)			12			23,3	18,3	4,53	1,81	0,332	395	46,6	4,12	96,5	17,0	2,04	432	4,31	59,6	1,60	35,4					
75·150· 9	75	150	9	10,5	5,5	19,5	15,3	5,28	1,57	0,265	455	46,8	4,83	78,3	13,2	2,00	484	4,98	50,0	1,60	56,4	23	26	40	55	55
11			11			23,6	18,6	5,37	1,65	0,261	545	56,6	4,80	93,0	15,9	1,98	578	4,95	59,8	1,59	54,4					
13			13			27,7	21,7	5,45	1,73	0,258	631	66,1	4,78	107	18,5	1,96	668	4,91	69,4	1,58	52,4					

114

Materiais, Perfis e Respectivas Tabelas

80·120·	8	80	8		15,5	12,2	3,83	1,87	0,441	226	27,6	3,82	80,8	13,2	2,29	261	4,10	45,8	1,72	24,0	23	26	45	50	30
	10		10	5,5	19,1	15,0	3,92	1,95	0,438	276	34,1	3,80	98,1	16,2	2,27	318	4,07	56,1	1,71	22,2					
	12	120	12		22,7	17,8	4,00	2,03	0,433	323	40,4	3,77	114	19,1	2,25	371	4,04	66,1	1,71	20,2					
	14		14		26,2	20,5	4,08	2,10	0,429	368	46,4	3,75	130	22,0	2,23	421	4,01	75,8	1,70	18,4					
80·160·	10	80	10	6,5	23,2	18,2	5,63	1,69	0,263	611	58,9	5,14	104	16,5	2,12	648	5,29	67,0	1,70	59,7	21	21	45	60	55
	12	160	12		27,5	21,6	5,72	1,77	0,259	720	70,0	5,11	122	19,6	2,10	763	5,26	78,9	1,69	57,9	21	25			
	(14)		14		31,8	25,0	5,81	1,85	0,256	823	80,7	5,09	139	22,5	2,09	871	5,23	90,5	1,69	56	21	25			
90·130·	10	90	10	6	21,2	16,6	4,15	2,18	0,472	358	40,5	4,11	141	20,6	2,58	420	4,46	78,5	1,93	20,4		28	50	50	40
	12	130	12		25,1	19,7	4,24	2,26	0,468	420	48,0	4,09	165	24,4	2,56	492	4,43	92,6	1,92	18,6					
	14		14		29,0	22,8	4,32	2,34	0,465	480	55,3	4,07	187	28,1	2,54	560	4,40	106	1,91	16,8					
90·150·10*		90	10	6,5	23,2	18,2	4,99	2,03	0,363	532	53,1	4,79	146	21,0	2,51	591	5,05	87,3	1,94	41,0	26	26	50	55	55
	12	150	12		27,5	21,6	5,08	2,11	0,350	626	63,1	4,77	170	24,7	2,49	694	5,02	102	1,93	39,2					
	14		14		31,8	25,0	5,16	2,19	0,357	716	72,8	4,75	194	28,4	2,47	792	4,99	118	1,92	37,2					
90·250·10*		90	10	6,5	33,2	26,0	9,49	1,57	0,156	2170	140	8,09	163	22,0	2,22	2220	8,18	113	1,84	126	26	32	50	60	140
	12	250	12		39,5	31,0	9,59	1,65	0,154	2570	167	8,06	191	26,0	2,20	2630	8,15	133	1,83	124					
	14		14		45,8	36,0	9,68	1,74	0,152	2960	193	8,03	218	30,0	2,18	3020	8,12	152	1,82	120					
	16		16		52,0	40,8	9,77	1,82	0,150	3330	219	8,01	243	33,8	2,16	3400	8,09	172	1,82	118					
100·150·	10	100	10	6,5	24,2	19,0	4,80	2,34	0,442	552	54,1	4,78	198	25,8	2,86	637	5,13	112	1,84	29,8	26	26	55	55	55
	12	150	12		28,7	22,6	4,89	2,42	0,439	650	64,2	4,76	232	30,6	2,84	749	5,10	132	1,83	28,0					
	14		14		33,2	26,1	4,97	2,50	0,435	744	74,1	4,73	264	35,2	2,82	856	5,07	152	1,82	26,2					
100·200·	10	100	10	7,5	29,2	23,0	6,93	2,01	0,266	1220	93,2	6,46	210	26,3	2,68	1300	6,66	133	2,14	77,4	26	32	55	60	90
	12	200	12		34,8	27,3	7,03	2,10	0,264	1440	111	6,43	247	31,3	2,67	1530	6,63	158	2,13	75,2					
	14		14		40,3	31,6	7,12	2,18	0,262	1650	128	6,41	282	36,1	2,65	1760	6,60	181	2,12	73,0					
	16		16		45,7	35,9	7,20	2,26	0,259	1860	145	6,38	316	40,8	2,63	1970	6,57	204	2,11	71,0					

Passos de rebitagens de cantoneiras de abas desiguais: DIN 998, fôlhas 1 e 2 (abril de 1927).

*Para a construção de veículos. Não-normalizados. Sempre que possível, evitar os tipos de perfis apresentados entre parênteses.

Elementos de Máquinas

TABELA 5.35 — Perfis [, de aço.

Comprimentos normais = 4 a 15 m

Inclinações das superfícies internas das abas:

8%, para perfis menores ou iguais a [30; 5%, para perfis [maiores que [30, com exceção do perfil [38 (inclinação 2%).

a_1 = distância entre as almas de dois perfis [, para a qual o perfil por êles composto apresenta momentos principais de inércia iguais e de valor $2 \cdot J_x$.

e = cota do eixo $y-y$ que contém o centro de gravidade do perfil [.

coeficiente relativo ao perfil $k_i = S^2/J \cong 7$.

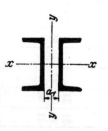

Designação	Dimensões mm							s	G	Em relação ao eixo de flexão						e	a_1	Furação das abas seg. DIN 997 (abril de 1927)		Designação
									$x-x$			$y-y$							
	h	b	d	t=r	r_1	h_2	cm²	kgf/m	J_x cm⁴	W_x cm³	i_x cm	J_y cm⁴	W_y cm³	i_y cm	cm	mm	d_1 mm	w mm	
[	Perfis [, de aço, segundo DIN 1 026, fôlha 1 (julho de 1940*)																			[
(3)	30	33	5	7	3,5	—	5,44	4,27	6,39	4,26	1,08	5,33	2,68	0,99	1,31	—	—	—	(3)
4	40	35	5	7	3,5	—	6,21	4,87	14,1	7,05	1,50	6,68	3,08	1,04	1,33	—	11	20	4
5	50	38	5	7	3,5	—	7,12	5,59	26,4	10,6	1,92	9,12	3,75	1,13	1,37	4	11	20	5
6½	65	42	5,5	7,5	4	—	9,03	7,09	57,5	17,7	2,52	14,1	5,07	1,25	1,42	16	11	25	6½
8	80	45	6	8	4	45	11,0	8,64	106	26,5	3,10	19,4	6,36	1,33	1,45	28	14	25	8
10	100	50	6	8,5	4,5	65	13,5	10,6	206	41,2	3,91	29,3	8,49	1,47	1,55	42	14	30	10
12	120	55	7	9	4,5	80	17,0	13,4	364	60,7	4,62	43,2	11,1	1,59	1,60	56	17	30	12
14	140	60	7	10	5	100	20,4	16,0	605	86,4	5,45	62,7	14,8	1,75	1,75	70	17	35	14
16	160	65	7,5	10,5	5,5	110	24,0	18,8	925	116	6,21	85,3	18,3	1,89	1,84	82	20	36	16
18	180	70	8,	11	5,5	130	28,0	22,0	1350	150	6,95	114	22,4	2,02	1,92	96	20	40	18
20	200	75	8,5	11,5	6	150	32,2	25,3	1910	191	7,70	148	27,0	2,14	2,01	108	23	40	20
22	220	80	9	12,5	6,5	160	37,4	29,4	2690	245	8,48	197	33,6	2,30	2,14	122	23	45	22
24	240	85	9,5	13	6,5	180	42,3	33,2	3600	300	9,22	248	39,6	2,42	2,23	134	26	45	24
26	260	90	10	14	7	200	48,3	37,9	4820	371	9,99	317	47,7	2,56	2,36	146	26	50	26
(28)	280	95	10	15	7,5	220	53,3	41,8	6280	448	10,9	399	57,2	2,74	2,53	160	26	50	(28)
30	300	100	10	16	8	230	58,8	46,2	8030	535	11,7	495	67,8	2,90	2,70	174	26	55	30
(32)	320	100	14	17,5	8,75	240	75,8	59,5	10870	679	12,1	597	80,6	2,81	2,60	182	26	55	(32)
35	350	100	14	16	8	280	77,3	60,6	12840	734	12,9	570	75,0	2,72	2,40	204	26	55	35
(38)	381	102	13,34	16	11,2	310	79,7	62,6	15730	826	14,1	613	78,4	2,78	2,35	230	26	55	(38)
40	400	110	14	18	9	320	91,5	71,8	20350	1020	14,9	846	102	3,04	2,65	240	26	60	40
[	Perfis [,de aço, para construção de treliças, segundo DIN 1 026, fôlha 1 (julho de 1940*)																			[
F 14	140	40	4	6	3	110	9,9	7,78	285	40,6	5,36	12,5	4,21	1,12	1,02	—	11	22	F 14
[W	Perfis [, de aço, para construção de veículos, segundo DIN 1 026, fôlha 2 (julho de 1940*)																			[W
76/55	76	55	10	11,15	5,6	—	17,6	13,8	142	37,3	2,84	45,1	12,7	1,60	1,95	8	—	—	76/55
(80 30/50)	80	30/50	8	8/8	4/4	—	11,5	9,02	97	21,2	2,91	18,2	4,90	1,26	1,25	28	—	—	(80 30/50)
91,5/26,5	91,5	26,5	8,5	10,7	5,35	—	11,8	9,27	119	26,0	3,18	5,40	3,00	0,68	0,85	45	—	—	91,5/26,5
105/65	105	65	8	8	4	70	17,3	13,6	287	54,7	4,07	61,2	13,2	1,88	1,88	36	—	—	105/65
145/60	145	60	8	8	4	110	19,8	15,6	585	80,7	5,43	53,6	11,9	1,65	1,50	74	—	—	145/60
235/90	235	90	10	12	6	180	42,4	33,3	3430	292	9,00	272	40,5	2,53	2,28	128	—	—	235/90
300/75	300	75	10	10	5	240	42,8	33,6	4930	328	10,7	145	24,2	1,84	1,50	182	—	—	300/75
(300/78)	300	78	10	13	6,5	240	47,6	37,4	5860	393	11,1	209	34,7	2,10	1,80	182	—	—	(300/78)

Sempre que possível, evitar os tipos de perfis apresentados entre parênteses.

Materiais, Perfis e Respectivas Tabelas

TABELA 5.36-*Perfis* I, *de aço.*
Comprimentos normais = 4 a 15 m

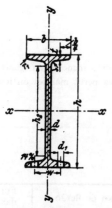

$a_1 =$ distância entre as almas de dois perfis I, para a qual o perfil por êles composto apresenta momentos principais de inércia iguais e de valor $2 \cdot J_x$.

Coeficiente relativo ao perfil $k = S/i^2 \cong 10,0$.

Designação	Dimensões mm						F cm²	G kgf/m	Em relação ao eixo de flexão					Furação das abas seg. DIN 996 (abril de 1927)		Designação
									$x-x$			$y-y$			a_1			
	h	b	d=r	t	r_1	h_2			J_x cm⁴	W_x cm³	i_x cm	J_y cm⁴	W_y cm³	i_y cm	mm	d_1 mm	w mm	
I	Perfis I, de aço, segundo DIN 1 025, fôlha 1 (julho de 1940*)																	I
(8)	80	42	3,9	5,9	2,3	60	7,58	5,95	77,8	19,5	3,20	6,29	3,00	0,91	62	—	22	(8)
(10)	100	50	4,5	6,8	2,7	75	10,6	8,32	171	34,2	4,01	12,2	4,88	1,07	78	—	26	10
12	120	58	5,1	7,7	3,1	90	14,2	11,2	328	54,7	4,81	21,5	7,41	1,23	94	—	30	12
14	140	66	5,7	8,6	3,4	100	18,3	14,4	573	81,9	5,61	35,2	10,7	1,40	108	11	34	14
16	160	74	6,3	9,5	3,8	120	22,8	17,9	935	117	6,40	54,7	14,8	1,55	124	14	38	16
18	180	82	6,9	10,4	4,1	140	27,9	21,9	1450	161	7,20	81,3	19,8	1,71	140	14	44	18
20	200	90	7,5	11,3	4,5	160	33,5	26,3	2140	214	8,00	117	26,0	1,87	156	17	46	20
22	220	98	8,1	12,2	4,9	170	39,6	31,1	3060	278	8,80	162	33,1	2,02	172	17	52	22
24	240	106	8,7	13,1	5,2	190	46,1	36,2	4250	354	9,59	221	41,7	2,20	188	17	56	24
26	260	113	9,4	14,1	5,6	200	53,4	41,9	5740	442	10,4	288	51,0	2,32	202	20	58	26
(28)	280	119	10,1	15,2	6,1	220	61,1	48,0	7590	542	11,1	364	61,2	2,45	218	20	62	(28)
30	300	125	10,8	16,2	6,5	240	69,1	54,2	9800	653	11,9	451	72,2	2,56	234	20	64	30
(32)	320	131	11,5	17,3	6,9	250	77,8	61,1	12510	782	12,7	555	84,7	2,67	248	20	70	(32)
34	340	137	12,2	18,3	7,3	270	86,8	68,1	15700	923	13,5	674	98,4	2,80	264	20	74	34
36	360	143	13,0	19,5	7,8	290	97,1	76,2	19610	1090	14,2	818	114	2,90	278	23	74	36
(38)	380	149	13,7	20,5	8,2	300	107	84,0	24010	1260	15,0	975	131	3,02	294	23	80	(38)
40	400	155	14,4	21,6	8,6	320	118	92,6	29210	1460	15,7	1160	149	3,13	308	23	84	40
42½	425	163	15,3	23,0	9,2	340	132	104	36970	1740	16,7	1440	176	3,30	328	26	86	42½
45	450	170	16,2	24,3	9,7	360	147	115	45850	2040	17,7	1730	203	3,43	348	26	92	45
47½	475	178	17,1	25,6	10,3	380	163	128	56480	2380	18,6	2090	235	3,60	366	26	96	47½
50	500	185	18,0	27,0	10,8	400	180	141	68740	2750	19,6	2480	268	3,72	384	26	100	50
55	550	200	19,0	30,0	11,9	440	213	167	99180	3610	21,6	3490	349	4,02	424	26	110	55
60	600	215	21,6	32,4	13,0	480	254	199	139000	4630	23,4	4670	434	4,30	460	26	120	60
I	Perfis I, de aço, para construção de treliças, segundo DIN 1 025, fôlha 1																	I
F 14	140	60	4	5,5	2,4	110	11,7	9,16	365	52,2	5,59	15,6	5,21	1,15	110	11	30	F 14

Sempre que possível, evitar os tipos de perfis apresentados entre parênteses.

117

TABELA 5.37-*Perfis* I *de abas largas e paralelas, de aço* (*vigas P*).
Comprimentos normais = 4 a 15 m (podem ser fornecidos com comprimentos até 25 m ou mais, sob encomenda).

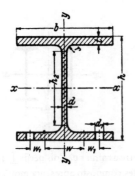

$b = h$, para perfis menores ou iguais a I P 30
$b = 300$ mm, para perfis maiores ou iguais a I P 30

Designação	Dimensões mm h	b	d	t	r	h₂	F cm²	G kgf/m	J_x cm⁴	W_x cm³	i_x cm	J_y cm⁴	W_y cm³	i_y cm	d_1 mm	w mm	w_1 mm	Designação
I P	\multicolumn{18}{c	}{Perfis I de abas largas e paralelas, de aço, segundo DIN 1 025, fôlha 2 (julho de 1940*)}	I P
(10)	100	100	6,5	10	10	60	26,1	20,5	447	89,3	4,14	167	33,4	2,53	17	54	—	(10)
12	120	120	8	11	11	76	34,6	27,2	852	142	4,96	276	46,0	2,82	17	64	—	12
14	140	140	8	12	12	85	44,1	34,6	1520	217	5,87	550	78,6	3,53	20	80	—	14
18	180	180	9	14	14	120	65,8	51,6	3830	426	7,63	1360	151	4,55	26	100	—	18
20	200	200	10	16	15	140	82,7	64,9	5950	595	8,48	2140	214	5,08	26	110	—	20
22	220	220	10	16	15	160	91,1	71,5	8050	732	9,37	2840	258	5,59	26	120	—	22
24	240	240	11	18	17	170	111	87,4	11690	974	10,3	4150	346	6,11	26	90	35	24
26	260	260	11	18	17	190	121	94,8	15050	1160	11,2	5280	406	6,61	26	100	40	26
28	280	280	12	20	18	200	144	113	20720	1480	12,0	7320	523	7,14	26	110	45	28
30	300	300	12	20	18	220	154	121	25760	1720	12,9	9010	600	7,65	26	120	50	30
32	320	300	13	22	20	230	171	135	32250	2020	13,7	9910	661	7,60	26	120	50	32
34	340	300	13	22	20	250	174	137	36940	2170	14,5	9910	661	7,55	26	120	50	34
36	360	300	14	24	21	270	192	150	45120	2510	15,3	10810	721	7,51	26	120	50	36
38	380	300	14	24	21	290	194	153	50950	2680	16,2	10810	721	7,46	26	120	50	38
40	400	300	14	26	21	300	209	164	60640	3030	17,0	11710	781	7,49	26	120	50	40
(42½)	425	300	14	26	21	330	212	166	69480	3270	18,1	11710	781	7,43	26	120	50	(42½)
45	450	300	15	28	23	350	232	182	84220	3740	19,0	12620	841	7,38	26	120	50	45
(47½)	475	300	15	28	23	370	235	185	95120	4010	20,1	12620	841	7,32	26	120	50	(47½)
50	500	300	16	30	24	390	255	200	113200	4530	21,0	13530	902	7,28	26	120	50	50
55	550	300	16	30	24	440	263	207	140300	5100	23,1	13530	902	7,17	26	120	50	55
60	600	300	17	32	26	480	289	227	180800	6030	25,0	14440	962	7,07	26	120	50	60
65	650	300	17	32	26	530	297	234	216800	6670	27,0	14440	962	6,97	26	120	50	65
70	700	300	18	34	27	580	324	254	270300	7720	28,9	15350	1020	6,88	26	120	50	70
(75)	750	300	18	34	27	630	333	261	316300	8430	30,8	15350	1020	6,79	26	120	50	(75)
80	800	300	18	34	27	680	342	268	366400	9160	32,7	15350	1020	6,70	26	120	50	80
90	900	300	19	36	30	770	381	299	506000	11250	36,4	16270	1080	6,53	26	120	50	90
(95)	950	300	19	36	30	820	391	307	573000	12060	38,3	16270	1080	6,45	26	120	50	(95)
100	1000	300	19	36	30	870	400	314	644700	12900	40,1	16280	1080	6,37	26	120	50	100

Sempre que possível, evitar os tipos de perfis apresentados entre parênteses.

TABELA 5.38-*Anéis elásticos* para eixos*, segundo DIN 471 (janeiro de 1952), dimensões em mm.

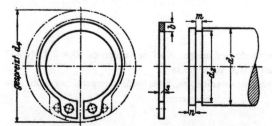

Exemplo de designação: Anel de segurança 40 × 1,75 DIN 471.
Material: aço para molas.
Fabricação: estampagem, rebarbação, têmpera, revenido, endireitamento.

Diâmetro do eixo d_1	Espessura s $h\,11$	b ≅	d_2	d_4 distendido	m H 13	n mínimo	Diâmetro do eixo d_1	Espessura s $h\,11$	b ≅	d_2	d_4 distendido	m H 13	n mínimo
4	0,4	0,7	3,8	8	0,5		65			62	81		
5	0,6	1,1	4,8	10	0,7		68		6,4	65	84		
6	0,7	1,3	5,7	12	0,8	1	70	2,5		67	86	2,65	2,5
7	0,8	1,3	6,7	14	0,9		75		7	72	92		
8		1,5	7,6	15			80		7,4	76,5	97		
9		1,7	8,6	16			85		8	81,5	103		
10		1,8	9,6	17			90	3		86,5	108	3,15	3
11		1,9	10,5	18			95		8,6	91,5	114		
12			11,5	19			100		9	96,5	119		
13	1		12,4	20	1,1		105			101	125		
14		2,2	13,4	22			110		9,5	106	131		
15			14,3	23			115			111	137		
16			15,2	24			120		10,3	116	143		
17			16,2	25			125			121	148		
18			17	26			130			126	154		
19			18	27			135		11	131	159		
20		2,7	19	28		1,5	140			136	164		
21	1,2		20	30			145			141	170		
22			21	31	1,3		150		11,6	145	175		
24			22,9	33			155	4		150	181	4,15	4
25			23,9	34			160		12,2	155	186		
26		3,1	24,0	35			165			160	192		
28			26,6	38			170		12,9	165	197		
30		3,5	28,6	40			175			170	202		
32	1,5		30,3	43	1,6		180		13,5	175	208		
34			32,3	45			185			180	213		
35		4	33	46			190			185	219		
36			34	47			195			190	224		
38			36	50			200			195	229		
40	1,75	4,5	37,5	53	1,85	2	210			204	239		
42			39,5	55			220		14	214	249		
45		4,8	42,5	58			230			224	259		
48			45,5	62			240			234	269		
50			47	64			250			244	279		
52		5	49	66			260	5		252	293	5,15	7
55	2		52	70			270			262	303		
58			55	73	2,15	2	280		16	272	313		
60		5,5	57	75			290			282	323		
62			59	77			300			292	333		

*Segundo os direitos reservados da firma Seeger & Co., Frankfurt/Main.

TABELA 5.39-*Anéis elásticos* para furos, segundo DIN 472 (janeiro de 1952), dimensões em mm.

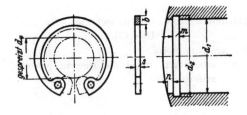

Exemplo de designação: Anel de segurança 50 × 2 DIN 472.
Material: aço para molas
Fabricação: estampagem, rebarbação, têmpera, revenido, endireitamento.

Diâmetro do furo d_1	Espessura s $h\,11$	b $\cong$	d_2	d_4 distendido	m H 13	n mínimo	Diâmetro do furo d_1	Espessura s $h\,11$	b $\cong$	d_2	d_4 distendido	m H 13	n mínimo
10		1,6	10,4	3			72	2,5		75	57	2,65	2,5
11			11,4	4			75		6,6	78	60		
12			12,5	5			78			81	62		
13			13,6	6			80		7	83,5	64		
14		2	14,6	7			85			88,5	69		
15			15,7	8			90	3	7,6	93,5	73	3,15	3
16	1		16,8	8	1,1		95		8	98,5	77		
17			17,8	9			100		8,3	103,5	82		
18			19	10			105		8,9	109	86		
19			20	11		1,5	110			114	89		
20		2,5	21	12			115		9,5	119	94		
21			22	12			120			124	98		
22			23	13			125		10	129	103		
24			25,2	15			130			134	108		
25			26,2	16			135			139	113		
26	1,2	3	27,2	16			140		10,8	144	118		
28			29,4	18	1,3		145			149	123		
30			31,4	20			150		11,5	155	126		
32			33,7	21			155	4		160	130	4,15	4
34			35,7	23			160			165	134		
35		3,5	37	24			165		12	170	139		
36	1,5		38	25	1,6		170			175	145		
37			39	26			175		12,5	180	149		
38			40	27			180		13	185	153		
40		4	42,5	28			185			190	157		
42			44,5	30			190		13,5	195	162		
45	1,75		47,5	33	1,85	2	195			200	167		
47		4,5	49,5	34			200			205	171		
48			50,5	35			210			216	181		
50			53	37			220			226	191		
52			55	39			230		14	236	201		
55		5,1	58	41			240			246	211		
58	2		61	44	2,15		250			256	221	5,15	7
60			63	46			260	5		268	227		
62		5,5	65	48			270			278	237		
65			68	50			280		16	288	247		
68	2,5	6	71	53	2,65	2,5	290			298	257		
70			73	55			300			308	267		

*Segundo os direitos reservados da firma Seeger & Co., Frankfurt/Main.

Materiais, Perfis e Respectivas Tabelas

TABELA 5.40-*Anéis de retenção*, dimensões (mm) segundo DIN 703 e 705.

Série leve, segundo DIN 705 (janeiro de 1949).

A. Fixação por meio de parafusos   B. Fixação por meio de pinos

Série pesada, segundo DIN 703 (janeiro de 1952).
Fixação por meio de parafusos

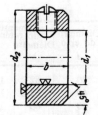
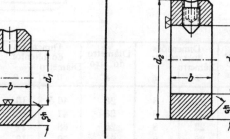

Furo d_1 H9	b j14	d_2 h13	Parafuso de fixação do tipo A DIN 553	Fixação do tipo B Pino cônico entalhado DIN 1471	Pino cônico DIN 1	Furo d_1 H9	b j14	d_2 h13	Parafuso de fixação do tipo A DIN 553	Fixação do tipo B Pino cônico entalhado DIN 1471	Pino cônico DIN 1	Furo d_1 H9	b j14	d_2 h13	Parafuso de fixação DIN 914
2	3,5	6	M 2 × 3	—	0,6 × 8	45	18	70	M 10 × 15	8 × 70	8 × 80	24		56	
2,5	4	7	M 2 × 3	—	0,8 × 10	48						25			
3	5					50						26			
3,5	5	8	M 2,6 × 4	—	1 × 10	52	18	80	M 10 × 15	10 × 80	10 × 90	28	22	63	M 10 × 15
4						55						30			
4,5	6	10	M 3 × 4	1,5 × 10	1,5 × 12	56						32			
5						58						34			
5,5	6					60		90		10 × 90	10 × 100	35		70	
6	8	12	M 4 × 6	1,5 × 12	1,5 × 14	63	20		M 10 × 18			36			
7	8					65						38			
8	8	16	M 4 × 6	2 × 16	2 × 20	68		100		10 × 100	10 × 110	40			
9	10	18	M 5 × 8	3 × 18	3 × 22	70						42		80	M 12 × 15
10	10	20	M 5 × 8	3 × 20	3 × 24	72						45			
11						75		110		10 × 110	10 × 120	48	28		
12	12	22	M 6 × 8	4 × 22	4 × 26	80	22		M 12 × 20			50			
14	12	25	M 6 × 8	4 × 25	4 × 30	85		125		13 × 125	13 × 140	52		90	M 12 × 20
15						90						55			
16	12	28	M 6 × 8	4 × 28	4 × 32	95		140		13 × 140	13 × 150	56			
18	14	32	M 6 × 8	5 × 32	5 × 36	100	25		M 12 × 22			58			
20						110		160		13 × 160	13 × 180	60	28	100	M 12 × 20
22	14	36	M 6 × 10	5 × 36	5 × 40	120						63			
24						125		180	M 16 × 28	16 × 180	16 × 200	65			
25	16	40	M 8 × 10	6 × 40	6 × 45	130	28					68			
26						140		200	M 16 × 30	16 × 200	16 × 230	70		110	
28	16	45	M 8 × 12	6 × 45	6 × 50	150						72			
30						160		220	M 20 × 35	—	—	75			M 16 × 20
32	16	50	M 8 × 12	8 × 50	8 × 55	170		250	M 20 × 40	—	—	80			
34						180	32					85	32	125	
35						190		280	M 20 × 45	—	—	90			
36	16	56	M 8 × 12	8 × 56	8 × 60	200						95			
38												100		140	
40	18	63	M 10 × 15	8 × 63	8 × 70							110			M 16 × 25
42												120		160	
												125	36	180	M 16 × 30
												130			
												140	38	200	M 20 × 2 × 30
												150			

Devem-se preferir as dimensões apresentadas em negrito.

Material: aço, de livre escolha do fabricante.

Série leve: $d_1 = 2$ a 70 mm, com um parafuso de fixação.
$d_1 = 72$ a 200 mm, com dois parafusos de fixação distanciados de 135°.

Série pesada: $d_1 = 24$ a 65 mm, com um parafuso de fixação.
$d_1 = 68$ a 150 mm, com dois parafusos de fixação distanciados de 135°.

121

TABELA 5.41 - Retentores para hastes e eixos*.

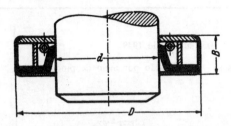

Diâmetro do eixo d	Dimensões do retentor Diâmetro D	B	Diâmetro do eixo d	Dimensões do retentor Diâmetro D	B	Diâmetro do eixo d	Dimensões do retentor Diâmetro D	B	Diâmetro do eixo d	Dimensões do retentor Diâmetro D	B
6	22	8	26	46,5	10	33	52	12	40	62	12
6	28	8	26	47	10	33	56	12	40	63,5	10
8	22	8	26	48	11	33,5	52	12	40	65	12
8	28	8	26	50	12	34	46	9,5	40	68	12
10	30	9,5	27	41	10	34	49	9,5	40	72	12
12	25	8	27	47	10	34	50	12	40	72	14
12	30	9	27	52	12	34	52	11	41	55,5	9
12	32	10	27,5	50	12	34	62	13	41	58	9
12	35	10	27,5	52	12	35	47	7,5	41	63,5	10
13	28	8	28	40	10	35	49,5	9,5	41,5	62	12
14	28	7,5	28	43	9,5	35	50	8	41,5	63,5	10
14	30	10	28	47	12	35	52	8	42	56	9,5
14	32	10	28	50	12	35	53	8	42	58	9
15	30	10	28	52	12	35	53	10	42	60	10
15	35	10	28,5	43	9,5	35	56	10	42	62	11
15	40	10	28,5	46,5	11	35	61	12	42	65	12
16	28,5	9,5	28,5	50	12	35	62	12	42	66	13
16	30	10	28,5	64	14	35	72	12	42	70	12
16	32	10	29	43	9	36	56	13	42	72	12
16	40	10	29	46	11	36	58	13	42	80	12
17	35	10	29	46,5	11	36	62	12	42	80	15
17	40	10	29	64,5	14	36	71	12,5	43	60	10
18	35	10	30	46	8,5	36,5	60,5	12	43	65	12
19	35	10	30	47	10	36,5	62	12	44	60	11
19	40	10	30	48	10	37	52	9	44	62	11
19	35	11	30	49	9,5	37	54	9	44	65	11
20	35	10	30	50	12	37	62	12	44	73	12
20	40	10	30	52	13	37	80	13	45	60	8
20	47	11	30	54	11	37,5	55,5	9	45	62	12
22	40	11	30	56	12	38	52	8,5	45	65	12
23	42	10	30	62	12	38	54	9	45	66	13
23	43,5	11	31	47	8,5	38	56	12	45	68	12,5
23	47	11	31,5	50,5	12	38	60,5	12,5	45	72	12
24	41	11	32	47	8,5	38	62	12	45	73	12
25	42	10	32	49	9	38	63,5	13	46	65	12
25	43	9,5	32	50	12	38	80	13	46	72	12
25	45	10	32	52	12	39	68	12	47	63,5	8,5
25	47	11	32	56	12	39	71	13	47	65	12
25	50	11	32,5	62	12	39	72	12	47	70	12
25	52	11	33	49	9	39,5	62	12	47	62	12
25,5	46,5	11	33	49	9,5	40	55,5	9	47,5	76	12,5
26	41	10	33	49	10	40	60	10	48	65	9

Observação: os retentores para eixos têm diâmetro externo tolerado para assento forçado.

Acabamento da superfície de deslizamento: para pequenas velocidades periféricas, até aproximadamente 4 m/s, é suficiente submeter a superfície de deslizamento a um alisamento fino. Para velocidades periféricas superiores a 4 m/s, é necessário retificar ou polir a superfície de deslizamento.

*Dimensões dos retentores de marca Goetze, de Goetze-Werk, Burscheid.

6. Normas, números normalizados e tolerâncias

6.1. NORMAS

A padronização de dimensões, qualidades, prescrições etc. possibilita uma redução do número de tipos de produtos a serem utilizados e, portanto, simplifica consideràvelmente o serviço de almoxarifado e a obtenção de equipamento de reposição, diminui os custos de produção, melhora a qualidade, aumenta a segurança e possibilita melhor contrôle no comércio do produto, e evita a realização de trabalhos dobrados.

Justamente no campo da construção de máquinas é que se utilizam normas com maior freqüência, sobretudo as normas alemãs (DIN), que, em parte, também levam em consideração recomendações de normas internacionais (ISA) e de normas de trabalho de firmas particulares. As normas DIN (ver índice dos opúsculos das normas [6/1]) englobam, atualmente, além das normas de caráter geral, as normas relativas a setores técnicos especializados[1]. Indicam-se em cada capítulo os principais opúsculos das normas DIN que se referem ao assunto tratado.

6.2. NÚMEROS NORMALIZADOS

Os números normalizados servem para a elaboração de escalonamentos convenientes de grandezas referentes aos vários tipos de um produto fabricado, ou seja, de diâmetros, rotações, capacidades de carga, potências etc. Utilizam-se, para isso, os valores arredondados de elementos de progressões geométricas decimais, segundo a Tab. 6.1.

TABELA 6.1-*Números normais* (DIN 323, outubro de 1939).

Série	Razão	Números normais																				
R 5	$\sqrt[5]{10} \cong 1{,}6$	1							1,6				2		2,5						
R 10	$\sqrt[10]{10} \cong 1{,}25$	1			1,25				1,6				2		2,5						
R 20	$\sqrt[20]{10} \cong 1{,}12$	1		1,12	1,25		1,4		1,6		1,8		2	2,24		2,5	2,8				
R 40	$\sqrt[40]{10} \cong 1{,}06$	1	1,06	1,12	1,18	1,25	1,32	1,4	1,5	1,6	1,7	1,8	1,9	2	2,12	2,24	2,36	2,5	2,65	2,8		
R 5								4							6,3							10
R 10			3,15					4		5					6,3				8			10
R 20			3,15		3,55			4	4,5	5		5,6			6,3		7,1		8		9	10
R 40		3	3,15	3,35	3,55	3,75	4	4,25	4,5	4,75	5	5,3	5,6	6	6,3	6,7	7,1	7,5	8	8,5	9	9,5	10

Podem-se obter outros números normalizados multiplicando-se os valores acima por 10, 100, 1 000 etc. Para a construção de máquinas preferem-se as séries R 10 e R 20.

6.3. TOLERÂNCIAS

Para se obterem, sem proceder a trabalhos de ajustagem, determinados "assentos", como por exemplo assentos forçados, de penetração (forçados, embutidos, aderentes, deslizantes) ou folgados (deslizantes ou de rolamento), é necessário manter as dimensões correspondentes das peças dentro de uma determinada "tolerância". Essa tolerância é estabelecida através dos afastamentos admissíveis das dimensões ou dos correspondentes símbolos de tolerância apostos às dimensões nominais das peças, conforme mostra a Fig. 6.1[2].

---

[1] Os antigos prefixos relativos às várias especialidades, como BERG e outros, foram substituídos por números iniciais especiais. Os números que se seguem a êstes números iniciais de classificação permaneceram inalterados, com raras exceções.

Assim, as normas BERG passaram a ser normas DIN 20 000 a 24 999 — por exemplo, BERG 1 tornou-se DIN 20 001;

as normas DVM passaram a ser normas DIN 50 000 a 54 999 — por exemplo, DVM 101 tornou-se DIN 50 101;
as normas Kr passaram a ser normas DIN 70 000 a 78 999 — por exemplo, Kr 111 tornou-se DIN 70 111;
as normas VDE passaram a ser normas DIN 40 000 a 49 999 — por exemplo, VDE 719 tornou-se DIN 40 719.
Em [6/1], podem-se obter ainda outros dados.

[2] As tolerâncias não podem garantir, entretanto, uma total intercambiabilidade das peças — um ajuste de traspassamento, por exemplo, pode tornar-se, em casos-limite, folgado ou interferente, fato êste que pode exigir uma seleção das peças a serem montadas. A adoção de uma tolerância ainda mais rigorosa poderia encarecer demasiadamente a fabricação das peças.

Segundo o recentemente introduzido sistema ISA de tolerâncias, para cada "assento" se requerem dois símbolos de tolerância apostos à dimensão nominal, referindo-se um à tolerância da dimensão interna (furo) e o outro à correspondente dimensão externa (eixo)[3].

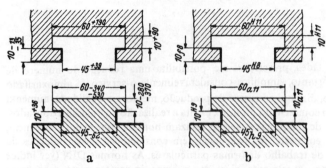

Figura 6.1 — Tolerâncias de um guia. a) através de cotas das tolerâncias (dispensa--se a cota zero!); b) através de símbolos de tolerâncias (segundo Leinweber). Tanto no sentido horizontal quanto no vertical o apoio ocorre apenas sôbre um único par de superfícies

Significados dos símbolos do sistema ISA de tolerâncias. As letras determinam a posição do campo de tolerância em relação à linha zero (dimensão nominal); as minúsculas correspondem aos eixos (dimensões externas) e as maiúsculas aos furos (dimensões internas). Os "furos-base" (letra H) têm afastamentos inferiores nulos e os "eixos-base" (letra h) afastamentos superiores nulos[4].

Os números indicam a qualidade ISA (Tab. 6.2) e também a amplitude do campo de tolerância, que é um múltiplo da unidade de *tolerância i*:

$$i = 0{,}45 \sqrt[3]{D} + 0{,}001\, D$$ (i em 1/100 mm, diâmetro D em mm!).

A Tab. 6.2 apresenta o escalonamento das qualidades ISA com as correspondentes tolerâncias.

TABELA 6.2-*Tolerâncias básicas ISA-Qualidades* 5 a 11, em 1/1 000 mm (DIN 7151, outubro de 1936).

	Qualidade ISA Escalonamento	5 $7 \cdot i$	6 $10 \cdot i$	7 $16 \cdot i$	8 $25 \cdot i$	9 $40 \cdot i$	10 $64 \cdot i$	11 $100 \cdot i$
Diâmetro nominal	1 ⋯ 3 mm	5	7	9	14	25	40	60
	Acima de 3 ⋯ 6 „	5	8	12	18	30	48	75
	„ 6 ⋯ 10 „	6	9	15	22	36	58	90
	„ 10 ⋯ 18 „	8	11	18	27	43	70	110
	„ 18 ⋯ 30 „	9	13	21	33	52	84	130
	„ 30 ⋯ 50 „	11	16	25	39	62	100	160
	„ 50 ⋯ 80 „	13	19	30	46	74	120	190
	„ 80 ⋯ 120 „	15	22	35	54	87	140	220
	„ 120 ⋯ 180 „	18	25	40	63	100	160	250

TABELA 6.3-*Exemplos de pares de tolerâncias ISA* a serem adotados para a obtenção de determinados "assentos"*. À esquerda: sistema de furo-base; à direita: sistema de eixo-base.

Ajuste com furo-base		Ajuste com eixo-base
	Assentos forçados: para a transmissão, por atrito, de grandes fôrças longitudinais ou tangenciais. Podem ser realizados sòmente por meio de prensagens ou de dilatações térmicas diferenciais (Cap. 19.2).	
H 7 − z 8, z 9	1. *Para elevadas pressões de aderência:* cubos de rodas de translação, de engrenagens e de volantes; flanges de eixos (z 9 para os maiores diâmetros e u 6 para os menores.	Z 8, Z 9 − h 6
H 7 − x 7, x 8		X 7, X 8 − h 6
H 7 − u 6, u 7		U 6, U 7 − h 6
H 7 − s 6	2. *Para médias pressões de aderência:* cubos de acoplamentos; coroas de bronze sôbre cubos de ferro fundido; buchas de mancais em carcaças, rodas e bielas (s 6 para os maiores diâmetros e r 6 para os menores).	S 7 − h 6
H 7 − r 6		R 7 − h 6

(Ajuste fino)

As designações dos assentos 3 a 18, oriundas das normas DIN e aqui apresentadas, facilitam a idealização dêstes assentos.

---

[3] Segundo o sistema DIN de tolerâncias, apenas um símbolo de tolerância determinava o assento, isto é, simultâneamente as dimensões do furo e do eixo.

[4] O sistema de furo-base (poucos calibradores para furos!) é utilizado na construção de máquinas em geral e na construção de veículos e de máquinas-ferramentas; o sistema de eixo-base (poucos calibradores para eixos!) é utilizado na fabricação de transmissões, máquinas têxteis e agrícolas. Pode-se encontrar a utilização simultânea dos dois sistemas na construção de máquinas elétricas e nas construções de precisão.

Normas, Números Normalizados e Tolerâncias

	Ajuste com furo-base		Ajuste com eixo-base
		Assentos de penetração: não são suficientes para a transmissão de momentos torçores!	
	H 7 – n 6	3. *Assento forçado:* a ser realizado por meio de prensa! Para induzidos sôbre eixos de motores, e coroas dentadas sôbre rodas; flanges sôbre eixos; buchas de mancais em caixas e cubos.	N 7 – h 6
	H 7 – m 6	4. *Assento embutido:* pode ser realizado, com dificuldade, por meio de martelo manual! Para polias, acoplamentos e engrenagens montadas uma única vez sôbre eixos de máquinas ou de motores elétricos (d = 55 ··· 120 mm).	M 7 – h 6
	H 7 – k 6	5. *Assento aderente:* pode ser bem realizado por meio de martelo manual! Para polias, acoplamentos e rodas dentadas, como acima (d = 8 ··· 50 mm); volantes com chavêtas tangenciais; anéis internos de mancais de rolamento; volantes e alavancas manuais.	K 7 – h 6
(Ajuste fino)	H 7 – j 6	6. *Assento deslizante:* a ser realizado por meio de martelo de madeira ou mesmo manualmente! Para polias, engrenagens, volantes manuais, buchas de mancais e anéis externos de mancais de rolamento, que devam ser fàcilmente desmontáveis.	J 7 – h 6
		Assentos folgados:	
	H 7 – h 6	7. *Assento deslizante:* lubrificado, manualmente deslocável! Para rodas substituíveis, mandris de contrapontas, anéis de retenção, buchas de pinos de pistões, anéis externos de rolamentos; flanges de centragem de acoplamentos e de tubulações.	H 7 – h 6
	H 7 – g 6	8. *Assento justo de rolamento:* deslocável, porém sem jôgo perceptível! Para engrenagens e acoplamentos deslocáveis axialmente, mancais de bielas e pistões de instrumentos indicadores.	G 7 – h 6
	H 7 – f 7	9. *Assento de rolamento:* jôgo perceptível! Para mancais principais de máquinas-ferramenta, mancais de árvores de manivelas e de bielas, mancais inteiriços de reguladores; luvas deslizantes sôbre eixos, guias.	F 7 – h 6
	H 7 – e 8	10. *Assento de rolamento ligeiro:* jôgo apreciável! Para eixos de máquinas-ferramenta apoiados em vários mancais.	E 8 – h 6
	H 7 – d 9	11. *Assento de rolamento folgado:* jôgo abundante! Para eixos de transmissões e eixos intermediários.	D 9 – h 6
	H 8 – h 8	12. *Assento deslizante:* para peças ajustadas deslocáveis sem esforços! Anéis de retenção para transmissões; polias inteiriças; manivelas manuais, engrenagens, acoplamentos e outras peças que devam ser deslocadas sôbre eixos.	H 8 – h 8
(Ajuste liso)	H 8 – f 8	13. *Assento de rolamento:* jôgo perceptível! Mancais principais de árvores de manivelas; mancais de bielas, cruzetas de paralelogramos; guias de hastes de pistões e de hastes em geral, eixos sôbre três mancais; pistões e respectivas hastes em cilindros; mancais de bombas centrífugas e de engrenagens; luvas de acoplamentos deslocáveis.	F 8 – h 8
	H 8 – d 10	14. *Assento de rolamento folgado:* jôgo abundante! Mancais de eixos longos de guindastes e de transmissões; polias loucas; mancais de máquinas agrícolas; centragens de cilindros, buchas de guarnições.	D 10 – h 8
	H 11 – h 11	15. *Assento grosseiro 1:* para peças fàcilmente encaixáveis umas nas outras, com pequeno jôgo e grande tolerância! Peças de máquinas agrícolas que devam ser fixadas sôbre eixos, por compressão, por meio de pinos ou de parafusos; buchas distanciadoras; pinos de dobradiças de portas resistentes ao fogo.	H 11 – h 11
(Ajuste grosseiro)	H 11 – d 11	16. *Assento grosseiro 2:* permite jôgo, durante o movimento, de peças com tolerâncias elevadas! Alavancas removíveis, parafusos de alavancas; mancais de roldanas e de roletes de guias.	D 11 – h 11
	H 11 – c 11 H 11 – b 11	17. *Assento grosseiro 3:* permite jôgo grande, durante o movimento, de peças com tolerâncias elevadas! Parafusos de garfos de mecanismos de freios de veículos; pinos de articulações, pinos de molas.	C 11 – h 11 B 11 – h 11
	H 11 – a 11	18. *Assento grosseiro 4:* permite jôgo muito grande durante o movimento, de peças com tolerâncias elevadas! Eixos de reguladores de locomotivas; articulações de freios e de molas; pinos de engates de locomotivas.	A 11 – h 11

125

TABELA 6.4-*Afastamentos A do sistema de tolerâncias ISA e diferenças U entre os pares de dimensões toleradas que figuram na Tab. 6.3, em 1/1000 mm, com furos-base.*

Significados: valores de A sem sinal – valores positivos
valores de U sem sinal – interferência
valores de U com sinal – folga
diferença dimensional $U = A_{eixo} - A_{furo}$

Ajuste	Valor	de	até	de	até	de	até	de	até	de	até	de	até	de	até
⌀ nominal	mm	10	14	14	18	18	24	24	30	30	40	40	50	50	65
H 7	A	0		18		0		21		0		25		0	30
z8	A	50	77	60	87	73	106	88	121	112	151	136	175	172	218
H 7—z8	U	32	77	42	87	52	106	67	121	87	151	111	175	142	218
x7	A	40	58	45	63	54	75	64	85	80	105	97	122	122	152
H7—x7	U	22	58	27	63	33	75	43	85	55	105	72	122	92	152
u6	A	33	44	33	44	41	54	48	61	60	76	70	86	87	106
H 7—u6	U	15	44	15	44	20	54	27	61	35	76	45	86	57	106
s6	A	28	39	28	39	35	48	35	48	43	59	43	59	53	72
H 7—s6	U	10	39	10	39	14	48	14	48	18	59	18	59	23	72
⌀ nominal	mm	65	80	80	100	100	120	120	140	140	160	160	180	180	200
H 7	A	0	30	0			35	0				40		0	46
z8∥z9	A	210	256	258	312	310	364	365	465	415	515	465	565	520	635
H7—z8∥z9	U	190	256	223	312	275	364	325	465	375	515	425	565	474	635
x8	A	146	192	178	232	210	264	248	311	280	343	310	373	350	422
H7—x8	U	116	192	143	232	175	264	218	311	240	343	270	373	304	422
u6∥u7	A	102	121	124	146	144	179	170	210	190	230	210	250	236	282
H7—u6∥u7	U	72	121	89	146	109	179	130	210	150	230	170	250	190	282
s6	A	59	78	71	93	79	101	92	117	100	125	108	133	122	151
H7—s6	U	29	78	36	93	44	101	52	117	60	125	68	133	76	151
⌀ nominal	mm	10	18	18	30	30	50	50	80	80	120	120	180	180	250
H7	A	0	18	0	21	0	25	0	30	0	35	0	40	0	46
n6	A	12	23	15	28	17	33	20	39	23	45	27	52	31	60
H7—n6	U	−6	23	−6	28	−8	33	−10	39	−12	45	−13	52	−15	60
m6	A	7	18	8	21	9	25	11	30	13	35	15	40	17	46
H7—m6	U	−11	18	−13	21	−16	25	−19	30	−22	35	−25	40	−29	46
k6	A	1	12	2	15	2	18	2	21	3	25	3	28	4	33
H7—k6	U	−17	12	−19	15	−23	18	−28	21	−32	25	−37	28	−42	33
j6	A	−3	8	−4	9	−5	11	−7	12	−9	13	−11	14	−13	16
H7—j6	U	−21	8	−25	9	−30	11	−37	12	−44	13	−51	14	−59	16
h6	A	−11	0	−13	0	−16	0	−19	0	−22	0	−25	0	−29	0
H7—h6	U	−29	0	−34	0	−41	0	−49	0	−57	0	−65	0	−75	0
g6	A	−17	−6	−20	−7	−25	−9	−29	−10	−34	−12	−39	−14	−44	−15
H7—g6	U	−35	−6	−41	−7	−50	−9	−59	−10	−69	−12	−79	−14	−90	−15
f7	A	−34	−16	−41	−20	−50	−25	−60	−30	−71	−36	−83	−43	−96	−50
H7—f7	U	−52	−16	−62	−20	−75	−25	−90	−30	−106	−36	−123	−43	−142	−50
e8	A	−59	−32	−73	−40	−89	−50	−106	−60	−126	−72	−148	−85	−172	−100
H7—e8	U	−77	−32	−94	−40	−114	−50	−136	−60	−161	−72	−188	−85	−218	−100
d9	A	−93	−50	−117	−65	−142	−80	−174	−100	−207	−120	−245	−145	−285	−170
H7—d9	U	−111	−50	−138	−65	−167	−80	−204	−100	−242	−120	−285	−145	−331	−170
H8	A	0	27	0	33	0	39	0	46	0	54	0	63	0	72
h8	A	−27	0	−33	0	−39	0	−46	0	−54	0	−63	0	−72	0
H8—h8	U	−54	0	−66	0	−78	0	−92	0	−108	0	−126	0	−144	0
f8	A	−43	−16	−53	−20	−64	−25	−76	−30	−90	−36	−106	−43	−122	−50
H 8—f8	U	−70	−16	−86	−20	−103	−25	−122	−30	−144	−36	−169	−43	−194	−50
d10	A	−120	−50	−149	−65	−180	−80	−220	−100	−260	−120	−305	−145	−355	−170
H8—d10	U	−147	−50	−182	−65	−219	−80	−266	−100	−314	−120	−368	−145	−427	−170

(Ajustes finos a ajustes lisos) Assentos forçados
(Ajustes lisos) Assentos de penetração
(Ajustes lisos) Assentos folgados
(Ajustes finos) Assentos folgados

Normas, Números Normalizados e Tolerâncias

Assentos folgados

Ø nominal	mm	10	18	18	30	30	50	50	80	80	120	120	180	180	250
H11	A	0	110	0	130	0	160	0	190	0	220	0	250	0	290
h11	A	−110	0	−130	0	−160	0	−190	0	−220	0	−250	0	−290	0
H11−h11	U	−220	0	−260	0	−320	0	−380	0	−440	0	−500	0	−580	0
d11	A	−160	−50	−195	−65	−240	−80	−290	−100	−340	−120	−395	−145	−460	−170
H11−d11	U	−270	−50	−325	−65	−400	−80	−480	−100	−560	−120	−645	−145	−750	−170

Ø nominal	mm	10	18	18	30	30	40	40	50	50	65	65	80	80	100
H11	A	0	110	0	130	0		160	0			190	0		220
c11	A	−205	−95	−240	−110	−280	−120	−290	−130	−330	−140	−340	−150	−390	−170
H11−c11	U	−315	−95	−370	−110	−440	−120	−450	−130	−520	−140	−530	−150	−610	−170
b11	A	−260	−150	−290	−160	−330	−170	−340	−180	−380	−190	−390	−200	−440	−220
H11−b11	U	−370	−150	−420	−160	−490	−170	−500	−180	−570	−190	−580	−200	−660	−220
a11	A	−400	−290	−430	−300	−470	−310	−480	−320	−530	−340	−550	−360	−600	−380
H11−a11	U	−510	−290	−560	−300	−630	−310	−640	−320	−720	−340	−740	−360	−820	−380

Ø nominal	mm	100	120	120	140	140	160	160	180	180	200	200	225	225	250
H11	A	0	220	0					250	0			0		290
c11	A	−400	−180	−450	−200	−460	−210	−480	−230	−530	−240	−550	−260	−570	−280
H11−c11	U	−620	−180	−700	−200	−710	−210	−730	−230	−820	−240	−840	−260	−860	−280
b11	A	−460	−240	−510	−260	−530	−280	−560	−310	−630	−340	−670	−380	−710	−420
H11−b11	U	−680	−240	−760	−260	−780	−280	−810	−310	−920	−340	−960	−380	−1000	−420
a11	A	−630	−410	−710	−460	−770	−520	−830	−580	−950	−660	−1030	−740	−1110	−820
H11−a11	U	−850	−410	−960	−460	−1020	−520	−1080	−580	−1240	−660	−1320	−740	−1400	−820

Para os casos que não se exige uma precisão especial de fabricação, dispõem-se das qualidades de tolerâncias IT 14 a IT 18. Há uma norma DIN que estabelece as "tolerâncias de dimensões livres", isto é, as tolerâncias de dimensões não toleradas nos desenhos.

As normas DIN 7 524 e 7 526 apresentam os desvios admissíveis de dimensões de peças de aço forjadas em matrizes, e a norma DIN 7710, os de peças prensadas de materiais prensados e de peças fundidas sob pressão.

A Tab. 6.3 apresenta alguns exemplos que visam a facilitar a determinação do par de tolerâncias ISA correspondentes a alguns "assentos", bem como as observações do sistema DIN de tolerâncias — "ajuste fino" até "ajuste grosseiro" e "ajuste forçado" até "ajuste folgado" — observações estas que permitem ao projetista obter uma noção melhor do funcionamento do ajuste escolhido.

A Tab. 6.4 apresenta os afastamentos A, bem como as diferenças U entre pares de dimensões toleradas de acôrdo com o sistema ISA de tolerâncias, e visa a permitir relacionar o tipo de "assento" desejado com os respectivos símbolos do sistema de tolerâncias. Apresenta ainda algumas observações relativas às tolerâncias de dimensões não especificamente toleradas.

Nos estudos particulares de cada elemento de máquinas encontram-se outras observações relativas a normas e tolerâncias.

A Tab. 6.5 mostra a influência da temperatura sôbre dimensões lineares.

TABELA 6.5-*Dilatações térmicas lineares* Δl *de alguns materiais para comprimento 100 mm e aumento de 1°C de temperatura, em 1/1000 mm, segundo Leinweber* [6/7].

Material	Δl	Material	Δl	Material	Δl
Aço	1,15	Mg-Al DIN 1729	2,4 ··· 2,7	Níquel	1,3
Ferro fundido cinz.	1,1	Bronze DIN 1705	1,8	Zinco	3,0
Alumínio	2,3	Cobre	2,7	Estanho	2,3
Al-Cu-Mg DIN 1725	2,4 ··· 2,6	Latão DIN 1709	1,9	Resina artificial tipos O, S	3,7 ··· 6,0
Al-Si-Cu DIN 1725	1,9 ··· 2,2	Argentão DIN 1780	1,8	Material prensado tipo T	3,0 ··· 4,0
Al-Si-Mg DIN 1725				Material prensado tipo K	4,0
Chumbo	2,9				

6.4. BIBLIOGRAFIA

[6/1] DIN-Normblattverzeichnis 1957. Berlin: Beuth-Vertrieb 1957; ainda Fascículos 1 a 12, Berlin: Beuth-Vertrieb. DIN-Taschenbuch 1, 4 e 10 (jedes enthält die Original-Normblätter im Format A 5 für ein Teilgebiet). Berlin: Beuth-Vertrieb.

[6/2] DIN-Blätter: ISA-Passungen 7 150-7 155, Abmasse der ISA-Passungen 7 160, 7 161; Begriffe 7 182; Oberflächengeometrie 4 760, 4 761; Auslesepaarung 7 185; Presspassungen 7 190; Abmasse für Gesenkschmiedestücke 7 524 ··· 7 529, für Presstoff-Pressteile 7 710.

[6/3] — Einführung in die DIN-Normen. Hrsg. Inst. für Berufsausbildung Berlin. Verlag für Wissenschaft und Fachbuch: Bielefeld 1949.
[6/4] *HELLMICH, W.:* Vom Sinn der Normung. Z. VDI Vol. 87 (1943), p. 65.
[6/5] *KIENZLE, O.:* Normung und Wissenschaft. Z. VDI Vol. 87 (1943) p. 68; Die Normungszahlen und ihre Anwendung. Z. VDI Vol. 83 (1939), p. 717; Die Pressitze im ISA-Passungssystem. Werkst-Techn. Vol. 32 (1938), p. 421; Die Typnormen im Erzeugungsbild des deutschen Maschinenbaus. Z. VDI Vol. 90 (1948), p. 373.
— Normungszahlen. Wissenschaftliche Normung Fasc. 2. Berlin: Springer 1950.
[6/6] *KOEHN, O.:* Normung und Leistungssteigerung. Z. VDI Vol. 86 (1942), p. 665.
[6/7] *LEINWEBER, P.:* Passung und Gestaltung. Berlin: Springer 1941.
— Toleranzen und Lehren. Berlin: Springer 1943.
[6/8] *BRANDENBERGER, H.:* Toleranzen, Passung und Konstruktion. Zürich 1946.
[6/9] *STREIFF, F.:* Zweckmässige Sitze für Riemenscheiben, Kupplungen und Zahnräder auf Wellenenden. Werkst.--Techn. Vol. 32 (1938), p. 25.
[6/10] *BERG, S.:* Die Normzahl, Wesen u. Anwendung, ZVDI 92 (1950) p. 135; ainda: Angewandte Normzahl. Beuth--Vertrieb Berlin u. Krefeld-Uerdingen 1949.

II. ELEMENTOS DE JUNÇÃO
7. Junções por meio de solda

7.1. UTILIZAÇÃO

Numerosos e variados são os casos em que se podem utilizar as junções por meio de solda; não apenas materiais como aço, aço fundido ou ferro fundido podem ser soldados, mas também às ligas de cobre, de alumínio e magnésio, ao níquel, ao zinco, ao chumbo e, mais recentemente, a materiais termoplásticos artificiais podem-se aplicar soldas. Vêem-se vigas de aço, reservatórios e caldeiras soldados em vez de rebitados, peças de máquinas soldadas em vez de fundidas ou forjadas; conhecem-se, ainda, a soldagem de reparos de fissuras e fraturas, a soldagem de enchimento de pontos desgastados ou de pontos a serem reforçados, bem como o corte autógeno, empregado no recorte de peças e nas desmontagens, cuja técnica é intimamente ligada à técnica da solda.

Nem sempre são os menores os pesos das peças soldadas mas, desde que convenientemente projetadas para serem soldadas tais peças são bem mais leves que as peças fundidas e que as peças rebitadas de mesmas rigidez e resistência. Por outro lado, é mais difícil a verificação da qualidade da junção soldada, e a sua execução requer cuidados especiais (repuxamentos e tensões de contração oriundos da soldagem).

As estruturas de aço (edifícios, pontes, guindastes) soldadas têm pêso 20% menor que as rebitadas. As vigas de almas cheias feitas de chapa e as treliças feitas de tubos são, preferivelmente, soldadas, mas as treliças de aço perfilado são inteiramente rebitadas.

Na construção de caldeiras e de reservatórios, a solda permite juntar as chapas tôpo a tôpo, evitando, assim, as incômodas sobreposições de chapas nos pontos a serem rebitados e proporcionando uma certa redução do pêso da construção (resistência da junta soldada – 70 a 90% da resistência da chapa, resistência da junta rebitada – 60 a 87% da resistência da chapa).

É crescente o emprêgo da solda na construção de máquinas, principalmente em se tratando de construções leves ou de reduzido prazo de entrega. As peças soldadas de máquinas têm pêsos iguais até 50% (espessuras de paredes reduzidas e aproximadamente a metade!) dos pesos das peças fundidas, e a dispensa de modelos influi positivamente nos preços e nos prazos de entrega, sobretudo nos casos de fabricação não seriada. Recomenda-se o emprêgo da solda na fabricação de caixas de redutores e de proteção, de estruturas de máquinas, de alavancas, engrenagens e polias para cabos. Nos casos de fabricação em série, entretanto, é freqüentemente mais econômica e fabricação por fundição.

7.2. EXECUÇÃO

As superfícies a serem soldadas devem ser postas em contato uma com a outra e suas temperaturas devem ser elevadas à temperatura de soldagem. A união metálica efetua-se, então, por

1. Pressão mútua (caldeamento), ou
2. fusão mútua (soldagem por fusão).

Pode-se melhorar a qualidade da soldadura, quer envolvendo-se as peças em substâncias especiais sólidas ou gasosas, quer adicionando-se pós desoxidantes e formadores de escória.

1. Processos de Soldagem

No caldeamento (aquecimento à temperatura de soldagem por meio de fogo de forja ou de coque, por chama de gás d'água ou de gás de iluminação) a união é efetuada com o emprêgo de martelos ou de prensas. Utiliza-se êste processo para soldar correntes, por exemplo, ou, empregando-se chama de gás d'água (evita a oxidação), para soldar tubos e caldeiras de chapas de espessura até 100 mm.

Pela soldagem a gás (solda autógena), feita com uma chama obtida pela mistura de um gás de combustão e oxigênio, podem-se fundir e unir diretamente peças de paredes delgadas (até 4 mm), ao passo que as de paredes mais espêssas (arestas chanfradas!) podem ser soldadas através da fusão de um fio de solda. Utilizam-se chamas de acetileno (3 100°C) para todos os trabalhos de soldagem, como por exemplo nas soldagens de reservatórios, tubos, pequenos objetos de ferro, consertos; chamas de hidrogênio (2 000°C) são empregadas para as soldagens de chapas de chumbo, alumínio e aço, de espessuras até aproximadamente 18 mm; com chamas de gás de iluminação (1 800°C) soldam-se chapas de chumbo e de aço, de espessuras até aproximadamente 15 mm; chamas de benzol (2 700°C) são utilizadas especialmente para trabalhos de montagem e para soldagens de chapas de aço de espessura até aproximadamente 15 mm.

Adotando-se uma mistura de gases "oxidante", as chamas acima podem servir para corte autógeno.

Na soldagem elétrica por arco voltaico, eleva-se a temperatura do ponto a ser soldado, por meio de um arco voltaico (3 500°) formado entre a peça e o elemento fusível (elétrodo), até a temperatura de fusão em que o material do elétrodo se derrete e, sob a forma de gôtas, é vertido na junta a ser soldada. Êste processo é utilizado em todos os trabalhos de soldagem, mesmo os de alta qualidade. Assim, por exemplo, com elétrodos de carvão soldam-se tanques de gasolina, reservatórios e tubos de paredes delgadas; elétrodos com revestimento, atmosferas protetoras e elétrodos de tungstênio (Arcatom), decomposição de gases são empregados para soldagens especiais e de alta qualidade.

Para a soldagem por resistência elétrica (de tôpo, a ponto, por costura) os pontos das peças que devem ser soldados são postos em contato e aquecidos à temperatura de soldagem pela própria resistência elétrica do contato (até 100 000 A sob 10 V); comprimindo-se, a seguir, os pontos de contato entre si, realiza-se a soldagem. Êste processo é utilizado para soldagens de tôpo de trilhos, perfis de aço e tubos de secção transversal de até 200 cm² de área; para soldagens de correntes e de aços rápidos; para soldagens a ponto de utensílios domésticos, pequenos objetos de ferro e de chapas sobrepostas de espessura total 0,2 a 25 mm; no caso de soldagem por costura, a espessura total da sobreposição de chapas não deve ultrapassar 5 mm.

Citem-se ainda: a solda aluminotérmica, realizada através da inflamação de mistura de pós de alumínio e de óxido de ferro (3 000°C) e empregada para soldar juntas de trilhos; a soldagem de ferro fundido cinzento pela infusão de ferro fundido, que consiste em verter ferro fundido em pontos defeituosos de peças fundidas.

2. Soldabilidade

Note-se que:

aços de baixo teor de carbono podem ser fàcilmente soldados;

aços de alto teor de carbono (mais duros que o aço St 52) e aços-liga podem fissurar-se fàcilmente quando soldados[1]; o ferro fundido cinzento pode ser satisfatòriamente soldado apenas sob determinadas condições;

o aço Thomas não se presta a soldagens, devido ao seu elevado teor de fósforo e de nitrogênio;

os metais não-ferrosos (cobre, ligas de alumínio e magnésio, níquel, zinco, chumbo) exigem precauções especiais para serem soldados[1];

materiais artificiais termoplásticos (por exemplo, Vinidur) podem ser soldados por meio de uma corrente de ar quente;

os pontos a serem soldados devem ser bem acessíveis ao elétrodo ou ao maçarico de soldagem.

3. Precauções Especiais

Para evitar tensões residuais, contrações e empenamentos é necessário: evitar a aplicação concentrada em um dado ponto, de uma quantidade de calor (volume de cordão de solda) excessiva (preferir cordões de pequena espessura e utilizar elétrodos que proporcionem gôtas grandes de solda); obedecer à seqüência correta de soldagem; possibilitar eventuais dilatações; submeter, conforme o caso, a construção soldada a um recozimento de alívio de tensões em um fôrno de temperatura 600°C. As construções sujeitas a solicitações elevadas, sobretudo se de aço St 52, devem, além do mais, ser pré-aquecidas a temperaturas de 100 a 150°C, por ocasião da soldagem (200 a 300°C para ferro fundido). Nos locais de menor espessura, podem-se substituir cordões de solda grossos por dois cordões mais finos, aplicados um de cada lado das superfícies a serem soldadas.

Dispositivos de fixação ou de mudança de posição, guias e dispositivos de avanço das peças a serem soldadas podem facilitar bastante o trabalho de soldagem, evitar usinagens prévias das peças e melhorar a qualidade da soldadura.

Podem-se reduzir as concentrações de tensões e elevar consideràvelmente a resistência à fadiga das peças soldadas submetendo-se os cordões de solda a um alisamento (por retificação ou aplainamento) e a um martelamento (Tab. 7.1).

7.3. CONFORMAÇÃO

O sucesso de uma construção soldada depende enormemente da sua conformação, a qual deve ser apropriada à soldagem. A Tab. 7.9 mostra vários exemplos de conformações, examinados sob diversos pontos de vista. De experiências já realizadas podem-se inferir, essencialmente, as seguintes normas de conduta:

1) Utilizar, na medida do possível, um reduzido volume de cordões de solda, pois o custo da solda cresce quase proporcionalmente a êste volume. Assim sendo, procura-se obter a construção soldada a partir de peças de maiores dimensões possíveis; preferem-se, ainda, cordões de solda mais finos e mais compridos, que, com menor volume, apresentam secções úteis iguais às de cordões mais curtos e mais grossos. Geralmente são excessivas as espessuras dadas, instintivamente, aos cordões de solda que circundam sólidos de revolução (daí a conveniência de se verificarem as suas resistências, Ex. 2 à pág. 136).

2) Como elemento de construção preferem-se barras chatas ou perfis de aço, chapas chanfradas, encurvadas ou pedaços de chapas cortados com maçarico. Decompor as peças complicadas e soldá-las

---

[1] Em caso de dúvida, fazer um ensaio de solda. Na maioria das vêzes, é suficiente fazer um corpo de prova soldado solicitado a flexão, no qual se faz um cordão de solda (corpo de prova 5 × 40 × 150 mm), e (para os aços Thomas após 4 dias) dobrando-o sob um pino (diâmetro = 2 · espessura da chapa) a um ângulo de 180°, pode-se observar se houve uma quebra frágil.

por partes ou, então, obter a construção soldando-se peças obtidas por fundição, forjamento estampagem ou trefilação. Manter mínimas ou aproveitar as sobras de material (Tab. 7.9, Fig. 7b)!

3) Evitar, sempre que possível, usinagens prévias das peças, como por exemplo torneamento de ressaltos para posicionamento mais cômodo das peças durante a soldagem (Fig. k). Tais usinagens podem ser evitadas utilizando-se dispositivos especiais para a soldagem das peças.

4) Evitar o surgimento de tensões residuais e de concentrações de tensões, através de precauções relativas à construção: possibilitar eventuais dilatações, não colocar cordões de solda em zonas sujeitas a maiores tensões (Fig. o, u, w); adotar cordões de solda de menor espessura (ver acima); evitar, sempre que possível, cruzamentos de cordões e de nervuras, e interromper os cordões nos eventuais pontos de cruzamento (Fig. m); ligar nervuras que se cruzam apenas com ligeiros cordões (espessura 3 mm) de solda angular.

5) Podem-se obter construções soldadas rígidas, não vibrantes, pouco deformáveis por flexão ou por torção e de paredes delgadas utilizando-se estruturas tubulares, com formato de caixas (Fig. 4.6, pág. 69), celulares (Fig. 4.11, pág. 74) etc. (ver "Construções Leves", pág. 61).

6) Devido aos perigos de deformações e enferrujamentos, os cordões de solda de vigas de alma cheia e de vigas-caixão deverão ser contínuos e de espessura de 4 a 10 mm se forem sujeitos a esforços (3 mm, se não forem sujeitos a esforços significativos). Deve-se procurar fechar as extremidades abertas de vigas--caixão a fim de elevar suas resistências e protegê-las da corrosão. As estruturas de máquinas e as vigas solicitadas dinâmicamente tornar-se-ão bem mais resistentes à fadiga se forem soldadas com elétrodos revestidos.

7) Nas vigas sujeitas a flexão, os pontos a serem soldados devem situar-se o mais próximo possível dos apoios a fim de serem menos solicitados por momento fletor.

8) Nas barras sujeitas a compressão, pode-se aplicar ao cordão de solda 1/10 da fôrça de compressão, desde que a barra, estando bem apoiada, possa suportar diretamente a carga.

9) Se não fôr possível aliviar totalmente suas tensões residuais (recozendo para alívio de tensões ou permitindo eventuais dilatações), as secções transversais sujeitas a tração deverão ser calculadas para resistir a esforços maiores que os realmente aplicados, ou, então, adotando-se menores tensões admissíveis.

10) Conformações dos cordões de solda. Ver Cap. 7.4, Tab. 7.9 e exemplos de cálculo.

7.4. FORMATOS DE JUNÇÕES E DE CORDÕES DE SOLDA

Os diversos tipos de junção por cordões de solda são constituídos quer por "cordões angulares", quer por "cordões de tôpo". Dêsses tipos, os principais se encontram nas Tabs. 7.1 a 7.4, classificados segundo o formato da "junção", ou seja, segundo as posições relativas das peças a serem soldadas uma à outra. Os coeficientes v_1 apresentados nessas tabelas são as razões, obtidas experimentalmente, entre os limites de fadiga dos cordões relativos a várias espécies de solicitações e o limite de fadiga relativo à tração-compressão da chapa de aço St 37 [7/3]. Apresentam-se, ainda, as espessuras dos cordões a serem consideradas nos cálculos, bem como as representações gráficas dos vários formatos de cordões de solda.

1) *Junção de tôpo* (Tab. 7.1): é utilizada nas soldagens de chapas e vigas contínuas. Os cordões de tôpo são mais caros, mas suportam maiores cargas, estáticas ou dinâminas, que os cordões angulares (Tab. 7.2). A resistência a cargas dinâmicas pode ser sensivelmente elevada por uma soldagem complementar das raízes dos cordões e posterior usinagem dos cordões (ver as configurações de cordões 2 e 3); o cordão de solda oblíquo também apresenta maior resistência a cargas estáticas (comparar as configurações de cordões 5 e 1).

Chapas de até 4 mm de espessura não são chanfradas para serem soldadas, de espessuras de 5 a 15 mm são soldadas com cordões de formato V (as chapas são prèviamente chanfradas, ângulo do cordão de 60°), de espessuras de 10 a 30 mm são soldadas com cordões de formato X, e para soldar chapas de espessuras ainda maiores utilizam-se cordões com formatos de taça em V ou em X (denominados formato U e formato duplo U, respectivamente). Se as chapas a serem soldadas uma à outra forem de espessuras diferentes e estiverem sujeitas a solicitações mais elevadas, dever-se-á reduzir a espessura da chapa mais grossa no local da soldagem. Como espessura a do cordão, considera-se a menor espessura s da chapa no local da soldagem.

2) *Junção T* (Tab. 7.2): é feita geralmente com cordões de solda angulares planos, suportando, portanto, menores cargas que a junção de tôpo. Para resistir a cargas dinâmicas, prefere-se o cordão angular côncavo (boa concordância) ao cordão angular plano, e êste ao cordão angular convexo (configurações de cordões 8, 7 e 6, respectivamente). O cordão angular unilateral (configuração 9) suporta apenas pequenas cargas. Para cordões de solda angulares, como espessura a do cordão, considera-se a altura do triângulo inscrito na sua secção transversal.

3) *Junção angular de extremidades* (Tab. 7.3): suporta menores cargas que a junção T.

4) *Junção por meio de talas* (Tab. 7.4): de todos os tipos de junções, esta é a que apresenta a menor resistência.

5) *Soldagem de reservatório* (Tab. 7.9, Fig. o): o cordão de borda (rompido sob 5 atm) e o de aresta (rompido sob 12 atm) são piores que o cordão de tôpo colocado fora da aresta (rompido sob 30 atm).

TABELA 7.1-*Junção de tôpo.*

Designação	Chapa integral	Cordão V	Cordão V com raiz soldada	Cordão V usinado	Cordão X	Cordão V enviesado
Símbolo da soldadura		∇	∇	∇	X	∇
Configuração do cordão						
Coeficiente v_1 — Tração-compressão	1	0,5	0,7	0,92	0,7	0,8
Coeficiente v_1 — Flexão	1,2	0,6	0,84	1,1	0,84	0,98
Coeficiente v_1 — Cisalhamento	0,8	0,42	0,56	0,73	0,56	0,65

TABELA 7.2-*Junção T.*

Designação	Cordão angular convexo	Bilateral Cordão angular plano	Cordão angular côncavo	Cordão angular plano unilateral	Cordão angular de tôpo	Cordão angular de tôpo bilateral	Cordão X
Símbolo da soldadura							
Espessura do cordão	2a	2a	2a	a	s	s	s
Configuração do cordão							
Coeficiente v_1 — Tração-compressão	0,32	0,35	0,41	0,22	0,63	0,56	0,7
Coeficiente v_1 — Flexão	0,69	0,7	0,87	0,11	0,8	0,8	0,84
Coeficiente v_1 — Cisalhamento	0,32	0,35	0,41	0,22	0,5	0,45	0,56

TABELA 7.3-*Junção angular de extremidades.*

Designação	Unilateral Cordão angular plano	Bilateral Cordão angular plano	Cordão angular de tôpo	Cordão angular de tôpo	Cordão X de extremidades
Símbolo da soldadura					
Espessura do cordão	a	2a	e	s	2a
Configuração do cordão					
Coeficiente v_1 — Tração-compressão	0,22	0,3	0,45	0,6	0,35
Coeficiente v_1 — Flexão	0,11	0,6	0,55	0,75	0,7
Coeficiente v_1 — Cisalhamento	0,22	0,3	0,37	0,5	0,35

TABELA 7.4-*Junção por meio de talas.*

Junção com:	Cordão angular transversal		Cordão angular longitudinal	
Espessura do cordão	2a	2a	2a	2a
Configuração do cordão				
Coeficiente v_1 — Tração	0,22	0,25	0,25	0,48

7.5. SIMBOLOGIA GRÁFICA

1. *Representação do cordão:* a secção transversal do cordão é representada totalmente enegrecida (ver Tabs. 7.1 a 7.4) e, em vista longitudinal, o mesmo pode ser representado por uma linha com ou sem hachuras (ver Tab. 7.9, Fig. *n*) e cTm o correspondente símbolo de soldadura (Tabs. 7.1 a 7.5), segundo a norma DIN 1912.

TABELA 7.5-*Símbolos de soldaduras.*

Nomenclatura	Símbolo básico	convexo saliente	plano	côncavo	soldagem complementar da raiz
Cordão de bordeamento	≥	≥)	≥I		
Cordão I	=	=)	=I		
Cordão V	<	<)	<I		I<)
Cordão U	-c	-c)	-cI		Ic)
Cordão X	X	(X)	IXI		
Cordão U duplo	⊃c	⊃c)	I⊃cI		
Cordão angular	L	◠	△	⌐	
Cordão angular de extremidades					
Soldadura de três chapas	⊔	⌒	⊓		
Cordão 1/2 V	⊿	⊿)	⊿I	⊿	I⊿I
Cordão K	⋈	(⋈)	I⋈I	⋈²	
Cordões em furos e rasgos	±		±		
Cordão de tôpo boleado	I		I		
Cordão de tôpo de solda autógena	‡		‡		
Soldadura a ponto	O		O		
Soldadura a ponto convexa	O		⊙		
Soldadura cilíndrica	O		⊖		
Soldadura prensada	O		⊖		

O cordão da soldagem complementar pode ser plano ou convexo saliente, empregando-se, então, o símbolo correspondente.

As soldaduras *K* podem ser feitas com vários tipos de cordões, que devem, então, ser representados nos símbolos das respectivas soldaduras. ⋈

2. *Dados complementares ao símbolo de soldadura:* espessura *a* do cordão em mm (Tabs. 7.1 a 7.3);

comprimento *L* do cordão em mm; e, ainda, a distância entre dois trechos sucessivos do cordão, se êle fôr descontínuo;

qualidade do cordão *N, F, ND, FD, S* (ver abaixo!);

tipo de soldagem *G, E, R,* correspondendo êstes símbolos às soldagens a gás, por arco voltaico e por resistência elétrica, respectivamente;

(êstes dados referentes à qualidade do cordão e ao tipo da soldagem não deverão necessàriamente figurar nos desenhos se as informações que êles representam forem apresentadas em outro local);

uma linha que atravessa longitudinalmente um símbolo de soldadura representa um cordão contínuo;

"bandeiras" em símbolos de soldadura representam soldaduras de montagem;

outros dados podem ser apresentados fora da representação do cordão de solda utilizando-se flechas de referência ou, ainda, em locais especialmente previstos no desenho;

dados válidos para todos os cordões devem figurar apenas uma vez no desenho.

Exemplos: O símbolo △ 8 F G representa um cordão angular convexo contínuo, de 8 mm de espessura, constituindo soldadura de elevada resistência;

o símbolo ⋈ 10-100/200 representa um cordão descontínuo de soldadura de montagem, de 10 mm de espessura, constituído de trechos de 100 mm de comprimento, sendo de 200 mm a distância entre dois trechos sucessivos.

o símbolo I<) 10-900 G representa um cordão de formato V, com um cordão complementar plano na raiz, espessura da chapa de 10 mm, comprimento de 900 mm, soldado a gás.

3. *Qualidade de soldadura.* Emprega-se a soldadura normal *N* quando não há nenhuma exigência especial relativa à resistência da soldadura. Serve para os materiais St 00, St 37, St 42, GS-38 e pode ser feita com qualquer arame ou elétrodo e por qualquer soldador.

A soldadura de elevada resistência F é utilizada nos casos em que são mais elevadas as solicitações estáticas ou dinâmicas, às quais correspondem tensões de até aproximadamente 5 kgf/mm². Serve para os materiais St 00 a St 60, GS-38, GS-58 e é feita com arames não revestidos de 2 a 5 mm, com elétrodos revestidos ou elétrodos com alma, de quaisquer diâmetros. A superfície do cordão pode ser ondulada, mas deve ser uniforme (as falhas devem ser eliminadas por retificação!). O contrôle da soldadura é feito, geralmente, apenas a ôlho nu.

Elementos de Máquinas

A *soldadura vedante* ou *estanque D*, também indicada por ND e FD, conforme seja N ou F sua qualidade, é utilizada na fabricação de reservatórios que devam conter líquidos ou gases sob pressões de até 8 atm a baixas temperaturas. Quanto ao mais, assemelha-se às soldaduras N e F. Deve-se indicar a pressão de ensaio da soldadura!

A *soldadura especial S* resiste a solicitações muito elevadas e é utilizada, por exemplo, na fabricação de reservatórios que devam resistir a altas pressões a altas temperaturas. Serve para os materiais St 37 a St 60, GS-38, GS-58 e é feita com arames não revestidos de 3 a 4 mm, com elétrodos revestidos ou elétrodos com alma de quaisquer diâmetros, por soldador escolhido e especialmente instruído.

7.6. CÁLCULO DA RESISTÊNCIA DA SOLDADURA

É necessário proceder a um cálculo de verificação da resistência apenas dos cordões de solda que devam resistir a esforços nêles aplicados.

1. *SÍMBOLOS:*

a	(cm)	espessura do cordão (v. Tabs. 7.1 a 7.4)
d	(cm)	diâmetro
e	(cm)	distância
J_c	(cm^4)	momento de inércia relativo ao cordão
l	(cm)	comprimento do cordão
l_c	(cm)	comprimento útil do cordão
M	(cmkgf)	momento fletor
P	(kgf)	fôrça
p	(kgf/cm^2)	sobrepressão
S_c	(cm^2)	secção transversal do cordão
S_N	(—)	coeficiente de segurança real

v, v_2	(—)	coeficientes relativos à tensão admissível (estática)
v_1, v_2	(—)	coeficientes relativos à tensão admissível (dinâmica)
W_c	(cm^3)	módulo de resistência do cordão
δ_5	(—)	alongamento de ruptura
ϱ, ϱ_a	(kgf/cm^2)	tensão, tensão alternável no cordão
ϱ_m	(kgf/cm^2)	tensão média no cordão
σ	(kgf/cm^2)	tensão no material soldado (chapa)
σ_A	(kgf/cm^2)	limite de tensão alternável do material soldado (chapa)

2) *Tensão no cordão de solda* ϱ (kgf/cm^2).

A tensão ϱ no cordão de solda é calculada pelas seguintes expressões, em função do tipo de solicitação a que êle esteja sujeito:

na tração, compressão ou cisalhamento	$\varrho_1 = \dfrac{P}{a \cdot l_n} \leqq \varrho_{ad}$
na flexão	$\varrho_2 = M_f / W_n \leqq \varrho_{ad}$
no cisalhamento e flexão	$\varrho = \sqrt{\varrho_1^2 + \varrho_2^2} \leqq \varrho_{ad}$ para o cisalhamento
amplitude de variação de tensão	$\varrho_a = \varrho - \varrho_m \leqq \varrho_{a\,ad}$

Quanto ao comprimento útil do cordão l_c, considera-se $l_c = l$ apenas nos casos em que o cordão constitua uma linha fechada que envolva as peças a serem soldadas, ao passo que, para cordões descontínuos, a cada extremidade de cordão deve corresponder uma redução de comprimento igual à espessura a do cordão, de modo que o comprimento útil de cada trecho contínuo de comprimento l_c é $l-2a$. A tensão alternável ϱ_a sòmente deve ser considerada quando fôr dinâmica a solicitação aplicada. Exemplos de cálculo às págs. 135 e 136.

3) *Tensão admissível no cordão* ϱ_{ad} (kgf/cm^2). A resistência do cordão de solda e a das regiões periféricas do material soldado são menores que a resistência do material soldado pròpriamente dito, e a diferença entre elas é função de vários fatôres. Assim, por exemplo, as concentrações de tensões que se verificam em cordões não usinados reduzem consideràvelmente a resistência a solicitações dinâmicas. Nas peças não recozidas para alívio de tensões acrescentem-se, ainda, as tensões residuais, não calculáveis, mas que podem ser elevadas e pôr em perigo principalmente as peças sujeitas a tração.

Obtêm-se ϱ_{ad} e $\varrho_{a\,ad}$ em função, respectivamente, de σ_{ad} e de $\sigma_{a\,ad}$ e do tipo da construção soldada. O tipo da construção soldada é levado em consideração através dos coeficientes v_1 e v_2, que foram obtidos a partir de ensaios de construções soldadas semelhantes e sob carregamento análogo ao da construção a ser calculada[2]:

$\varrho_{ad} = v \cdot v_2 \cdot \sigma_{ad}$	(para solicitações estáticas)
$\varrho_{a\,ad} = v_1 \cdot v_2 \cdot \sigma_{a\,ad} = v_1 \cdot v_2 \, \sigma_A / S_N$ coeficiente de segurança real $S_N = 2$ a 3	(para solicitações dinâmicas)

[2]Quanto mais alto se fixam v_1 e v_2, tanto mais ensaios de solda se devem fazer para controlar a qualidade da mesma.

Eis alguns *dados experimentais*:

TABELA 7.6 — *Resistência à tração estática de cordões V e X já executados em vários materiais, segundo* [7/3].

Qualidade da soldadura	Limite de resistência à tração em kgf/mm²						Solda pura	Alongamento da soldadura δ em %
	St 00	St 37	St 42	St 50	St 52	St 60		
N	25	28	30	—	—	—	37	5···10
F	27	30	33	40	40	44	45	10
S	—	37	40	50	52	55	50	15

TABELA 7.7 — *Coeficientes v e v**.

Formato do cordão	Tipo de solicitação	Coeficientes v estático*	v_1 dinâmico
Cordões de tôpo	Tração	0,75	
	Compressão	0,85	Êstes valores se
	Flexão	0,8	encontram nas
	Cisalhamento	0,65	Tabs. 7.1 a 7.4
Cordões angulares	Qualquer tipo de solicitação	0,65	

*Segundo DIN 4 100 (estruturas de aço de edifícios).

Coeficiente $v_2 = 0,5$, para qualidade de soldadura N (soldadura normal),
$\qquad = 1$, para qualidade de soldadura F (soldadura de elevada resistência),
$\qquad =$ valores especiais, para qualidade de soldadura S (soldadura especial).
Limite de tensão alternável $\sigma_A \cong 1\,100$ kgf/cm², para aço St 37.
Para aços de resistências mais elevadas adotam-se, por enquanto, os mesmos valores (faltam ensaios!), já que as resistências mais elevadas compensam as maiores sensibilidades e concentrações de tensões.

7.7. SOLDA NAS ESTRUTURAS DE AÇO (ver também Cap. 9.4)

As Figs. 7.2 e 7.3, bem como as Figs. *p, v* e *w* da Tab. 7.9, mostram exemplos de utilização da solda em estruturas de aço. Segundo as normas DIN 4 100 e 1 050, nas treliças devem coincidir as linhas que unem os nós e as linhas lugares geométricos dos centros de gravidade das secções transversais das barras e dos cordões de solda (ver Ex. 2).

Os formatos dos cordões de solda podem ser vistos nas Tabs. 7.1 a 7.4; os cordões angulares de direção perpendicular à tensão que os solicita devem ter $a > 4$ mm $< 0,7\,s$ e $l_c > 40$ mm, enquanto os demais cordões angulares (cordões de flanco) devem ter $l_c < 40\,a$. Os perímetros de emendas de tubos devem ser totalmente soldados!

Cálculos: Segundo as normas DIN 1 050 e 4 100 (estruturas de aço de edifícios) e DIN 120 (construção de máquinas de levantamento), para solicitações estáticas (ver acima) e com valores de σ_{ad} apresentados na Tab. 9.4, pág. 152.

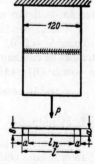

Figura 7.1 — Ferro chato com soldadura de tôpo, solicitado por tração

Exemplo 1. Junção de tôpo de ferro chato sujeito a tração, segundo a Fig. 7.1.
Dados: secção transversal $S = 120 \cdot 8$ mm²; $\sigma_{ad} = 1\,200$ kgf/cm² (aço St 00); $a = s = 0,8$ cm.
Procura: carga admissível P.
Cálculo: $P = S_c\,\varrho_{ad} = 8,32 \cdot 900 = 7\,500$ kgf, pois $S_c = a \cdot l_c = a\,(l-2a) = 0,8 \cdot (12-2 \cdot 0,8) = 8,32$ cm², $\varrho_{ad} = 0,75 \cdot 1200 = 900$ kgf/cm².

Exemplo 2. Junção de barras por meio de cordões angulares de flanco, segundo a Fig. 7.2.

Dados: Perfil L 75 · 100 · 11 mm; de aço St 37.12; fôrça de tração aplicada à barra $P = 17\,800$ kgf; $\sigma_{ad} = 1\,400$ kgf/cm².

O momento fletor adicional $P \cdot e$, que se origina do fato de apenas uma aba do perfil L soldar-se à chapa de junção, é levado em consideração pela aplicação da fôrça de tração 1,2 P, em vez de P. Espessura do cordão $a = 0,7 \cdot s = 0,7 \cdot 1,1 \cong 0,75$ cm.

Cálculos: $\varrho_{ad} = 0,65 \cdot \sigma_{ad} = 910$ kgf/cm²; secção transversal do cordão $S_c = 1,2\ P/\varrho_{ad} = 23,5$ cm²; comprimento do cordão $l_c = S_c/a = 31,4$ cm.

Note-se ainda que, no plano da chapa de junção, a linha de ação da resultante das fôrças aplicadas aos cordões de solda deve coincidir com a linha lugar geométrico dos centros de gravidade das secções transversais da barra constituída pelo perfil L, obtendo-se, portanto, $a_1 \cdot l_{c1} \cdot b_1 = a_2 \cdot l_{c2} \cdot b_2$. Com $a_1 = a_2$ e $l_c = l_{c1} + l_{c2}$ e $b_2/b_1 = 6,77/3,23 = 2.1$ (da tabela de perfis 5.34, pág. 112) obtêm-se

$$l_{c2} = l_c = \left(\frac{1}{1 + b_2/b_1}\right) = 10,1 \text{ cm}$$

e

$$l_{c1} = l_c - l_{c2} = 21,3 \text{ cm}.$$

Os comprimentos reais dos cordões de solda serão:

$$l_1 = l_{c1} + 2a = 22,8 \text{ cm}$$

e

$$l_2 = l_{c2} + 2a = 11,6 \text{ cm}.$$

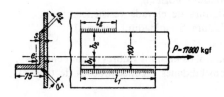 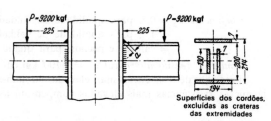

Figura 7.2 — União de uma barra a uma chapa de junção, por meio de cordões de solda angulares de flanco

Figura 7.3 — Engastamento de uma viga em balanço em um suporte

Exemplo 3. Engastamento de uma viga em balanço, segundo a Fig. 7.3.

Dados: perfil da viga IP 20, segundo a Tab. 5.37, pág. 118; carga $P = 9\,200$ kgf; momento fletor $M_f = 22,5 \cdot P = 207\,000$ cm/kgf; $\sigma_{ad} = 1\,400$ kgf/cm²; soldadura com cordão angular de $a = 0,7$ cm, $\varrho_{ad} = 0,65 \cdot \sigma_{ad} = 910$ kgf/cm².

Cálculos: momento de inércia J_c da área do cordão que se encontra no plano da junção soldada, calculado pela expressão $J = \Sigma b \cdot h^3/12$ relativa aos retângulos (pág. 38), com as dimensões dos cordões indicadas na Fig. 7.3:

$$J_c = 19,4\,(21,4^3 - 20^3)/12 + 2 \cdot 0,7 \cdot 13^3/12 = 3\,165 \text{ cm}^4.$$

Conhecendo-se a máxima distância $e = 21,4/2 = 10,7$ cm entre o contôrno da área considerada e sua linha neutra, calculam-se o seu módulo de resistência $W_c = J_c/e = 3\,165/10,7 = 296$ cm³ e a máxima tensão de flexão no cordão de solda $\varrho_2 = M_f/W_c = 207\,000/296 = 700$ kgf/cm².

A fôrça cortante $Q = P$ é suportada quase que apenas pelos cordões de solda da alma, cujas áreas somam $S_c = 2 \cdot 0,7 \cdot 13 = 18,2$ cm². Logo, sôbre êsses cordões, além das tensões de flexão, aplicam-se as tensões de cisalhamento $\varrho_1 = P/S_c = 9\,200/18,2 = 505$ kgf/cm². (Determinação das tensões feita segundo a norma DIN 4100. Por medida de segurança, somam-se ϱ_1 e a máxima tensão de flexão ϱ_2!).

A tensão total será $\varrho = \sqrt{\varrho_1^2 + \varrho_2^2} = 864$ kgf/cm², $\varrho_{ad} = 910$ kgf/cm².

7.8. SOLDA EM CALDEIRARIA (ver também Cap. 9.6)

Na caldeiraria os cordões de solda, quer longitudinais quer transversais, são, geralmente, de tôpo. Fazem-se bons cordões de formato V com raiz soldada, ou de formato X. Os cordões longitudinais devem ser decalados nas juntas transversais (Fig. *n*, da Tab. 7.9)! Os cordões transversais são feitos apenas posteriormente, sem coincidir com as arestas da construção soldada (Fig. *o* da Tab. 7.9). Devem-se reforçar as bordas de furos, suportes e aberturas de inspeção, devido às concentrações de tensões que aí podem surgir.

As peças de alta qualidade são normalizadas em forno, após a soldagem.

Cálculo: (regras em [7/5]).

$$\text{espessura da chapa } s = \frac{d \cdot p}{2 \cdot v \cdot \sigma_{ad}} + 0,1 \text{ cm}$$

calculada em função da tensão σ aplicada ao cordão de solda longitudinal (dôbro da tensão aplicada ao cordão transversal!), para diâmetro interno d da caldeira em cm e pressão de funcionamento p em kgf/cm².

TABELA 7.8 — $\sigma_{ad}(kgf/cm^2)$ de chapas jungidas por soldaduras de tôpo.

Tipo de chapa	I	II	III	IV
$\sigma_r \geq$	3600	4100	4400	4700
$\sigma_{ad} = \sigma_r/4,25$	847	965	1035	1106

O coeficiente relativo à qualidade da soldadura é $v = 0,7$ para cordões de tôpo normais; podem ser adotados valores mais elevados (até 0,9), a serem determinados por meio de ensaios especiais.

Exemplo. Caldeira soldada, $d = 90$ cm, $p = 7$ atm. Tipo de chapa II, $\sigma_{ad} = 965$ kgf/cm²; $v = 0,7$.

Cálculo: espessura de chapa necessária $s = \dfrac{90 \cdot 7}{2 \cdot 0,7 \cdot 965} + 0,1 = 0,566$ cm,

espessura de chapa adotada $s = 6$ mm.

7.9. SOLDA NA CONSTRUÇÃO DE MÁQUINAS (ver também Cap. 4.4)

Exemplos de utilização da solda na construção de máquinas podem ser vistos na Tab. 7.9, e na pág. 74.

Cálculo: segundo as páginas 134 e 135, sendo as dimensões definidas, na maioria dos casos, pela solicitação dinâmica ϱ_a.

Exemplo 1. Cinta de freio, de aço St 37.12, soldada com cordão angular, segundo a Fig. 7.4.

Dados: máxima fôrça de tração $P = 4000$ kgf (pulsante); $\sigma_{ad} = \sigma_e/S_N = 730$ kgf/cm², com $S_N = 3$; $\sigma_{aad} = \sigma_A/S_N = 380$ kgf/cm²; espessura do cordão $a = 0,6$ cm; comprimento útil do cordão $l_c = 23,2 - 2a = 22$ cm de cada lado da cinta.

Cálculo: $S_c = 2 \cdot a \cdot l_c = 26,4$ cm²; $\varrho = P/S_c = 151$ kgf/cm²; $\varrho_a = \varrho/2 = 75,5$ kgf/cm²; $\varrho_{ad} = v \cdot v_2$. $\sigma_{ad} = 0,65 \cdot 1 \cdot 730 = 475$ kgf/cm²; $\varrho_{aad} = v_1 \cdot v_2 \cdot \sigma_{aad} = 0,35 \cdot 1 \cdot 380 = 133$ kgf/cm², onde se adotaram, para v_1, o valor 0,35, média aproximada dos valores de v_1 correspondentes aos formatos 20 e 21 de junções e de cordões da Tab. 7.4, e, para v_2, o valor 1 (soldadura de elevada resistência).

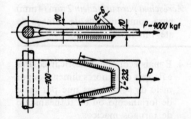

Figura 7.4 — Cinta de freio soldada com cordão angular de solda

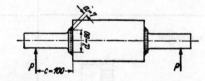

Figura 7.5 — Rotor com pontas de eixo soldadas

Exemplo 2. Rotor com pontas de eixo soldadas, segundo a Fig. 7.5.

Dados: $P = 200$ kgf; momento fletor $M_f = P \cdot 10 = 2000$ cm/kgf; $a = 0,7$ cm; diâmetro das pontas de eixo $d = 6$ cm; $D = d + 2a = 7,4$ cm; $\sigma_{aad} = \sigma_{ad} = 300$ kgf/cm² (solicitação alternante).

Cálculo: módulo de resistência do cordão

$$W_c = \frac{\pi (D^4 - d^4)}{32 \cdot D} = 22,6 \text{ cm}^3;$$

Tensão de flexão no cordão $\varrho_{2a} = \varrho_2 = M_f/W_c = 88,5$ kg/cm²;

$\varrho_{2aad} = v_1 \cdot v_2 \cdot \sigma_{aad} = 0,4 \cdot 1 \cdot 300 = 120$ kgf/cm², onde se adotou para v_1 o valor 0,4, intermediário entre os valores de v_1 correspondentes à tração e à flexão do formato 7 de junção e de cordão da Tab. 7.2.

TABELA 7-9 — *Exemplos de conformações.*

	Pior!	Melhor!	Observações
a			1. Evitar, sempre que possível, usinagem prévia das peças, como de ressaltos e de chanframentos! Observar, também, a engrenagem do Exemplo *e*.
b	*Carcaça de pára-choque*		2. Evitar que haja sobras de material! Comunicar ao escritório de projetos a existência de eventuais sobras ou retalhos, a fim de que êles sejam utilizados!
c	*Tambor de cabos*		Procurar reduzir as quantidades de cortes, cordões de solda e nervuras! Utilizar cordões duplos apenas nos casos em que se aplicam maiores esforços.
d	*Junção de partes de carcaça*		3. Não colocar cordões em superfícies de ajustagem ou ajustadas! Cordões internos são utilizados apenas em carcaças pesadas. Empregar os perfis chatos (flanges) com suas dimensões naturais. *Acréscimo para usinagem* 2 mm (4 mm) para comprimentos de carcaça de até 1 m (mais de 1 m).
e	*Engrenagem*		4. É mais econômico fabricar colares e flanges de maiores dimensões por meio de soldaduras que por meio de forjamento ou de torneamento de tarugos maciços.
f	*Flange de eixo*		

Junções por meio de Solda

	Pior!	Melhor!	Observações
g, h, i			5. Procurar reduzir as quantidades de cortes autógenos, cordões de solda e usinagens prévias! Empregar perfis de aço, e dobrá-los para obter arcos ou chanfros.
Engrenagem k			Coroa de perfil chato de aço dobrado e soldado com cordão de tôpo. O cordão é feito entre os dentes. Não usinar o cubo nem a coroa antes da soldagem!
Polia de freio l	Nervuras	Nervuras	As nervuras não devem ser recortadas, e sim feitas a partir de perfis chatos! A coroa deve ser saliente em relação às nervuras!
m			6. Evitar acúmulos de cordões de solda (tensões residuais oriundas de contrações), interrompendo-se os cordões concorrentes.
Reservatório n			Decalar os cordões de solda longitudinais.
Reservatório o	Cordão rompido sob 5atm, 12atm	30atm	7. É considerável o perigo causado por cordões feitos em arestas de reservatórios. Deve-se, portanto, deslocar tais cordões para outras posições.

139

	Pior!	Melhor!	Observações
p			8. Evitar o perigo de fissuramento, pelo posicionamento correto dos cordões de solda.
q			Não colocar a raiz do cordão em região sujeita a tração.
r			9. Em tubulações predominam as junções de tôpo. As junções podem ser reforçadas por meio de luvas de cobertura ou de soldaduras de orifícios.
s			Cordões de soldaduras estanques devem ser internos!
t		*o melhor*	Não colocar a raiz do cordão em região sujeita a tração! Evitar usinagens prévias.
u			Havendo velocidades ou solicitações elevadas, devem-se arredondar as junções de tubulações bem como posicionar os cordões de solda distante das arestas.
v w	*Junção de vigas*	*Ferro chato com nervura, veja perfis de construção*	10. As junções de vigas devem ser bem arredondadas, principalmente nos casos em que se aplicam solicitações elevadas! Furar as extremidades dos perfis, recortá-las com maçarico, dobrá-las a quente e depois soldar retalhos de enchimento.

Exemplo 3. Rotor análogo ao anterior, porém sujeito ainda a um momento torçor M_t.

Dados: $M_t = 2\,400$ cmkgf (pulsante).

Cálculo: fôrça tangencial aplicada ao cordão de solda $P_t = 2M_t/d = 800$ kgf; $S_c = \pi \cdot d \cdot a = 13{,}2$ cm^2; $\varrho_1 = P_t/S_c = 60{,}5$ kgf/cm^2; $\varrho_{1a} = \varrho_1/2 = 30{,}25$ kgf/cm^2; ϱ_{2a} como acima;

$$\varrho_a = \sqrt{\varrho_{1a}^2 + \varrho_{2a}^2} \cong 94 \text{ kgf/cm}^2, \quad \varrho_{a\,ad} = 120 \text{ kgf/cm}^2, \text{ como acima}.$$

7.10. BIBLIOGRAFIA

[7/1] Normas DIN: 1910 Begriffe und Schweissarten, 1911 Presschweissen Widerstandsschweissung, 1912 Schmelzschweissen, 4100 Vorschr. für geschweisste Stahlhochbauten, 4101 Vorschr. für geschweisste Strassenbrücken, 1050 Berechnungsgrundlagen für Stahl im Hochbau.

[7/2] Allgemein: *SCHIMPKE, P.* e *H. A. HORN:* Prakt. Handbuch der ges. Schweisstechnik. Vol. I. 4. Edição 1948, Vol. II, 5. Edição 1950. Berlin: Springer.

ZEYEN, K. L, e *W. LOHMANN:* Schweissen der Eisenwerkstoffe, 2.ª edição. Düsseldorf: Verlag Stahleisen 1948. (Fortsetzung p. 140.)

[7/3] *Festigkeit:* Dauerversuche mit Schweissverbindungen. Berlin: VDI-Verlag 1935.

CORNELIUS, H.: Die Dauerfestigkeit von Schweissverbindungen. Z. VDI Vol. 81 (1937) p. 883.

GRAF, O.: Dauerfestigkeit von Schweissverbindungen. Z. VDI Vol. 78 (1934) p. 1423.

THUM, A. e *A. ERKER:* Schweissen im Maschinenbau, Festigkeit und Berechnung. Berlin: VDI-Verlag 1943; ferner Z. VDI Vol. 82 (1938) p. 1101 e Vol. 83 (1939) p. 1293.

[7/4] *Schwissen im Stahlbau:* Além de DIN 4100 e 1050.

KOMMERELL, O.: Erläuterungen zu DIN 4100. Berlin: Ernst u. Sohn 1942; ferner Stahl im Hochbau, Düsseldorf: Verlag Stahleisen, 1947.

[7/5] *Schweissen im Kesselbau: VIGENER, K.:* Die neuen Vorschriften für geschweisste Dampfkessel. Z. VDI Vol. 80 (1936) p. 1215, e

WERKSTOFF- und Bauvorschriften für Dampfkessel. Minist.-Blatt d. Reichswirtschaftsmin. Vol. 39 (1939) n.° 24.

[7/6] *Schweissen im Maschinenbau:* além de [7/3],

HÄNCHEN, R.: Schweisskonstruktionen. Berlin: Springer 1939.

BOBEK, K., METZGER, W. e *Fr. SCHMIDT:* Stahl-Leichtbau von Maschinen. Berlin: Springer 1939.

KIENZLE, O. e *H. KETTNER:* Das Schwingungsvenhalten cines gusseisernen und stählermen Drehbankbettes. Werkst.-Technik u. Werksleiter Vol. 33 (1939) p. 229.

Veja também Construções Leves.

[7/7] *Sonder-Schweissen: CORNELIUS H.* Schweissen von Stahlgauss Gusseisen u. Temperguss. Z. VDI Vol. 82 (1938) p. 1079.

HOUGARDY, H.: Das Schweissen der nickelfreien, säurebeständigen Stähle. Masch.-Bau-Betrieb Vol. 17 (1938) p. 411.

TOFAUTE, W.: Das Schweissen von nichtrostenden, nickelfreien Chromstählen. Z. VDI Vol. 81 (1937) p. 1117.

BALL, M.: Schweissen mit pulverisiertem Metall. Werkstatt u. Betrieb Vol. 80 (1947) p. 215.

[7/8] *ZEYEN, K. L.:* Dauerfestigkeit von Schweissverbindungen (Tabelle u. Versuchswerte). Werkstatt u. Betrieb Vol. 82 (1949) p. 136.

8. Junções por meio de solda de difusão*

8.1. GENERALIDADES

As soldas de difusão são freqüentemente empregadas nas junções de peças metálicas entre si. Os materiais que mais fàcilmente se unem por êste processo são ferro, aço, cobre, latão, zinco e metais nobres; para o alumínio e suas ligas é mais conveniente o emprêgo da solda por fusão.

A soldagem com solda de difusão é feita, como o próprio nome indica, através da fusão de um material de ligação – a solda – cujo ponto de fusão é inferior aos pontos de fusão dos materiais das peças a serem unidas entre si.

Devem-se limpar cuidadosamente, antes da soldagem, as superfícies a serem unidas, e, durante a mesma, protegê-las da oxidação por meio de um fundente (bórax, pastas especiais, ácido clorídrico ou atmosferas protetoras de gases redutores).

É absolutamente necessário assegurar-se de que as peças soldadas não atinjam, em funcionamento, temperaturas mais elevadas que o ponto de fusão da solda (Tab. 8.1). Por outro lado, as baixas temperaturas dêste tipo de soldagem constituem, freqüentemente, a causa determinante de sua utilização, em vez dos demais processos de soldagem por fusão.

As despesas com os materiais de solda (geralmente ligas de zinco ou de cobre, portanto materiais a serem economizados, Tab. 8.1) e a dificuldade de se perceberem ràpidamente eventuais defeitos de soldagem são as desvantagens das junções por meio de soldas de difusão[1].

A solda fraca (ponto de fusão inferior a 300°C) é utilizada nos casos em que são pequenas as fôrças agentes por cm^2 de superfície soldada e baixas as temperaturas de funcionamento. Como exemplos de aplicação da solda fraca citam-se contatos elétricos, radiadores, reservatórios, latas e recipientes que devam ser estanques mas que não estejam sujeitos a elevadas solicitações mecânicas.

A solda forte (ponto de fusão superior a 500°C), entretanto, presta-se, assim como a solda por fusão, a resistir a maiores esforços e a temperaturas de funcionamento mais elevadas (até 200°C sem hesitação!). Assim, a solda forte pode ser aplicada, por exemplo, em junções de eixos e cubos resistentes à torção[2], em quadros tubulares de bicicletas e motocicletas (Fig. 8.1), em junções de tubos e flanges, de suportes e recipientes etc. Há vários casos em que a solda forte pode ser solicitada por maiores esforços, como por exemplo em junções de chapas por rebordos, de tubos por flanges ou por mandrilagem etc. As peças soldadas por solda forte podem ser cementadas, pois o ponto de fusão da solda de cobre é superior à temperatura de cementação.

As junções por meio de soldas de difusão devem, sempre que possível, ser solicitadas apenas por cisalhamento (Fig. 8.2); em caso de necessidade, a solda forte também pode ser solicitada por tração.

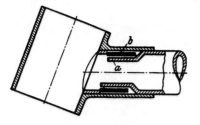

Figura 8.1 — Junção de elementos de um quadro de bicicleta por meio de solda forte, vendo-se a solda b prèviamente colocada no local da soldadura, que será efetuada pelo processo de soldagem por imersão em banho de sal, segundo Nacken [8/9]

8.2. PROCESSOS DE SOLDAGEM

A escolha da solda é feita em função dos metais a serem soldados, da temperatura admissível e da resistência desejada (Tab. 8.1 e normas DIN).

A determinação do processo de soldagem a ser empregado é feita em função das condições de fabricação, e dela depende, freqüentemente, a utilização econômica da soldagem por soldas de difusão. Os processos dêste tipo de soldagem são:

a) *Soldagem com martelo de soldar.* É feita por meio de um martelo de cobre aquecido, presta-se apenas às soldas fracas e exige o emprêgo de fundentes. (Êste processo é adequado à fabricação não-seriada de peças, mas também é utilizado na fabricação em massa de contatos elétricos.)

---

*Referência do tradutor O.A. Rehder. Para diferenciar da solda por fusão (do alemão *Schweissen*), pois a temperatura de junção é menor do que a temperatura de fusão dos elementos a serem unidos (no alemão *Löten*).

[1] Justamente nas ligações elétricas, as soldas mal feitas (as chamadas soldas frias) são desfavoráveis (indústria eletrônica) e de difícil localização. Soldas para fins elétricos só devem conduzir corrente e não devem ser solicitadas mecânicamente.

[2] Na soldagem em forno, a solda entra nas saliências pelo efeito da capilaridade; veja mais detalhes em [8/13].

TABELA 8.1 − *Soldas usuais de difusão.*

Designação	Norma DIN	Composição aproximada (%)	Temperatura de trabalho ≦ °C	Material das peças a serem jungidas	Exemplos
Soldas fracas:					
Solda de estanho 8, LSn 8	1 730	8 Sn, até 0,6 Sb, rest. Pb	305		
Solda de estanho 25, LSn 25	1 730	25 Sn, até 1,7 Sb, rest. Pb	257	aço, ligas de Cu e Zn	soldagens em geral
Solda de estanho 33, LSn 33	1 730	33 Sn, até 2,2 Sb, rest. Pb	~210		estanhagem prévia
Solda de estanho 40, LSn 40	1 730	40 Sn, até 2,7 Sb, rest. Pb	223		
Solda de estanho 60, LSn 60	1 730	60 Sn, até 3,2 Sb, rest. Pb	185	aço e ligas de Cu	soldagem de precisão
Solda de estanho 98, LSn 98	1 730	98 Sn, rest. Pb	230		
Solda de zinco 98, LZn 98	1 730	mínimo 98 Zn, rest. Cu	410	aço e ligas de Cu	soldagem por chama
Solda de chumbo 98,5 LPb 98,5	1 730	mínimo 98,5 Pb	320		soldagem por imersão
Soldas fortes:					
Solda de latão 42, LMs 42	1 733	42 Cu, rest. Zn	845	ligas de Ni e Cu	manúbrios, cabos
Solda de latão 54, LMs 54	1 733	54 Cu, rest. Zn	890	ligas de Cu, aço e ferro	instrumentos
Solda de latão 63, LMs 63	1 733	63 Cu, rest. Zn	910	fundido cinzento	tubulações
Solda de latão 85, LMs 85	1 733	85 Cu, rest. Zn	1 020		instrumentos
Solda de prata 8, LAg 8	1 734	8 Ag, até 55 Cu, rest. Zn	860	aço, cobre e ligas de cobre	soldagem de peças grossas
Solda de prata 12, LAg 12	1 734	12 Ag, até 52 Cu, rest. Zn	830	aço, cobre e ligas de cobre	ótica, mecânica de precisão
Solda de prata, 25, LAg 25	1 734	25 Ag, até 43 Cu, rest. Zn	780		
Solda de prata 45, LAg 45	1 734 e 1 735	45 Ag, 20 Cd, até 19 Cu, rest. Zn	620	aço, bronze e ligas de cobre, metais nobres	para peças sensíveis a tensões
Solda de fósforo 8, LCuP 8	1 733	8 P, rest. Cu	710	ligas de cobre	como substituta da solda de prata
Solda de alumínio e zinco, LZnCD	1 732	56 Zn, 4 Al, rest. Cd .	320	metais leves fundidos	peças fundidas
Cobre	1 708 1 726	cobre eletrolítico	1 110	aço	quando se requer resistência elevada, soldagem em forno

b) *Soldagem por chama.* Aplicam-se soldas fracas ou fortes, por meio de lamparina de solda ou de chama oxiacetilênica; é necessário o emprêgo de fundentes. (Êste processo presta-se à fabricação não--seriada de peças.)

c) *Soldagem por imersão.* As peças a serem soldadas, estando desoxidados apenas os pontos em que deve ser aplicada a solda, são mergulhadas em um banho de solda fraca ou forte; pode-se também mergulhá-las em um banho de sal quente (proporciona maior economia de solda), juntando-se anteriormente a solda nos pontos a serem soldados. (Êste processo é particularmente adequado à fabricação de peças em massa.)

d) *Soldagem em forno.* As peças são submetidas ao processo anterior de imersão em banho de sal, e, a seguir, passam através de um forno contínuo com atmosfera protetora de gás redutor, sem o emprêgo de fundentes.

e) *Soldagem por indução.* Os pontos a serem soldados, nos quais se colocam antecipadamente solda e fundente, são aquecidos por meio de indução elétrica através de uma bobina. (Êste processo proporciona economia de tempo, prestando-se muito à realização em série de soldagens semelhantes entre si.)

Normas DIN. 1 707 solda de estanho; 1 710 substituída por 1 733 a 1 735; 1 711 substituída por 1 733; 1 730 soldas fracas para metais pesados (recolhida); 1 732 ligas para soldagens, para soldas por fusão ou difusão, de metais leves; 1 733 ligas para soldas de fusão e soldas fortes para soldagens de metais pesados e materiais ferrosos; 1 734 solda de prata para soldagens de metais pesados e materiais ferrosos; 1 735 solda forte de prata para soldagens de metais preciosos.

8.3. DIMENSIONAMENTO DAS JUNÇÕES POR SOLDA DE DIFUSÃO

A fôrça P que pode ser transmitida através de uma junção por solda de difusão é função da tensão de cisalhamento τ por ela originada nos cordões de solda. Segundo a Fig. 8.2,

$$P \leq b \cdot l \cdot \tau_{ad} \quad \text{(kgf)}.$$

Os limites de ruptura por cisalhamento devido à solicitação estática são, aproximadamente, os seguintes:

solda de estanho (solda fraca) $\tau_r = 200$ a 860 kgf/cm²,
solda de zinco-cádmio $\tau_r = 1\,200$ kgf/cm²,
solda tenaz $\tau_r = 1\,400$ a $2\,000$ kgf/cm².

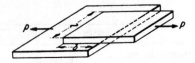

Figura 8.2 — Fôrça cortante P transmissível através de uma junção por solda de baixo ponto de fusão (superfície de solda $b \cdot l$): $p = b \cdot l \cdot \tau$

Para que a junção por solda seja tão resistente quanto a chapa soldada (limite de ruptura σ_r, espessura s) é preciso que a largura da junta seja

$$b = s \cdot \sigma_r / \tau_r \quad \text{(cm)}.$$

Geralmente, adota-se $b = 4 \cdot s$ a $6 \cdot s$.

8.4. BIBLIOGRAFIA

[8/1] *DIEGEL, C.:* Schwessen und Löten. Berlin 1909. Cópia do Stahl u. Eisen Vol. 29 (1909) p. 776.
[8/2] *RUDELOFF, M.:* Lötnähte an kupfernen Rohren. Mitt. Mat.-Prüf.-Amt Berlin Vol. 27 (1909) p. 317.
[8/3] *BURSTYN, W.:* Das Löten. Werkstattbücher, Fasc. 28. Berlin: Springer 1927.
[8/4] *AWF*: Löten und Lote. Berlin: Beuth-Verlag 1927.
[8/5] *WENZ, J.:* Verlöten von Massenartikeln. Masch.-Bau-Betr. Vol. 13 (1934) p. 241.
[8/6] *HANEL, R.:* Schweissen und Löten von austenit. Chromnickelstählen. Masch.-Bau Vol. 15 (1936) p. 427.
[8/7] *LÜDER, E.:* Einsparung von Lötzinn durch neue Legierungen. Z. VDI Vol. 79 (1935) p. 101.
[8/8] *FISCHER, O.:* Vorgänge und Festigkeiten beim Löten. Berlin: VDI-Verlag 1939.
[8/9] *NACKEN, M.:* Einsparen von Messing beim Verlöten von Rohren. Z. VDI Vol. 85 (1941) p. 706.
[8/10] — Der Zusammembau von Al-Teilen durch Hartlöten. Werkstatt u. Betrieb Vol. 81 (1948) p. 333.
[8/11] *LÜPFERT, H.:* Metallische Werkstoffe, Bad Wörishofen 1946 (Lote, p. 259).
[8/12] *GÖNNER, O.:* Hartlöten von Rohrleitungsteilen im Fahrzeug- u. Motorenbau. Werkstatt u. Betrieb Vol. 79 (1946) Fasc. 2, p. 45.
[8/13] *LOHAUSEN, K. A.:* Hartlöten unter Schutzgas (gute Konstruktionsbeispiele). Z. VDI Vol. 91 (1949) p. 89.
[8/14] *SCHÖNING, W.:* Hartlöten. Die Technik Vol. 3 (1948) p. 533.

9. Junções por meio de rebites

9.1. UTILIZAÇÃO E EXECUÇÃO

Utilização. Com o emprêgo de rebites podem-se obter:

1) junções de elevada resistência para estruturas de aço (estruturas de edifícios, pontes e guindastes);

2) junções *estanques* de elevada resistência para caldeiraria (fabricação de caldeiras, reservatórios e tubos sujeitos a pressões elevadas);

3) junções *estanques* (fabricação de recipientes de pequena altura, chaminés, tubos de descarga e tubulações não sujeitas a sobrepressões);

4) junções de responsabilidade de chapas de revestimento (por exemplo, para a construção de aviões).

Todos êstes tipos de junção podem também ser obtidos com o emprêgo da solda, mas as junções por rebites são, freqüentemente, de execução mais simples e menos dispendiosa (para a fabricação de treliças, por exemplo) que as junções por solda, além de possibilitarem um contrôle de qualidade mais simples (som resultante de uma percussão) e poderem ser desfeitas em caso de necessidade, cortando-se as cabeças dos rebites. Por outro lado, entretanto, as junções por rebites são mais pesadas e seu campo de aplicação não é tão vasto quanto o das junções por solda. Acarretam uma redução da resistência do material rebitado da ordem de 13 a 42% (furação para os rebites), ao passo que a redução causada pelas junções por solda é da ordem de 10 a 40%.

Execução (Fig. 9.1). A rebitagem consiste em transpassar com rebites as peças a serem unidas, golpeando-se, a seguir, os rebites com um punção a fim de que êles comprimam fortemente, uma contra a outra, as peças a serem unidas. Quando o rebite fôr pré-aquecido e golpeado a quente, a contração provocada pelo seu posterior resfriamento tracionará a sua haste até ser atingido o limite de escoamento (junção sob tensão).

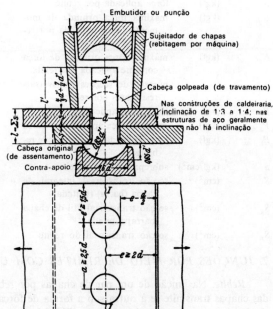

Figura 9.1 — Conformação e proporções de uma junção por rebite

Para a rebitagem a quente, deve-se aquecer a haste do rebite ao rubro claro. Golpeiam-se a frio apenas pequenos rebites de ferro (de 8 a 10 mm de diâmetro, aproximadamente) e de latão, cobre ou metais leves. Os furos das chapas a serem rebitadas devem superpor-se com exatidão (alargá-los, se necessário!).

A rebitagem pròpriamente dita (formação da cabeça golpeada do rebite) pode ser feita com um martelo manual (diâmetro do rebite até 26 mm) ou de ar comprimido, processo êste mais econômico, melhor e mais rápido, mas que, no entanto, é superado pela máquina de rebitagem[1]. Durante a rebitagem pela máquina, as chapas a serem rebitadas mantêm-se unidas pelo sujeitador de chapas (Fig. 9.1).

[1] Fôrça de apoio necessária em kgf de 5 000 S até 9 000 S para rebitagem a quente e 20 000 S e acima para rebitagem a frio; secção transversal do rebite S em cm².

9.2. SOLICITAÇÕES E DIMENSIONAMENTO

1. SÍMBOLOS UTILIZADOS

a	(cm)	distância entre rebites
b_t	(cm)	largura da tala de junção
D	(cm)	diâmetro interno da caldeira
d	(cm)	diâmetro do rebite, diâmetro do furo para o rebite
d'	(cm)	diâmetro nominal da haste do rebite
d_2	(cm)	diâmetro nominal da cabeça do rebite
e	(cm)	distância da linha de centro da furação ao contôrno da chapa rebitada, medida na direção da fôrça aplicada
e'	(cm)	distância da linha de centro da furação ao contôrno da chapa rebitada, medida na direção perpendicular à da fôrça aplicada
e_1, e_2, e_3	(cm)	outras distâncias
h	(cm)	altura nominal da cabeça do rebite
i	(cm)	raio de giração = $\sqrt{J/S}$
J	(cm^4)	momento de inércia (relativo à flexão)
l'	(cm)	comprimento da haste do rebite
L_K	(cm)	comprimento de flambagem de barra comprimida
M_f	(cmkgf)	momento fletor
N	(kgf)	fôrça aplicada por rebite
N_f	(kgf)	máxima fôrça oriunda de momento fletor aplicada por rebite
N_Q	(kgf)	máxima fôrça oriunda de fôrça cortante aplicada por rebite
n	(—)	número de secções transversais resistentes por rebite
P	(kgf)	fôrça total aplicada
P_s	(kgf)	máxima fôrça aplicada em barra
P_t	(kgf)	fôrça aplicada por passo t de rebitagem
p	(kgf/cm^2)	sobrepressão de caldeira
S	(cm^2)	secção transversal integral de chapa (barra) rebitada
S_n	(cm^2)	secção transversal útil de chapa (barra) rebitada
S_R	(cm^2)	secção transversal do rebite
s	(cm)	espessura de chapa
s'	(cm)	espessura de chapa para efeito de cálculo
s_t	(cm)	espessura de tala de junção
t	(cm)	passo de rebitagem
u_1, u_2	(cm)	distâncias entre eixos de furações de rebitagem de vigas solicitadas por flexão (Fig. 9.9)
v	(—)	relação de aproveitamento S_n/S
W_f, W	(cm^3)	módulo de resistência de viga solicitada por flexão
W_n	(cm^3)	módulo de resistência útil de viga solicitada por flexão
w	(cm)	cota de furações de perfis
z	(—)	número de rebites a que se aplica P
z_g	(—)	número de rebites na secção versal mais perigosa de chapa rebitada
z_{tg}	(—)	número de rebites por passo de rebitagem na secção transversal mais perigosa de chapa rebitada
z_t	(—)	número de rebites por passo de rebitagem
z_1	(—)	número de rebites no corte da primeira fileira de rebites
z_2	(—)	número de rebites no corte da segunda fileira de rebites
λ	(—)	índice de esbeltez = L_k/i
σ	(kgf/cm^2)	tensão de tração (compressão) na chapa rebitada
σ_R	(kgf/cm^2)	tensão de tração no rebite
σ_r	(kgf/cm^2)	limite de ruptura da chapa
σ_{Rr}	(kgf/cm^2)	limite de ruptura do material do rebite
σ_l	(kgf/cm^2)	pressão sôbre a superfície cilíndrica da haste do rebite
τ	(kgf/cm^2)	tensão de cisalhamento na chapa
τ_{R_1}	(kgf/cm^2)	tensão de cisalhamento e tensão resultante do atrito no rebite
τ_R	(kgf/cm^2)	tensão de cisalhamento puro no rebite
γ	(—)	fator de compensação

2. JUNÇÕES POR MEIO DE REBITES COM UMA SECÇÃO RESISTENTE

Rebite. Na junção de um par de chapas por rebites (Fig. 9.2), uma fôrça de tração aplicada a uma das chapas transmite-se à outra sob a forma de fôrça de atrito, e sòmente quando se ultrapassa o limite de deslizamento entre as duas chapas (Fig. 9.3) é que se dá o contato entre a superfície cilíndrica do furo e a haste do rebite, solicitando-a por compressão e por fôrça cortante. Analisemos as fôrças agentes em um rebite: das tensões normais de tração σ_R agentes na secção transversal S do rebite resulta uma fôrça de atrito $\mu \cdot \sigma_R \cdot S$ atuante entre as duas chapas rebitadas; e das tensões de cisalhamento τ'_R agentes tam-

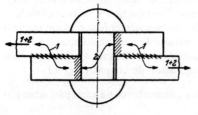

Figura 9.2 — Transmissão de fôrças através de uma junção por rebite: 1 por atrito; 2 por compressão das superfícies cilíndricas dos furos e do rebite

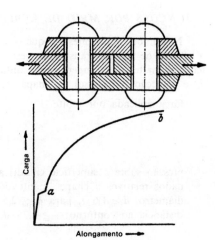

Figura 9.3 — Ensaio de tração de uma junção por rebite (segundo Rötscher). Em a, dá-se a ultrapassagem do limite de escorregamento e se inicia a aplicação de fôrças cortantes; em b verifica-se o cisalhamento

bém na secção transversal S do rebite resulta uma fôrça cortante $\tau'_R \cdot S$. Logo a fôrça transmitida de uma chapa à outra através do rebite é $N = \mu \cdot \sigma_R \cdot S + \tau'_R \cdot S = (\mu \cdot \sigma_R + \tau'_R) S$ ou, mais simplesmente,

$$N = \tau_R \cdot S \quad \text{(kgf)}. \tag{1}$$

No estudo das estruturas de aço, τ_R exprime uma "resistência ao cisalhamento", e, na caldeiraria, uma "resistência ao deslizamento"[2]. O número de rebites necessário para a transmissão da fôrça total P de uma chapa a outra é, portanto,

$$z = \frac{P}{N} = \frac{P}{\tau_R \cdot S} \quad (-). \tag{2}$$

Nos cálculos das construções de aço verifica-se, ainda, a pressão média σ_l exercida no contato entre a superfície cilíndrica do furo e a haste do rebite. Sendo s a espessura da chapa rebitada, tem-se

$$N = \sigma_l \cdot d \cdot s \quad \text{(kgf)}. \tag{3}$$

Substituindo-se em (1) o valor de N calculado por (3), e lembrando que $S = \pi d^2/4$, obtém-se, para a junção por meio de um rebite com uma secção resistente ao cisalhamento, $d = \dfrac{4 \cdot \sigma_l \cdot s}{\pi \cdot \tau_R}$. Admitindo-se para σ_l o valor experimental $\sigma_l \leqq 2{,}5 \cdot \tau_R$, resulta $d \leqq 3{,}2 \cdot s$, dispensando-se, assim, o cálculo de verificação de σ_l.

Chapa. Os furos para os rebites enfraquecem as secções transversais S das chapas ou barras rebitadas. As secções transversais úteis S_u restantes devem resistir à fôrça total P aplicada:

$$P = z \cdot N = \sigma \cdot S_n \quad \text{(kgf)}; \tag{4}$$

$$S_n = S - z_g \cdot d \cdot s \quad \text{(cm}^2\text{)}; \tag{5}$$

onde z_g é o número de rebites e σ é a tensão na secção transversal mais perigosa da chapa rebitada (secção I-I, na Fig. 9.6). Para uma costura rebitada contínua (caldeiraria) deve-se ter, por passo t de rebitagem,

$$N = \sigma(t - d)\, s' \quad \text{(kgf)}. \tag{6}$$

A distância e da linha de centro da furação ao contôrno da chapa rebitada (Fig. 9.1) deve ser suficiente para evitar que os furos se rompam. Adota-se:

$$N = 2\left(e - \frac{d}{2}\right) s \cdot \tau;$$

substituindo-se o valor de N calculado por (3), obtém-se a distância necessária $e = \dfrac{\sigma_l \cdot d}{2 \cdot \tau} + \dfrac{d}{2}$, e, considerando-se o valor experimental $\tau \leqq \sigma_l/2{,}5$ da tensão de cisalhamento na chapa, resulta $e \geqq 1{,}75\, d$.

[2] Na caldeiraria, escreve-se também k no lugar de τ_R.

3. JUNÇÕES POR MEIO DE REBITES COM MAIS DE UMA SECÇÃO RESISTENTE

Nas uniões por rebites em que se utiliza um par de talas de junção (Fig. 9.6) duplica-se, por rebite, o número de secções transversais resistentes ao cisalhamento (n) e a fôrça de atrito transmitida, mantendo-se inalteradas a superfície de contato entre o furo da chapa rebitada e a haste do rebite (e, portanto, σ_l) e a secção transversal da chapa rebitada (e, portanto, σ). Assim, resultam:

fôrça aplicada por rebite:

$$N = 2 \cdot \tau_R \cdot S \quad \text{(kgf)}. \tag{7}$$

pressão sôbre a superfície cilíndrica da haste do rebite: mantendo-se inalterada, obtém-se de (3); dados relativos à chapa: mantendo-se inalterados, obtêm-se de (4), (5) e (6);
diâmetro: $d \geq 1,6 \cdot s$, para $\sigma_l \leq 2,5 \cdot \tau_R$;
distância ao contôrno: $e \geq 1,75 \cdot d$, para $\sigma_l \leq 2,5 \cdot \tau_R$.

9.3. CONSIDERAÇÕES PRÁTICAS

1) *Material*. A norma DIN 1613 apresenta as condições que devem ser satisfeitas por um material do qual se fabricam rebites. De um modo geral, na fabricação de estruturas de aço, de reservatórios e na caldeiraria, utilizam-se rebites de um aço mais tenaz, geralmente St 34.13; para a rebitagem de chapas de aço de melhor qualidade, como St 52, por exemplo, utilizam-se, de modo geral, rebites de aço St 44. Os componentes básicos dos materiais do rebite e da chapa rebitada devem ser idênticos a fim de se evitarem dilatações térmicas diferentes (afrouxamento da junção) e surgimento de correntes galvânicas (corrosão); assim, para a rebitagem de chapas de alumínio usam-se rebites de alumínio etc.

A Tab. 9.4 apresenta materiais de chapas para estruturas de aço, e a Tab. 9.6, para caldeiras.

2) *Nas estruturas* de aço não devem ocorrer maiores deformações das chapas nem "escoamentos" das junções rebitadas. Na Tab. 9.4 se encontram valores experimentais de σ, σ_l, e τ_R.

3) *Nas construções* de caldeiraria não devem ser ultrapassados os limites de deslizamento entre as chapas. As Tabs. 9.6 e 9.7 apresentam valores experimentais de σ e τ_R.

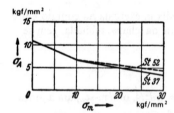

Figura 9.4 — Limite de resistência permanente $\sigma_D = \sigma_m \pm \sigma_A$ de uma união por rebites com um par de talas de junção. Rebites de aço St 44 e chapas de aço St 37 ou aço St 52 (segundo Graf)

4) Havendo solicitações *dinâmicas*, não deve ser ultrapassado o limite de deslizamento da junção rebitada (Fig. 9.3) nem o de resistência permanente $\sigma_D = \sigma_m \pm \sigma_A$ da chapa. Os resultados de experiências apresentados na Tab. 9.1 e na Fig. 9.4 mostram que, para êstes casos, o material de chapa St 52 não apresenta vantagens em relação ao material St 37, pois os correspondentes limites de deslizamento são quase iguais[3].

5) *Superfície da chapa rebitada*. Quanto mais áspera fôr a superfície da chapa rebitada tanto maiores serão a resistência ao deslizamento e o limite de resistência permanente σ_D. Assim, segundo experiências realizadas por Graf [9/7], chapas cujas superfícies de contato foram pintadas com zarcão apresentaram $\sigma_D = (7,5 \pm 5,5)$ kgf/mm², e chapas cujas superfícies de contato foram limpas com detergente (gasolina) apresentaram $\sigma_D = (15,5 \pm 8,5)$ kgf/mm².

6) *Nas junções rebitadas de chapas superpostas* (Fig. 9.1), estas são solicitadas também por flexão, pois teòricamente se lhes aplica o momento fletor $M_f = P \cdot s$, que dá origem à correspondente tensão de flexão $\sigma_f = M_f / W_f = 6 \cdot \sigma$. Na realidade, entretanto, σ_f é menor, pois parte da fôrça P se transmite, por atrito, de uma chapa a outra; segundo Daiber [9/7], em junções de chapas superpostas com uma, (duas), [três] fileiras de rebites têm-se $\sigma_f = 0,6 \cdot \sigma, (= 1 \cdot \sigma), [= 1,4 \cdot \sigma]$. Esta tensão de flexão pode ser levada em conta através da redução dos valores de σ_{ad} adotados no cálculo simples da tensão σ.

7) *Nas junções rebitadas* em que se utiliza um par de talas de junção (Fig. 9.3) é menor a resistência ao deslizamento, pois se as espessuras das duas chapas a serem rebitadas não forem exatamente iguais, aplicar-se-á menor pressão à chapa de menor espessura. Assim, em experiências realizadas por Bach [9/7], alcançaram-se $\tau_R = 906$ kgf/cm² em junções com talas de junção e $\tau_R = 1\,186$ kgf/cm² em junções de chapas superpostas.

---

[3] É recomendável aqui o uso de materiais abrasivos especiais entre as superfícies para aumentar o atrito das juntas rebitadas de alta qualidade. Por exemplo, com a introdução de pó de carborundum na solução lubrificante. Veja assento forçado com pó de carborundum no Cap. 18.2.

TABELA 9.1 — *Valores de σ e τ_N (kgf/mm^2) alcançados em junções rebitadas com um par de talas de junção, submetidas a carregamentos estáticos e pulsantes, segundo experiências da Graf [9/7].*

Material	Chapa σ_e kgf/mm^2	Chapa σ_R kgf/mm^2	Material do rebite	Fileiras de rebites	Carregamento estático Deslizamento das chapas sob σ	Carregamento estático Deslizamento das chapas sob τ_N	Carregamento estático Ruptura das chapas sob σ	Carregamento pulsante Deslizamento das chapas sob σ	Carregamento pulsante Deslizamento das chapas sob τ_N	Carregamento pulsante Ruptura das chapas sob σ
St 37	28,5	39	St 34	1	23,0	9,3	35,1	21,3	8,8	23,7
				3	27,2	4,8	45,7	24,3	5,6	25,9
St 48	37,1	55	St 34	1	—	—	—	—	—	—
				3	—	—	—	27,0	3,8	28,9
St-Si	43,7	59,8	St-Si	1	30,7	4,9	47,2	28,0	4,9	32,3
				3	41,1	5,5	60,0	23,9	2,9	25,5
St 52	40,5	58,3	St 34	1	34,0	5,45	55,0	27,1	5,0	26,1
			St 52	3	39,2	2,7	63,7	25,6	2,6	27,0

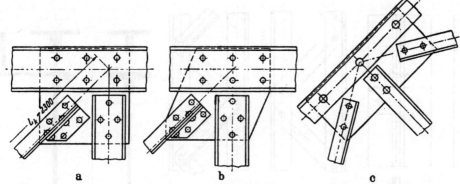

Figura 9.5 — Conformações de nós de estruturas metálicas rebitadas (segundo Rötscher). Cantoneiras sujeitas a maiores esforços (tração) devem ser travadas com uma cantoneira suplementar! A chapa de junção da conformação a é mais simples (freqüentemente empregada), mas a da conformação b é teòricamente melhor

8) *Havendo várias fileiras sucessivas de rebites* (Fig. 9.6), o limite de deslizamento é atingido nas fileiras externas antes de o ser nas internas, de modo que, para três fileiras de rebites, τ_R deve ser reduzido, e mais de três fileiras de rebites devem ser evitadas sempre que possível. Note-se que, na junção da Fig. 9.6, a secção transversal I-I da chapa deve resistir à fôrça total transmitida de uma chapa a outra, ao passo que a secção transversal II-II deve resistir apenas à parcela da fôrça total transmitida pela respectiva fileira de rebites (nas talas de junção, dá-se o contrário!).

9) *Comprimento do rebite.* Quanto maior a soma das espessuras das chapas rebitadas uma a outra, tanto maior o comprimento das hastes dos rebites utilizados e, portanto, tanto maiores as respectivas contrações de resfriamento, o que resulta em maior resistência ao deslizamento. Segundo experiências de Bach [9/7], em junções feitas com rebites de 40 mm (80 mm) de comprimento e diâmetro $d = 28$ mm, atingiu-se $\tau_R = 2\,370$ kgf/cm² ($= 3\,260$ kgf/cm²). Por essa razão é que são menores as fôrças que podem ser transmitidas por rebites embutidos (hastes mais curtas!). Se as espessuras das chapas a serem unidas forem tais que $\Sigma s > 4 \cdot d$, será conveniente utilizar parafusos ajustados em vez de rebites, pois os rebites de grandes comprimentos se quebram fàcilmente ou se flambam quando golpeados.

10) *Execução.* A rebitagem feita a maquina apresenta um limite de deslizamento maior e mais uniforme entre as chapas rebitadas que o obtido na rebitagem feita a mão. Entre as propriedades dos dois tipos de rebitagem acima citados se situam as propriedades da rebitagem feita com martelo de ar comprimido.

9.4. REBITAGENS NAS ESTRUTURAS DE AÇO

1) *Conformação.* As linhas dos centros de gravidade das secções transversais das barras que constituem a estrutura de aço devem coincidir com as linhas que unem os nós do sistema estático representativo da estrutura (Fig. 9.5) a fim de se evitarem momentos fletores adicionais. Não se devem empregar ferros chatos nem cantoneiras com dimensões inferiores a $45 \cdot 45 \cdot 5$ mm como barras sujeitas a esforços! Para cada junção de barra sujeita a esforços utilizar pelo menos dois rebites! Em um dado nó utilizar, sempre que possível, rebites de mesmo diâmetro! As barras sujeitas a maiores esforços (tração) devem ser travadas também lateralmente, com uma cantoneira suplementar (Fig. 9.5). Quando forem variáveis as direções das fôrças aplicadas à estrutura, tornar-se-á vantajoso o emprêgo de rebites ajustados (montados a frio,

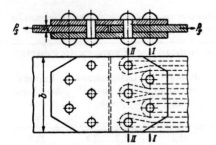

Figura 9.6 – Disposição dos rebites de uma união com um par de talas de junção. As "faixas de fôrça" tracejadas (as "faixas" desenhadas referem-se à chapa: as que se referem às talas são simétricas às desenhadas) permitem visualizar os esforços transmitidos através das secções transversais I-I (fôrças aplicadas por 5 rebites) e II-II (fôrças aplicadas por 3 rebites) da chapa

com ajuste forçado). A chapa de junção deve ter uma espessura igual à média das espessuras das barras por ela unidas. A Fig. 9.5 mostra conformações de nós de estruturas metálicas rebitadas. A Fig. 9.6 mostra uma disposição de rebites própria para junções sujeitas a tração, sem sobrecarga, de chapas de secções transversais iguais. Na Fig. 9.8, vêem-se junções de cantoneiras e conformações de vigas feitas de chapas.

As barras pesadas, principalmente as sujeitas a esforços de compressão, podem ser vantajosamente fabricadas pela justaposição de vários perfis unidos uns aos outros, como por exemplo as cantoneiras cruzadas da Fig. 9.7. Quanto mais leve a construção, maior o custo da mão-de-obra correspondente (maior quantidade de rebitagens). As vigas de alma cheia têm alturas menores mas pesos maiores que as vigas treliçadas.

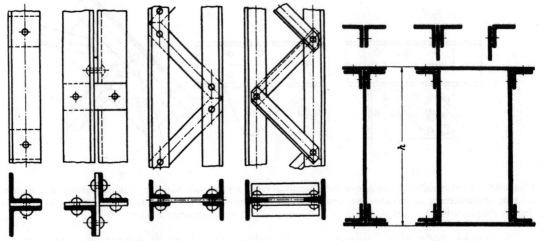

Figura 9.7 – Barras e vigas compostas de perfis unidos entre si (segundo Rötscher)

Figura 9.8 – Construção de um perfil composto (segundo Rötscher)

A Tab. 9.2 mostra a simbologia adotada para a representação de rebites nos desenhos técnicos.

2) *Cálculo*. Nas junções rebitadas de estruturas de aço nem sempre é suficiente a resistência ao deslizamento para a transmissão de fôrças de uma barra a outra, de modo que os rebites são solicitados, simultâneamente, por compressão superficial da haste e por cisalhamento. Se as solicitações forem variáveis, principalmente de direções variáveis, poder-se-á dar o afrouxamento da junção rebitada.

TABELA 9.2 – *a) Símbolos de furos e respectivos diâmetros e b) símbolos adicionais de tipos de rebites*, segundo DIN 407 (outubro de 1951).

Diâmetro do furo d (mm)	8,4	11	13	15	17	19	21	23	25	28 a 37
Símbolo										círculo com dimensão, p. ex.

b)

Tipo de rebite	com cabeças semi-esféricas de ambos os lados	com cabeça embutida em cima	em baixo	em ambos os lados	rebite de montagem, p. ex.	furação para a rebitagem a ser feita durante a montagem, p. ex.
Símbolo adicional aos símbolos a	sem símbolo					

Exemplo: representa rebite de montagem, com cabeça superior embutida e inferior semi-esférica, colocado em furo de diâmetro de 23 mm

Para evitar êste afrouxamento calculam-se, pelos processos conhecidos, as fôrças que agem nas barras, multiplicando-as por coeficientes de compensação, e os produtos daí resultantes são aplicados às respectivas barras como fôrças estáticas, prosseguindo-se, então, ao cálculo da estrutura, sem alteração dos valores das tensões admissíveis.

Cálculo de barras ou de chapas carregadas (segundo norma DIN 120, novembro de 1936):

barra tracionada: secção transversal necessária

$$S_n = S - d \cdot s \cdot z_g = S \cdot v \geqq P_s/\sigma_{ad} \quad (\text{cm}^2),$$

barra comprimida: secção transversal necessária

$$S \geqq P_s \cdot \omega/\sigma_{ad} \quad (\text{cm}^2),$$

barra sujeita a solicitação variável simétrica[4]*:* secção transversal necessária

$$S_n = S \cdot v \geqq P_s \cdot \gamma/\sigma_{ad} \quad (\text{cm}^2).$$

As tensões admissíveis σ_{ad} encontram-se na Tab. 9.4; a relação de aproveitamento $v = S_n/S$ deve ser estimada aproximadamente; o fator relativo à flambagem ω encontra-se na Tab. 9.5; os valores dos coeficientes de compensação são $\gamma = 1$ a 1,3 para aço St 37, $= 1$ a 1,94 para aço St 52, conforme a parcela variável, entre tração e compressão, da carga aplicada.

Barra sujeita a flexão: módulo da resistência necessário

$$W_n = W \cdot v \geqq M/\sigma_{ad} \quad (\text{cm}^3),$$

Cálculo da junção rebitada:

para barras tracionadas ou comprimidas: número de rebites necessário

$$z \geqq \frac{P_s}{N} = \frac{P_s}{\tau_R \cdot S \cdot n}$$

pressão superficial da haste

$$\sigma_l \leqq \frac{P_s}{z \cdot d \cdot s} = \frac{N}{d \cdot s} \quad (\text{kgf/cm}^2);$$

para barras sujeitas a flexão (Fig. 9.9), de $M = N_1 \cdot z_1 \cdot u_1 + N_2 \cdot z_2 \cdot u_2 + \ldots$ (cm/kgf) e de $N_1 : N_2 : \ldots = u_1 : u_2 : \ldots$ resultam
máxima fôrça aplicada por rebite, oriunda de momento fletor M:

$$N_f = N_1 = \frac{M \cdot u_1}{z_1 \cdot u_1^2 + z_2 \cdot u_2^2 + \ldots} \quad (\text{kgf});$$

fôrça aplicada por rebite, oriunda de fôrça cortante Q:

$$N_Q = Q/z \quad (\text{kgf});$$

fôrça total aplicada por rebite:

$$N = \sqrt{N_1^2 + N_Q^2} \quad (\text{kgf});$$

tensões no rebite:

$$\tau_R = \frac{N}{S \cdot n} \qquad \sigma_l = \frac{N}{d \cdot s} \quad (\text{kgf/cm}^2);$$

τ_R da Tab. 9.4.

[4]Barras solicitadas a tração e compressão alternadamente.

Elementos de Máquinas

TABELA 9.3 — *Espessuras de chapas e dimensões de rebites de estruturas de aço, em mm. Secções transversais dos rebites S_r em cm^2.*

Espessura de chapa s (mm)	3···4	5···6	7···8	9···10	11···13	14···16	17···20	21···24	25···29	30···35
Diâmetro do rebite d^* $d \cong s + 10$ mm	11	13	15	17	19	21	23	25	28	31	34	37
Secção transversal do rebite S_r (cm^2)	0,95	1,33	1,77	2,26	2,83	3,46	4,15	4,91	6,15	7,54	9,08	10,75
Distância entre rebites a $a \geq 2,5 d < 6 d$	27 até 66	32 até 78	38 até 90	38 até 100	44 até 114	46 até 120	50 até 140	56 até 156	62 até 174	78 até 192	85 até 210	92 até 228
Dist. entre a linha de centro da furação ao contôrno da chapa rebitada, na direção da fôrça aplicada e $e \geq 2 d < 6 d$	22 até 66	26 até 78	30 até 90	34 até 100	38 até 114	42 até 120	46 até 140	50 até 156	56 até 174	62 até 192	64 até 210	74 até 228
Idem, na direção perpendicular à da fôrça aplicada e' $e' \geq 1,5 d < 4 d$	16 até 44	19 até 52	22 até 60	25 até 68	28 até 76	31 até 84	34 até 92	37 até 100	42 até 112	46 até 124	51 até 136	55 até 148
Diâmetro nominal da haste do rebite d'^*	10	12	14	16	18	20	22	24	27	30	33	36
Comprimento da haste do rebite l' (mm)	Para rebitagens a máquina: $l' = \Sigma s + \frac{4}{3} \cdot d'$; para rebitagens manuais: $l' = \Sigma s + \frac{7}{4} d'$											
Diâmetro da cabeça do rebite d_c	16	19	22	25	28	32	36	40	43	48	53	58
Altura da cabeça semi-esférica do rebite h	6,5	7,5	9	10	11,5	13	14	16	17	19	21	23

*Segundo DIN 123 e 124, de julho de 1948.

As tabelas de perfis de aço das págs. 108 a 118 apresentam tipos e dimensões de perfis, mínimas distâncias entre os eixos dos rebites e as bordas dos perfis e máximos diâmetros de rebites a serem utilizados.

Dimensões de rebites e distâncias entre êles podem ser vistas na Tab. 9.3 e nas normas DIN [9/1] a [9/3].

TABELA 9.4 — *Tensões admissíveis (kgf/cm^2) em estruturas de aço para o tipo I de carregamento (carga permanente + + carga móvel + esforços térmicos); as tensões admissíveis para o tipo II de carregamento (tipo I – fôrça exercida pelo vento + fôrça de frenagem + cargas escalonadas) obtêm-se multiplicando por 1,14 as tensões admissíveis para o tipo I.*

	Peças	Rebites	Parafusos	Peças	Rebites	Parafusos	Peças	Rebites	Parafusos	Peças	Rebites	Parafusos
Material	St 00.12	St 34.13	St 38.13	H-B-St	St 34.13	St 38.13	St 37.12	St 34.13	St 38.13	St 52	St 44	St 52
Tensões admissíveis	$\frac{\sigma}{\tau}$	$\frac{\tau_R}{\sigma_l}$	$\frac{\tau_R}{\sigma_l}$	$\frac{\sigma}{\tau}$	$\frac{\tau_R}{\sigma_l}$	$\frac{\tau_R}{\sigma_l}$	$\frac{\sigma}{\tau}$	$\frac{\tau_R}{\sigma_l}$	$\frac{\tau_R}{\sigma_l}$	$\frac{\sigma}{\tau}$	$\frac{\tau_R}{\sigma_l}$	$\frac{\tau_R}{\sigma_l}$
Segundo DIN 120 (novembro de 1936) Máquinas de levantamento	$\frac{1000}{800}$	$\frac{800}{2000}$	$\frac{800}{2000}$	$\frac{1200}{960}$	$\frac{960}{2400}$	$\frac{960}{2400}$	$\frac{1400}{1120}$	$\frac{1120}{2800}$	$\frac{1120}{2800}$	$\frac{2100}{1680}$	$\frac{1680}{4200}$	$\frac{1680}{4200}$
Segundo DIN 1050 (outubro de 1946) Edifícios	$\frac{1200}{960}$	$\frac{1200}{2400}$	$\frac{960}{2400}$	$\frac{1400}{1120}$	$\frac{1400}{2800}$	$\frac{1120}{2800}$	$\frac{1400}{1120}$	$\frac{1400}{2800}$	$\frac{1120}{2800}$	$\frac{2100}{1680}$	$\frac{2100}{4200}$	$\frac{1680}{4200}$

3) **Exemplos de cálculo** (tensões admissíveis segundo a Tab. 9.4).

Exemplo 1. Junção de perfis chatos (Fig. 9.6).

Dados: máxima fôrça aplicada às barras $P_s = 30\,000$ kgf, tração; material aço St 00.12.

Cálculos: chapa: $S_n = \frac{P_s}{\sigma} = \frac{3\,000}{1\,000} = 30$ cm^2; $v = 0,75$ (valor estimado); $S = S_n/v = 30/0,75 = 40$ cm^2.

Escolheu-se, portanto, $S = b \cdot s = 20 \cdot 2$ cm^2; rebite: adotando-se $z = 5$, resulta,

$$S_R = \frac{P_s}{\tau_R \cdot n \cdot z} = \frac{30\,000}{800 \cdot 2 \cdot 5} = 3,75 \text{ } cm^2.$$

Pela Tab. 9.3, foi escolhido o diâmetro de rebite $d = 2,3$ cm, com $S_R = 4,15$ cm^2.

Verificações: rebite:

$$\sigma_l = \frac{P_s}{z \cdot d \cdot s} = \frac{30\,000}{5 \cdot 2,3 \cdot 2} = 1\,300 \text{ kgf/cm}^2 \text{ (admissível' 000);}$$

chapa: secção transversal mais perigosa I-I: $S_n = (b-2d) \cdot s = (20-2 \cdot 2,3) \cdot 2 = 30,8 \text{ cm}^2$ (S_n necessário = 30 cm², ver acima);

tala de junção: secção transversal mais perigosa II-II: $S_n = (b-3d) \cdot 2 \cdot s_L = (20-3 \cdot 2,3) \cdot 2 \cdot s_L = 26,2 \cdot s_L$ ou $s_L = S_n/26,2 = 30/26,2 = 1,2$ cm.

As distâncias admissíveis entre rebites e entre rebites e bordas dos perfis podem ser obtidas da Tab. 9.3. Se dos cálculos feitos para 5 rebites houvessem resultado tensões muito elevadas, seria necessário repetir os cálculos para um outro número de rebites.

TABELA 9.5 — *Fator relativo a flambagem* ω, *para índice de esbeltez* λ (novos valores de ω em DIN 4114).

λ	0	10	20	30	40	50	60	70	80	90	100
St 00, H-B-St. St 37...	1,0	1,01	1,02	1,06	1,10	1,17	1,26	1,39	1,59	1,88	2,36
St 52	1,0	1,01	1,03	1,07	1,13	1,22	1,35	1,54	1,85	2,39	3,55
Ferro fundido cinzento*..	1,0	1,01	1,05	1,11	1,22	1,39	1,67	2,21	3,50	4,43	5,45

TABELA 9.5 (continuação).

λ	110	120	130	140	160	180	200	220	240	250
St 00, H-B-St. St 37 ..	2,86	3,41	4,00	4,64	6,05	7,66	9,46	11,44	13,62	14,78
St 52..........	4,29	5,11	6,00	6,95	9,90	11,50	14,18	17,16	20,43	22,16
Ferro fundido cinzento * .	—	—	—	—	—	—	—	—	—	—

*Para $\sigma_{ad} = 900$ kgf/cm² e para o tipo de carregamento I.

Exemplo 2. Junção de barra sujeita a tração (barra diagonal, Fig. 9.5a).

Dados: fôrça aplicada à barra $P_s = 10\,000$ kgf; material aço St 37.12.

Cálculos: barra: secção transversal útil necessária $S_n = P_s/\sigma = 10\,000/1\,400 = 7,16 \text{ cm}^2$; admitindo-se $v = 0,8$, resulta $S = S_n/v = 7,16/0,8 = 9 \text{ cm}^2$. Adotar-se-á, portanto, a cantoneira de abas iguais $70 \cdot 70 \cdot 7$, que apresenta $S = 9,4 \text{ cm}^2$, segundo a Tab. 5.33;

junção rebitada: segundo a Tab. 9.3, escolhem-se rebites de diâmetro $d = 1,7$ cm² e secção transversal $S_R = 2,26 \text{ cm}^2$. Número de rebites $z = P_s/\tau_R \cdot n \cdot S_R = 10\,000/1\,120 \cdot 1 \cdot 2,26 = 3,9$; adotar-se-á $z = 4$.

A Fig. 9.5 mostra a disposição dos rebites. Em cada aba se colocam dois rebites, dispostos longitudinalmente, sendo a aba livre fixada a uma cantoneira suplementar e estando os rebites de uma aba decalados em relação aos da outra.

Distância entre rebites adotada $a = 40$ mm; $e = 35$ mm: $e' = 30$ mm, para $d = 17$ mm, segundo a Tab. 9.3; $w = 40$ mm, segundo a Tab. 5.33.

Verificações:

$$\sigma_l = \frac{P_s}{z \cdot d \cdot s} = \frac{10\,000}{4 \cdot 1,7 \cdot 0,7} = 2\,100 \text{ kgf/cm}^2 \text{ (admissível).}$$

Tem-se $S_n = S - d \cdot s = 9,4 - 1,7 \cdot 0,7 = 8,21 \text{ cm}^2$ (era necessária $S_n = 7,16 \text{ cm}^2$, como foi calculado acima).

Exemplo 3. Junção de barra sujeita a compressão (barra diagonal, Fig. 9.5a). Fôrça e material iguais aos do exemplo anterior.

Comprimento de flambagem $L_K = 230$ cm; perfil adotado $100 \cdot 100 \cdot 12$, com $S = 22,7 \text{ cm}^2$, $i_{min} = 1,95$ cm, e pêso próprio $G = 17,8$ kgf/m, segundo a Tab. 5.33.

Logo, $\lambda = \dfrac{L_K}{i_{min}} = \dfrac{230}{1,95} = 118$ e, da Tab. 9.5, $\omega = 3,30$;

$$\sigma = P_s \cdot \omega/S = 10\,000 \cdot 3,30/22,7 = 1\,455 \text{ kgf/cm}^2 \ (\sigma_{ad} = 1\,400 \text{ kgf/cm}^2).$$

Utilizando-se um perfil composto de duas cantoneiras $60 \cdot 60 \cdot 8$ que constituam secção transversal com formato de cruz (Fig. 9.7, com $S = 2 \cdot 9,03 = 18,06$ cm², $i_{máx} = 2,26$ cm (de uma cantoneira), $G = 2 \cdot 7,09 = 14,18$ kgf/m, resultam

$$\lambda = \frac{L_K}{i_{máx}} = \frac{230}{2,26} = 101 \text{ e, da Tabela 9.5, } \omega = 2,41;$$

$$\sigma = 10\,000 \cdot 2,41/18,06 = 1\,335 \text{ kgf/cm}^2 \ (\sigma_{ad} = 1\,400 \text{ kgf/cm}^2).$$

Logo, além de menores tensões, obteve-se redução de pêso de aproximadamente 20%! Rebites análogos aos do exemplo anterior, embora não seja absolutamente necessário o emprêgo de cantoneiras suplementares em junções de barras sujeitas a compressão.

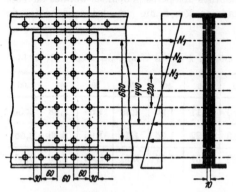

Figura 9.9 – Junção de tôpo de um perfil composto (para o Ex. 4). Na Fig. as distâncias são $u_1 = 660$, $u_2 = 440$, $u_3 = 220$ mm. Número de rebites $z_1 = z_2 = z_3 = 2$

Exemplo 4. Junção de vigas feitas de chapas por meio de talas rebitadas às respectivas almas (Fig. 9.9).

Dados: quanto à viga, $J_{Tr} = 124\,000$ cm⁴, momento fletor $M_{Tr} = 2\,000\,000$ cm/kgf, fôrça cortante $Q = 9\,000$ kgf;

quanto à tala, material aço St 37, $s = 1$ cm, $h = 94$ cm, $J = s \cdot h^3/12 = 69\,000$ cm⁴. A parcela do momento fletor que solicita cada tala é $M = M_{Tr} \cdot J/J_{Tr} = 1\,110\,000$ cmkgf.

Decidiu-se adotar duas talas de junção, rebitadas por duas fileiras de rebites, com 14 rebites de cada lado.

Cálculos:

$$N_f = \frac{M \cdot u_1}{z_1 \cdot u_1^2 + z_2 \cdot u_2^2 + \ldots} = \frac{1\,110\,000 \cdot 66}{2\,(66^2 + 44^2 + 22^2)} = 5\,400 \text{ kgf}$$

$$N_Q = Q/z = 9\,000/14 = 643 \text{ kgf}$$

$$N = \sqrt{N_f^2 + N_Q^2} = 5\,440 \text{ kgf}$$

Secção transversal de rebite necessária $S_R = \dfrac{N}{n \cdot \tau_R} = \dfrac{5\,440}{2 \cdot 1\,120} = 2,4$ cm².

Diâmetro de rebite adotado $d = 2,1$ cm, que corresponde a $S_R = 3,46$ cm, segundo a Tab. 9.3.

Verificações:

$$\sigma_l = \frac{N}{d \cdot s} = \frac{5\,440}{2,1 \cdot 1} = 2\,600 \text{ kgf/cm}^2 \text{ (admissível!).}$$

As distâncias entre rebites e contornos indicadas na Fig. 9.9 são aceitáveis, segundo a Tab. 9.3.

9.5. REBITAGENS NAS ESTRUTURAS DE METAIS LEVES

Os rebites são recozidos e malhados a frio, de modo que não se deve considerar a transmissão de fôrças através do atrito, estando os rebites muito mais sujeitos a solicitações de cisalhamento nas estruturas de metais leves que nas estruturas de aço. Atente-se ao perigo de corrosão nas rebitagens de metais leves diferentes uns dos outros. Os cálculos são análogos aos apresentados no item 9.4.

As tensões admissíveis são, aproximadamente, iguais a 0,4 a 0,5 do limite de escoamento (índice e) (até 1. limite de escoamento, na construção aeronáutica). Os limites de escoamento do duralumínio são aproximadamente os seguintes: $\sigma_e = 2\,700$ kgf/cm² (chapa), $\tau_e = 1\,800$ kgf/cm² (rebite), $\sigma_{le} = 4\,100$ kgf/cm².

Dimensões: diâmetro do rebite $d = 1,5 \cdot s + 2$ mm; distância entre rebites $a = 2,5 \cdot d$ a $6 \cdot d$; distância entre linha de centro da furação e contôrno da chapa $e = 2 \cdot d$; distância entre fileiras de rebites $e_1 = 2,5 \cdot d$ a $3 \cdot d$ (rebites em vazios); diâmetro original da haste do rebite $d' = d - 0,1$ mm para $d \leq 10$ mm, $= d - 0,2$ mm para $d \geq 10$ mm; para chapeamentos $s = 0,5$ a 1 mm, $d = 3$ a 5 mm.

Para rebites explosivos Heinkel:	d	2,5	3	4	5	6	mm
	s	2…4	2…6	2…8	3…8	4…10	mm

9.6. REBITAGENS NA CALDEIRARIA

1) *Conformação*. Construção de uma caldeira rebitada (Fig. 9.10): o corpo (tambor) será constituído de chapas calandradas unidas por rebites em junções por superposição quando os esforços forem menores, ou em funções de tôpo (com tala de recobrimento); os fundos, geralmente abaulados e dotados de rebordos, são rebitados integralmente ao corpo. As chapas devem ser bem desbastadas e ajustadas, e as furações dos rebites devem ser limpas e bem coincidentes.

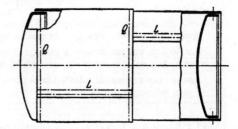

Figura 9.10 – Construção de uma caldeira rebitada

Para garantir a estanqueidade, encalcam-se as arestas das chapas que devem ser chanfradas com inclinação 1 : 3 e, se necessário, também as cabeças dos rebites, devendo-se, ainda, adotar a distância entre as linhas de centro dos rebites de contôrno e as arestas encalcadas $< 2 \cdot d$. Um encalcamento duplo eleva a resistência ao deslizamento de aproximadamente 30%. Para caldeiras de vapor, a espessura da chapa deve ser $s \geqq 0{,}7$ cm (espessuras inferiores a 0,5 cm não podem ser encalcadas). Nos pontos de junção de três chapas (pontos de cruzamento de junções longitudinal e transversal) deve-se reduzir, por forjamento, a espessura da chapa intermediária para possibilitar a vedação (Fig. 9.11). É difícil a vedação de junções com apenas uma fileira de rebites.

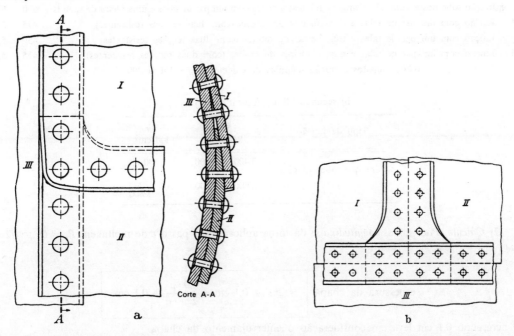

Figura 9.11 – Conformação das junções de uma caldeira. a) para uma junção sobreposta, b) para uma junção com talas

As disposições dos rebites são determinadas pela Tab. 9.8, em função do produto $D \cdot p$, sendo D (cm) o diâmetro interno da caldeira e p (kgf/cm^2) a sua pressão efetiva. Quanto maior o número de fileiras de rebites tanto maior a relação de aproveitamento v e, portanto, tanto menor a espessura de chapa necessária, tornando-se maior, porém, o trabalho de rebitagem (custos de mão-de-obra). Contornos ondulados tornar-se-ão caros se forem grandes os passos de rebitagem (formato 5 da Tab. 9.8). As talas também conferem rigidez às juntas.

Diâmetro do rebite (diâmetro do furo) d = 11, 13, 15, 17, 19, 21, 23, 25, 28, 31, 34, 37 mm.

Diâmetro original do rebite $d' = d - 1$ mm (normalizado!).

Material do rebite e τ_R, segundo a Tab. 9.7.

Material das chapas e σ, segundo a Tab. 9.6.

Prescrições relativas a caldeiras de vapor encontram-se em [9/5].

155

TABELA 9.6 — *Tensões admissíveis σ (kgf/cm^2) e materiais de chapas para caldeiraria.*

Tipo de junção		Tipo de chapa	Aço I	II	III	IV
		Limite de ruptura (kgf/cm^2)	3 500 a 4 400	4 100 a 5 000	4 400 a 5 300	4 700 a 5 600
		Limite de ruptura σ_r para efeito de cálculos (kgf/cm^2)	3 600	4 100	4 400	4 700
1	Sobreposta ou com uma tala de junção ($\sigma_r/\sigma = 4{,}75$)		758	863	926	989
2	Junção com um par de talas e uma ou duas fileiras de rebites, uma tala de junção com apenas uma fileira de rebites ($\sigma_r/\sigma = 4{,}25$)		847	965	1 035	1 106
3	Junção com um par de talas e várias fileiras de rebites, ou trechos sem junções ($\sigma_r/\sigma = 4{,}0$)		900	1 025	1 100	1 175

TABELA 9.7a e b — *Tensões de cisalhamento admissíveis τ_N (kgf/cm^2) em rebites de material St 34.13, utilizados na construção de caldeiras de vapor.*

a) Segundo BACH:

N.°	Tipo de junção	τ_N kgf/cm^2
1	Junção sobreposta, com uma fileira de rebites; rebites com uma secção resistente, que fixem pares de talas de junção	600 ⋯ 700
2	Junção sobreposta, com duas fileiras de rebites	550 ⋯ 650
3	Junção sobreposta, com três fileiras de rebites; junções com um par de talas e uma fileira de rebites	500 ⋯ 600
4	Junção com um par de talas e duas fileiras de rebites (com duas secções resistentes)	475 ⋯ 575
5	Junção com um par de talas e três fileiras de rebites (com duas secções resistentes)	450 ⋯ 550
6	Junção com um par de talas e quatro fileiras de rebites (com duas secções resistentes)	425 ⋯ 525

Rebites sujeitos a tração (cúpulas de caldeiras) $\tau_N = 150$ a 200

b) segundo "Bauvorschrift" [9/5]:

Tipo de junção	τ_{rN} kgf/cm^2	τ_N kgf/cm^2
Para quaisquer junções	3 400 ⋯ 3 800	700
	3 800 ⋯ 4 200	$700 \cdot \dfrac{\sigma_{rN}}{3\,800}$

2) *Cálculo. Para juntas longitudinais:* da fôrça aplicada por passo t de rebitagem $P_t = D \cdot p \cdot t/2 = \sigma \cdot v \cdot s' \cdot t = \tau_R \cdot z_t \cdot n \cdot S$ resulta

$$\text{espessura da chapa} \quad \boxed{s \geq s' + 0{,}1 \text{ cm} = \frac{D \cdot p}{2 \cdot v \cdot \sigma} + 0{,}1 \text{ cm}}$$

O acréscimo 0,1 cm leva em consideração o enferrujamento da chapa.
v segundo a Tab. 9.8, e σ segundo a Tab. 9.6.

Verificação: relação de aproveitamento $\boxed{v = \dfrac{t - z_{tg} \cdot d}{t} \quad ; \quad \sigma = \dfrac{D \cdot p}{2 \cdot s' \cdot v} \quad ; \quad \tau_R = \dfrac{D \cdot p \cdot t}{2 \cdot S \cdot z_t \cdot n}}$

t e $n \cdot z_t$ segundo Tab. 9.8, e τ_R segundo a Tab. 9.7.
Para juntas transversais: de $P = p \cdot \pi D^2/4 = \sigma \cdot v \cdot s' \cdot D \cdot \pi = \tau_R \cdot z \cdot n \cdot S$ resulta

$$\text{número de rebites} \quad \boxed{z = \frac{P}{\tau_R \cdot n \cdot S} \quad ; \quad z_1 = \frac{\pi \cdot D}{t}}$$

$$\text{Verificação:} \quad \boxed{v = \frac{t - z_{tg} \cdot d}{t} \quad ; \quad \sigma = \frac{D \cdot p}{4 \cdot s' \cdot v} \quad ; \quad \tau_R = \frac{P}{S \cdot z \cdot n}}$$

Junções por meio de Rebites

TABELA 9.8 — *Tipos e dimensões de junções rebitadas realizadas em caldeiraria, segundo* Bach, Rotscher e outros.

Forma de junção	N.°	$D \cdot p$ junção longitudinal kgf/cm	$D \cdot p$ junção transversal kgf/cm	Chapa σ Tab. 9.6 tipo n.°	Chapa v médio —	Tala s_L cm	$n \cdot z_t$ Tab. 9.7 tipo n°	τ_N	Rebite d cm	Rebite t cm	Distâncias e / e_1 cm	Distâncias e_1 / e_2 cm
	1	até 1000	até 2000	1	0,58	—	1	1	$\sqrt{5s}-0,4$	$2d+0,8$	$1,5d$ / —	— / —
	2	800 até 1900	1600 até 3800	1	0,69	—	2	2	$\sqrt{5s}-0,4$	$2,6d+1,5$	$1,5d$ / $0,6t$	— / —
	3	1400 até 2700	2800 até 5400	1	0,74	—	3	3	$\sqrt{5s}-0,4$	$3d+2,2$	$1,5d$ / $0,5t$	— / —
	4	700 até 1700	1400 até 3400	2	0,68	$0,6s$ até $0,7s$	2	3	$\sqrt{5s}-0,5$	$2,6d+1$	$1,5d$ / —	— / $1,35d$
	5	1700 até 3200	3400 até 6400	3	0,82	$0,8s$	6	4	$\sqrt{5s}-0,6$	$5d+1,5$	$1,5d$ / $0,4t$	— / $1,5d$
	6	1700 até 3200	3400 até 6400	2	0,82	$0,8s$	3	4 / 1	$\sqrt{5s}-0,6$	$5d+1,5$	$1,5d$ / $0,4t$	— / $1,5d$
	7	1300 até 2700	2600 até 5400	3	0,76	$0,6s$ até $0,7s$	4	4	$\sqrt{5s}-0,6$	$3,5d+1,5$	$1,5d$ / $0,5t$	— / $1,35d$
	8*	2600 até 4600	5200 até 9200	3	0,85	$0,8s$	9	5 / 1	$\sqrt{5s}-0,7$	$6d+2$	$1,5d$ / $0,38t$	$0,3t$ / $1,5d$

Para duas fileiras de rebites: $s = \dfrac{0{,}445 \cdot D \cdot p \cdot t}{(t-2a) \cdot \sigma} + 0{,}1$ cm;

157

TABELA 9.8 (Continuação)

Forma de junção	N.°	$D \cdot p$ junção longitudinal kgf/cm	$D \cdot p$ junção transversal kgf/cm	Chapa σ Tab. 9.6 tipo n.°	Chapa v médio —	Tala s_L cm	Rebite $n \cdot z_t$	Rebite τ_N Tab. 9.7 tipo n.°	Rebite d cm	Rebite t cm	Distâncias e / e_1 cm	Distâncias e_2 / e_3 cm
	9	2200 até 4800	4400 até 9600	3	0,72	0,8 s	6	5	$\sqrt{50}, s-7$	$3d+1$	1,5 d / 0,6 t	— / 1,5 d
	10 *	3800 até 6200	—	3	0,86	0,8 s	13	6 / 1	$\sqrt{5s}-0,8$	$6d+2$	1,5 d / 0,38 t	— / 1,5 d
	11	3600 até 6400	—	3	0,72	0,8 s	8	6	$\sqrt{5s}-0,8$	$3d+1$	1,5 d / 0,6 t	— / 1,5 d

*Para duas fileiras de rebites: $s = \dfrac{0,462 \cdot D \cdot p \cdot t}{(t-2a) \cdot \sigma} + 0,1$ cm.

3) *Exemplo de cálculo.* Caldeira de vapor com diâmetro interno $D = 200$ cm, pressão efetiva $p = 11$ atm.

a) *Junta longitudinal:* $D \cdot p = 200 \cdot 11 = 2\,200$ kgf/cm.

Segundo a Tab. 9.8, os formatos convenientes para êste caso são os de números 3, 5, 6, 7 ou 9. Adotar-se-á o formato 5, com $v = 0,82$.

Tensões admissíveis: para chapa de tipo II, da Tab. 9.6, $\sigma = 1\,025$ kgf/cm², para o rebite, da Tab. 9.7, $\tau_R = 700$ kgf/cm²,

$$s' = \frac{D \cdot p}{2 \cdot v \cdot \sigma} = \frac{2\,200}{2 \cdot 0,82 \cdot 1\,025} = 1,3; \quad s = s' + 0,1 = \mathbf{1,4 \ cm,}$$

e, da Tab. 9.8, obtém-se $d = \sqrt{5 \cdot s} - 0,6 \cong 2,1$ cm; $t = 5 \cdot d + 1,5 = 12$ cm; $e = 1,5 \cdot d = 3,1$ cm; $e_1 = 0,4 \cdot t = 4,8$ cm; $z_t = 3$; $n = 2$; $n \cdot z_t = 6$; $e_3 = 1,5 d = 3,1$ cm.

Espessura da tala $s_t = 0,8 \cdot s = 1,12 \cong \mathbf{1,2 \ cm}$.

Verificação: chapa: $\sigma = \dfrac{D \cdot p}{2 \cdot s' \cdot v} = \dfrac{2\,200}{2 \cdot 1,3 \cdot 0,83} = 1\,023$ kgf/cm² ($< 1\,025$)

$$v = \frac{t-d}{t} = \frac{12-2,1}{12} = 0,83 \ (> 0,82);$$

rebite: $\tau_R = \dfrac{D \cdot p \cdot t}{2 \cdot n \cdot z_t \cdot S} = \dfrac{2\,200 \cdot 12}{2 \cdot 2 \cdot 3 \cdot 3,46} = 635$ kgf/cm² (< 700);

tala: $v = \dfrac{t-2d}{t} = \dfrac{12 - 2 \cdot 2,1}{12} = 0,65$

$$\sigma = \frac{D \cdot p}{2 \cdot 2 \cdot s_t \cdot v} = \frac{2\,200}{2 \cdot 2 \cdot 1,2 \cdot 0,65} = 700 \text{ kgf/cm}^2.$$

b) *Junta transversal:* para $D \cdot p = 2\,200$ kgf/cm é suficiente o formato 2 da Tab. 9.8; da Tab. 9.6, $\sigma = 863$ kgf/cm², e da Tab. 9.7, $\tau_R = 700$ kgf/cm²;

$$v = 0,69 \cong 0,7; \ d = 2,1 \text{ cm}; t = 2,6 \cdot d + 1,5 \cong \text{cm}; n = 1;$$

número de rebites, por fileira, sôbre a circunferência

$$z_1 = \frac{D \cdot \pi}{t} = \frac{200 \cdot \pi}{7} = 89,7.$$

Visando a obter uma divisão mais conveniente da circunferência, adotar-se-á $z_1 = 96$; $t = 6,55$ cm. Número total de rebites por junta transversal $z = 2 \cdot z_1 = \mathbf{192}$.

Verificação: chapa:

$$v = \frac{t-d}{t} = \frac{6{,}55 - 2{,}1}{6{,}55} = 0{,}68$$

$$\sigma = \frac{D \cdot p}{4 \cdot s' \cdot v} = \frac{2\,200}{4 \cdot 1{,}3 \cdot 0{,}68} = 622 \text{ kgf/cm}^2 \; (< 863 \text{ kgf/cm}^2)$$

rebite:

$$\tau_R = \frac{P}{S \cdot z \cdot n} = \frac{D^2 \cdot p}{d^2 \cdot z \cdot n} = \frac{200^2 \cdot 11}{2{,}1^2 \cdot 192 \cdot 1} = 520 \text{ kgf/cm}^2 \; (< 700).$$

9.7. REBITAGENS NAS CONSTRUÇÕES DE RESERVATÓRIOS

Refere-se êste item às construções de reservatórios rasos, chaminés, tubulações de descarga e de condução de gases, líquidos e materiais em granel, sem sobrepressão.

São relativamente pequenas as fôrças atuantes nesses tipos de construções, nas quais o dimensionamento das junções rebitadas é feito em função da estanqueidade exigida. Na maioria dos casos, as junções são sobrepostas e apresentam uma ou duas fileiras de rebites. As arestas dos reservatórios são constituídas de cantoneiras ou de tiras dobradas de chapa. Entre as fileiras de rebites se colocam tiras de lona ou de papel, embebidas em zarcão ou em óleo de linhaça. Os reservatórios mais leves são soldados (chapas de espessura inferior a 0,5 cm não mais podem ser recalcadas).

A determinação da espessura das chapas de reservatórios cilíndricos verticais e de tubulações para líquidos, bem como de reservatórios subterrâneos e de silos para materiais a granel, é análoga à determinação da espessura das chapas de caldeiras. Nos casos de armazenamento de materiais a granel, a pressão atuante nas construções deve ser calculada em função do pêso e do ângulo de atrito do material a granel (DIN 1055/1).

Dimensões de rebitagens de reservatórios cilíndricos (mm), segundo Rötscher.

Espessura de chapa s	2	3	4	5···6	6···8	8···12	11···15
Diâmetro original da haste do rebite d'	8	9	10	12	14	16	20
Diâmetro do furo d	8,4	9,5	11	13	15	17	21
Passo da rebitagem $t = 3 \cdot d + 5$ mm*	29	32	35	38	47	56	65
Distância ao contôrno da chapa e'	16	17	17	18	21	25	30
Refôrço: cantoneira		40·45·5		45·45·7	50·50·9	75·75·12	80·80·12

*Para chaminés, tubulações de escapamento etc., $t = 5 \cdot d$.

9.8. BIBLIOGRAFIA

[9/1] *Normas DIN sôbre rebites:*
DIN 123, 124, 302, 660-662, 674, 675, 7 331, 7 339, 7 340 e 7 341 tipos de construção.
DIN 407 Símbolos de rebite.
DIN 996-99 Dimensões da nervura e distâncias entre rebites para aços perfilados.

[9/2] *Normas DIN para aços perfilados e de barra:*
DIN 1 020 Aço nervurado.
DIN 1 024 Aço T.
DIN 1 025 Aço I.
1 026 – Aço.
1 027 Aço Z.
1 028 Aço L de cantoneira de abas iguais.
1 029 Aço L de cantoneira de abas desiguais.

[9/3] *Normas para construção em aço:*
DIN 1 024 Configuração e detalhes nas construções em aço.
DIN 120 Fundamentos de cálculo para peças em aço para guindastes e pórticos rolantes (nov. 1936).
DIN 1 050 Fundamentos de cálculo para grandes construções em aço (out. 1946).
DIN 1 055 Tomada de carga para construções (agôsto 1934-1941).
DIN 1 073 Fundamentos de cálculo para pontes civis de aço (jan. 1941 e abr. 1942).
BE, D. V. 804 Fundamentos de cálculo para pontes de aço de estrada de ferro (jan. 1934).
D. V. 827 Normas técnicas da estrada de ferro alemã para construções em aço (maio 1935).
DIN 4 114 Casos de estabilidade, fundamentos de cálculo, normas (julho 1952*).

[9/4] *Em construções leves:*
PLEINES, W.: Die Nietung im Leichtemetall-Flugzeugbau. Werkstattstechn. und Werksleiter (1937) pp. 377 e 401; ferner Lufthfahrtforsch. Vol. 7 (1930). pp. 1-72.
– (Glatthautnietung). Z. VDI 83 (1939), pp. 1 037 e 1 057.
BUTTER, K.: (Sprengnietung). Luftfahrt-Forsch. 15 (1938), pp. 91/93.
MÜLLER, W.: (Verbesserung von Al-Knotenpunkt-Nietungen). Arch. Schweiz. angew. Wiss. Techn. 5 (1939), pp. 294-297.
GUBER, K.: Leichtmetallnieten. Z. Metallkde. (1933), p. 214 e (1934), pp. 65 e 90.

[9/5] *Normas de caldeiraria:*
M.-Bl. d. RWM, vom 6.11.1939, Werkstoff – e Bauvorschr. f. Landdampfkessel (Compare com 21.6.1939, Subst. por DIN 1 851, 1 852).
APB Allg. polizeil. Best. ü. d. Anlegung von Landdampfkesseln (Berlin 12.2.1908).
– desgl. v. Schiffsdampfkesseln (Berlin 17.12.1908).
JÄGER, H.: Bestimmungen über Anlage und Betrieb der Dampfkessel, mit Erläuterungen. Berlin 1926.
AUSSUM, P.: Vorschriften u. Regeln der Technik für Druckgefässe. Halle. Verlag W. Knapp (1948).

[9/6] *Manuais:*
DIN-Taschenbuch 9, Normalprofile.
Stahlbauprofile, H. 3. 1936, von., "Stahl überall", Beratungstelle für Stahlverwendung, Düsseldorf.
Deutsches Normalprofilbuch. Verlag Stahleisen, Düsseldorf Stahl im Hochbau. Düsseldorf. Verlag Stahleisen (1947).

[9/7] *Ensaios em junções rebitadas:*
BACH, BAUMANN, PREUSS u.a.: Grundlegende Versuche über Festigkeit der Nietverbindungen, Z. VDI 36 (1892) pp. 1 141 e 1 305; 38 (1894) p. 1 231; 39 (1895) p. 301; 41 (1897) pp. 739 e 768; 51 (1907) p. 1 152; 53 (1909) p. 1 019; 56 (1912) p. 404, 1 890 e 1 104.
DAIBER, E.: Die Biegespannung in überlappten Kesselnietnähten. Z. VDI Vol. 57 (1913) p. 401.
GRAF, O.: (Dynamische Festigkeit von Nietverbindungen) Z. VDI Vol. 76 (1932) p. 438.
– Dauerversuche mit Nietverbindungen. Berlin: Springer 1935; s. auch Bericht Lehr. in Z. VDI 80 (1936) p. 920.
HÖFFGEN, H: Gleitgrenze e Fliessgrenze von Nietverbindungen. Diss. T. H. Karlsruhe 1934.
ZIEM, H.: Einfluss der Nietlänge... Forschg. u. Fortschr. 7 (1936) pp. 44/48.

[9/8] *Novidades (veja também* [9/4]):
GABER, E.: Versuche e Betrachtungen über die Sicherheit von Stahlbrücken. Die Technik Vol. 1 (1946) p. 57. Versuche an Nietverbindungen).
BALL, M.: (Neue Nietverbindung mit Bolzen aus leg. Stahl $[\sigma_B = 88\text{-}150 \text{ kgf/mm}^2]$ u. als Schliesskopf Al-Ring.) Werkstatt u. Betrieb Vol. 80 (1947) p. 272.
KUNS, M.: Niete e Nietmaschinen für Sonderzwecke, Werkstatt u. Betr. Vol. 82 (1949) p. 51 (Hohlniete).

10. Junções por meio de parafusos

10.1. UTILIZAÇÃO E FABRICAÇÃO

Dentre os elementos de máquinas, o parafuso é o que se utiliza com maior freqüência.
Os parafusos são empregados sob várias formas:
1) como parafusos de fixação, para junções desmontáveis;
2) como parafusos de protensão, para se aplicarem protensões (tensores);
3) como parafusos obturadores, para tampar orifícios;
4) como parafusos de ajustagem, para ajustes iniciais ou ajustes de eliminação de folgas ou compensação de desgastes;
5) como parafusos micrométricos, para obter deslocamentos mínimos (micrômetro);
6) como parafusos transmissores de fôrças, para obter grandes fôrças axiais através da aplicação de pequenas fôrças tangenciais (prensa de parafuso, morsa).
7) como parafusos de movimento, para a transformação de movimentos rotativos em movimentos retilíneos (morsa, fuso), ou de movimentos retilíneos em movimentos rotativos (pua);
8) como parafusos diferenciais, para a obtenção de pequenos deslocamentos por meio de rôscas grossas (Fig. 10.7).

Após expor as múltiplas e variadas aplicações dos parafusos, urge citar também algumas de suas características desvantajosas, em virtude das quais, em vários casos, devem-se tomar precauções especiais. Assim, quanto aos parafusos de fixação, não se pode saber se, durante o movimento, mantêm-se o momento de apêrto e protensão iniciais, devendo-se, por isso, utilizar freqüentemente dispositivos de segurança contra o afrouxamento[1] dos parafusos; outra desvantagem é a concentração de tensões nas rôscas dos parafusos. Quanto aos parafusos de movimento, citam-se o baixo rendimento da transmissão de movimento, o desgaste dos flancos das rôscas e, em alguns casos, o jôgo das rôscas e a impossibilidade de centragem por meio delas.

Os filêtes das rôscas podem ser fabricados por conformação plástica (sem produção de cavaco) ou por usinagem (com produção de cavaco). Os processos de fabricação por conformação plástica, consistem em "prensar" ou "rolar" as rôscas e recalcar as cabeças dos parafusos, e os processos de fabricação por usinagem consistem em tornear ou fresar as rôscas, em fresá-las com uma dentatriz de rotação muito elevada (processo moderno), ou em usiná-las com rebolos perfilados.

10.2. CONFORMAÇÃO E EXECUÇÃO

As junções por meio de parafusos podem ser constituídas não só por parafusos pròpriamente ditos como também por hastes dotadas de rôscas (também denominadas fusos, quando as rôscas forem de movimento), e porcas com as correspondentes rôscas internas, podendo-se, ainda, acrescentar arruelas e dispositivos de segurança (Fig. 10.4). Para apertar e afrouxar os parafusos ou as porcas se utilizam ferramentas especiais (chave de porca, chave de parafuso), a não ser que se prevejam recartilhados, argolas, abas ou alavancas, com a finalidade de possibilitar apertos e afrouxamentos manuais (Fig. 10.2).

Parafusos comuns para a construção de máquinas (dimensões à pág. 176). Na construção de máquinas predominam os parafusos com cabeças e porcas sextavadas, que podem ser utilizados sob as formas de parafusos passantes (com cabeça e porca) e parafusos com cabeça não-passantes (sem porca). Utilizam-se, ainda, os parafusos prisioneiros (sem cabeça nem porca). Para serem embutidos, existem os parafusos de sextavado interno, os de cabeça cilíndrica e os de cabeça escariada (com fenda).

Parafusos especiais[2]. Os parafusos extensíveis (Figs. 10.1, 10.15 e 10.19) são próprios para os casos em que se aplicam cargas dinâmicas; com outras finalidades, podem-se utilizar parafusos de protensão, de ancoragem, chumbadores, dotados de argolas, abas ou olhais (Fig. 10.2). Freqüentemente, utilizam-se, ainda, parafusos de cabeça ou de porca cilíndricas, dotadas de aplainamentos laterais, de furos radiais, de dentes ou de entalhes longitudinais que possibilitam a aplicação de chaves de porca (porcas de furos cruzados, porcas entalhadas etc, Fig. 10.3). Para a montagem de peças de madeira se empregam parafusos "franceses" (de cabeças quadradas ou planas). Com materiais de menor dureza também se utilizam "parafusos cortantes"[3], que cortam, nos furos, as suas próprias rôscas.

Porcas. As Figs. 10.3, 10.2 e 10.4 mostram os tipos de porcas mais comumente utilizados; a "porca tracionável" eleva a resistência dinâmica do parafuso (pág. 171).

---

[1] Talvez não exista outro elemento que tenha mais registro de patentes que as travas de seguranças de parafusos. Veja [10/25].

[2] Normas DIN, veja à p. 179.

[3] Parafusos cortantes da firma Nürnberger Schraubenfabrik, Nürnberg.

Elementos de Máquinas

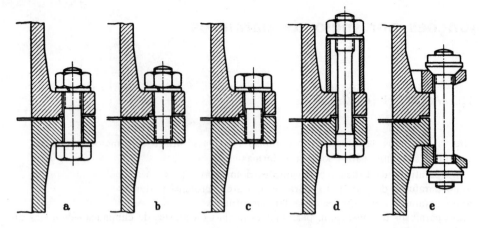

Figura 10.1 — Junção de flanges. a) com parafuso passante, b) com parafuso prisioneiro, c) simplesmente com parafuso, d) com parafuso elástico passante e tubo distanciador, e) com parafuso de dupla porca

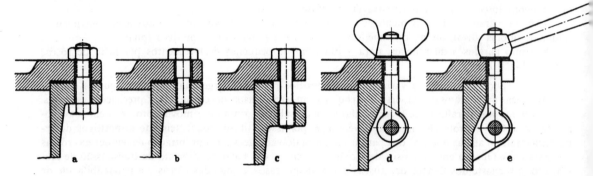

Figura 10.2 — Fixação de tampas. a) tampa de cilindro com parafuso passante, b) tampa com parafuso comum, c) com parafuso de alongamento, d) com parafuso articulado e porca-borboleta, e) com parafuso articulado e porca-alavanca

Pràticamente, tôdas as junções cujos parafusos estejam sujeitos a cargas dinâmicas ou a vibrações requerem dispositivos de segurança contra o afrouxamento das respectivas porcas. Esta segurança pode ser obtida por meio de dispositivos de travamento de conformação baseado nas formas dos parafusos ou porcas (ressaltos na cabeça do parafuso, cupilhas, pinos transversais, parafusos transversais, arruelas dobráveis de fixação), ou de travamento de fôrça, baseado no escoramento radial ou axial pela rôsca do parafuso (arruelas de pressão, arruelas dentadas, porcas com molas, travas ou fendas) (Fig. 10.4). Uma segunda porca ("contra-porca") não oferece segurança absoluta contra o afrouxamento sob a ação de vibrações.

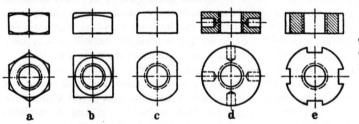

Figura 10.3 — Porcas. a) sextavada, b) quadrada, c) cilíndrica achatada, d) com furos cruzados, e) ranhurada (porca de tração, veja Fig. 10.15, porca castelo, Fig. 10.4)

Junções por meio de parafusos. Observem-se os vários tipos e conformações de junções por meio de flanges (Fig. 10.1), de fixação de tampas (Fig. 10.2), de fixações de peças não adjacentes por meio de parafusos distanciadores (Fig. 10.5) e de parafusos prisioneiros (Fig. 10.6). Notem-se, ainda, os parafusos de bielas (Fig. 10.15), os parafusos diferenciais (Fig. 10.7), as junções parafusadas solicitadas por esforços transversais (Fig. 10.20) e os parafusos de movimento (Fig. 10.8 e 10.22). Os parafusos de fixação requerem especial atenção no que se refere à protensão (até 60% do limite de escoamento)[4], às superfícies de assento da cabeça do parafuso e da porca, que devem ser planas, e à distribuição de cargas por vários parafusos: para se evitarem esforços desiguais e "distorções" das peças, tais parafusos devem ser de mesmo diâmetro e comprimento e submetidos à mesma protensão. A distribuição de cargas por vários parafusos de menores dimensões possibilita a utilização de flanges menores com vedações melhores (menores espaçamentos), mas requer maior trabalho de manutenção. Os parafusos de elevada resistência permitem a aplicação de maiores protensões e a utilização de flanges menores. No Cap. 2 — "Regras de Projeto" — encontram-se ainda outros exemplos e observações relativos às junções por meio de parafusos.

[4] Por exemplo, no apêrto com chave dinamométrica; sistema de segurança para protensões, veja à p. 172.

Junções por meio de Parafusos

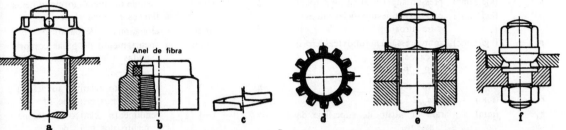

Figura 10.4 — Travas. a) porca castelo com coupilha, b) auto-retenção elástica com um anel de fibra, c) arruela de pressão, d) arruela dentada (dentes travados), e) chapa de travamento, f) pelo acréscimo de atrito (cônico) na porca (fixação da roda no carro)

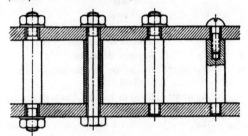

Figura 10.5 — Parafuso-pino

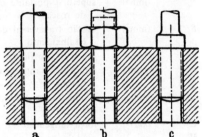

Figura 10.6 — Parafuso-pino. a) travamento por fim de rôsca, b) travamento por uma porca com possibilidade de regulagem, c) parafuso-pino altamente solicitado

Figura 10.7 — Rôsca diferencial 1 e 2, utilizada na fixação e desmontagem de uma fresa

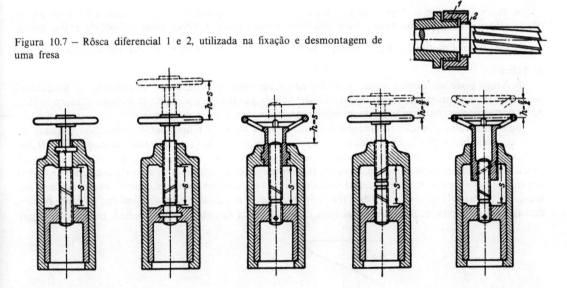

Figura 10.8 — Possibilidades de conformação para um parafuso de movimento (representação esquemática), segundo Kutzbach

10.3. SÍMBOLOS

a	(—)	coeficiente = σ_{ad}/τ_{ad}	h	(mm)	passo de rôsca
D_i, D_e	(cm)	diâmetro interno de tubo, diâmetro externo de tubo	i	(—)	= m/h = número de filêtes
			M, M_g	(mmkgf)	momento torçor, momento torçor total
D_s	(mm)	diâmetro da circunferência sôbre a qual se encontram os parafusos	M_A	(mmkgf)	momento torçor devido a atrito com superfícies de assento
d, d_1	(mm)	diâmetro de parafuso, diâmetro de núcleo	m	(mm)	altura de porca
			N	(—)	normal
d_2	(mm)	diâmetro médio de rôsca	P	(kgf)	fôrça longitudinal, carga de funcionamento
E_s, E_F	(kgf/mm²)	módulo de elasticidade de parafuso, módulo de elasticidade de flange	P_{max}	(kgf)	máxima fôrça longitudinal
			P_V, P_{Dif}	(kgf)	fôrça de protensão, fôrça diferencial
e	(mm)	distância entre parafusos sôbre o círculo dos furos	P_C	(kgf)	fôrça oriunda de choque

163

p	(kgf/mm²)	pressão superficial sôbre a rôsca	β	(°)	metade do ângulo formado pelos flancos de uma rôsca
p_i	(kgf/mm²)	pressão sôbre superfícies internas de furos	δ	(mm)	alongamento de parafuso
p_u	(kgf/mm²)	sobrepressão em tubos (caldeiras)	δ_F	(mm)	encurtamento de peças comprimidas (flanges + junta intermediária)
Q	(kgf)	fôrça cortante			
q	(—)	$= P_{max}/P$			
R	(kgf)	fôrça resultante	η	(—)	rendimento relativo ao acionamento por meio de M
r	(mm)	$= d_2/2$			
r_A	(mm)	raio de atrito de superfície de assento	η'	(—)	rendimento relativo ao acionamento por meio de P
S, S_1	(mm²)	secção transversal de parafuso, secção transversal de núcleo	ϑ	(°C)	temperatura
			μ	(—)	coeficiente de atrito em rôscas = $= \operatorname{tg} \varrho$
S_g	(mm²)	superfície portante de um filête de rôsca	μ'	(—)	$= \mu/\cos \beta = \operatorname{tg} \varrho'$
S_b	(mm²)	secção transversal de bucha de cisalhamento	μ_A	(—)	coeficiente de atrito em superfícies de assento
s	(mm)	espessura de flange	ϱ, ϱ'	(°)	ângulos de atrito
t	(mm)	altura de triângulos de perfil de rôsca	σ, σ_a	(kgf/mm²)	tensão de tração, tensão alternável
t_1, t_2	(mm)	profundidades portantes de rôscas	σ_r, σ_A	(kgf/mm²)	limite de ruptura, limite de tensão alternável
U	(kgf)	fôrça tangencial	σ_e, σ_{eW}	(kgf/mm²)	limite de escoamento, limite de escoamento a quente
W_t	(mm³)	módulo de resistência à torção			
z	(—)	número de parafusos	τ	(kgf/mm²)	tensão oriunda de torção, tensão de cisalhamento
α	(°)	ângulo de hélice de rôsca			

10.4. RÔSCAS

A hélice, linha que se obtém desenvolvendo-se, sôbre um cilindro de raio r, uma reta inclinada de um ângulo α (Fig. 10.9), constitui a base das formas das rôscas. A hélice pode ser obtida gràficamente, ponto por ponto, a partir da sua reta geratriz, pois $\dfrac{y}{x} = \operatorname{tg} \alpha = \dfrac{h}{2\pi r}$, onde h é denominado passo e α ângulo de hélice.

A hélice pode ser direita, como a desenhada e geralmente utilizada na construção de máquinas[5], ou esquerda. Podem-se, também, dispor várias hélices paralelamente sôbre o mesmo cilindro (rôscas de várias entradas, de parafusos de movimento).

Substituindo-se a secção transversal pontual de uma hélice por um "perfil" (triângulo, trapézio, retângulo, semicírculo) obtêm-se as rôscas. Dentre as rôscas normalizadas utilizadas na construção de máquinas (Tab. 10.1), a de uma entrada, secção transversal triangular com ângulo 60° (rôsca métrica) ou 55° (rôsca Whitworth) entre flancos, é empregada nos parafusos de fixação (maior atrito!), enquanto as demais servem aos parafusos de movimento. Diâmetro nominal é o diâmetro externo da parte roscada do parafuso; apenas as rôscas Whitworth para tubos têm, como diâmetro nominal, o diâmetro interno da parte roscada do tubo (diâmetro da secção transversal livre do tubo). Para se obter profundidade t, passo h ou ângulo

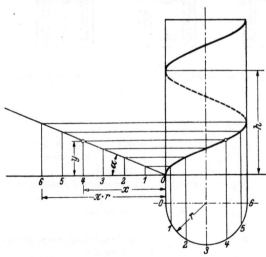

Figura 10.9 — Linha helicoidal direita e seu desenvolvimento com o passo h e o ângulo de inclinação α

---

[5]Pode-se fàcilmente desenvolver o raciocínio do movimento certo de apertar ou de soltar um parafuso de rôsca direita quando se toma como referência a mão direita sôbre um parafuso direito com movimento de apertar (ou, anàlogamente, de soltar).

de hélice α menores, empregam-se, em tubos e eixos, as rôscas finas. As rôscas de várias entradas são utilizadas nos parafusos de movimento, quando se desejam passo *h* ou rendimento *η* maiores. Para parafusos de fixação, preferem-se, na Alemanha, as rôscas métricas às rôscas de polegadas (Whitworth), que são mais antigas.

Na Tab. 10.1 se encontram denominações e formatos de rôscas.

10.5. TRANSMISSÃO DE FÔRÇAS E RENDIMENTO

Na rôsca chata da Fig. 10.10 atuam, no seu diâmetro médio d_2, a fôrça longitudinal *P* e a fôrça tangencial *U*. Não se considerando a existência de atrito, a fim de que haja equilíbrio de fôrças a resultante *R* deve ter a direção da normal *N*. Então, $U = P \, \text{tg} \, \alpha$, sendo $\text{tg} \, \alpha = \dfrac{h}{\pi \cdot d_2}$.

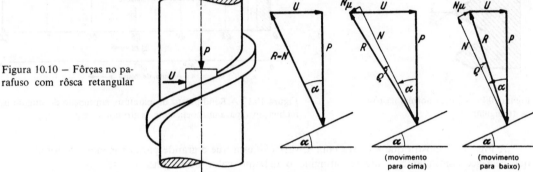

Figura 10.10 — Fôrças no parafuso com rôsca retangular

Considerando-se o atrito, através do coeficiente de atrito $\mu = \text{tg} \, \varrho$, iniciar-se-á o movimento apenas quando a resultante *R* tiver direção que forme o ângulo de atrito ϱ com a direção da normal *N*. Então,

$$U \cong P \cdot \text{tg}(\alpha \pm \varrho) \quad \text{(kgf)}; \tag{1}$$

o momento torçor será

$$M = U \cdot r = P \cdot r \cdot \text{tg}(\alpha \pm \varrho) \quad \text{(mmkgf), onde } r = d_2/2 \tag{2}$$

O sentido da fôrça de atrito é oposto ao do movimento, logo os sinais + das expressões acima são válidos para os casos de elevação de carga (ou de apêrto de porca) e os sinais − são válidos para os casos de abaixamento de carga (ou de afrouxamento de porca). Acrescente-se, ainda, conforme o caso, o efeito do atrito da porca ou da cabeça do parafuso contra as respectivas superfícies de assento, isto é, a fôrça de atrito $P \cdot \mu_A$ que, com braço r_A (Fig. 10.14), dá origem ao momento torçor M_A. O momento torçor total será, portanto,

$$M_t = M + M_A = P \left[r \cdot \text{tg}(\alpha \pm \varrho) \pm r_A \cdot \mu_A \right] \quad \text{(mmkgf)}. \tag{3}$$

A fôrça de atrito atuante nas rôscas de secção transversal triangular (Fig. 10.11) é determinada em função da fôrça $P/\cos \beta$, e não da fôrça *P* apenas. Nestes casos, podem-se aplicar as mesmas expressões acima apresentadas, desde que nelas se substitua o têrmo ϱ pelo têrmo ϱ', sendo $\text{tg} \, \varrho' \cong \text{tg} \, \varrho / \cos \beta$.

Logo, para rôsca métrica com $\beta = 30°$, $\mu = \text{tg} \, \varrho = 0,1$ $\mu' = \text{tg} \, \varrho' = 0,115$, $\varrho' = 6,6°$, $\alpha \cong 2,5°$, $r \cong 0,45 d$ e $r_A \cong 0,7 d$, o momento de apêrto será $M_t = M + M_A = P \cdot d \, (0,072 + 0,07) \cong 0,14 \, P \cdot d$. Aplicando-se, então, uma fôrça manual *H* com um braço de alavanca igual a aproximadamente $14 \cdot d$, ter-se-á, aplicada ao parafuso, a carga $P \cong 100 \, H$. Eis aqui, portanto, a razão pela qual se "degolam" fàcilmente os parafusos pequenos e geralmente não se apertam suficientemente os parafusos grandes.

Os rendimentos (relações entre potências úteis e potências aplicadas) são: na transformação de momento torçor em fôrça longitudinal

$$\eta = \dfrac{\text{tg} \, \alpha}{\text{tg}(\alpha + \varrho)} \tag{4}$$

e na transformação da fôrça longitudinal em momento torçor

$$\eta' = \dfrac{\text{tg}(\alpha - \varrho)}{\text{tg} \, \alpha} \tag{5}$$

Elementos de Máquinas

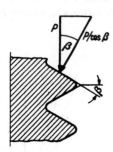

Figura 10.11 — Fôrça normal na rôsca triangular

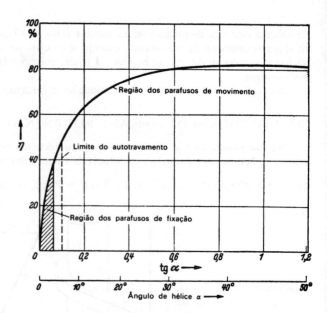

Figura 10.12 — Rendimento do parafuso, em função do ângulo de inclinação α, para um coeficiente de atrito $\mu = \text{tg } \varrho = 0,1$, $\varrho = 5°40'$

A Fig. 10.12 mostra que η cresce com α, variação esta que é grande para os menores valores de α, e que decresce continuamente até ser atingido o máximo valor de η, para $\alpha = 45° - \varrho$.

Nos parafusos de fixação torna-se desejável o "autotravamento", que se verifica quando a fôrça longitudinal P não pode dar origem a um momento torçor M_t, ou seja, quando $T = P \cdot \text{tg}(\alpha - \varrho) \leq 0$, isto é, quando $\alpha \leq \varrho$, $\eta' \leq 0$, ou quando $\eta \leq 0,5$. Nas rôscas métricas com $\alpha \cong 2,5°$ há autotravamento enquanto o coeficiente de atrito $\mu' = \text{tg } \varrho' \geq 0,044$, valor êste atingível com segurança nos casos de carregamentos estáticos, mas que não pode ser garantido nos casos de existência de trepidações, razão pela qual os parafusos de máquinas rotativas devem ser dotados de dispositivos de segurança contra o afrouxamento (pág. 162).

10.6. PERIGOS

Antes de iniciar-se o estudo das solicitações e do dimensionamento dos parafusos, convém citarem-se alguns fatôres que podem comprometer especialmente as uniões por meio de parafusos:

1) Incerteza sôbre as fôrças externas a serem realmente aplicadas (reduzir a tensão admissível).

2) Apêrto inconveniente do parafuso. Os parafusos pequenos, sobretudo, podem ser fàcilmente "degolados" (adotar material de elevada resistência, ou reduzir a tensão admissível σ_{ad}, Fig. 10.18), enquanto os parafusos grandes não são, em geral, suficientemente protendidos (chave muito curta). A não uniformidade dos apertos, principalmente em junções feitas por meio de vários parafusos, acarreta uma distribuição não uniforme de cargas, com conseqüentes deformações das peças unidas (exemplo: mancais de árvores de manivelas). Nestes casos, recomenda-se apertar os parafusos por meio de torquímetros, até se atingirem 60% dos respectivos limites de escoamento, ou, então, preestabelecer os alongamentos dos parafusos, a serem controlados por meio de micrômetros.

3) Apoio unilateral do parafuso, com conseqüente surgimento de tensões de flexão.

4) Perda de protensão, devida à dilatação térmica ou à deformação plástica do parafuso, do apoio ou dos elementos intermediários de apoio (ainda não há dispositivo de proteção contra êsse fenômeno!)[6].

5) Solicitações adicionais devidas a choques oriundos das variações dos sentidos das fôrças aplicadas, como as que se verificam, por exemplo, nas bielas cujos mancais apresentem folgas (utilizar "parafusos extensíveis" com "porcas tracionáveis"!), Fig. 10.15.

6) Auto-afrouxamento devido a trepidações (prever dispositivos de segurança!).

7) Corrosão química ou eletrolítica[7] (enferrujamento ou corrosão por contato[8]! Escolher materiais adequados e prever proteção superficial!).

8) Desgaste da rôsca de parafuso de movimento (escolher materiais adequados, prever lubrificação e limitar as pressões superficiais!).

---

[6]Sugestão: mola prato como porca ou arruela, que é achatada justamente quando se atinge 60% do limite de escoamento do parafuso. As demais arruelas, molas de anel e assim por diante são para isso desaconselháveis.

[7]Para construções leves, são aconselháveis os parafusos de latão, os de metal leve anodizados, os de aço fosfatizados e os de aço com arruelas de zinco [10/7].

[8]Meios contra a corrosão engripante: nitretação da porca ou do parafuso; veja também [10/9].

TABELA 10.1 — *Rôscas normalizadas* (dimensões nas Tabs. 10.2 a 10.4).

Tipo	Perfil	Dimensões comparativas	DIN	Diâmetro nominal d em	Passo em	Exemplo de designação de rôsca direita de uma entrada*
Rôsca métrica		$t = 0,8660\,h$ $t_1 = 0,6495\,h$ $d_2 = d - t_1$ $d_1 = d - 2\,t_1$ $r = 0,1082 \cdot h = t/8$	13 14 244···247 516···521 13	mm	mm	M 10 M 60 × 4
Rôsca métrica fina						
Rôsca Whitworth		$t = 0,96049 \cdot h$ $t_1 = 0,64033 \cdot h$ $r = 0,13733 \cdot h$	11 259 260 2999 239 240	Pol. mm	Pol. Pol. Pol.	2″ R 3″ R ³/₈″ W 99 × ¹/₄″ W 60 × ¹/₆″
Rôsca Whitworth para tubos**						
Rôsca Whitworth fina						
de filête arredondado		$t = 1,86603 \cdot h$ $t_1 = 0,5 \cdot h$ $t_2 = 0,08350 \cdot h$ $a = 0,05 \cdot h$ $b = 0,68301 \cdot h$ $r = 0,23851 \cdot h$ $R = 0,25597 \cdot h$ $R_1 = 0,22105 \cdot h$	405	mm	Pol.	Rd 40 × ¹/₆″
Rôsca trapezoidal fina grossa		$t = 1,866 \cdot h$ $t_1 = 0,5\,h + a$ $t_2 = 0,5\,h + a - b$ $T = 0,5\,h + 2\,a - b$ $C = 0,25 \cdot h$	103 378 379	mm	mm	Tr 48 × 8 Tr 48 × 3 Tr 48 × 12
Rôsca dente de serra fina grossa		$t = 1,73205 \cdot h$ $t_1 = t_2 + b = 0,86777 \cdot h$ $t_2 = 0,75 \cdot h$ $e = 0,26384 \cdot h$ $i = 0,52507 \cdot h$ $i_1 = 0,45698 \cdot h$ $b = 0,11777 \cdot h$ $r = 0,12427 \cdot h$	513 514 515	mm	mm	S 48 × 8 S 48 × 3 S 48 × 12

*Para rôscas especiais (rôscas com outros perfis), por ex. rôscas rebaixadas, tôdas as dimensões se fazem necessárias. A rôsca esquerda e as rôscas de várias entradas recebem um acréscimo, como por ex.: Tr 48 × 12 esquerda (2 entradas). Rôscas compactas recebem o acréscimo, "compacto", por ex.: W 23 × 1/10″ compacto.

**Nas rôscas para tubos, as dimensões em polegadas referem-se ao diâmetro nominal do tubo, e o par de dimensões em milímetros aos diâmetros interno e externo do tubo, respectivamente (França), veja Tab. 10.3.

TABELA 10.2 — Rôscas com perfil métrico DIN 13 (janeiro de 1952).

Série 1				Série 2			Série 3			Série 4		
Designação	Passo	Diâmetro do núcleo	Secção transversal do núcleo mm²	Designação	Diâmetro do núcleo	Secção transversal do núcleo mm²	Designação	Diâmetro do núcleo	Secção transversal do núcleo mm²	Designação	Diâmetro do núcleo	Secção transversal do núcleo mm²
M 0,3	0,075	0,202	0,03									
M 0,4	0,1	0,270	0,06									
M 0,5	0,125	0,338	0,09	Passo h	Profundidade da rôsca		Passo h	Profundidade da rôsca				
M 0,6	0,15	0,406	0,13									
M 0,8	0,2	0,540	0,23	2	1,299		1	0,650				
M 1	0,25	0,676	0,36									
M 1,2	0,25	0,876	0,60	3	1,949		2	1,299				
M 1,4	0,3	1,010	0,80									
M 1,7	0,35	1,246	1,22	4	2,598		3	1,949				
M 2	0,4	1,480	1,72							M 2 ×0,25	1,676	2,
M 2,3	0,4	1,780	2,49	6	3,897					M 2,3×0,25	1,976	3,
M 2,6	0,45	2,016	3,19							M 2,6×0,35	2,146	3,
M 3	0,5	2,350	4,34							M 3 ×0,35	2,546	5,
M 3,5	0,6	2,720	5,81									
M 4	0,7	3,090	7,50							M 4 ×0,5	3,350	8,
M 5	0,8	3,960	12,3							M 5 ×0,5	4,350	14,
M 6	1	4,700	17,3							M 6 ×0,5	5,350	22,
M 8	1,25	6,376	31,9							M 8 ×1	6,700	35
M 10	1,5	8,052	50,9							M 10 ×1	8,700	59,
M 12	1,75	9,726	74,3				M 12×1	10,700	89,9	M 12×1,5	10,052	79,
M 14	2	11,402	102							M 14×1,5	12,052	114
M 16	2	13,402	141							M 16×1,5	14,052	155
M 18	2,5	14,752	171	M 18×2	15,402	186				M 18×1,5	16,052	202
M 20	2,5	16,752	220	M 20×2	17,402	238				M 20×1,5	18,052	256
M 22	2,5	18,752	276	M 22×2	19,402	296				M 22×1,5	20,052	316
M 24	3	20,102	317	M 24×2	21,402	360				M 24×1,5	22,052	382
										M 26×1,5	24,052	454
M 27	3	23,102	419	M 27×2	24,402	468				M 27 × 1,5	25,052	493
										M 28×1,5	26,052	533
M 30	3,5	25,454	509	M 30×2	27,402	590				M 30×1,5	28,052	618
										M 32×1,5	30,052	709
M 33	3,5	28,454	636	M 33×2	30,402	726				M 33 × 1,5	31,052	757
										M 35×1,5	33,052	858
M 36	4	30,804	745	M 36×3	32,102	809,4	M 36×2	33,402	876	M 36 × 1,5	34,052	911
										M 38×1,5	36,052	1021
M 39	4	33,804	897	M 39×3	35,102	967,7	M 39×2	36,402	1041	M 39 ×1,5	37,052	1078
										M 40×1,5	38,052	1137
M 42	4,5	36,154	1027	M 42×3	38,102	1140	M 42×2	39,402	1219	M 42×1,5	40,052	1260
M 45	4,5	39,154	1204	M 45×3	41,102	1327	M 45×2	42,402	1412	M 45×1,5	43,052	1456
M 48	5	41,504	1353	M 48×3	44,102	1528	M 48×2	45,402	1619	M 48×1,5	46,052	1666
										M 50×1,5	48,052	1813

Passo h	Profundidade da rôsca t
0,075	0,049
0,1	0,065
0,125	0,081
0,15	0,097
0,2	0,130
0,25	0,162
0,3	0,195
0,35	0,227
0,4	0,260
0,45	0,292
0,5	0,325
0,6	0,390
0,7	0,455
0,8	0,520
1	0,650
1,25	0,812
1,5	0,974
1,75	1,137
2	1,299
2,5	1,624
3	1,949
3,5	2,273
4	2,598
4,5	2,923
5	3,248

M 52×3	48,102	1817	M 52×2	49,402	1917
M 56×4	50,804	2027	M 56×2	53,402	2240
			M 58×2	55,402	2411
M 60×4	54,804	2359	M 60×2	57,402	2588
M 64×4	58,804	2716	M 64×2	61,402	2961
M 68×4	62,804	3098	M 68×2	65,402	3359
M 72×4	66,804	3505	M 72×2	69,402	3783
M 76×4	70,804	3937	M 76×2	73,402	4232
M 80×4	74,804	4395	M 80×2	77,402	4705
M 85×4	79,804	5002	M 85×2	82,402	5333
M 90×4	84,804	5648	M 90×2	87,402	6000
M 95×4	89,804	6334	M 95×2	92,402	6706
M100×4	94,804	7059	M100×2	97,402	7451
M105×4	99,804	7823	M105×2	102,402	8236
M110×4	104,804	8627	M110×2	107,402	9060
M115×4	109,804	9469	M115×2	112,402	9923
M120×4	114,804	10352	M120×2	117,402	10825
M125×4	119,804	11273	M125×2	122,402	11767
M130×6	122,206	11729	M130×3	126,102	12489
M140×6	132,206	13728	M140×3	136,102	14549
até			até		
M300×6	292,206	67061	M300×3	296,102	68861

Série 4 (continuação):

Designação	Diâmetro do núcleo	Secção
M 52×1,5	50,052	1968
M 55×1,5	53,052	2211
M 58×1,5	56,052	2468
M 60×1,5	58,052	2647
M 62×1,5	60,052	2832
M 65×1,5	63,052	3122
M 68×1,5	66,052	3427
M 70×1,5	68,052	3637
M 72×1,5	70,052	3854
M 75×1,5	73,052	4191

Passo h	Profundidade da rôsca
0,25	0,162
0,35	0,227
0,5	0,325
1	0,650
1,5	0,974

Dar preferência aos diâmetros em negrito

9) *Fraturas.* Os parafusos sujeitos a solicitações dinâmicas fraturam, geralmente, na secção transversal do primeiro filête carregado (procurar obter melhor distribuição dos esforços, através de uma porca tracionável, por exemplo (Fig. 10.15)!). As demais secções de fratura, 1 e 2 da Fig. 10.13, são secções de transição, em que as fraturas podem ser evitadas adotando-se raios de arredondamento convenientes (0,1 *d*).

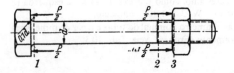

Figura 10.13 — Secções de ruptura de parafusos com solicitação dinâmica, segundo MPA Darmstadt, em 1:15% de tôdas as rupturas; em 2:20%; em 3:65%. Evitar as secções de ruptura 1 e 2 por uma concordância de secções mais perfeita

Junções por meio de Parafusos

TABELA 10.3 — *Rôsca Whitworth para tubos* (DIN 259 novembro de 1942, 2 999 novembro de 1942x) Designação: R'' em polegadas, dimensões dos diâmetros do tubo D_i/D_e, diâmetro da rôsca d e diâmetro do núcleo d_1 em mm, número de filêtes por polegada z (veja figura da Tab. 10.1).

R''	$^1/_8$	$^1/_4$	$^3/_8$	$^1/_2$	$(^5/_8)$	$^3/_4$	$(^7/_8)$	1	$1^1/_4$	$1^1/_2$	$(1^3/_4)$	2	$2^1/_4$	$2^1/_2$	$2^3/_4$	3	$3^1/_2$
D_i/D_e	5/10	8/13	12/17	15/21	16/23	20/27	24/31	26/34	33/42	40/49	45/45	50/60	60/70	66/76	72/82	80/90	90/102
d	9,73	13,16	16,66	20,96	22,91	26,4	30,2	33,25	41,9	47,8	53,7	59,6	65,7	75,2	81,5	87,9	100,3
d_1	8,57	11,45	14,95	18,63	20,59	24,1	27,9	30,29	38,9	44,8	50,8	56,7	62,7	72,2	78,6	84,9	97,4
N° de filêtes por polegada	28	19	19	14	14	14	14	11	11	11	11	11	11	11	11	11	11

TABELA 10.4 — *Rôsca trapezoidal* (DIN 103 agôsto de 1924). Diâmetro nominal do parafuso d, diâmetro do núcleo d_1, diâmetro médio da rôsca d_2 e passo h em mm (veja figura da Tab. 10.1).

d	10	12	14	16	18	20	22	24	26	28	30	32	34	36	38	40	(42)
d_1	6,5	8,5	9,5	11,5	13,5	15,5	16,5	18,5	20,5	22,5	23,5	25,5	27,5	29,5	30,5	32,5	34,5
d_2	8,5	10,5	12	14	16	18	19,5	21,5	23,5	25,5	27	29	31	33	34,5	36,5	38,5
h	3	3	4	4	4	4	5	5	5	5	6	6	6	6	7	7	7

d	44	(46)	48	50	52	55	(58)	60	(62)	66	(68)	70	(72)	75	(78)	80	(82)
d_1	36,5	37,5	39,5	41,5	43,5	45,5	48,5	50,5	52,5	54,5	57,5	59,5	61,5	64,5	67,5	69,5	71,5
d_2	40,5	42	44	46	48	50,5	53,5	55,5	57,5	60	63	65	67	70	73	75	77
h	7	8	8	8	8	9	9	9	9	10	10	10	10	10	10	10	10

10.7. SOLICITAÇÕES E DIMENSIONAMENTO[9]

1) Parafusos não protendidos solicitados longitudinalmente, como por exemplo o constituído pela rôsca de um gancho de guindaste: a secção transversal S_1 do núcleo do parafuso é solicitada a tração pela fôrça longitudinal P (Fig. 10.14).

A tensão nominal é

$$\sigma = \frac{P}{S_1} = \frac{P \cdot 4}{\pi \cdot d_1^2} \leqq \sigma_{1ad}{}^{10} \quad (\text{kgf/mm}^2), \tag{6}$$

onde, para carregamentos estáticos $\sigma_{1ad} \cong 0.6 \cdot \sigma_e$, e, para carregamentos pulsantes, $\sigma_{1ad} \cong 1.4 \cdot \sigma_A$. Nas Tabs. 10.7 a 10.12 se encontram valores de σ_e e de σ_A.

A rôsca é submetida a pressões superficiais e tende a cisalhar-se (flexão e fôrças cortantes). Supondo-se distribuição uniforme de carga pelos i filêtes contidos na porca, a pressão superficial sôbre a rôsca é

$$p = \frac{P}{i \cdot S_g} \leqq p_{ad} \quad (\text{kgf/mm}^2). \tag{7}$$

Substituindo-se $i = m/h$, $S_g = \pi \cdot d_2 \cdot t_2$, $P = \sigma \cdot \pi \cdot d_1^2/4$ obtém-se a altura necessária m da porca

$$m = d_1 \cdot \frac{1}{4} \cdot \frac{\sigma}{p} \cdot \frac{h}{t_2} \cdot \frac{d_1}{d_2} \quad (\text{mm}). \tag{8}$$

A altura normal das porcas de parafusos de fixação normalizados é $m = 0.8\, d$; logo substituindo-se, em (8), $m/d_1 \cong 1$, $h/t_2 = 1.54$, $d_1/d_2 \cong 0.88$ (rôsca métrica), resulta a pressão superficial sôbre a rôsca $p \cong 0.34\, \sigma$. A Tab. 10.6, entretanto, indica as alturas necessárias m de porcas para casos especiais, como por exemplo rôscas de tubos, e casos em que sejam diferentes os materiais do parafuso e da porca.

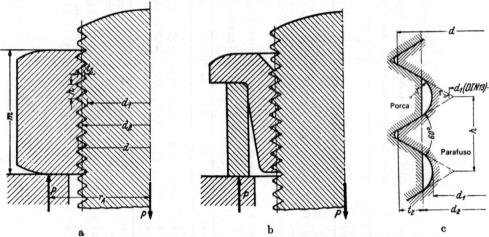

Figura 10.14 — Esquema da solicitação na rôsca. a) parafuso de fixação com porca comum; b) parafuso de fixação com porca a tração; c) sugestão para uma rôsca resistente à fadiga; a rôsca métrica (DIN 13) é, para tanto, arredondada no parafuso com $r = 0.285\, h$, e a porca é alargada até o seu diâmetro médio d_2, altura da porca $= 1 \cdot d$

Nos casos de solicitações dinâmicas, em que as tensões de tração no parafuso variam entre σ_{max} e σ_{min}, a tensão alternável σ_a deve ser tal que

$$\sigma_a = \frac{\sigma_{max} - \sigma_{min}}{2} \leqq \sigma_{a\,ad}, \tag{9}$$

a fim de evitar-se ruptura por fadiga. $\sigma_{a\,ad} \cong 0.7\, \sigma_A$.

Infelizmente, o limite de tensão alternável σ_A dos parafusos é muito pequeno, e cresce pouco com o limite de ruptura estático[11].

---

[9] Para o dimensionamento prático dos parafusos, pode-se recorrer aos dados necessários que estão resumidos na Tab. 10.5 e completados por sugestões para as tensões admissíveis. Além disso, têm-se, nas Tabs. 10.13, as fôrças admissíveis dos parafusos segundo as normas de tubos DIN 2 507.

[10] Para o exemplo 1, "Parafusos sem protensão longitudinal", designa-se a tensão admissível com τ_{1ad}, e mais abaixo para os exemplos 2, 3,... adota-se esta como referência.

[11] Assim os parafusos de metal leve também alcançam o valor de σ_A dos parafusos comuns de aço [10/18], [10/19].

Explicação. Ao já inconveniente aumento de tensões no fundo da rôsca, devido à concentração de tensões que ali se verifica, acrescenta-se o aumento devido ao fato de concentrar-se no primeiro filête da rôsca a carga aplicada ao parafuso (secção de fratura 3 da Fig. 10.13). Êste fato pode ser compreendido considerando-se que, sob a ação da fôrça longitudinal P, o parafuso e a respectiva rôsca sofrem uma compressão, de modo que deixam de ser coincidentes os passos das rôscas do parafuso e da porca, respectivamente (Fig. 10.14).

Para atenuar esta inconveniência há os seguintes recursos: distribuir a carga aplicada ao parafuso por vários filêtes da rôsca, utilizando-se uma porca sujeita a tração – a "porca tracionável" (Fig. 10.15) – ou uma porca de filêtes elásticos (rôsca Solt), ou, ainda, uma porca de material de menor dureza; reduzir a concentração de tensões no fundo da rôsca, principalmente através do arredondamento da rôsca ou, mesmo, através do aumento da resistência do fundo da mesma (têmpera ou "compressão superficial"). Ainda não há, apesar da ingente necessidade, uma rôsca normalizada com as características acima. A Fig. 10.14c apresenta uma rôsca dêsse tipo.

No item 3 são apresentadas as vantagens da protensão dos parafusos.

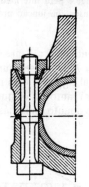

Figura 10.15 – Parafuso de biela como parafuso de alongamento com porca de tração

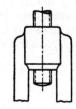

Figura 10.16 – Tirante

2) Parafusos solicitados por carga longitudinal P e apertados por torção, como por exemplo o constituído pela rôsca de um tensor (Fig. 10.16). O momento torçor M origina, na secção transversal do núcleo do parafuso, a tensão de cisalhamento $\tau = M/W_t$. Substituindo-se, então, $M = P \cdot r \cdot \text{tg}(\alpha + \varrho)$, $P = \sigma \cdot \pi \, d_1^2/4$, $r = d_2/2$ e $W_t = \pi \cdot d_1^3/16$, resulta

$$\tau = 2\sigma \cdot \text{tg}(\alpha + \varrho) \cdot d_2/d_1 \quad \text{(kgf/mm}^2\text{)}. \tag{10}$$

A tensão a ser comparada com a tensão admissível é

$$\sigma_v = \sqrt{\sigma^2 + (a \cdot \tau)^2} \leq \sigma_{ad} \quad \text{(kgf/mm}^2\text{)}, \tag{11}$$

sendo σ e τ calculados através das expressões (6) e (10), respectivamente, e onde $a = \sigma_{ad}/\tau_{ad}$ ($= 1/0{,}7$ para o aço, caso as tensões σ e τ sejam simultâneamente pulsantes ou simultâneamente estáticas).

Para parafusos de fixação normalizados, com $\alpha \cong 2{,}5°$, $d_2/d_1 \cong 1{,}12$, $\varrho' = 6{,}6°$, resulta $\sigma_v = \sigma/10{,}75$, o que possibilita empregar-se apenas a expressão (6), com $\sigma \leq \sigma_{ad} \leq 0{,}75 \cdot \sigma_{1\,ad}$ (ver Tab. 10.5).

3) Parafusos protendidos com fôrça P_V de protensão e solicitados por carga longitudinal P. Como exemplo, considerar-se-á a junção por meio de flanges apresentada na Fig. 10.1a e estudar-se-ão as relações entre as fôrças através do "diagrama de protensão".

Obtenção do diagrama de protensão (Fig. 10.17): ao se tracionarem os parafusos com fôrça de protensão P_V sofrem êles um alongamento δ_s, enquanto as peças por êles comprimidas entre si (flanges e junta intermediária) sofrem um encurtamento ϱ_F[12]. A fim de obter o diagrama de protensão traçam-se as curvas fôrça-deformação correspondentes ao parafuso (ϱ_s, Fig. 10.17a) e às peças comprimidas (δ_F, curva relativa ao encurtamento, deve ser traçada à esquerda do eixo das ordenadas, Fig. 10.17b), respectivamente. Marcam-se sôbre as duas curvas traçadas os pontos V de ordenadas P_V e se deslocam, a seguir, as curvas, paralelamente aos seus eixos de abscissas, até se superporem os respectivos pontos V (Fig. 10.17c).

Aplicando-se, agora, uma carga de funcionamento (fôrça de compressão no tubo) $P = p_u \cdot \pi \cdot D_1^2/4$ (Fig. 10.17d) haverá um aumento da carga aplicada aos parafusos (até P_{max}) e uma redução da carga aplicada aos flanges (até P_F). O equilíbrio das fôrças será, então, expresso por $P_{max} = P + P_F$. Cessando a ação da carga de funcionamento P, retorna-se novamente ao estado inicial, em que parafusos e flanges estão sujeitos à mesma carga P_V.

[12] Consegue-se uma analogia ideal das deformações possíveis quando se raciocina com elementos de junções (Parafusos e flanges) de borracha.

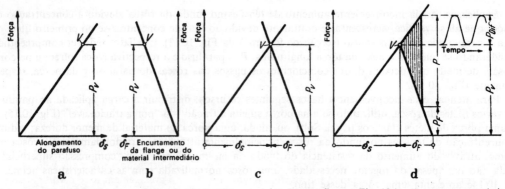

Figura 10.17 – Obtenção da configuração de tensões numa junção por flanges Fig. 10.1a. a) curva característica de fôrça-alongamento de parafusos, b) curva característica de fôrça-alongamento da flange e peça intermediária, c) diagrama de tensões na junção de flanges sob fôrça de protensão P_v, d) diagrama de tensões na junção protendida sob carga de funcionamento P

O diagrama de protensão mostra que, ao variar-se a carga de funcionamento de O a P (área hachurada da Fig. 10.17d), a variação da carga aplicada aos parafusos será apenas $P_{Dif} = P_{max} - P_V$ se à junção estiver aplicada a fôrça de protensão P_V. Se não houver protensão a fôrça diferencial P_{Dif} será bem maior, igual a P (Fig. 10.18a). Comparando-se as Figs. 10.18b e 10.18c, nota-se que P_{Dif} será tanto maior quanto menor fôr δ_s/δ_F, ou seja, quanto menos elásticos (mais grossos) forem os parafusos e quanto mais elásticos forem

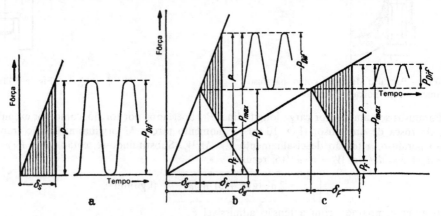

Figura 10.18 – Diagramas de tensões para uma carga de funcionamento variando de zero a P. a) sem protensão, b) com protensão P_v, c) com protensão e parafuso tubular

os flanges (ou as juntas intermediárias). Como a resistência dos parafusos à fadiga depende da variação P_{Dif} da carga aplicada, conclui-se que uma protensão P_V conveniente e uma grande relação δ_s/δ_F constituem uma boa proteção contra a ruptura por fadiga.

Determinação das tensões: a fim de evitar a ruptura violenta de junções constituídas de z parafusos limitam-se as tensões totais que nêles se aplicam:

$$\boxed{\sigma = \frac{P_{max}}{z \cdot S_1} = \frac{P_V + P_{Dif}}{z \cdot S_1} \leqq \sigma_{ad}} \quad (\text{kgf/mm}^2) \tag{12}$$

e, para evitar a ruptura por fadiga, limitam-se as tensões alternáveis aplicadas nos parafusos:

$$\boxed{\sigma_a = \frac{P_{Dif}}{2 \cdot z \cdot S_1} \leqq \sigma_{a\,ad}} \quad (\text{kgf/mm}^2). \tag{13}$$

Logo, sendo conhecidas as fôrças P_V e P_{Dif}, é possível calcularem-se as tensões σ e σ_a. Da semelhança de triângulos do diagrama de protensão (Fig. 10.17d) resulta:

$$\frac{P_{Dif}}{P} = \frac{\delta_F}{\delta_F + \delta_s} \quad \text{e portanto} \quad \boxed{P_{Dif} = P \cdot \frac{1}{1 + \delta_s/\delta_F}} \quad (\text{kgf}). \tag{14}$$

Geralmente, entretanto, não se conhecem exatamente δ_s/δ_F e P_V[13], dimensionando-se, então, o parafuso em função da carga de funcionamento P:

$$P = \frac{P_u \cdot \pi \cdot D_1^2}{4 \cdot z} \leq \sigma_{ad} \cdot S_1 \quad \text{(kgf)}, \qquad (15)$$

onde $\sigma_{ad} = \sigma_{1\,ad}/q$, sendo $q = P_{max}/P$ determinado experimentalmente (Tab. 10.5).

4) Parafusos solicitados por choque aplicado na direção longitudinal, como por exemplo os parafusos das bielas. A fôrça oriunda do choque aplicado é $P_C = 2 \cdot$ trabalho realizado/deformação. Convém, portanto, reduzir o trabalho realizado (através de protensão, de redução de folgas nos mancais e de farta lubrificação dos mancais), bem como possibilitar o aumento da deformação provocada pelo choque. Esta deformação será máxima quando fôr máxima a tensão de tração aplicada em todo o volume do parafuso. Por essa razão é que se utilizam os "parafusos extensíveis" (Fig. 10.19), cujas hastes são de tal modo perfuradas ou torneadas[14] que as tensões de tração que nelas se aplicam atingem valores semelhantes

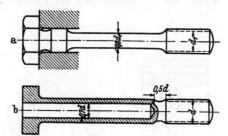

Figura 10.19 — Parafusos de alongamento. a) parafuso elástico, b) parafuso tubular

aos das tensões concentradas nas respectivas rôscas[15]. Outro processo de se obterem maiores deformações consiste em empregar parafusos de maiores comprimentos, utilizando-se luvas de prolongamento sob as porcas (Fig. 10.1)[15].

O cálculo dos parafusos solicitados por choque aplicado na direção longitudinal é feito através das expressões (12) e (13), se forem conhecidas P_C, P_V e P_{Dif}; caso contrário, o cálculo será feito através da expressão (6), fazendo-se $\sigma_{ad} = \sigma_{1\,ad}/q$, sendo $q = P_{max}/P$ determinado experimentalmente (Tab. 10.5).

5) Parafusos solicitados por carga transversal, Fig. 10.20. As fôrças podem ser transmitidas por diferentes processos:

Os parafusos ajustados (não há folga entre haste e furo; são mais caros) são solicitados pela fôrça cortante Q, que origina tensões de cisalhamento em tôda a secção transversal $S = \pi d^2/4$ de suas hastes, e estão sujeitos a pressões superficiais p_1:

$$\tau = \frac{Q}{S \cdot z} \leq \pi_{ad} \quad \text{(kgf/mm}^2\text{)}, \qquad (16) \qquad P_l = \frac{Q}{d \cdot s \cdot z} \leq P_{l\,ad} \quad \text{(kgf/mm}^2\text{)} \qquad (17)$$

Os parafusos passantes (com folga entre haste e furo; baratos) transmitem a carga transversal Q através da fôrça de atrito $P \cdot \mu$, originada pela fôrça longitudinal P aplicada ao parafuso. Para aço sôbre aço, com $\mu \cong 0{,}1$,

$$\sigma = \frac{P}{S_1 \cdot z} = \frac{Q}{\mu \cdot S_1 \cdot z} \cong \frac{10 \cdot Q}{S_1 \cdot z} \cong \sigma_{ad} \quad \text{(kgf/mm}^2\text{)}. \qquad (18)$$

[13] A relação δ_s/δ_F varia, de acôrdo com a execução (curso elástico dos parafusos, do flange e das junções), mais ou menos entre 1 e 16, e sua melhor determinação é feita por ensaios. Para o caso mais simples em que o corpo tracionado (parafuso) possui uma secção transversal útil S_s, um comprimento útil l_s e um módulo de elasticidade E_s, e da mesma maneira o corpo comprimido as respectivas constantes S_F, l_F, E_F, tem-se

$$\frac{\delta_s}{\delta_F} = \frac{S_F}{S_s} \cdot \frac{E_F}{E_s} \cdot \frac{l_s}{l_F}.$$

Os flanges com apoio maciço (espessura total $2s$) podem ser assimilados a cilindros de diâmetro externo $D_e = D_m + s$, interno $D_i =$ diâmetro do furo e comprimento $l_F = 2s$, onde D_m é o diâmetro de apoio da cabeça do parafuso (ou do apoio do parafuso). Para os parafusos de diversas secções transversais S'_s, S''_s, ... com comprimento l'_s, l''_s, ..., pode-se adotar a relação $l_s/S_s = (l'_s/S'_s + l''_s/S''_s + \ldots)$.

[14] Limitado pelo momento de apêrto; por isso, deve-se empregar material de alta qualidade para os parafusos elásticos.

[15] É recomendável também para flanges de tubulações de vapor superaquecido, a fim de conservar a protensão, apesar do efeito da dilatação térmica.

A transmissão da carga transversal Q pode ser aprimorada pelo emprêgo de pinos ajustados (pág. 181), especiais para os casos em que a carga é alternável e variável simètricamente, e de "buchas de cisalhamento" (Fig. 10.20) de secção transversal S_b. Êstes elementos permitem reduzir as dimensões dos parafusos, que passam a ter a única função de manter unidas as peças entre si.

Para as buchas de cisalhamento, tem-se

$$\tau = \frac{Q}{S_b \cdot z} \leq \tau_{ad} \quad (\text{kgf/mm}^2). \tag{19}$$

6) Parafusos de movimento, como por exemplo o constituído pela rôsca de um parafuso-sem-fim. Êstes parafusos são solicitados por fôrça longitudinal P e por momento torçor M. Determina-se, inicialmente, pela expressão (6), a secção transversal do núcleo S_1 necessária e, a seguir, verifica-se o coeficiente de segurança à flambagem (pág. 45). Pode-se, então, escolher a rôsca, calcular τ e σ_v pelas expressões (10) e (11), respectivamente, e determinar a altura m da porca, através das expressões (7) ou (8), em função da pressão superficial p admissível. Podem-se, ainda, calcular o momento torçor total M_g e o rendimento η, através das expressões (3) e (4), respectivamente.

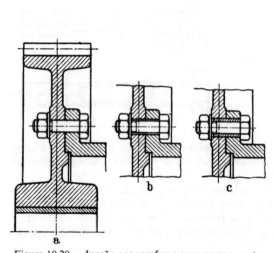

Figura 10.20 — Junção por parafusos com carregamento transversal, a) com parafuso de ajustagem, b) com parafuso passante e absorção da fôrça transversal por atrito, c) com parafuso passante e bucha de cisalhamento (dimensões, veja à pág. 18)

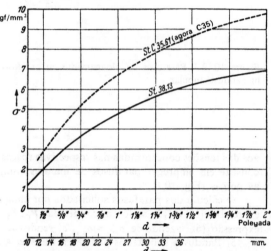

Figura 10.21 — Solicitação admissível nos parafusos σ para a igualdade (15), segundo as normas de tubos DIN 2 507 (julho de 1927). Para água, multiplicar por 1, para gás e vapor até 300°, por 0,8, até 400°, por 0,64. Fôrça correspondente de apoio P, veja à Tab. de parafusos 10.13

Execução: a rôsca da porca pode ser usinada diretamente na carcaça, ou pode ser feita de bronze ou de bronze vermelho e instalada na carcaça (Fig. 10.22a e b).

7) Exemplos de cálculo (ver, à Tab. 10.5, expressões e valores admissíveis a serem utilizados).

Exemplo 1. Tensor (Fig. 10.16), tendido quando descarregado e posteriormente sujeito a carga pulsante. $P = 6\,000$ kgf, rôsca de aço St 38.13, $\sigma_{ad} = 1,4 \cdot \sigma_A = 1,4 \cdot 7,5 = 10,5$ kgf/mm^2, com $\sigma_A = 7,5$ kgf/mm^2 para a porca tracionável, segundo a Tab. 10.11.

Cálculo (expressão (6): $S_1 = P/\sigma_{ad} = 6\,000/10,5 = 570$ mm^2.

Pela Tab. 10.13, escolhe-se a rôsca M 33 com $S_1 = 636$ mm^2.

Exemplo 2. Parafusos de tampa de cilindro (Fig. 10.2a) com $D_i = 515$ mm, diâmetro da circunferência sôbre a qual se encontram os parafusos $D_s = 570$ mm, pressão do vapor $p_u = 15$ kgf/cm^2.

Cálculo: número de parafusos $z \geq D_s \cdot \pi/e = 570 \cdot \pi/120 = 14,9$. Adotam-se 16 parafusos.

Da expressão (15), $P = p_u \cdot \pi \cdot D_1^2/(4 \cdot z) = 1\,960$ kgf $\leq \sigma_{ad} \cdot S_1$; σ_{ad} é obtido multiplicando-se por 0,8 (vapor) o valor dado pela Fig. 10.21, ou, então, pode-se utilizar a Tab. 10.13, fazendo-se $P_{Tab} = P/0,8 = 2\,450$ kgf. Escolhe-se, assim, a rôsca M 27 de material C 35.

Exemplo 3. Rôsca de macaco (Fig. 10.22b). Capacidade 7 000 kgf, rôsca de aço St 38.13, de uma entrada e autotravante; porca tracionável de bronze, $p = 1,00$ kgf/mm^2.

Cálculo: da expressão (6), com $\sigma_{ad} = 1 \cdot \sigma_A = 6$ kgf/mm^2, resulta $d_1 = 39$ mm.

Pela Tab. 10.4, escolhe-se a rôsca: Tr 52 × 8, com $d_1 = 43,5$ mm, $d_2 = 48$ mm, $S_1 = 1\,488$ mm^2, $h/t_2 = 8/3,5$.

Verificação de $\sigma_v: \sigma = P/S_1 = 4,7$ kgf/mm^2; tg $\alpha = h/(\pi \cdot d_2) = 0,053$, com $\alpha = 3°5'$; $\varrho = 6°$ (para $\mu = 0,1$). Logo, tg $(\alpha + \varrho) \cong 0,16$; $\tau = 2 \cdot \sigma \cdot$ tg $(\alpha + \varrho)\, d_2/d_1 = 1,66$ kgf/mm^2; $\sigma_v = \sqrt{\sigma^2 + (a + \tau)^2} = 5,25$ kgf/mm^2, com $a = \sigma_{ad}/\tau_{ad} = 1/0,7$. Por outro lado, $\sigma_{vad} = 1,33 \cdot \sigma_{ad} = 8$ kgf/mm^2 (é suficiente!). Altura da porca $m \geq d_1 \cdot \frac{1}{4} \cdot \frac{\sigma}{p} \cdot \frac{h}{t_2} \cdot \frac{d_1}{d_2} \geq 106$ mm. Rendimento $\eta = 0,33$, segundo a expressão (4).

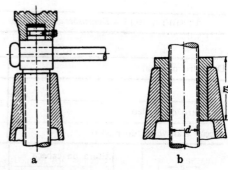

Figura 10.22 — Parafuso elevador (para o Exemplo 3, de cálculo)

10.8. VALORES EXPERIMENTAIS E DIMENSÕES DE PARAFUSOS

TABELA 10.5 — *Dimensionamento dos parafusos* (σ_e e σ_A, segundo as Tabs. 10.7 a 10.12) Símbolos, veja à pág. 163.

	Cálculo pela equação	Valores admissíveis
Solicitação axial:		
Gancho de guindaste, sem protensão	6	$\sigma = 0{,}6 \cdot \sigma_e$ (carregamento estático; $= 1{,}4 \cdot \sigma_A$ (carregamento pulsante)
Esticador, tensionado sob carga	6	$\sigma = 0{,}45 \cdot \sigma_e$ (estático)
Esticador, ajustado sem carga e depois tensionado	6	$\sigma = 0{,}6 \cdot \sigma_e$ (estático); $= 1{,}4 \cdot \sigma_A$ (pulsante), $\sigma_a = 0{,}7 \cdot \sigma_A$
Parafusos de flanges, com protensão	12, 15	$\sigma_a = 0{,}7 \cdot \sigma_A$ e $\sigma = 0{,}7\,\sigma_e$ quando P_{Dif} e P_V são conhecidos, senão
	15	$\sigma = 0{,}45 \cdot \sigma_e/q$; $q = 1{,}5$ a $3{,}0$
Parafusos de flanges, segundo as normas de tubos	15	σ segundo a Fig. 10.21 ou P segundo a Tab. 10.13, distância entre parafusos $e \leq 120$ mm
Parafusos de bielas, carregamento brusco	12	$\sigma_a = 0{,}7\,\sigma_A$ e $\sigma = 0{,}7\,\sigma_e$, quando P_{Dif} é conhecido, senão
	6	$\sigma = 0{,}5\,\sigma_A$ até $1 \cdot \sigma_A$, de acôrdo com P_{max}/P
Solicitação transversal:		
Parafuso de ajustagem	16	$\tau = 0{,}42\,\sigma_e$ (estático); $= 0{,}3\,\sigma_e$ (pulsante); $= 0{,}16\,\sigma_e$ (alternante)
	17	$p_l = 2{,}2 \cdot \tau$
Parafuso de ajustagem, em lugar de rebite	16	$\tau = 0{,}8\,\tau_{rebite}$
Parafuso passante	18	$\sigma = 0{,}45\,\sigma_e$ (carregamento estático, pulsante e alternante)
Parafuso passante, bucha de cisalhamento	19	$\tau = 0{,}42\,\sigma_e$ (estático); $0{,}3\,\sigma_e$ (pulsante); $= 0{,}16\,\sigma_e$ (alternante)
Parafusos de movimento		
(Verificação da segurança em relação à flambagem, segundo a pág. 45)	6	$\sigma = 0{,}45\,\sigma_e$ (estático); $= 1 \cdot \sigma_A$ (pulsante)
τ segundo	10	
σ_v segundo	11	$\sigma_v = 0{,}6\,\sigma_e$ (estático); $= 1{,}4\,\sigma_A$ (pulsante)
m segundo	8	$p = 0{,}2$ até $0{,}7$ kgf/mm² para porca de ferro fundido
		$= 0{,}5$ até $1{,}5$ kgf/mm² para porca de Bz
η segundo	4	
M_g segundo	3	

TABELA 10.6 — *Altura da porca m para rôsca de fixação.*

	m
Parafuso e porca do mesmo material	$0{,}8\,d$
Parafuso de aço e porca de fofo, por exemplo parafuso pino em fofo	$1{,}3\,d$
Tubo e porca do mesmo material (espessura da parede s)	$3\,s$
Eixo e porca do mesmo material	$P/(d \cdot \sigma_{ad})$
Parafuso de material 1, porca de material 2	$0{,}8\,d \cdot \sigma_{e1}/\sigma_{e2}$

TABELA 10.7 — até 10.12 veja pág. 178

Elementos de Máquinas

TABELA 10.13 — Dimensões dos parafusos				Parafusos						
Diâmetro nominal		d		M2	M4	M6	M8	M10	M12	M14	M16
Passo		h	mm	0,4	0,7	1	1,25	1,5	1,75	2	2
Diâmetro do núcleo		d_1	mm	1,48	3,09	4,70	6,38	8,05	9,73	11,40	13,40
Secção transversal do núcleo		F_1	mm²	1,7	7,5	17,3	31,9	50,9	74,3	102	141
Parafuso sextavado	Altura da cabeça	k	mm	1,4	2,8	4,5	5,5	7	8	9	10,5
	Diâmetro circunscrito	$e \cong$	mm	4,6	8,1	11,5	16,2	19,6	21,9	25,4	27,7
	Abertura da chave de bôca	s	mm	4,0	7	10	14	17	19	22	24
	Comprimento de rôsca	b	mm	6	10	15	18	20	22	25	28
	Altura da porca	m	mm	1,6	3,2	5	6,5	8	9,5	11	13
	Altura da porca castelo	m'	mm		5	7,5	9,5	11	14	16	19
	Diâmetro da coupilha	d_s	mm		1	1,5	2	2	3	3	4
Parafuso de cabeça cilíndrica	Altura da cabeça	k	mm	1,5	2,8	4	5	6	7	8	9
	Diâmetro da cabeça	D	mm	4	7	10	13	16	18	22	24
	Comprimento de rôsca	b	mm	6	12	18	20	22	22	25	28
Parafuso com sextavado interno	Altura da cabeça	k	mm		4	6	8	10	12		16
	Diâmetro da cabeça	D	mm		7	10	13	16	18		24
	Comprimento de rôsca	b	mm			13	18	22	25	32		38
Parafuso de embutir	Altura da cabeça	k	mm	1,2	2,3	3,3	4,4	5,5	6,5	7	7,5
	Diâmetro da cabeça	D	mm	4	8	12	16	20	24	27	30
	Comprimento de rôsca	b	mm	7	13	18	22	25	32	32	38
Distância da borda		g	mm		6	8	10	13	16	18	20
Diâmetro do furo para o parafuso	Usinado com broca	a	mm	2,4	4,8	7	9,5	11,5	14	16	18
	Fundido	a	mm				10,5	13	15	18	20
Arruela de apoio		D	mm	5,5	9	12	17	21	24	28	30
Espessura da arruela de apoio		S	mm	0,5	0,8	1,5	2	2,5	3	3	3
Fôrça do parafuso P^* Material St 38.13			kgf					53	126	238	405
Fôrça do parafuso P^* Material C 35			kgf					75	180	337	582

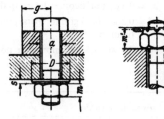

Escalonamento dos comprimentos dos parafusos:
l em mm. Até M 6: 10, 11, 12, 13, 14, 16, 18, 20, 22 e acima, com intervalo de 5 mm até $l = 150$; acima de M 6: 15, 20, 22, 25, 28, 30 e acima. Comprimento aparafusado: para aço $b_1 \cong 1 \cdot d$; para $b_1 \cong 2d$ até $2,5d$.

*Segundo normas para tubos DIN 2 507 correspondente ao σ_{ad} da Fig. 10.21 e válido para pressão de água; para

Junções por meio de Parafusos

Métricos									Parafusos em polegada								
M 18	M 20	M 22	M 24	M 27	M 30	M 33	M 36	Segundo DIN	½"	⅝"	¾"	⅞"	1"	1¼"	1½"	1¾"	2"	Segundo DIN
2,5	2,5	2,5	3	3	3,5	3,5	4	13 (2.49x)	2,12	2,31	2,54	2,80	3,17	3,63	4,23	5,08	5,64	11 (6.23x)
14,75	16,75	18,75	20,10	23,10	25,45	28,45	30,80		10,0	12,9	15,8	18,6	21,3	27,1	32,7	37,9	43,6	
171	220	276	317	419	509	636	745		78	131	196	272	358	577	839	1131	1491	
12	13	14	15	17	19	21	23	931 (12.52)	9	11	13	16	18	22	27	32	36	931 (4.42)
31,2	34,6	36,9	41,6	47,3	53,1	57,7	63,5		25,4	31,2	36,9	41,6	47,3	57,7	69,3	80,8	92,4	
27	30	32	36	41	46	50	55	475 (1.43)	22	27	32	36	41	50	60	70	80	475 (1.43)
30	32	35	38	40	45	50	55	931 (12.52)	25	30	35	38	42	50	62	70	75	931 (4.42)
15	16	17	18	20	22	25	28	934 (4.42)	11	13	16	18	20	25	30	35	40	934 (4.42)
21	22	25	26	28	31	34	37	935 (4.42)	16	19	22	26	28	34	42	47	52	935 (4.42)
4	4	5	5	5	6	6	6	94 (8.39)	3	4	4	5	5	6	8	8	8	94 (8.39)
10	11	12	13	15	16	18	20	84 (12.52)	8	9	11	12	14	17	21			64 (1.26x)
27	30	33	36	39	45	48	52		19	24	30	33	38	45	56			
30	32	35	38	40	45	50	55		30	36	42	48	55	68	80			
	20		24		30		36	912 (4.46)	12,5	16	19	22	25					
	30		36		45		54		19	24	30	33	38					
	45		55		65		75		30	36	42	48	55					
8	8,5	13,1	14	16,6	16,6	18,3	20	87 (10.42)	6,8	8	9,5	13	15,5					68 (1.26x)
33	36	36	39	45	48	53	58		24	30	36	36	42					
45	45	50	50	55	60	65	75		30	36	42	48	55					
23	23	25	26	29	32	35	38											
20	23	25	27	30	33	36	39	69 (5.43)	15	18	22	25	28	35	42	48	55	69 (5.43)
22	25	27	30	33	36	40	42		16	20	24	27	31	38	45	52	60	
34	36	40	44	50	56	60	68	125 (5.43)	24	30	36	40	50	60	72	85	98	125 (5.43)
4	4	4	4	5	5	5	6		3	3	4	4	5	5	6	7	8	
564	817	1163	1408	2400	2710	3580	4440		156	394	733	1165	1725	3269	5225	7491	10362	
796	1172	1606	1992	2860	3720	4980	6150		219	551	1026	1632	2415	4577	7316	10488	14507	

(Valores médios)
24, 26, 28, 30, 35, 40, 45, 50

Variação para cada 10 mm
$GGb_1 \cong 1,3\,d$; para metal macio

Frezamento para apoio $\cong$ diâmetro da arruela de apoio D.
Qualidade do parafuso: Normal $4\,D$ com $\sigma_e > 19$ kgf/mm² (corresponde ao St 38); acima de 5 D com $\sigma_e > 28$ kgf/mm² (corresponde ao St 50); para construção leve 8 G com $\sigma_e > 64$ kgf/mm²; para casos especiais e parafusos de sextavado interno 10 K com $\sigma_e > 90$ kgf/mm².

gás e vapor de água até 300°C multiplicar por 0,8, e até 400°C, por 0,64.

Elementos de Máquinas

TABELA 10.7 — *Mínimos limites de resistência (kgf/mm^2) de alguns materiais para parafusos de 60 mm de diâmetro (para diâmetros menores é possível um σ_r maior; para diâmetros acima de 25 mm é aconselhável um aço-liga, pois apresenta um beneficiamento mais homogêneo).*

Material	St 38.13	C 35	C 45	25 CrMo 4	42 CrMo 4	50 CrMo 4	42 Cr V6
σ_r	38···45	55···65	60···72	70···85	90···105	100···120	90···105
σ_e	21	33	36	45	70	80	70
σ_5 (%)	25	20	18	15	12	11	12

TABELA 10.8 — *Mínimo limite de escoamento σ_e (kgf/mm^2) de materiais de parafusos para diversos limites de ruptura σ_r (kgf/mm^2) e temperaturas ϑ segundo normas de caldeiraria [10/23].*

Aço com $\sigma_r =$	até 40	40···45	45···50	50···55	55···60	60···70	70···85
σ_e (ϑ até 200°C)	22	23	26	28	31	34	40
σ_{eW} (ϑ acima de 200°C)	$= \sigma_e [1-(\vartheta-200)/500]$						

TABELA 10.9 — *Designação e limites mínimos de resistência (kgf/mm^2) de parafusos fabricados segundo DIN 267 (janeiro de 1943). A designação (por exemplo 10K") pode estar gravada na cabeça do parafuso de qualidade; o número refere-se ao limite de ruptura e a letra ao alongamento.*

Designação	4 A	4 D	4 P	4 S	5 D	5 R	5 S	6 E	6 S	8 G	10 K	12 K
σ_r	34	37	37	37	50	50	50	60	60	80	100	120
σ_e	20	21	21	32	28	45	40	36	48	64	90	108
δ_5 (%)	30	25	—	14	22	14	10	18	8	12	8	8

TABELA 10.10 — *Limites de resistência (kgf/mm^2) de parafusos fabricados segundo diversos processos [10/12].*

Material	St 38.13 σ_r	St 38.13 σ_e	C 35 σ_r	C 35 σ_e
Barra cilíndrica (para comparação)	43	29	51	—
Rôsca usinada	45,4	30,4	59,2	—
Rôsca laminada	59,7	44,5	83,2	—
Rôsca usinada e posteriormente laminada	57,5	48	—	—

TABELA 10.11 — *Limite de tensão alternável σ_A (kgf/mm^2) do parafuso sob tensão a tração* para diversas associações [10/12], [10/20].*

1) Parafuso de	St 38.13			Cr—Mo-St 100	Nitrada
Porca	St Porca	GG Porca	St Porca a tração	St Porca a tração	St Porca
Rôsca	normal	normal	normal	arredondada	normal
$\sigma_m \pm \sigma_A$	15 ± 4,5	15 ± 6	15 ± 7,5	20 ± 9	25 ± 20

*Sob tensão de compressão (por exemplo para parafusos de movimento)

σ_A apresenta-se nìtidamente maior.

TABELA 10.12 — *Limite de variação de resistência σ_A (kgf/mm^2) para parafusos de diversos diâmetros de aço com $\sigma_r = 80 \ldots 90\ kgf/mm^2$ e porca de aço [10/12], [10/18].*

Parafusos métricos	M 10	M 14	M 18	M 22	M 26
σ_A	7	5,8	4,9	4,2	3,8

10.9. NORMAS (DIN)

Generalidades

Rôsca: DIN livro 2, Berlim 1926
Parafusos: DIN livro 3, Berlim 1927
Parafusos-Porca e acessórios: DIN manual 10, Berlim 1948
Parafusos, Porcas; condições técnicas de fornecimento: 267
Parafusos, Porcas; Designações: 918
Simbologia para parafusos: 27
Simbologia de parafusos para construções de aço: 407
Furação em chapa com rôsca: 7 952

Rôsca

Generalidades sôbre rôscas (designação, tolerâncias): 30, 202, 2 244, 769
Calibres para rôscas: 2 285, 2 290 ··· 2 298
Rôsca métrica: 13, 14, 244 ··· 247, 516 ··· 521, Kr 151
Rôsca Whitworth: 11, 239, 240, 368
Rôsca Whitworth para tubos: 2 999, 259, 260
Rôsca trapezoidal: 103, 378, 379
Rôsca dente de serra: 513, 514, 515
Rôsca arredondada: 405, 70 156
Rôsca para madeira (soberba): 95

Medidas adicionais

Abertura da chave de bôca: 475, Kr 506
Extremidades dos parafusos: 78
Saída da rôsca: 76
Furos passantes para parafusos: 69

Parafusos em bruto

Parafusos sextavados, em bruto: 558, 601
Parafusos de cabeça chata, em bruto: 603
Parafusos de cabeça redonda, em bruto: 607
Parafusos embutidos, em bruto: 604, 605, 608, 792
Parafusos cônicos embutidos, em bruto: 606

Parafusos lisos

Parafusos sextavados com metade do corpo liso: 600
Parafusos com cabeça quadrada de corpo liso: 478 ··· 480
Parafusos sextavados, com corpo liso: 532, 560, 561, 563, 564, 931 ··· 933, 960, 609 e 610
Parafusos com sextavado interno com corpo liso: 912
Parafusos de fenda com corpo liso: 63, 64, 67, 68, 84 ··· 88, 91, 404, 920 ··· 927
Parafuso recartilhado: 464, 465, 653, 82
Parafusos-pino com corpo liso: 833 ··· 836, 938 ··· ··· 940, 942 ··· 945, 948

Flange

Dimensionamento dos parafusos para flanges: 2 507
Parafusos pinos de alta qualidade 2 509, 2 510
Dimensões dos furos para flanges: 2 511, 2 508

Outras

Pinos com rôsca: 416, 417, 426, 427, 438, 550 ··· 553, 913 ··· 915
Parafusos com olhal: 444
Parafuso borboleta: 314, 316
Parafuso anel: 580, 581, 70 612
Parafuso de vedação: 906 ··· 910
Parafuso de ancoragem: 186, 188, 261, 529, 797
Parafusos para madeira: 95 ··· 97, 571, 7 514 e 7 515
Parafusos auto-cortantes de rôsca: 7 513, 7 971 ··· ··· 7 976
Para soldas: 525
Tampão de fenda: Kr 1 022
Esticadores: 1 478 ··· 1 480

Material adicional

Arruelas: 125, 126, 433 ··· 436, 440, 470, 522, 1 440 e 1 441
Travas para parafusos: 93, 432, 462, 463, 127, 137, 522, 526, Kr 951, Kr 952

Porcas

Porcas em bruto: 555, 533, 582, 798, 557, 534, 313, 315, 431
Porcas meio lisas e estampadas lisas: 554, 562, 439
Porcas lisas: 466, 467, 546 ··· 548, 917, 934 ··· 937, 1 587, 1 804, 1 816, Kr 808, Kr 851, Kr 852, 7 709

10.10. BIBLIOGRAFIA

Generalidades:

[10/1] BETHGE, K.: Die Durchmesserauswahl der metrischen Feingewinde. Werkstatt e. Betrieb Vol. 82 (1949), p. 14.
[10/2] DIN-Taschenbuch 10, Schrauben, Muttern und Zubehör für metrisches Gewinde. 6.ª ed. 1948.
[10/3] BERNDT, G.: Die Gewinde usw. Berlin: Springer 1925 e. 1926. Masch.-Bau-Betrieb Vol. 10 (1931) p. 610 e. Z. VDI Vol. 78 (1934) p. 661.
[10/4] SCHAURTE, W. T.: Anforderungen an Schrauben- und Muttereisen. Werkstofftagung Berlin 1927, Verlag Stahleisen.
[10/5] SCHIMZ, K.: Die Bruchfestigkeit von Schrauben unter reiner Zugbeanspruchung. Masch.- Bau 11 (1932), p. 75 e Z. VDI (1940), p. 151.
[10/6] HERCIGONJA, J.: Höhe der Muttern bei Gewinden verschiedener Feinheit. Masch.-Bau 11 (1932), p. 139.
[10/7] BAUERMEISTER H. e R. KERSTEN: Korrosionsversuche mit Schrauben in Leichtmetall-Bauteilen. Z. VDI Vol. 79 (1935) p. 753.
[10/8] MADUSCHKA, L.: Beanspruchung von Schraubenverbindungen usw. Forsch. Ing. Wes. 7 (1936), p. 300.
[10/9] VOLLBRECHT, H.: Das Festfressen von Schraubenverbindungen usw. Diss. Stuttgart 1935 e Z. VDI Vol. 80 (1936), p. 1 558.
[10/10] STAUDINGER, H.: Das Verhalten von Schraubenverbindungen bei Wiederholtem Anziehen und Lösen. Z. VDI Vol. 81 (1937), p. 607.
[10/11] LIPPERT, E.: Gewinde in Leichtmetall. Dtsch. Kraftfahrtforsch. cad. 28. Berlin 1939.
[10/12] WIEGAND, H. e B. HAAS: Berechnung und Gestaltung von Schraubenverbindunge. Berlin: Springer 1940.

Fadiga de junções por parafusos:

[10/13] THUM A. e W. STAEDEL: Über die Dauerhaltbarkeit von Schrauben usw. Masch.-Bau 1932, p. 231.
[10/14] WIEGAND, H.: Über die Dauerfestigkeit von Schraubenwerkstoffen und Schraubenverbindungen. Diss. Darmstadt 1933.
[10/15] THUM A. e F. DEBUS: Vorspannung und Dauerhaltbarkeit von Schraubenverbindungen. Berlin: VDI-Verlag 1936.

[10/16] *WÜRGES, M.:* Die zweckmässige Vorspannung in Schraubenverbindungen. Dr.-Diss. Darmstadt 1937.
[10/17] *FÖPPL, O. e E. WEDEMEYER:* Die Steigerung der Dauerhaltbarkeit von Schrauben durch Gewindedrücken usw. Mitt. Wöhler-Inst. Braunschweig Fasc. 33 (1938); Die Werkzeugmasch. 1938, p. 459.
[10/18] *HAAS, B.:* Einfluss der Mutterngrösse auf die Festigkeit usw. Z. VDI Vol. 82 (1938), p. 1 269.
[10/19] *BOLLENRATH, F., H. CORNELIUS, e W. SIEDENBURG:* Festigkeitseigenschaften von Leichtmetallschrauben. Z. VDI Vol. 83 (1939), p. 1169.
[10/20] *LEHR, E.* in *KLINGELNBERG:* Techn. Hilfsbuch, p. 146. Berlin: Springer 1939.

Cálculo de parafuso de Flange (v. também Rohrnormen DIN 2507):

[10/21] *DEUTSCHER DAMPFKESSELAUSSCHUSS,* Richtlinien für Schrauben und Verschraubungen. Berlin 1934.
[10/22] *VEREIN DER GROSSDAMPFKESSELBESITZER:* Richtlinien für den Bau der Heissdampfrohrleitungen. Ausg. Jan 1936. Berlin: Julius Springer.
[10/23] Werkstoff- und Bauvorschriften für Landdampfkessel. Min.-Bl. R.-Wi-Minist., 39. Jahrge., n.º 24, v. 6. Nov. 1939, p. 497.
[10/24] *BESTEHORN R.:* Die zulässige Belastung von Schrauben. Die Technik Vol. 1 (1946) p. 183.

Elementos de segurança de parafusos:

[10/25] *SCHOENEICH, H.:* Schraubensicherungen. Berlin 1933.
[10/26] *DITTRICH, W.:* Stat. und dynamische Untersuchung von Schraubensicherungen. Diss. Dresden 1938.
[10/27] *FÖPPL, O. e W. WAGENBLAST:* Rüttelprüfung von Schraubenverbindungen. Mitt. Wöhler-Inst. Braunschweig fasc. 27 (1936).

Publicações recentes:

[10/28] *ZUR NEDDEN:* Kunstharz zum Sichern von Gewinden u. Abdichten von Fugen. Konstr. Vol. 1 (1949) p. 28.
[10/29] *MUTH, O.:* Der Kraftmesschlüssel als modernes Werkzeug u. Kontrollgerät. Werkstatt u. Betrieb Vol. 82 (1949) p. 282.
[10/30] *BOLLE RATH, F. e H. CORNELIUS:* Einfluss der Gewindeherstellung auf die Dauerhaltbarkeit von Schrauben. Werkzeug u. Betrieb Vol. 80 (1947) p. 217.
[10/31] *LÄTZIG, W.:* Kegelige Gewinde u. ihre Prüfung. Werkstatt u. Betr. Vol. 82 (1949) p. 386.

11. Junções por meio de pinos e cavilhas

Dentre os tipos de junções utilizados na construção de máquinas, êste é o mais simples e o mais antigo: introduz-se uma cavilha ou um pino transversal em um furo que atravessa as peças a serem unidas entre si. Alguns exemplos podem ser vistos na Tab. 11.3.

11.1. UTILIZAÇÃO

Estas junções são utilizadas para: posicionar e fixar uma peça à outra, como por exemplo as partes superior e inferior de uma carcaça de redutor, posicionadas por meio de dois pinos ajustados, que devem estar o mais distante possível um do outro; posicionar e obter fixação resistente à torção e ao cisalhamento de cubos e anéis sôbre eixos; posicionar e fixar hastes, eixos etc., por meio de pinos transversais ou longitudinais; obter junções articuladas ou de suspensão de talas, barras, discos e rolos, em que, geralmente, o pino é montado com ajuste aderente a uma peça e com ajuste deslizante a outra (pinos de articulações, de pistões, de cruzetas, de engates); fixar molas, travas etc.; limitar fôrças aplicadas (pinos fraturáveis); funcionar como dispositivos de segurança, fixando pinos ou evitando o afrouxamento de parafusos e porcas (pinos engastados, pinos transversais, contrapinos).

11.2. EXECUÇÃO

A resistência dos pinos deve ser mais elevada que a das peças unidas; geralmente, para a fabricação dos pinos, utiliza-se o aço St 60.11. Os pinos de articulações sujeitos a cargas elevadas (por exemplo pinos de pistões) são temperados e retificados. Os pinos vazados (tubos) devem ter diâmetros internos d_i tais que $d_1 \leqq d/1,5$, a fim de evitar empenamentos ou ovalizações sob pressão. Por meio de pinos, podem-se obter junções resistentes a vibrações, adotando-se assentos forçados ou utilizando, em articulações, arruelas de fixação, contrapinos, parafusos sem cabeça ou parafusos ajustados com cabeça e porca; em articulações de elos de correntes, rebitam-se as cabeças dos pinos.

As Figs. 11.1 e 11.2 apresentam as várias formas construtivas de pinos e cavilhas (pinos e cavilhas cônicos, cilíndricos e elásticos), cujas dimensões se encontram nas Tabs. 11.1 e 11.2.

Os pinos cônicos (conicidade 1:50) exercem ação de centragem, mas requerem alargamento dos furos (caro!). O pino cônico com haste roscada (DIN 258) pode ser retirado de furos cegos, pelo simples apêrto de uma porca.

O assento forçado de um pino cilíndrico (solicitado por fôrças cortantes) requer um furo cujas dimensões apresentam tolerâncias rigorosas (caro!).

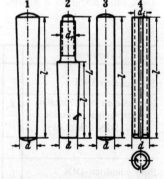

Figura 11.1 — Pino cônico 1, pino cônico com rôsca 2, pino cilíndrico 3 e pino elástico 4

O pino elástico (Fig. 11.1)[1], dotado de uma fenda longitudinal e feito de aço utilizado para a fabricação de molas ($\sigma_r \cong 140$ kgf/mm^2), não requer furos de dimensões rigorosamente toleradas, graças a sua elasticidade e deformabilidade transversais. Assim, por exemplo, um furo de diâmetro nominal de 8 mm pode ter diâmetro real de 7,95 a 8,3 mm, sem que se comprometa o assento forçado. Nas Figs. 11.3 e 11.4, pode-se observar a variação da fôrça de retenção do pino elástico. A Tab. 11.1 apresenta as dimensões dos vários tipos de pinos elásticos (leves e pesados).

Os pinos elásticos apresentam, ainda, considerável resistência ao cisalhamento.

Atribuindo-se, por exemplo, o valor 100 à resistência ao cisalhamento do pino maciço comum ($\sigma_r = 60$ kgf/cm^2), o pino elástico leve L apresenta resistência ao cisalhamento aproximadamente igual a 62%, o pino elástico pesado S, aproximadamente igual a 112%, e o pino ranhurado duplo[2], aproximadamente

---

[1] Veja a literatura da firma Hedtmann, Hagen-Kabel.

[2] Compõe-se de dois pinos elásticos encaixados entre si.

Elementos de Máquinas

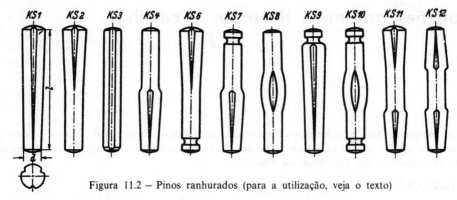

Figura 11.2 — Pinos ranhurados (para a utilização, veja o texto)

igual a 155%. A resiliência dos pinos elásticos é muito mais elevada que a dos pinos maciços. Os pinos elásticos, vazados que são, podem servir de buchas em articulações (com outro pino elástico funcionando como pino pròpriamente dito) ou de buchas de cisalhamento em junções parafusadas.

As cavilhas[3] são dotadas de três ranhuras que lhes possibilitam deformar-se elastoplàsticamente ao serem introduzidas nos respectivos furos, com assentos forçados. Assim, por exemplo, um furo de diâmetro

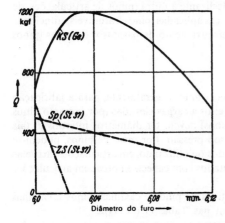

Figura 11.3 — Influência do diâmetro do furo na fôrça de introdução Q necessária para diversos pinos com um diâmetro nominal de 6 mm e um comprimento de 40 mm. ZS = pino cilíndrico, Sp = pino elástico, KS = pino ranhurado, entre parênteses o material da peça

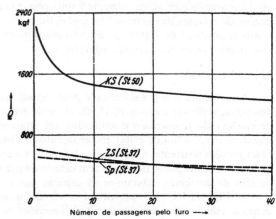

Figura 11.4 — Influência do número de introduções sôbre a fôrça necessária de introdução Q, para diversos pinos. Nomenclatura, veja Fig. 11.3

TABELA 11.1 — *Dimensões dos pinos segundo as*

Diâmetros d		1	1,5	2	2,5	3	4	5	6	8
Pino cônico DIN 1	l	8···18	10···26	12···36	12···40	14···50	16···60	20···70	24···100	28···120
Pino cônico com rôsca na extremidade, segundo DIN 258 (1,43 x)	d_1	—	—	—	—	—	—	M 5	M 6	M 8
	l	—	—	—	—	—	—	25	30	40
	L	—	—	—	—	—	—	40···50	45···60	55···75
Pino cilíndrico DIN 7	l	4···12	4···16	6···20	6···24	8···32	10···40	12···50	14···60	16···80
Pino elástico DIN 1 481 (6,46 x)	d_1^*	1,2	1,7	2,3	2,8	3,3	4,4	5,4	6,4	8,5
	d_2^*	0,8	1,1	1,5	1,8	2,1	2,8	3,4	3,9	5,5
	l	4···12	4···16	6···20	6···24	8···32	10···40	12···50	14···60	16···80
Pino ranhurado KS 1 até KS 7 e KS 9	l	4···18	4···20	6···30	6···30	6···40	8···60	8···60	10···80	12···100
Pino ranhurado KS 8, KS 10, KS 11, KS 12	l	—	8···20	12···30	12···30	12···40	18···60	18···60	24···80	30···100

*Dimensões antes da montagem; d_1 diâmetro externo, d_2 diâmetro interno.

[3] Veja literatura de Kerb-Koms-Ges. Dr. Carl Eikes u. Co., Schnaittenbach/Oberpfalz.

nominal 8 mm pode ter diâmetro real de 8 a 8,15 mm. As Figs. 11.3 e 11.4 mostram as variações das fôrças de retenção de vários tipos de pinos e cavilhas.

Eis vários exemplos de utilização dos tipos de cavilhas apresentados na Fig.11.2:

KS 1 (DIN 1 471) é utilizado como elemento de fixação e de junção;

KS 2 (DIN 1 472) é utilizado como elemento de ajustagem e de articulação;

KS 3 (DIN 1 473) é utilizado como elemento de fixação e de junção, em casos de aplicações de fôrças variáveis simètricamente, e em furos próximos às bordas de peças de ferro fundido;

KS 4 (DIN 1 474) é utilizado como elemento de encôsto e de ajustagem;

KS 6 e KS 7 são utilizados como elementos de ajustagem e de fixação de molas de tração de correntes;

KS 8 (DIN 1 475) é utilizado como elemento de articulação ou como manúbrio;

KS 9 é utilizado nos casos em que urge haver a possibilidade de retirar-se a cavilha do furo puxando-a com um alicate ou torquês;

KS 10 é utilizado como elemento de fixação bilateral de molas de tração ou como eixo de roletes;

KS 11 e KS 12 são utilizados como eixos de roletes, de manivelas etc.

Os pregos entalhados (Tab. 11.2) KN 4 (DIN 1 476) e KN 5 (DIN 1 477) servem para a fixação de blindagens, chapas e dobradiças sôbre metal, enquanto o KN 7 é utilizado como eixo de articulações de barras de estruturas, de tramelas, de ganchos e de roletes ou polias.

Designação de pinos e cavilhas: sejam, por exemplo, diâmetro nominal 10 mm e comprimento $l = 60$ mm. Eis, então, algumas designações: pino cônico 10×60 DIN 1; pino cilíndrico $10\,T \times 60$ DIN 7 (para assento embutido), ou $10\,SW \times$ DIN 7 (para assento deslizante); pino elástico $S\,10 \times 60$; cavilha 10×60 KS 3.

Normas DIN: 1 pinos cônicos; 7 pinos cilíndricos; 257 pinos cônicos com hastes roscadas (rôscas métricas); 1 471 cavilhas cônicas; 1 472 cavilhas de ajustagem; 1 473 cavilhas cilíndricas, 1 474 cavilhas de contatos elétricos; 1 475 cavilhas de alavancas; 1 476 pregos entalhados de cabeças semi-esféricas; 1 477 pregos entalhados de cabeças escariadas; 1 481 pinos elásticos; 94 contrapinos; 1 433 e 1 435 pinos sem cabeças; 1 434 e 1 436 pinos com cabeças; 1 438 pinos com hastes roscadas; 1 439 pinos com cabeças escariadas; 1 442 furos de lubrificação de pinos; 1 440 arruelas para pinos.

TABELA 11.2 — *Pregos entalhados.* Dimensões em mm.

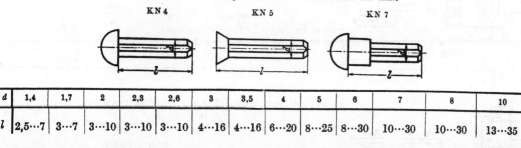

d	1,4	1,7	2	2,3	2,6	3	3,5	4	5	6	7	8	10
l	2,5···7	3···7	3···10	3···10	3···10	4···16	4···16	6···20	8···25	8···30	10···30	10···30	13···35

Figs. 11.1 e 11.2 em mm.

10	13	16	20	25	30	35	40	45	50
32···140	36···165	40···200	50···230	55···260	60···260	—	70···260	—	80···260
M 10	M 12	M 16	M 16	M 20	M 24	—	M 30	—	M 36
45	60	72	85	100	110	—	130	—	150
65···100	85···140	100···160	120···190	140···250	160···280	—	190···320	—	220···360
20···100	28···140	32···180	40···200	50···200	60···200	—	80···200	—	100···200
10,5	13,5	16,5	20,5	25,5	30,5	—	40,5	—	50,5
6,5	8,5	10,5	12,5	15,5	18,5	—	24,5	—	30,5
20···100	28···140	32···180	40···200	50···200	60···200	—	80···200	—	100···200
14···160	20···160	26···200	30···200	30···200	—	—	—	—	—
36···160	45···160	45···200	45···200	45···200	—	—	—	—	—

Elementos de Máquinas

11.3. SOLICITAÇÕES E DIMENSIONAMENTO

SÍMBOLOS

b	(cm)	espessura	p	(kgf/cm²)	pressão superficial
d	(cm)	diâmetro nominal do pino	p_d	(kgf/cm²)	pressão superficial devido a P
d_i	(cm)	diâmetro interno de pino vazado	p_f	(kgf/cm²)	pressão superficial devido a M_f
D	(cm)	diâmetro do eixo	q	(—)	coeficiente comparativo = d/D
D_C	(cm)	diâmetro do cubo	s	(cm)	espessura de parede
h	(cm)	braço de alavanca	W_f	(cm³)	módulo de resistência à flexão
l	(cm)	comprimento	W_t	(cm³)	módulo de resistência à torção
M_f	(cmkgf)	momento fletor	σ_f	(kgf/cm²)	tensão de flexão
M_t	(cmkgf)	momento de torção	σ_e	(kgf/cm²)	limite de escoamento
P	(kgf)	fôrça útil	τ	(kgf/cm²)	tensão de cisalhamento
P_s	(kgf)	fôrça de expansão	τ_t	(kgf/cm²)	tensão de torção

A Tab. 11.3 mostra como se montam os pinos nos casos mais comuns em que êles são utilizados e apresenta as correspondentes distribuições de pressão superficial devidas apenas à ação da carga de funcionamento P, bem como às relações utilizadas para o dimensionamento resultantes das citadas distribuições de pressão. Como se vê na Fig. 11.3, as solicitações adicionais oriundas do assento forçado do pino no furo são funções do tipo de pino, do ajuste entre pino e furo e, no caso de pinos cônicos, da fôrça axial aplicada na montagem do pino. Conseqüentemente, em um caso extremo, pode a pressão atuante sôbre a superfície do furo ultrapassar o limite de escoamento do material em que o furo é feito — dá-se

TABELA 11.3 — *Dimensionamento das junções por pinos.* Designação e dimensões, veja acima; valores admissíveis, veja Tab. 11.4.

N.° 1 Pino transversal em um tirante

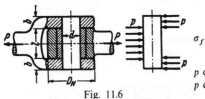

Fig. 11.6

σ_f do pino: de

p do garfo: de
p do tirante: de

Valores práticos: $l/d = 1{,}5 \cdots 1{,}7$; $l/b = 2 \cdots 3{,}5$
$D_N/d \cong 2{,}5$ para St e GS; $\cong 3{,}5$ para cubos de GG

$M_f = \dfrac{P}{8}(l + 2b) = W_f \cdot \sigma_f$ (cmkgf);

$W_f = \pi \cdot d^3/32$ (cm³)
$P = 2p \cdot b \cdot d$ (kgf)
$P = p \cdot l \cdot d$ (kgf)

N.° 2 Pino engastado solicitado a flexão

Fig. 11.7

σ_f do pino: de

p_{max}: de

$M_f = P \cdot h = \sigma_f \cdot \pi d^3/32$ (cmkgf)

$p_f = \dfrac{P \cdot (h + s/2) \cdot 6}{d \cdot s^2}$; $p_d = \dfrac{P}{d \cdot s}$ (kgf/cm²)

$p_{max} = p_f + p_d = \dfrac{4P(1 + 1{,}5\,h/s)}{d \cdot s}$ (kgf/cm²)

N.° 3 Pino transversal sob momento de torção

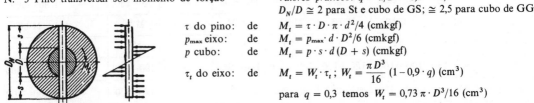

Fig. 11.8

τ do pino: de
p_{max} eixo: de
p cubo: de

τ_t do eixo: de

Valores práticos: $q = d/D = 0{,}2 \cdots 0{,}3$
$D_N/D \cong 2$ para St e cubo de GS; $\cong 2{,}5$ para cubo de GG

$M_t = \tau \cdot D \cdot \pi \cdot d^2/4$ (cmkgf)
$M_t = p_{max} \cdot d \cdot D^2/6$ (cmkgf)
$M_t = p \cdot s \cdot d\,(D + s)$ (cmkgf)

$M_t = W_t \cdot \tau_t$; $W_t = \dfrac{\pi D^3}{16}(1 - 0{,}9 \cdot q)$ (cm³)

para $q = 0{,}3$ temos $W_t = 0{,}73\,\pi \cdot D^3/16$ (cm³)

N.° 4 Pino longitudinal (chavêta redonda) sob M_t

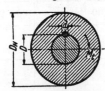

Fig. 11.9

p, τ do pino: de
τ_t do eixo: de

Valores práticos: $d/D = 0{,}13 \cdots 0{,}16$
Comprimento do pino $l = 1D \cdots 1{,}5D$
$M_t = p \cdot l \cdot d \cdot D/4 = \tau \cdot l \cdot d \cdot D/2$ (cmkgf)
$M_t = \tau_t \cdot W_t$; $W_t = \pi \cdot D^3/16$ (cmkgf)

o escoamento, uma única vez (alívio de carga por escoamento!), provocado por uma fôrça de expansão P_S, que deve ser levada em consideração no dimensionamento das peças que a elas estejam sujeitas. Assim, no caso n.º 1 da Tab. 11.3, a fôrça de expansão aplicada ao olhal do garfo é $P_S \leq \sigma_e \cdot b \cdot d = \sigma \cdot (D_C - d) \cdot b$. Logo, para $\sigma_{ad} \leq \sigma_e/1,5$ resulta $D_C/d \geq 2,5$ (para pino de aço e cubo de aço fundido), e para $\sigma_{ad} \leq \sigma_e/2,5$ resulta $D_C/d \geq 3,5$ (para cubo de ferro fundido cinzento).

Exemplos de cálculo da Tab. 11.3 e respectivas observações:

N.º 1 — *Pino transversal em junção de barras sujeitas a tração:* para o cálculo, considera-se o pino como estando simplesmente apoiado e a carga (pressão superficial *p*) como sendo uniformemente distribuída, suposição esta feita também no cálculo de mancais de deslizamento. Na realidade, entretanto, a pressão superficial é mais elevada nas regiões do pino próximas às faces do garfo, por causa da deformação elástica do pino.

Exemplo de cálculo: Dados: o material do pino é aço St 60.11, e o diâmetro é $d = 2$ cm; o material das barras e do garfo é aço St 37; $b = 1,2$ cm; $l = 3,2$ cm; $D_C = 2,5 \cdot d = 5$ cm; fôrça de tração $P = 650$ kgf, cíclica de variação simétrica (alternante).

Segundo a Tab. 11.3, quanto ao parafuso, $\sigma_f = \dfrac{M_f}{W_f} = \dfrac{P(l + 2b) \cdot 32}{8 \cdot \pi \cdot d^3} = 579$ kgf/cm²; quanto à barra, $p = 102$ kgf/cm²; quanto ao garfo, $p = 136$ kgf/cm² (segundo a Tab. 11.4, tais valores são admissíveis!).

N.º 2 — *Pino engastado sujeito a flexão:* a máxima pressão superficial é constituída das parcelas p_f devida ao momento fletor $P \cdot (h + s/2)$ e p_d devida à carga *P*.

Exemplo: Dados: o material do pino é aço St 50.11, e o diâmetro é $d = 1,3$ cm; $H = 1,2$ cm; o material da placa é ferro fundido cinzento e sua espessura é $s = 1,5$ cm; fôrça $P = 100$ kgf cíclica pulsante. Do cálculo resultam, quanto ao pino, $\sigma_f = 555$ kgf/cm² e $p_{max} = 450$ kgf/cm².

N.º 3 — *Pino transversal em junção sujeita a momento torçor M_t:* considera-se o pino como ajustado e rigidamente engastado, de modo que êle possa ser calculado para resistir ao cisalhamento. A pressão superficial *p* atuante sôbre o furo do eixo aumenta consideràvelmente nas regiões próximas à superfície cilíndrica do eixo (deformação elástica do pino devida ao momento torçor M_t), e a variação linear indicada desta pressão superficial é apenas uma aproximação. O efeito da concentração de tensões no furo transversal do eixo (redução de τ_{tF}) pode ser considerado, aproximadamente, através da curva 9 da Fig. 3.27, pág. 55.

Exemplo: Dados: o material do eixo é aço St 37.11; $M_t = 500$ cmkgf; $D = 3$ cm; o material do cubo é ferro fundido cinzento; $D_C = 7,5$ cm; $s = 2,25$ cm; o material do pino é aço St 50.11 e o diâmetro é $d = 0,8$ cm; $q = 0,266$.

Do cálculo resultam, quanto ao pino, $\tau = 330$ kgf/cm²; quanto ao eixo, $\tau_t = 125$ kgf/cm² e $p_{max} = 415$ kgf/cm²; quanto ao cubo, $p = 53$ kgf/cm².

N.º 4 — *Pino longitudinal em junção sujeita a momento torçor M_t:* a transmissão do momento torçor é feita através do pino, no qual atua a pressão superficial *p*, suposta uniformemente distribuída. Quando $\tau_{ad} \geq 0,5\ p_{ad}$, dispensa-se a verificação da resistência do pino ao cisalhamento.

TABELA 11.4 — *Valores admissíveis de p, τ_f e τ (kgf/cm²) para junções por pinos, segundo a Tab. 11.3, com solicitação "pulsante"*. Para solicitações "alternantes", multiplicar por 0,7, para estáticas, por 1,5. Para movimento de escorregamento, adotar *p* segundo o Cap. 15.6. Para pinos ranhurados, multiplicar os valores de *p* também por 0,7 (pressão elevada de ranhura).

Material	St 37	St 50	St 60	St 70	GS	GG
p	650	880	1050	1200	550	450
σ_f	550	700	850	1000	—	—
τ	360	480	580	680	—	—

Exemplo: Dados: eixo, cubo e M_t idênticos aos do exemplo n.º 3; $d = 0,4$ cm; $l = 4$ cm. Do cálculo resultam, quanto ao pino, $p = 416$ kgf/cm²; quanto ao eixo, $\tau_t = 95$ kgf/cm².

11.4. BIBLIOGRAFIA

[11/1] DIN-Taschenbuch 10, Schrauben-Muttern und Zubehör. 6.ª Ed. 1948. Beuth-Vertrieb GmbH.
[11/2] —, Konstruiere mit Kerbstift. Kerb GmbH 1926.
[11/3] —, Spannstifte, Schriften der Fa. Hedtmann, Hagen-Kabel.
[11/4] Richtlinien für Konstrukteure u. Normen, Kerb-Konus-Gesellschaft, Dr. Carl Eibes e Co., Schnaittenbach.
[11/5] Lochleibungsspannungen bei Bolzen und Runddübeln. Z. VDI Vol. 88 (1944) p. 207.

12. Molas elásticas

12.1. UTILIZAÇÃO

Todos os corpos constituídos de materiais elásticos funcionam como molas, isto é, deformam-se sob a ação de uma carga, armazenando energia (energia potencial), e retomam, ao serem descarregados, as suas formas iniciais, restituindo, então, a energia prèviamente armazenada. Através de seus materiais e formatos apropriados, as molas permitem obter o máximo proveito da propriedade acima citada, comum a todos os corpos elásticos.

Dentre as várias funções exercidas pelas molas se podem citar:

armazenamento de energia: as molas são utilizadas, por exemplo, para acionar relógios, carretéis, brinquedos ou mecanismos de retrocesso de válvulas e de aparelhos de contrôle;

amortecimento de choques: utilizam-se molas em suspensões e pára-choques de veículos, em proteções de instrumentos delicados ou sensíveis e, ainda, em acoplamentos elásticos de eixos;

distribuição de cargas: é esta a função das molas nos estofamentos de poltronas, nos colchões e estrados de camas, bem como em veículos, em que contribuem na distribuição de cargas pelas rodas;

limitação de esforços: as molas têm esta finalidade em prensas, por exemplo; medição de esforços, através da relação existente entre esfôrço e deformação; regulação, como por exemplo em válvulas de regulação;

preservação de junções ou contatos durante movimentos relativos ou desgastes das peças (articulações de molas, alavancas de contato, vedações);

constituição de suspensões oscilantes, como por exemplo em transportadores ou peneiras vibratórias; as molas podem, ainda, ter finalidade oposta, ou seja, eliminar as oscilações modificando as freqüências próprias do sistema em questão.

12.2. TIPOS, SELEÇÃO E PROPRIEDADES ESPECIAIS DAS MOLAS

A designação de uma mola depende do ponto de vista sob o qual ela é considerada. Assim, a mola da Fig. 12.22, por exemplo, quanto à forma, é cônica, quanto à solicitação, é de torção, quanto à aplicação da carga, é de compressão, quanto à finalidade, é de pára-choque e quanto ao material, é de aço.

É mais comum designarem-se as molas segundo as respectivas formas ou, ainda, segundo as respectivas formas e solicitações simultâneamente. Assim, a Fig. 12.4 mostra uma mola de anéis, a Fig. 12.6, uma mola de barra de flexão, a Fig. 12.8, um feixe de molas de lâminas de flexão, a Fig. 12.14, uma mola helicoidal de flexão, a Fig. 12.15, uma mola espiral plana de flexão (corda de relógio), a Fig. 12.16, uma mola de prato (Belleville), a Fig. 12.17, uma mola de barra de torção, a Fig. 12.18, molas helicoidais de torção e a Fig. 12.20, uma mola helicoidal de cabo; as molas de borracha (Figs. 12.23 e 12.24) constituem um grupo à parte

Para o cálculo das molas é de fundamental importância o tipo de solicitação a que elas estejam sujeitas. Assim sendo, estudar-se-ão os vários tipos de molas classificando-as segundo a principal solicitação a que são submetidas: molas de tração, de flexão, de torção e, constituindo um grupo especial, molas de borracha.

Na construção de máquinas se empregam principalmente as molas helicoidais de arame de aço (Fig. 12.18), que são de baixo preço, de dimensionamento e montagem fáceis e às quais se podem aplicar tanto fôrças de tração como de compressão. Estas molas também podem ser utilizadas na obtenção de movimentos angulares (Fig. 12.14) ou como acoplamento de eixos.

Para a seleção do tipo de mola a ser utilizado, cumpre ainda saber quais os principais aspectos a serem considerados, como por exemplo espaço ocupado, pêso e durabilidade; casos há em que devem ser satisfeitas algumas exigências, como por exemplo a conservação das propriedades elásticas, influência desprezível da massa da mola, atritos internos ou externos adicionais (amortecimento), relações especiais entre fôrça aplicada e deformação (ver característica da mola à pág. 18') etc. Eis algumas observações a êste respeito:

Molas de borracha e de anéis de aço (Fig. 12.4), bem como arames de aço de menores diâmetros solicitados a tração, possibilitam obter pequenos pesos e volumes em relação à energia armazenada, segundo a Tab. 12.1.

Molas de lâmina e de barra de torção requerem espaços de pequena altura (veículos!).

Molas espirais (de relógios, por exemplo) e molas de prato podem ser montadas em espaços estreitos.

Por meio de molas de borracha, de molas helicoidais de arame fino e grande diâmetro de hélice, ou de molas de prato de pequena espessura, podem-se obter deformações grandes em relação ao comprimento mínimo do espaço ocupado. As molas de barra de flexão possibilitam obter deformações grandes em relação à altura mínima do espaço ocupado.

Molas Elásticas

As molas de anéis (Fig. 12.4) dispendem maior quantidade de energia por atrito, enquanto os feixes de molas de lâmina ou de prato, as molas helicoidais de cabo e as de borracha dispendem menores quantidades.

As molas cônicas (Fig. 12.22), as de prato e as de borracha apresentam curvas características especiais (não são retas). Podem-se, ainda, alterar as curvas características modificando-se a direção da fôrça aplicada em relação ao eixo da mola, o braço de alavanca de aplicação da fôrça ou o comprimento efetivo da mola, alterações estas a serem feitas em função da sua deformação[1].

As molas helicoidais de cabo (Fig. 12.20) distendem-se menos sob a ação de choques que as demais molas helicoidais.

As molas de borracha são utilizadas em suspensões, em veículos e em fundações, especialmente como amortecedores de vibrações e ruídos, e sempre que se desejem molejos particularmente leves ou macios.

Em peneiras vibratórias, marteletes, máquinas agrícolas ou de moagem se utilizam molas de madeira (e também de material prensado).

As molas pneumáticas (ar bloqueado) são empregadas em trens de aterragem de aviões, em reservatórios de ar comprimido e em almofadas de assentos.

Por meio de aços-liga especiais, bronzes especiais ou revestimentos de proteção, podem-se satisfazer certas exigências relativas à conservação das propriedades elásticas (molas contendo berílio como elemento de liga, para relógios), às propriedades magnéticas e à resistência ao calor e à corrosão.

12.3. SÍMBOLOS, CURVAS E FATÔRES CARACTERÍSTICOS

1) *SÍMBOLOS:*

A	(cmkgf)	energia absorvida por mola
A'	(cmkgf)	energia restituída por mola
A_C, A_F	(cmkgf)	energia de deformação oriunda de choque, energia dissipada em frenagem
a	(cm)	braço de alavanca
b	(cm)	largura de secção transversal de engastamento
b_0	(cm)	largura de secção transversal em que se aplica carga (Fig. 12.8)
b_v	(cm/s²)	aceleração negativa
c	(kgf/cm)	coeficiente de rigidez $= dP/df$
D	(cm)	diâmetro médio de espira
d, d_i	(cm)	diâmetro, diâmetro interno
E	(kgf/cm²)	módulo de elasticidade
e	(cm)	maior distância entre contôrno e linha neutra
f	(cm)	deformação (deslocamento longitudinal, axial ou angular, flecha)
f_a	(cm)	flecha de arco
f_0	(cm)	deformação unitária $= f/z$
f_u	(cm)	deformação sob carga P_u
f_r	(1/s)	freqüência (número de ciclos por segundo)
G	(kgf/cm²)	módulo de elasticidade transversal
g	(cm/s²)	aceleração da gravidade 981 cm/s²
h	(cm)	altura de secção transversal de engastamento
h_0	(cm)	altura de secção transversal em que se aplica carga (Fig. 12.9)
J	(cm⁴)	momento de inércia de secção transversal
J_t	(cm⁴)	momento polar de inércia de secção transversal
J_m	(cmkgfs²)	momento de inércia
L	(cm)	comprimento de mola descarregada
L_P	(cm)	comprimento de mola sob carga P
M_f, M_t	(cmkgf)	momento fletor, momento torçor
m	(kgfs²/cm)	massa
n	(1/min)	freqüência (número de ciclos por minuto)
P	(kgf)	carga, fôrça, carga admissível
P'	(kgf)	fôrça de retrocesso
P_u	(kgf)	mínima carga
p	(kgf/cm²)	pressão superficial
Q	(kgf)	pêso útil de mola
q, q_1, q_2, q_3	(—)	coeficientes
R	(cm)	braço de alavanca relativo à carga P (Fig. 12.14)
r, r_m	(cm)	raio médio
r_e, r_i	(cm)	raio médio de anel externo, raio médio de anel interno
S	(cm²)	secção transversal
S_e, S_i	(cm²)	secção transversal de anel externo, secção transversal de anel interno (Fig. 12.4)
s_e, s_i	(cm)	espessura de anel externo, espessura de anel interno
T	(s)	período
T_a	(s)	tempo de absorção de choque
T_C	(s)	tempo de duração de choque
V	(cm³)	volume útil de mola
v	(cm/s)	velocidade
W_f, W_t	(cm³)	módulo de resistência à flexão, módulo de resistência à torção
y	(—)	coeficiente
z	(—)	número de espiras ativas
$\alpha, \alpha°$	(—, °)	ângulo de hélice, ângulo de inclinação
β	(°)	ângulo de inclinação de molas de flexão
γ	(kgf/cm³)	pêso específico
δ	(—)	coeficiente de amortecimento
η_A	(—)	fator relativo ao tipo da mola
η_V	(—)	fator relativo ao volume da mola $= A/V$
η_Q	(—)	fator relativo ao pêso da mola $= A/Q$
η	(—)	rendimento $= A'/A$

[1] A Fig. 12.16 à p. 197 mostra curvas características de molas de prato, entre as quais se encontra uma que apresenta pontos de ordenada negativa. Ver, na revista VDI-Nachrichten n.° 3 de 7-2-1950, o artigo "Der Negator, Feder mit negativer Charakteristik" ("Negator, a mola de característica negativa"), extraído de Engineers Digest de 1949, n.° 10, p. 359.

η_2, η_3	(—)	coeficientes	σ_r	(kgf/cm^2)	limite de ruptura
σ	(kgf/cm^2)	tensão normal (valor máximo)	σ_P	(kgf/cm^2)	limite de proporcionalidade
σ_A, σ_a	(kgf/cm^2)	limite de tensão alternável, tensão alternável	τ	(kgf/cm^2)	tensão de cisalhamento, tensão de torção
σ_e, σ_i	(kgf/cm^2)	tensão normal no anel externo, tensão normal no anel interno	τ_e	(kgf/cm^2)	limite de escoamento por torção
			$\varphi, \varphi°$	(—, °)	ângulo de torção
σ_m	(kgf/cm^2)	tensão normal média	ϱ	(°)	ângulo de atrito
σ_e	(kgf/cm^2)	limite de escoamento	ω	(1/s)	velocidade angular, pulsação

2) *Curvas características de molas*. Fazendo-se um gráfico da carga P aplicada a uma mola em função da deformação f por ela provocada obtém-se a curva característica da mola (linhas a, b ou c da Fig. 12.1, por exemplo). Quanto mais inclinada a curva em relação ao eixo das abscissas, tanto mais "dura" é a mola. Quando a característica de uma mola fôr uma reta a (caso normal), ter-se-á $c = dP/df$ = constante; quando a característica fôr uma curva crescente b, a mola "endurecerá" com o aumento de f (dP/df cresce!), e quando fôr uma curva decrescente c a mola "amolecerá" com o aumento de f (dP/df decresce!). Assim, para molas de suspensões de veículos, por exemplo, é desejável uma característica semelhante à b, a fim de manter aproximadamente constante a freqüência própria de vibração do veículo, caso esteja êle carregado ou vazio (ver pág. 205), enquanto que para molas de pára-choques é preferível uma característica semelhante à c, a fim de que seja pequena a fôrça transmitida para uma grande energia armazenada durante o choque.

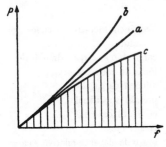

Figura 12.1 — Curvas características de molas (a, b, c). A área hachurada representa a energia de deformação da mola cuja curva característica é c

3) *O coeficiente de rigidez* $\boxed{c = dP/df}$ kgf/cm é constante (característica a) apenas para os tipos não especiais de molas, e é utilizado no estudo das oscilações e do comportamento das molas sob a ação de choques. Quando constante, o coeficiente de rigidez c é denominado, também, constante elástica da mola.

4) *A energia de deformação da mola* $A = \int P \cdot df$ corresponde à área delimitada pela curva característica da mola e pelo eixo das abscissas do diagrama $P = f(f)$ (área hachurada da Fig. 12.1). Nos casos comuns (característica a), $\boxed{A = P \cdot f/2 = c \cdot f^2/2}$ (cmkgf).

5) *Fator do tipo* η_A. A energia de deformação A é proporcional ao volume útil V da mola, ao quadrado da máxima tensão σ ou τ, atuante sôbre a mola, ao inverso $1/E$ do módulo de elasticidade ou $1/G$ do módulo de elasticidade transversal, do material da mola, e a um fator numérico η_A que depende do tipo da mola e que por isso se denominou "fator de tipo":

$$\boxed{A = \eta_A \cdot V \cdot \sigma^2/2E} \quad \text{ou} \quad \boxed{A = \eta_A \cdot V \cdot \tau^2/2G} \quad \text{(cmkgf)}.$$

O fator η_A é uma função da distribuição das tensões, bem como da conformação e do tipo de carregamento da mola, e atinge o valor ideal 1 apenas quando é uniforme a tensão aplicada nos pontos do volume útil V durante a deformação elástica da mola. Quando, devido a atritos internos ou externos, fôr maior o trabalho executado para deformar a mola, será também maior o valor de η_A (ver mola de anéis, Tab. 12.1). O fator η_A não leva em consideração a influência de σ e de E, ou de τ e de G, na energia de deformação de mola.

6) *Fator de volume e fator de pêso*. Há muitos casos em que se torna conveniente comparar as relações entre energia de deformação e volume útil V e entre energia de deformação e pêso útil da mola Q, respectivamente. Assim, definem-se

$$\text{fator de volume} \quad \boxed{\eta_V = A/V = \eta_A \cdot \sigma^2/2E} \quad \text{(kgf/cm}^2\text{)} \quad \text{e}$$

$$\text{fator de pêso} \quad \boxed{\eta_Q = A/Q = \eta_V/\gamma} \quad \text{(cm)}.$$

Na Tab. 12.1 se encontram os valores admissíveis dos três fatôres acima definidos, para vários tipos de molas.

7) *Rendimento e coeficiente de amortecimento.* Havendo atritos adicionais internos ou externos, denomina-se rendimento η_W da mola a relação entre a energia restituída A' e a energia A absorvida pela mola durante a sua deformação (Figs. 12.5 e 12.25):

$$\text{rendimento} \quad \boxed{\eta_W = A'/A}.$$

No estudo de oscilações e amortecimentos se utiliza freqüentemente o

$$\text{coeficiente de amortecimento} \quad \boxed{\delta = \frac{A - A'}{A + A'} = \frac{1 - \eta_W}{1 + \eta_W}},$$

que é a relação entre a energia $(A - A')$ dispendida por atritos e a soma $(A + A')$ das energias envolvidas no carregamento e no descarregamento da mola.

TABELA 12.1 – *Fatôres característicos de alguns tipos de molas* (estão sublinhados os melhores valores)

Fig.	Tipo de mola	Fator de tipo η_A (—) $(A = \eta_A \cdot V \cdot \sigma^2/2E)$	Fator de volume η_V (kgf/cm^2) $(A = \eta_V \cdot V)$	Fator de pêso η_Q (cm) $(A = \eta_Q \cdot Q)$	Valores utilizados em cálculos
12.3	Mola de tração de fio de arame de aço	1,0	<u>53,6</u>	6 870	$\sigma = 15\,000$ kgf/cm^2 $E = 2,1 \cdot 10^6$ kgf/cm^2 $\gamma = 7,8$ kgf/dm^3
12.25	Cordão de borracha trançado sujeito à tração	0,9	37,4	<u>37 000</u>	$\sigma = 83$ kgf/cm^2 $F = 1,3$ cm^2; $f = L$ $\gamma = 1$ kgf/dm^3
12.4	Molas de anéis de aço	<u>1,62</u>*	49,0	6 280	$\sigma = 11\,500$ kgf/cm^2 $E = 2,1 \cdot 10^6$ kgf/cm^2 $\gamma = 7,8$ kgf/dm^3 $\alpha = 14°$; $\varrho = 8°$
12.8	Mola "triangular" de flexão de aço ou feixe de molas de lâmina de aço	0,334	7,95	1 020	$\sigma = 10\,000$ kgf/cm^2 $E = 2,1 \cdot 10^6$ kgf/cm^2 $\gamma = 7,8$ kgf/dm^3
12.8	Mola "triangular" de flexão de madeira (carvalho)	0,334	0,85	1 210	$\sigma = 800$ kgf/cm^2 $E = 125\,000$ kgf/cm^2 $\gamma = 0,7$ kgf/dm^3
12.17 12.18	Mola de barra de torção de aço ou mola helicoidal de secção transversal circular	0,5	19,3	2 480	$\tau = 8\,000$ kgf/cm^2 $G = 830\,000$ kgf/cm^2 $\gamma = 7,8$ kgf/dm^3
12.17	Mola de barra de torção de aço com secção transversal tubular (anular)	0,626	24,2	3 110	como o anterior; $d_i/d = 0,5$

*Maior que 1, pois A engloba também a energia dissipada por atrito.

Para amortecedores de vibrações ou de choques, por exemplo, recomenda-se valores elevados, coeficientes de amortecimento elevados; já os pneumáticos de veículos devem ter o menor coeficiente de amortecimento possível, a fim de evitar aquecimentos excessivos.

12.4. RESISTÊNCIA E SOLICITAÇÕES ADMISSÍVEIS

1) *Resistência.* É conveniente que as molas sejam fabricadas de materiais de elevada resistência, já que a energia que elas podem absorver é proporcional ao quadrado das tensões a que elas podem ser submetidas. Assim sendo, prefere-se adotar materiais de elevado limite de escoamento (ou seja, elevado limite de elasticidade) para evitar deformações permanentes das molas ("arriamentos"), e de elevado limite de fadiga para evitar o perigo de fraturas das molas por fadiga.

Para a fabricação de molas de aço utilizam-se aços especiais para molas[2] cuja resistência e dureza podem consideràvelmente ser elevadas por meio de processos especiais[3] além da têmpera. Assim, sub-

[2] A Tab. 5.14 da p. 91 apresenta composições químicas e propriedades mecânicas de aços especiais para molas.
[3] Ocorre uma certa redução do limite de escoamento. Ver maiores detalhes em [12/9].

metendo-se o aço a estiramentos mais intensos (arames mais finos) e a revenidos de temperaturas mais baixas (250° a 350°), eleva-se o seu limite de escoamento, limite êste que ainda pode ser mais elevado aplicando-se ao aço uma única sobrecarga (recalque)[4]. Para obter maiores resistências à fadiga, adotam-se temperaturas de revenido mais elevadas (350° a 500°); tempera-se novamente o aço após o revenido; adotam-se aços de maiores teores de liga obtidos em fornos elétricos, em vez de aços de fornos Siemens-Martin, ou arames de aço fundido em vez de arames comuns de aço para molas; pode-se, ainda, remover (por retificação) ou evitar as superfícies descarbonetadas, submetendo-se o aço a uma carbonetação superficial após a têmpera. Convém, também, para elevar a resistência à fadiga, alisar por retificação ou, melhor ainda, polir a superfície do aço, bem como recalcá-la, por repuxamento ou por meio de jatos de esferas de aço (ver maiores detalhes em [12/4], [12/6], [12/8] e [12/9]).

Por outro lado, fissuras oriundas de trefilação, estiramento ou laminação, manchas de escória ou de carepas, pontos descarbonetados ou hipercementados (fissuramento) da superfície, bem como regiões superficiais usinadas[5], reduzem a resistência das molas à fadiga [12/4].

2) *Solicitações admissíveis.* Quando uma mola fôr raramente carregada, ou quando a carga aplicada fôr estática (molas de pára-choques, por exemplo), a tensão admissível deverá ser inferior ao limite estático de escoamento σ_e se o fator determinante do dimensionamento fôr a resistência mecânica, ou inferior ao limite de elasticidade se o fator determinante fôr a durabilidade.

Se a mola fôr submetida a cargas ràpidamente variáveis (carregamento dinâmico) (molas de válvulas, por exemplo), a tensão admissível deverá ser inferior ao limite dinâmico de escoamento σ_{eD} (aproximadamente igual a $0,75 \cdot \sigma_e$) e inferior também ao limite de resistência permanente $\sigma_D = \sigma_m \pm \sigma_A$, e a tensão alternável admissível $\sigma_{a\,ad}$ deverá ser inferior ao limite de tensão alternável σ_A (inferior ao correspondente limite de resistência temporária, se a vida da mola fôr limitada).

As considerações acima se aplicam também, "mutatis mutandis", às tensões admissíveis a serem consideradas no dimensionamento de molas sujeitas a tensões de cisalhamento τ.

Determinação das solicitações admissíveis. As tensões admissíveis a serem adotadas devem ser tanto menores que os correspondentes limites de resistência dos materiais quanto

a) maior fôr o perigo causado pela ruptura da mola;

b) menos segura fôr a determinação dos limites de resistência da mola (fabricação insuficientemente controlada);

c) menos consideradas forem eventuais tensões adicionais.

Entretanto, a fim de se obterem relações mais convenientes entre a carga aplicada e a conseqüente deformação, podem-se adotar, para as molas, tensões admissíveis bem mais elevadas (75% do correspondente limite de resistência, por exemplo) que as adotadas para outros elementos de construção de máquinas (reduzindo-se, correspondentemente, a durabilidade da mola). Os valores experimentais de tensões admissíveis serão apresentados durante os estudos de cada tipo de mola em particular.

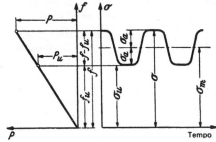

Figura 12.2 — Variação das tensões aplicadas a uma mola de válvula (à direita) e respectiva característica (à esquerda)

3) *Para o projeto de molas sujeitas a solicitações dinâmicas*, como por exemplo as molas de válvulas, é freqüente conhecerem-se apenas (Fig. 12.2) a carga inferior P_u (carga de protensão), a deformação de funcionamento $f - f_u$ (o curso da válvula, por exemplo), e as tensões admissíveis σ_{ad} e $\sigma_{a\,ad}$, dados êstes a partir dos quais se devem, inicialmente, determinar P e f para caracterização da mola. Segundo a Fig. 12.2, então,

à carga de protensão P_u correspondem a deformação f_u e a tensão σ_u,

à carga máxima P correspondem a deformação f e a tensão máxima σ,

à diferença de cargas $P - P_u$ correspondem a diferença de deformação $f - f_u$ e a diferença de tensões $\sigma - \sigma_u = 2 \cdot \sigma_a$.

[4]Pode-se obter uma elevação de 20 a 100%, segundo experiências de O. Föppl com molas de barra de torção. Ver o fascículo 40, p. 64, dos boletins do Wöhler-Institut T. H. Braunschweig (1948).

[5]Segundo Föppl, as concentrações de tensões que ocorrem em regiões superficiais usinadas (em engastamentos de molas de barra de torção, por exemplo) podem ser consideràvelmente reduzidas por meio de recalcamento superficial de nitretação ou de cobreamento (ver bibliografia citada na nota 4 dêste capítulo).

Se a característica da mola fôr uma reta (c = constante),

$$\frac{P-P_u}{P} = \frac{f-f_u}{f} = \frac{\sigma-\sigma_u}{\sigma}\frac{2\sigma_a}{\sigma},$$

donde, para o projeto da mola, resultam

$$\boxed{P = P_u \frac{\sigma}{\sigma - 2\sigma}} \quad \text{e} \quad \boxed{f = (f - f_u)\frac{\sigma}{2\sigma_a}}$$

Ver exemplo de cálculo à pág. 201.

12.5. MOLAS SOLICITADAS POR TRAÇÃO OU POR COMPRESSÃO[6]

1) *Mola de tração de fio de arame* (Fig. 12.3). Sob a ação da fôrça P de tração o fio se alonga, originando a deformação f. A característica desta mola é análoga à reta a da Fig. 12.1. Sendo uniforme a tensão aplicada a todos os pontos do volume do fio, o fator de tipo η_A atinge o valor ideal 1 e, sendo particularmente elevada a resistência do arame fino de aço, também os fatôres η_V e η_Q podem assumir valores consideràvelmente elevados (Tab. 12.1). Apesar disso, êste tipo de mola é raramente utilizado, já que, para obter maiores deformações, requerem-se molas de grandes comprimentos (ver exemplo de cálculo).

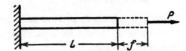

Figura 12.3 — Arame de aço funcionando como mola de tração

Das teorias de elasticidade e de resistência dos materiais se obtêm as seguintes relações a serem utilizadas no cálculo dêsse tipo de molas:

Carga $P = S \cdot \sigma$ (kgf)	Energia absorvida $A = \dfrac{P \cdot f}{2} = \eta_A \dfrac{V \cdot \sigma^2}{2E}$ (cmkgf)
Deformação $f = \dfrac{L \cdot \sigma}{E} = \dfrac{L \cdot P}{E \cdot S}$ (cm)	Fator de tipo $\eta_A = 1$

Valores experimentais relativos a arames de aço de cadinho: $E = 2,1 \cdot 10^6$ (kgf/cm^2); $\gamma = 7,8/1\,000$ kgf/cm^3; $\sigma_r = 10\,000 - 25\,000$ kgf/cm^2; $\sigma_P = 8\,000 - 15\,000$ kgf/cm^2; ver ainda σ_r na Tab. 12.9. Os menores valores correspondem a arames finos de cordas de piano.

Exemplo: São dados: $L = 100$ cm; $d = 0,05$ cm; $\sigma = 15000$ kgf/cm^2. São calculados $P = 29,4$ kgf; $f = 0,71$ cm, isto é, 0,71% de L; $A = 10,4$ cmkgf; $V = 0,196$ cm^3.

2) *Mola de anéis* (Fig. 12.4). A mola é constituída de anéis internos e externos que se tocam segundo superfícies cônicas de tal modo que uma fôrça axial P se transforma em fôrças radiais, que, por sua vez, dilatam os anéis externos (tensão tangencial de tração aplicada aos pontos da secção transversal do anel) e comprimem os anéis internos com atrito. A Fig. 12.5 mostra a curva característica da mola de anéis. A energia A absorvida durante a compressão da mola decompõe-se em duas parcelas: energia de deformação elástica e energia dissipada por atrito; a energia A' restituída durante o descarregamento da mola é menor que a energia de deformação elástica, sendo a diferença entre elas a energia dissipada por atrito durante o descarregamento. Anàlogamente, como se vê na Fig. 12.5, as fôrças de carregamento P e de retrocesso P' diferem da fôrça elástica P_{El} absorvida.

Quanto menor a conicidade tg α das superfícies de contato, tanto maiores as fôrças radiais atuantes e tanto maior a deformação axial f. Para evitar um autotravamento, ou seja, para garantir a existência de uma fôrça de retrocesso P', é conveniente que a conicidade tg α seja maior que o coeficiente de atrito μ entre as superfícies de contato.

Admitindo-se a distribuição uniforme de tensões nos anéis, o fator de tipo η_A correspondente à energia de deformação elástica é 1, e o correspondente à energia total absorvida é ainda mais elevado, devido à existência de atrito.

Se alguns dos anéis internos forem dotados de ranhuras será possível obter, durante o início do carregamento, uma característica menos inclinada correspondente ao fechamento das ranhuras (molejo inicial macio); fechadas as ranhuras, a característica assumirá bruscamente maior inclinação.

---

[6]As expressões e os dados experimentais relativos a cada tipo de mola são a seguir apresentados com a finalidade de servir o projetista. As deduções das expressões devem ser procuradas nas obras citadas na bibliografia dêste capítulo (em [12/2], por exemplo).

Elementos de Máquinas

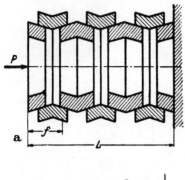

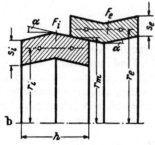

Figura 12.4 — Mola de anéis. a) mola constituída de $z = 6$ pares de superfícies cônicas de contato; b) dimensões dos anéis

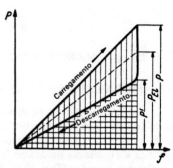

Figura 12.5 — Característica da mola de anéis. P = carga aplicada; P' = fôrça de retrocesso; P_{El} = fôrça elástica absorvida; A = energia absorvida = área assinalada com hachuras verticais; A' = energia restituída = área assinalada com hachuras horizontais; A-A' = energia dissipada por atrito

Para o cálculo de molas de anéis de z pares de superfícies cônicas de contato se utilizam as seguintes relações, em que se empregam os símbolos da Fig. 12.4, os índices e ao que se refere aos anéis externos e i aos anéis internos, e em que $y = \sigma_i/\sigma_e = S_e/S_i = s_e/s_i$;

Carga $P = \sigma_e \cdot S_e \cdot \pi \cdot \text{tg}(\alpha + \varrho) = \sigma_i \cdot S_i \cdot \pi \cdot \text{tg}(\alpha + \varrho)$ (kgf)

Fôrça de retrocesso $P' = P \cdot \dfrac{\text{tg}(\alpha - \varrho)}{\text{tg}(\alpha + \varrho)}$ (kgf)

Deformação axial $f = f_0 \cdot z$ (cm)

Deformação unitária (por par) $f_0 = \dfrac{r_e \cdot \sigma_e + r_i \cdot \sigma_i}{E \cdot \text{tg}\,\alpha} = \dfrac{\sigma_e(r_e + r_i \cdot y)}{E \cdot \text{tg}\,\alpha}$ (cm)

Raio $r_e = r_m + s_e/2$; $r_i = r_m - s_i/2$ (cm)

Espessura do anel $s_e = s_i \cdot y = r_m \cdot p/\sigma_e$ (cm)

Altura do anel $h = S_e/s_e$ (cm)

Comprimento da mola descarregada $L \geqq 0{,}5 \cdot h \cdot z + f$ (cm)

Volume da mola $V = (S_e \cdot r_e + S_i \cdot r_i) \pi \cdot z$ (cm³)

Energia absorvida $A = P \cdot f/2 = \eta_A \dfrac{(\sigma_e^2 \cdot V_e + \sigma_i^2 \cdot V_i)}{2E}$ (cmkgf)

Energia restituída $A' = A \cdot \dfrac{\text{tg}(\alpha - \varrho)}{\text{tg}(\alpha + \varrho)}$ (cmkgf)

Fator de tipo $\eta_A = \dfrac{\text{tg}(\alpha + \varrho)}{\text{tg}\,\alpha}$ (para tensões uniformemente distribuídas).

Valores experimentais relativos a molas de anéis de aço temperado:
$E = 2{,}1 \cdot 10^6$ kgf/cm²; $h = 4{,}6 \cdot f_0$ a $9 \cdot f_0$; $L = 3{,}3 \cdot f$ a $10 \cdot f$; $y = 1{,}3$; $\alpha = 14$ a $17°$; $\varrho = 6$ a $9°$; $\sigma_e = 10\,000$ kgf/cm²; $\sigma_i = 13\,000$ kgf/cm²; $\gamma = 7{,}8/1\,000$ kgf/cm³; pressão superficial $p = 0{,}1 \cdot \sigma_e$ a $0{,}2 \cdot \sigma_e$.

Exemplo: mola de anéis de pára-choque.
Dados referentes ao pára-choque: energia a ser absorvida $A = 150\,000$ cmkgf; fôrça máxima admissível $P = 30\,000$ kgf; $f = 2 \cdot A/P = 10$ cm; $r_m = 10$ cm.
Dados experimentais: σ_e, σ_i, p, y, E, como acima indicados; $\alpha = 14°$; $\varrho = 8°$.
São calculados: $\text{tg}\,\alpha = 0{,}249$; $\text{tg}(\alpha + \varrho) = 0{,}404$; $\text{tg}(\alpha - \varrho) = 0{,}105$;

$$P' = P \cdot \dfrac{\text{tg}(\alpha - \varrho)}{\text{tg}(\alpha + \varrho)} = 0{,}26 \cdot P;$$

$$Se = \frac{P}{\pi \cdot \sigma_e \cdot \text{tg}(\alpha + \varrho)} = 2{,}36 \text{ cm}^2; \quad S_i = \frac{S_e}{y} = 1{,}82 \text{ cm}^2;$$
com $s_e = r_m \cdot p/\delta_e = 10 \cdot 0{,}1 = 1$ cm e $s_i = s_e/y = 0{,}77$ cm resulta
$r_e = r_m + s_e/2 = 10{,}5$ cm; $r_i = r_m - s_i/2 = 9{,}615$ cm;
$$f_0 = \frac{\sigma_e(r_e + r_i) \cdot y}{E \cdot \text{tg}\,\alpha} = 0{,}431 \text{ cm}; \quad z = f/f_0 = 10/0{,}431 = 23{,}2, \text{ adotando-se } z = 24;$$
$h = S_e/s_e = 2{,}36$ cm; verificação $h/f_0 \cong 5{,}5$ (admissível);
$L = 0{,}5 \cdot h \cdot z + f = 35{,}18$ cm;
$V = (S_e \cdot r_e + S_i \cdot r_i) \cdot \pi \cdot z = 3\,200$ cm³;
pêso da mola $Q = V \cdot 7{,}8/1\,000 = 25{,}3$ kgf.

12.6. MOLAS SOLICITADAS POR FLEXÃO

Como não é uniforme a distribuição das tensões nas secções transversais de quaisquer corpos solicitados por flexão (pág. 37), o fator de tipo η_A das molas a serem agora estudadas não podem atingir o valor ideal 1. Acrescente-se, ainda, o fato de as tensões de flexão variarem também longitudinalmente, isto é, de secção transversal para secção transversal da mola de flexão, o que acarreta mais uma redução do fator de tipo η_A. Os cálculos dos vários tipos de molas de flexão podem basear-se no cálculo da mola de barra de flexão unilateralmente engastada.

1) *Mola de barra de flexão unilateralmente engastada e de secção transversal constante* (Fig. 12.6). Devido a seu formato, tal mola denomina-se também "mola retangular de flexão". A carga P aplicada em uma extremidade da barra origina o momento fletor $M_f = P \cdot x$ aplicado na secção transversal distante x do ponto de aplicação da carga. Portanto, M_f varia linearmente em função de x, crescendo de zero ao valor máximo $P \cdot L$ do momento fletor aplicado à secção de engastamento; a tensão de flexão σ varia anàlogamente, já que são constantes as secções transversais da barra e os respectivos módulos de resistência. A característica desta mola é uma reta (reta da Fig. 12.1). Admitindo-se que seja pequena a relação f/L, utilizam-se as seguintes expressões para o cálculo da mola de barra de flexão (êrro menor que 4%, para $f/L \leqq 0{,}2$)[7]:

Carga $P = W_f \cdot \sigma/L$ (kgf)	Deformação angular na extremidade $\text{tg}\,\alpha = \dfrac{P \cdot L^2}{2 \cdot E \cdot J}$
Flecha $f = \dfrac{P \cdot L^3}{3 \cdot E \cdot J} = \dfrac{\sigma \cdot L^2}{3 \cdot E \cdot e}$ (cm)	Energia absorvida $A = P \cdot f/2 = \eta_A \cdot \dfrac{V \cdot \sigma^2}{2 \cdot E}$ (cmkgf)
	$\eta_A = \dfrac{J}{3 \cdot e^2 \cdot S}$

Para as seguintes secções transversais tem-se:

Secção transversal	J	W_f	e	η_A
Retangular	$b \cdot h^3/12$	$b \cdot h^2/6$	$h/2$	$1/9$
Circular	$\pi \cdot d^4/64$	$\pi \cdot d^3/32$	$d/2$	$1/12$
Anular	$\pi \cdot \dfrac{d^4 - d_i^4}{64}$	$\pi \cdot \dfrac{d^4 - d_i^4}{32 \cdot d}$	$d/2$	$\dfrac{1 + d_i^2/d^2}{12}$

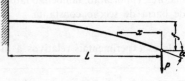

Figura 12.6 – Mola de barra de flexão unilateralmente engastada (esquemàticamente)

2. *Mola de barra de flexão unilateralmente engastada e de secção transversal variável*[8] (Figs. 12.8 e 12.9). Há variação das larguras das secções transversais das barras de flexão que decrescem de b, na secção de engastamento, para b_0, na secção de aplicação da carga (mola trapezoidal — Fig. 12.8a). Além das larguras podem variar também as espessuras ou os diâmetros das secções transversais que decrescem de h ou de d, na secção de engastamento, para h_0 ou d_0, na secção de aplicação da carga, respectivamente

---

[7] Quanto à expressão da linha elástica

$$f_x = \frac{P \cdot L^3}{6E \cdot J}\left(2 - 3\frac{x}{L} + \frac{x^3}{L^3}\right) \quad \text{e} \quad \text{tg}\,\alpha_x = \frac{P \cdot L^3}{2 \cdot E \cdot J}\left(\frac{1}{L} - \frac{x^2}{L^3}\right).$$

Cumpre observar que, no caso de aplicação de carga de direção não perpendicular à barra, ou no caso de estar a barra consideràvelmente encurvada, o braço de alavanca a não pode ser considerado igual ao comprimento L da barra, e, portanto, deve-se substituir, nas expressões acima, o fator P pelo fator $P' = P \cdot a/L$. Ver maiores detalhes em [12/2].

[8] Ver, no Cap. 17.3, o cálculo de molas de barra de flexão com ressaltos (secções transversais descontinuamente variáveis).

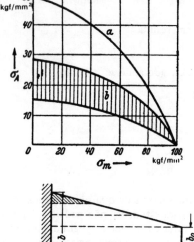

Figura 12.7 — Limite de tensão alternável σ_A de uma mola de lâmina de aço temperado ($\sigma_r = 130$ kgf/mm², a) retificada, b) com crosta de laminação)

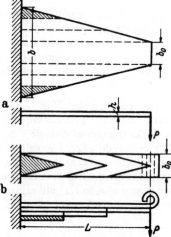

Figura 12.8 — a) mola de lâmina trapezoidal; b) feixe de molas de lâmina constituídas pelas justaposições das várias faixas em que foi dividida a mola de lâmina a

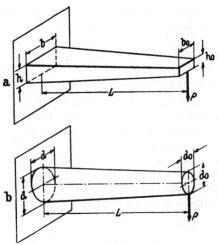

Figura 12.9 — Mola de barra de flexão de secção transversal variável. a) mola de secções transversais retangulares; b) mola de secções transversais circulares

(Fig. 12.9), de modo que as tensões aplicadas às secções não variem tanto ao longo da barra engastada quanto variam ao longo da barra de secção constante, anteriormente estudada. Para dados valores de P e de L e para uma dada tensão σ aplicada à secção de engastamento, o volume da mola de barra de secção variável é menor que o da mola de barra de secção constante, mas a flecha f e a energia absorvida A são maiores, e, portanto, também o fator de tipo η_A da mola de barra de secção variável é maior que o da mola de barra de secção constante.

Valores experimentais relativos a molas de lâmina de aço (kgf/cm²). Ver também a Fig. 12.7:

Tensão admissível	estática $\sigma_{ad} \leqq 0{,}68 \cdot \sigma_r$ dinâmica $\sigma_{ad} \leqq \sigma_m + 0{,}75 \cdot \sigma_A$
Aço para molas de lâmina, temperado (propriedades mecânicas)	$\sigma_r = 12\,000$ a $16\,000$ $\sigma_e = 10\,500$ a $13\,500$ $E = 2{,}1 \cdot 10^6$
Aço-liga para molas de lâmina, temperado, com $\sigma_r = 14\,000$ e $\sigma_m = 5\,000$ kgf/cm²	$\sigma_A = 1\,200$ a $2\,000$, com a crosta de laminação $\sigma_A = 3\,000$ a $3\,300$, quando submetido a jatos de esferas de aço $\sigma_A = 4\,000$ a $4\,500$, quando retificado ainda maior, quando submetido a recalques superficiais
Molas de lâmina para veículos motorizados, σ referente a cargas estáticas	$\sigma_{ad} \leqq 4\,000$ a $5\,000$, para molas dianteiras $\sigma_{ad} \leqq 5\,500$ a $6\,500$, para molas traseiras $\sigma_{ad} \leqq 7\,000$, para veículos que se movem sôbre trilhos

O cálculo das molas de barras de flexão de secção transversal variável pode ser feito por meio das mesmas expressões apresentadas no parágrafo 1 acima e utilizadas para o cálculo das molas de barra de secção constante, desde que se introduzam os coeficientes q_1 e q_2 (Tab. 12.2) que levam em consideração a variação das secções transversais, e desde que sejam válidos, para a secção de engastamento, os valores de momento de inércia J e de módulo de resistência W_f. Assim,

Carga $P = W_f \cdot \sigma/L$ (kgf)	Deformação angular na extremidade $\operatorname{tg} \alpha = q_2 \cdot \dfrac{P \cdot L^2}{2 \cdot E \cdot S}$
Flecha $f = q_1 \cdot \dfrac{P \cdot L^3}{3 \cdot E \cdot J} = q_1 \cdot \dfrac{\sigma \cdot L^2}{3 \cdot E \cdot e}$ (cm) $V = L(h + h_0)(b + b_0)/4$ (cm³)	Energia absorvida $A = P \cdot f/2 = \eta_A \cdot \dfrac{V \cdot \sigma^2}{2 \cdot E}$ (cmkgf) $\eta_A = \dfrac{4}{9} \cdot \dfrac{q_1}{(1 + b_0/b)(1 + h_0/h)}$

Por exemplo, segundo a Tab. 12.2, para a mola "triangular" da Fig. 12.9a, com $b_0 = 0$ e $h_0 = h$, os coeficientes são $q_1 = 1,5$ e $q_2 = 2$. Neste caso, é constante a tensão σ ao longo da mola, a linha elástica é um arco de circunferência e o fator de tipo é $\eta_A = 1/3$. Portanto, para uma mesma energia absorvida, o volume da mola "triangular" é igual a 1/3 do volume da mola "retangular", de secção constante.

TABELA 12.2 — *Coeficientes q_1/q_2 relativos a molas de barras de flexão, segundo a Fig. 12.9 (os valores emoldurados por linhas grossas referem-se a molas de barras de secções transversais quadradas ou circulares).*

↓ para →	$\dfrac{b_0}{b} = 1,0$	0,8	0,6	0,4	0,2	0
$h_0/h = 1,0$ . . .	1,0/1,0 molas retangulares	1,05/1,07	1,12/1,17	1,20/1,3	1,31/1,49	1,5 /2,0 molas triangulares
0,8 . .	1,18/1,25	1,25/1,35	1,34/1,46	1,45/1,675	1,61/1,98	1,88/2,81
0,6 . .	1,46/1,67	1,55/1,83	1,67/2,04	1,82/2,34	2,06/2,84	2,5/4,44
0,4 . .	1,89/2,5	2,04/2,78	2,24/3,14	2,50/3,75	2,9 /4,79	3,75/8,75
0,2 . .	2,87/5,0	3,16/5,72	3,54/6,75	4,09/8,4	5,0 /11,67	7,5/30

O feixe de molas de lâmina unilateralmente engastado (Fig. 12.8b) pode ser considerado como sendo um tipo de mola trapezoidal de largura $b = z \cdot b_0$, em que z é o número de lâminas e b_0 é a largura das lâminas. O atrito atuante entre as lâminas requer um aumento da carga P para uma dada flecha, aumento êste que varia entre 2 e 12%, em função do número de lâminas e das condições de lubrificação. As Figs. 12.10 e 12.11 mostram detalhes construtivos de feixes de molas de lâminas. No item 3, a seguir, há um exemplo de cálculo dêste tipo de molas.

Figura 12.10 — Secções transversais de feixes de molas de lâmina. a) planas; b) com uma nervura central; c) com perfil Krupp

a

b

c

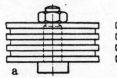
a
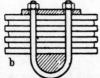
b

c

Figura 12.11 — Detalhes de fixações de molas de lâmina constituintes de feixes. a) pino central; b) grampo; c) lâminas com nervura central fixas por braçadeira e cunha

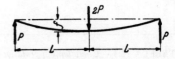

Figura 12.12 — Mola de barra de flexão apoiada nas duas extremidades (esquemàticamente)

3) *Mola de barra de flexão apoiada nas extremidades* (Fig. 12.12). Cada metade da mola pode ser considerada uma mola de barra de flexão unilateralmente engastada, de comprimento L e submetida à carga P, e calculada como tal (parágrafo 1). Assim, o comprimento da mola apoiada nas extremidades será $2 \cdot L$, e $2 \cdot P$ será a carga aplicada em sua secção transversal central.

Exemplo: feixe de molas de lâmina apoiado nas extremidades da suspensão de um veículo que se movimenta sôbre trilhos.

Dados: carga estática $2 \cdot P = 4\,600$ kgf; $2 \cdot L = 140$ cm; $b_0 = 12$ cm; $z = 8$; $b = 8 \cdot 12 = 96$ cm; $h = 1,2$ cm.

A determinar: σ, f, c (deve estar compreendido entre 330 e 370 kgf/cm), a carga adicional alternável $2 \cdot P_a$ (choque) que, aplicada à secção transversal central do feixe, origine a tensão alternável $\sigma_a = 900$ kgf/cm² (Fig. 12.2), bem como a correspondente flecha adicional f_a.

São calculados: $W_f = b \cdot h^2/6 = 23$ cm²; $\sigma = P \cdot L/W_f = 7\,000$ kgf/cm²; $q_1 \cong 1{,}40$, para $b_0/b = 1/z = 0{,}125$, segundo a Tab. 12.2; $f = 19{,}8$ cm; $c = P/f = 359$ kgf/cm; $f_a = f \cdot \sigma_a/\sigma = 1{,}65$ cm; $2 \cdot P_a = 2 \cdot P \cdot \sigma_a/\sigma = 591$ kgf. Foi desprezada a parcela que, devido ao atrito atuante entre as lâminas, deveria adicionar-se à carga aplicada P (2 a 12%) a fim de se obterem as flechas acima calculadas.

4) *Mola de barra de flexão biengastada* (Fig. 12.13) cujas extremidades são dotadas de movimentos paralelos. Cada metade da mola pode ser considerada uma mola de barra de flexão unilateralmente engastada, de comprimento L e submetida à carga P, e calculada como tal (parágrafo 1).

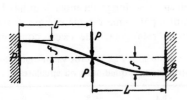

Figura 12.13 — Mola de barra de flexão biengastada (esquemàticamente)

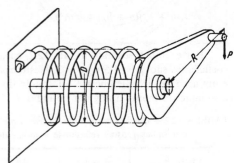

Figura 12.14 — Mola helicoidal de flexão biengastada

5) *Mola helicoidal de flexão, de secção transversal constante e extremidades engastadas* (Fig. 12.14). O momento $P \cdot R$ aplicado pela carga P atua como momento fletor constante ao longo de tôda a mola, estando, portanto, tôdas as secções transversais da mola submetidas às mesmas tensões de flexão $\sigma = P \cdot R/W_f$. Conseqüentemente, e de modo análogo ao que se verificou no parágrafo 2 em relação às molas "triangulares", o fator de tipo η_A da mola helicoidal será igual a 1/3 se a secção transversal fôr retangular, e igual a 1/4 se a secção transversal fôr circular. Na realidade, a tensão periférica $\sigma_{max} = q_3 \cdot \sigma$ que se aplica à superfície interna da mola é algo maior que a aplicada à superfície externa (ver vigas curvas, à pág. 68), o que provoca uma pequena redução de η_A (a Tab. 12.3 apresenta valores de q_3). A característica dêste tipo de mola, utilizado preferencialmente em dobradiças, é uma reta.

Para o cálculo das molas helicoidais de flexão se utilizam as seguintes expressões:

Carga $P = \dfrac{W_f \cdot \sigma}{R}$ (kgf) Tensão periférica na superfície interna $\sigma_{max} = q_3 \cdot \sigma$ Ângulo de torção $\varphi = \dfrac{P \cdot R \cdot L}{E \cdot J} = \dfrac{L \cdot \sigma}{E \cdot e}$	$\varphi° = \varphi \cdot 180/\pi$ (°) Comprimento da mola distendida $L = \pi \cdot D \cdot z$ (cm) Energia absorvida $A = P \cdot R \cdot \varphi/2 = \eta_A \cdot V \cdot \dfrac{\sigma^2}{E}$ (cmkgf) $\eta_A = \dfrac{J}{e^2 \cdot S}$ e, W_f e J, ver à pág. 193

TABELA 12.3 — *Coeficiente q_3 relativo a vigas curvas com raios de curvatura D/2 independentes de h. Para vigas de secções transversais circulares, $h = d$.*

Secção transversal ↓	$h/D = 0{,}1$	0,2	0,3	0,4	0,5	0,6	0,7	0,8	0,9
Retangular	1,07	1,14	1,25	1,37	1,53	1,74	2,26	2,59	3,94
Circular	1,08	1,17	1,29	1,43	1,61	1,89	2,28	3,0	5,0

6) *Mola espiral plana (corda de relógio)* (Fig. 12.15). Às molas cujas extremidades são ambas engastadas e cujas espiras não se sobrepõem umas às outras, aplicam-se as expressões relativas às molas helicoidais de flexão, apresentadas no parágrafo 5. Se a extremidade externa da mola fôr fixa por meio de articulação (inconveniente!), a solicitação do material deixará de ser uniforme (η_A eleva-se consideràvelmente!). A mola torna-se tanto mais "dura" quanto maior número de espiras se sobrepuserem durante o carregamento. É complexo o cálculo exato correspondente a êste caso de sobreposição de espiras [12/2].

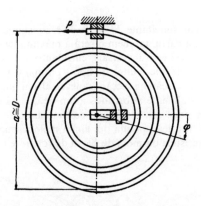

Figura 12.15 — Mola espiral plana (corda de relógio) biengastada

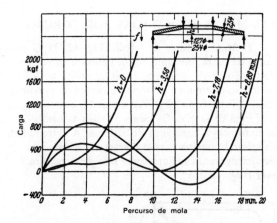

Figura 12.16 — Curvas características de molas de prato (Belleville), para vários valores de h

7) *Mola de prato (Belleville)* (Fig. 12.16). A Carga P aplicada tende a deformar o prato anular, de modo que as regiões anulares externas são tangencialmente tracionadas e as internas tangencialmente comprimidas, enquanto que uma região anular intermediária (neutra) não sofre deformações e nem se lhe aplicam tensões. Além das tensões tangenciais, surgem tensões de flexão e tensões radiais de compressão. Como as tensões tangenciais não variam linearmente com a deformação axial, a característica da mola de prato não é uma linha reta, mas depende da declividade do prato, e pode mesmo ocorrer, a partir de certa deformação axial, que a carga aplicada decresça enquanto a deformação axial continua a crescer (Fig. 12.16), propriedade esta que é especialmente vantajosa para fins de regulação e que não se verifica em qualquer outro tipo de mola. Para as molas de pratos de espessura constante, obtém-se o valor mais conveniente do fator de tipo η_A quando $d_i/d = 0{,}65$[9]. A deformação axial da mola pode ser fàcilmente variada, variando-se o número de seus pratos. Os pratos são empilhados, geralmente, ao redor de uma espiga, quer alternando-se as suas concavidades (os pratos se tocam apenas pelos perímetros externos ou internos), quer alternando-se as concavidades de pares de pratos colocados um "dentro" do outro (cada par é constituído por dois pratos que se tocam segundo suas superfícies, côncava de um e convexa do outro), caso em que ocorre atrito adicional.

Segundo Almen e Laszlo[10], para o cálculo das molas de prato se utilizam as seguintes expressões[11]:

Carga $\qquad P = \dfrac{4 \cdot E \cdot f \cdot s}{(1-m^2) \cdot q_1 \cdot d^2} \left[(h-f)(h-f/2) + s^2 \right]$ (kgf)

Coeficiente de Poisson $m = 0{,}3$, para o aço

Tensão $\qquad \sigma = \dfrac{4 \cdot E \cdot f}{(1-m^2)\, q_1 \cdot d^2} \left[q_2 (h-f/2) + q_3 \cdot s \right]$ (kgf/cm²)

Coeficiente de rigidez $\quad c = \dfrac{dP}{df} = \dfrac{4 \cdot E \cdot s}{(1-m^2) \cdot q_1 \cdot d^2}(s^2 + h^2 - 3hf + 1{,}5f^2)$ (kgf/cm)

TABELA 12.4 — *Coeficientes q_1, q_2, q_3 em função de d/d_i.*

Para $d/d_i =$	1,4	1,8	2,2	2,6	3,0	3,4	3,8	4,2	4,6	5,0
q_1	0,45	0,64	0,72	0,77	0,78	0,8	0,8	0,8	0,8	0,79
q_2	1,06	1,17	1,26	1,35	1,42	1,50	1,57	1,64	1,7	1,77
q_3	1,13	1,3	1,45	1,6	1,74	1,88	2,0	2,13	2,25	2,37

Valores experimentais: $\sigma = 15\,000$ kgf/cm², $E = 2{,}1 \cdot 10^6$ kgf/cm², $m = 0{,}3$, para molas de prato de aço temperado.

[9] Podem-se obter ainda melhores valores de η_A aumentando-se as espessuras das bordas externa e interna do prato, respectivamente.

[10] Ver [12/25] e [12/2].

[11] Eis alguns dos mais recentes trabalhos sôbre molas de prato (Belleville): artigo de K. Walz (projeto e fabricação) em "Werkstatt und Betrieb" n.° 82 (1949); G. Öehler (cálculo) em "Werkstatt und Betrieb" n.° 82 (1949); tabelas relativas a molas de prato, de Adolf Schnorr, Stuttgart-Botnang.

12.7. MOLAS SOLICITADAS POR TORÇÃO

1) *Mola de barra de torção* (Fig. 12.17). O momento torçor solicitante $M_t = P \cdot R$ é constante ao longo da barra; portanto, se fôr constante a secção transversal da barra, também o será a máxima tensão de torção de cisalhamento τ que se aplica ao longo dela. Nas secções transversais, entretanto, a tensão de torção diminui da periferia ao centro de gravidade, o que impede que o fator de tipo η_A atinja o valor ideal 1 (Tabs. 12.5 e 12.6). Ver, à pág. 42, a distribuição da tensão de torção na secção transversal, em função da forma da secção. Os locais de engastamento devem ser especialmente reforçados a fim de que não se comprometa a segurança do sistema. A extremidade da barra pode ser entalhada, considerando-se satisfatório o entalhado cujo diâmetro de tôpo seja $1,5 \cdot d$ e cuja transição polida ou, ainda melhor, superficialmente recalcada apresente raio de curvatura $2 \cdot d$. A característica da mola de barra de torção é uma reta (Fig. 12.1).

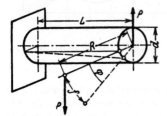

Figura 12.17 — Mola de barra de torção solicitada pelo momento torçor $P \cdot R$ (esquemàticamente)

Para o dimensionamento das molas de barra de torção, podem-se utilizar as seguintes expressões:

Momento torçor $M_t = P \cdot R = W_t \cdot \tau$ Ângulo de torção $\varphi = \dfrac{M_t \cdot L}{G \cdot J_t} = \dfrac{W_t \cdot \tau \cdot L}{G \cdot J_t}$ Deformação angular $f = \varphi \cdot R$	Energia absorvida $A = M_t \cdot \dfrac{\varphi}{2} = \eta_A \cdot \dfrac{\tau^2 \cdot V}{2G}$ $\eta_A = \dfrac{W_t^2}{J_t \cdot S}$

TABELA 12.5 — W_t, J_t e η_A de algumas secções transversais (ver págs. 41 e 43).

Para secção transversal ↓	W_t	J_t	W_t/J_t	η_A
Circular	$\pi \cdot \dfrac{d^3}{16}$	$\pi \cdot \dfrac{d^4}{32}$	$\dfrac{2}{d}$	$\dfrac{1}{2}$
Anular	$\pi \cdot \dfrac{d^4 - d_i^4}{d \cdot 16}$	$\pi \cdot \dfrac{d^4 - d_i^4}{32}$	$\dfrac{2}{d}$	$\dfrac{1 + d_i^2/d^2}{2}$
Retangular	$\eta_2 \cdot h \cdot b^2$	$\eta_3 \cdot h \cdot b^3$	$\dfrac{\eta_2}{b \cdot \eta_3}$	ver Tab. 12.6

TABELA 12.6 — Coeficientes η_2 e η_3 e fator η_A de secções transversais retangulares em função de h/b. h é o maior lado do retângulo e b é o menor.

Para $h/b =$	1	1,5	2	3	4	5	6	8	10	∞
η_2	0,208	0,231	0,246	0,267	0,282	0,290	0,299	0,307	0,313	0,333
η_3	0,14	0,196	0,229	0,263	0,281	0,290	0,299	0,307	0,313	0,333
η_A	0,308	0,272	0,264	0,272	0,282	0,290	0,298	0,308	0,312	0,333

Valores experimentais relativos a molas de barra de torção (kgf/cm²)

para aço para molas temperado de $\sigma_r = 12\,000$ a $16\,000$ $\sigma_e = 10\,000$ a $13\,500$	$G = 830\,000$, $\tau_e = 8\,000$ a $10\,000$ carga quase estática ou raramente aplicada} $\tau_{ad} = 0,5 \cdot \sigma_r = 6\,000$ a $9\,000$ carga dinâmica} $\tau_{ad} = \tau_m + 0,75 \cdot \tau_A$
para aços Cr-Si ou Cr-Va temperados e $d = 2$ a $3,5$ cm	$\tau_A = 1\,400$ a $2\,800$

Exemplo: mola de barra de torção sujeita a carregamento dinâmico pulsante.
Dados: $d = 2$ cm; $L = 100$ cm; $\tau = 2 \cdot \tau_a = 4\,000$ kgf/cm².

A determinar: M_t, φ, A.

São calculados: $W_t = \dfrac{\pi \cdot d^3}{16} = 1{,}57 \text{ cm}^3$; $J_t = \pi \dfrac{d^4}{32} = 1{,}57 \text{ cm}^4$;

$$M_t = W_t \cdot \tau = 6\,280 \text{ cmkgf};$$

$$\varphi = \dfrac{W_t}{J_t} \cdot \dfrac{\tau \cdot L}{G} = 0{,}482; \quad \varphi° = \varphi \cdot \dfrac{180}{\pi} = 27°36';$$

$$A = M_t \cdot \dfrac{\varphi}{2} = 1\,515 \text{ cmkgf}.$$

2) *Mola helicoidal cilíndrica de secção transversal constante* (Fig. 12.18). Esta mola, constituída de uma barra de torção enrolada com o formato de uma hélice, em cujo eixo se aplicam cargas P de tração ou de compressão, é a que mais freqüentemente se utiliza na construção de máquinas.

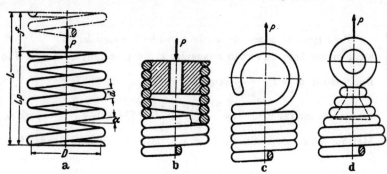

Figura 12.18 — Molas helicoidais. a) para carregamentos de compressão; b) para carregamentos de tração e de compressão; c) para carregamentos de tração

Conformação: A Fig. 12.18 mostra as várias formas de extremidades de molas helicoidais de torção. A fim de garantir a coincidência entre a linha de ação da carga e o eixo da hélice, é conveniente que haja uma defasagem de 180° entre as duas extremidades da hélice (número total de espiras igual à metade de um número ímpar), e, sendo a mola de compressão, convém que 3/4 da primeira e da última espiras sejam aplainados por retificação e comprimidos contra a segunda e a antepenúltima espiras, respectivamente (estas parcelas de espiras deixam de ser atuantes!). A mola de compressão vai "endurecendo" à medida que as espiras vão sendo comprimidas umas contra as outras (curva *b* da Fig. 12.1). A Tab. 12.10 apresenta cargas e dimensões convenientes de molas helicoidais.

Solicitação: a fôrça P, aplicada com um braço de alavanca $r = D/2$ em relação ao eixo helicoidal das espiras, origina, em qualquer uma de suas secções transversais, perpendiculares ao eixo helicoidal (ângulo de hélice α),

um momento torçor = $P \cdot r \cdot \cos \alpha$ | um momento fletor = $P \cdot r \cdot \operatorname{sen} \alpha$
uma fôrça cortante = $P \cdot \cos \alpha$ | uma fôrça normal de tração ou de compressão = $P \cdot \operatorname{sen} \alpha$

As tensões devidas à fôrça cortante, ao momento fletor e à fôrça normal são desprezíveis face às devidas ao momento torçor, sobretudo se são pequenos o ângulo de hélice α e a relação d/D. Geralmente, a mola é calculada apenas em função do momento torçor $P \cdot r$, pois $\cos \alpha \cong 1$, levando-se ainda em consideração, conforme o caso (para valores elevados da relação d/D), através de um coeficiente y, a tensão de cisalhamento adicional atuante na face interna da mola. Enquanto as espiras da mola não se tocam, os esforços solicitantes que não o momento torçor não exercem influência alguma sôbre a deformação axial f.

Para o dimensionamento das molas helicoidais de torção, podem-se utilizar as seguintes expressões[12]:

Caso geral:	Comprimento de mola descarregada, para mola de compressão com duas espiras inativas:
Carga $P = 2 \cdot W_t \cdot \dfrac{\tau}{D}$ (kgf)	$L \geqq (z + 2)d + f + 0{,}1 \cdot d \cdot z$ (cm)
Deformação axial $f = \dfrac{\pi \cdot z \cdot D^3 \cdot P}{4 \cdot J_t \cdot G} = \dfrac{\pi \cdot z \cdot D^2 \cdot W_t \cdot \tau}{2 \cdot G \cdot J_t}$ (cm)	Para mola de tração:
Energia absorvida $A = \pi \cdot z \cdot \dfrac{D \cdot W_t^2}{2 \cdot J_t} \cdot \dfrac{\tau^2}{G} = \eta_A \cdot \dfrac{V \cdot \tau^2}{2G}$ (cmkgf)	$L \geqq d \cdot z +$ altura do olhal (cm)
W_t, J_t e η_A, ver à Tab. 12.5	

[12]Em [12/2], [12/30], [12/34] e [12/35] são abordados o cálculo do coeficiente de segurança à flambagem das molas helicoidais e o comportamento das mesmas quando submetidas à ação de cargas transversais (molejo transversal).

Para mola de arame de secção transversal circular:

Diâmetro do fio $d = \sqrt[3]{(2{,}55\, P \cdot D/\tau)}$ (cm)

Número de espiras ativas $z = \dfrac{f \cdot G \cdot d}{\pi \cdot D^2 \cdot \tau} = 264\,000 \cdot \dfrac{f \cdot d}{\tau \cdot D^2}$, para aço de $G = 830\,000$ kgf/cm^2

Máxima tensão de cisalhamento (face interna) $\tau' = \tau \cdot \cos\alpha \cdot y$ (segundo Göhner [12/29])

Ver exemplo de cálculo à pág. 201. A Tab. 12.10 apresenta cargas e dimensões recomendáveis.

TABELA 12.7 – *Coeficiente y para secções transversais circulares, em função de d/D.*

Para d/D	2	3	4	5	6	7	8	9	10	12
y	2,05	1,55	1,38	1,29	1,23	1,20	1,17	1,15	1,14	1,13

Para mola de arame de secção transversal retangular[13]:

h é o maior lado de secção retangular e b é o menor; η_2 e η_3 à Tab. 12.6.

Dimensão $h \cdot b^2 = P \cdot \dfrac{D}{\eta_2 \cdot 2\tau}$ (cm^3)

Número de espiras ativas $z = \dfrac{2 \cdot f \cdot G \cdot b}{\pi \cdot D^2 \cdot \tau} \cdot \dfrac{\eta_3}{\eta_2} = 528\,000 \dfrac{f \cdot b}{D^2 \cdot \tau} \cdot \dfrac{\eta_3}{\eta_2}$, para aço de $G = 830\,000$ kgf/cm^2

Máxima tensão de cisalhamento $\tau' = \tau \cdot \cos\alpha \cdot y$ (segundo Göhner [12/29])

TABELA 12.8 – *Coeficiente y para secções transversais retangulares, em função de h/b, D/b ou D/h.*

h/b ↓	D/b = 3	4	5	6	10	D/h = 3	4	5	6	10
1	1,46	1,33	1,26	1,21	1,12	1,46	1,33	1,26	1,21	1,12
1,5	1,41	1,30	1,235	1,19	1,11	1,32	1,18	1,11	1,07	1
2	1,39	1,28	1,22	1,18	1,11	1,26	1,13	1,06	1,03	1
3	—	—	1,215	1,18	1,10	1,24	1,10	1,07	1,06	1,03
4	—	—	—	1,18	1,10	1,25	1,16	1,12	1,10	1,05
5	—	—	—	—	1,085	1,27	1,19	1,16	1,12	1,07

Valores experimentais relativos a molas helicoidais (kgf/cm^2)

para aço para molas temperado $G = 830\,000$ kgf/cm^2, σ_r à Tab. 12.9	carga quase estática, ou raramente aplicada $\}\ \tau_{ad} = 0{,}5 \cdot \sigma_r$ carga dinâmica $\tau_{ad} = \tau_m + 0{,}75 \cdot \tau_A$
para aço-carbono temperado ou aço Cr-Si e $d = 0{,}5$ cm estirado, bobinado a frio e revenido retificado, bobinado a frio e revenido como o anterior, porém especialmente temperado e beneficiado	$\tau_A = 1\,500$ a $1\,700$ $\tau_A = 2\,000$ a $2\,500$ $\tau_A = 2\,800$ a $3\,200$
para arame grosso laminado, bobinado a quente temperado e revenido retificado, bobinado a quente, temperado e revenido, sem descarbonetação superficial para molas de válvulas	$\tau_A = 400$ a 600 $\tau_A = 1\,000$ a $1\,600$ τ_A à Fig. 12.19
para molas de suspensões de veículos, em relação ao carregamento estático	$\tau_{ad} = 4\,000$ a $5\,000$

[13]W. A. Wolf apresenta expressões simplificadas para o cálculo dêste tipo de molas, na revista Z. VDI n.° 91 (1949).

Molas Elásticas

TABELA 12.9 — Limites de ruptura estática σ_r (kgf/mm²) de aços para molas patenteados, em função do diâmetro d do arame, e segundo DIN 2076 (fevereiro 1944).

d (mm) →	1	2	4	6	8	10	12	14	16
Qualidade I	280	240	200	170	155	—	—	—	—
II	250	215	180	155	145	—	—	—	—
III	225	195	165	145	135	120	110	105	—
IV	205	175	145	130	125	110	105	100	90
V	175	150	125	115	110	100	95	90	80

TABELA 12.10 — Dimensões de molas helicoidais de compressão conformadas a frio (Fig. 12.18a), de arame de aço (número total de espiras $z_t = z + 2$). A carga P e o correspondente comprimento $L_P = L - f$ referem-se a $\tau = 0{,}425\ \sigma_r$. A carga de bloqueio (espiras assentadas umas contra as outras!) $P_{Bl} = 1{,}18 \cdot P$ e o correspondente comprimento $L_{Bl} = L - 1{,}18 \cdot f$ referem-se a $\tau_{Bl} = 0{,}5 \cdot \sigma_r$. Rigidez da mola $C = P/f$. $G = 830\,000$ kgf/cm².

P kgf	d mm	D mm	Diâmetro espiga mm	Diâmetro estôjo mm	$z_g=6{,}5$ L mm	$z_g=6{,}5$ f mm	$z_g=8$ L mm	$z_g=8$ f mm	$z_g=10$ L mm	$z_g=10$ f mm	$z_g=12{,}5$ L mm	$z_g=12{,}5$ f mm	$z_g=16$ L mm	$z_g=16$ f mm
12,5		18,7	16,0	22,0	38	22	56	30	65	39	85	52	113	70
15,9		14,7	12,0	18,0	28	13,7	36	18,3	47	24	62	32	81	43
18,4	2	12,7	10,0	16,0	24	10,2	31	13,6	41	18,4	52	24	69	32
21,8		10,7	8,0	14,0	21	7,3	27	9,7	35	12,8	44	17	58	22,5
18		23,2	20,0	27,0	44	25	59	34	76	44	98	58	131	78
22	2,5	19,2	16,0	23,0	35	17,4	46	23	60	31	77	40	102	54
28		15,2	12,0	19,0	28	11	36	14,6	47	19,5	60	25,5	79	34
32		13,2	10,0	17,0	25	8,2	32	11	42	14,5	53	19	68	25
29		28,9	25,0	33,5	53	29	70	39	91	52	118	68	157	91
35	3,2	23,9	20,0	28,5	43	20	55	26	72	35	93	46	121	61
42		19,9	16,0	24,5	36	13,8	46	18,3	59	24,5	76	32	100	43
53		15,9	12,0	20,5	30	8,9	39	11,8	49	15,6	63	20,5	82	27
42		37	32,0	42,5	67	36	86	48	113	64	147	84	195	113
51	4,0	30	25,0	35,5	52	23,5	67	31	86	41	111	54	148	73
62		25	20,0	30,5	44	16,5	56	22	72	29	93	38	122	51
74		21	16,0	26,5	39	11,8	49	15,5	63	20,5	80	27	104	36
61		46	40,0	52,5	78	41	102	55	133	73	172	95	227	127
74	5,0	38	32,0	44,5	63	28	82	38	106	50	138	66	180	87
91		31	25,0	37,5	53	19	67	25	86	33	112	44	147	59
108		26	20,0	32,5	47	13,2	59	17,7	76	23,5	97	31	126	41
94		57,8	50,0	66,0	97	50	126	67	164	89	213	117	281	156
113	6,3	47,8	40,0	56,0	78	34	101	46	130	60	168	79	221	105
136		39,8	32,0	48,0	67	24	85	32	109	42	140	55	183	73
165		32,8	25,0	41,0	58	16	73	21,5	94	28,5	120	37	157	50
147		72,5	63,0	82,5	118	60	153	79	200	105	258	138	340	184
179	8,0	59,5	50,0	69,5	95	40	122	53	159	71	205	93	270	124
216		49,5	40,0	59,5	81	28	103	37	134	49	172	65	225	86
258		41,5	32,0	51,5	72	19,5	91	26	118	35	150	45	196	61
200		92	80,0	104,5	140	68	181	90	236	120	305	157	402	210
245	10,0	75	63,0	87,5	113	45	145	60	188	79	242	104	318	139
296		62	50,0	74,5	97	31	123	41	158	54	203	71	267	95
353		52	40,0	64,5	87	21,5	110	29	140	38	180	50	234	67

Exemplo: mola helicoidal de arame redondo de aço temperado, para válvula.

Dados: fôrça exercida pela mola quando a válvula está fechada $P_u = 130$ kgf; curso da válvula = $f - f_u = 1{,}4$ cm, sendo f a deformação axial da mola com a válvula aberta e f_u a deformação axial com a válvula fechada; $\tau_{ad} = 3\,000$ kgf/cm²; $\tau_{a\,ad} = 700$ kgf/cm²; $D = 6$ cm.

São calculados: fôrça exercida pela mola quando a válvula está aberta $P = P_u \cdot \dfrac{\tau}{\tau - 2 \cdot \tau_a} = 244$ kgf;

$$f = (f - f_u) \cdot \dfrac{\tau}{2 \cdot \tau_a} = 3 \text{ cm};$$

e, ainda, $d = (2{,}55 \cdot P \cdot D/\tau)^{1/3} = 1{,}08$ cm, adotando-se, então, $d = 1{,}1$ cm;

$z = 264\,000 \cdot \dfrac{f \cdot d}{\tau \cdot D^2} = 8{,}07$, adotando-se, então, $z = 8{,}5$ espiras;

comprimento da mola $L \geqq (z + 2 \cdot d + f + 0{,}1 \cdot d \cdot z = 15{,}48$ cm;

máx $\tau' = \tau \cdot \cos \alpha \cdot y = 3\,000 \cdot 1{,}26 = 3\,780$ kgf/cm, para $D/d = 5{,}46$, $y = 1{,}26$ segundo a Tab. 12.7, e $\cos \alpha \cong 1$;

máx $\tau'_a = \tau_a \cdot y_3 = 880$ kgf/cm².

Adotando-se menor número de espiras, eleva-se a tensão τ'.

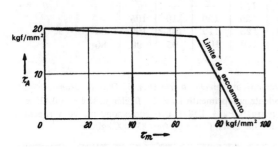

Figura 12.19 – Limite de tensão de cisalhamento alternável τ_A de uma mola helicoidal de aço de qualidade média, utilizada em válvulas

Figura 12.20 – Mola helicoidal de cabo para carregamentos de compressão

3) *Mola helicoidal de cabo* (Fig. 12.20). É constituída de um cabo formado de vários fios enrolados em tôrno de um fio central que funciona como alma. Experimentalmente, verifica-se que sob a ação de choques ou de cargas aplicadas bruscamente ela se distende menos que as demais molas helicoidais. Sua resistência à carga aplicada aumenta quando, durante o carregamento, os fios externos do cabo se comprimem contra o fio central. Por esta razão, se a mola fôr de compressão, o sentido de enrolamento dos fios externos em tôrno do fio central deve ser oposto ao sentido de sua hélice, e, se fôr de tração, devem ser coincidentes os sentidos de enrolamento dos fios e da hélice, respectivamente. Calcula-se aproximadamente a mola helicoidal de cabo assimilando-a a uma associação de molas helicoidais em paralelo, de diâmetros de espiras D e constituídas cada uma por um dos fios externos do cabo.

4) *Mola cônica de secção transversal constante* (Fig. 12.21). A tensão de torção τ aumenta proporcionalmente ao raio da espira r, até atingir o valor máximo $\tau = P \cdot r_2/W_t$. Conseqüentemente, o fator η_A dêste tipo de mola é menor que o das molas helicoidais cilíndricas.

Para o cálculo das molas cônicas de secções transversais circulares ou retangulares podem ser utilizadas, com boa aproximação, as seguintes expressões, enquanto as espiras não se sobrepuserem umas às outras:

Carga $P = W_t \cdot \tau/r_2$ (kgf); máx $\tau' = \tau \cdot \cos \alpha \cdot y$ (kgf/cm²)

Deformação axial $f = \dfrac{\pi \cdot z \cdot P}{2 \cdot J_t \cdot G}(r_1 + r_2)\,(r_1^2 + r_2^2) = \dfrac{\pi \cdot z \cdot W_t \cdot \tau}{2 \cdot G \cdot J_t \cdot r_2}(r_1 + r_2)\,(r_1^2 + r_2^2)$ (cm)

Energia absorvida $A = P \cdot f/2 = \eta_A \cdot \dfrac{\tau^2 \cdot V}{2 \cdot G}$ (cmkgf); $\eta_A = \dfrac{W_t^2 \,(r_1^2 + r_2^2)}{J_t \cdot S \cdot 2 \cdot r_2^2}$

W_t e J_t segundo a Tab. 12.5, y segundo as Tabs. 12.7 e 12.8.

---

5) *Mola cônica de secção transversal retangular variável* (mola de pára-choque) (Fig. 12.22). Em relação ao pequeno espaço que ocupa, esta mola suporta cargas consideràvelmente elevadas, apresentando uma curva característica que ascende progressivamente à medida que as espiras se assentam sôbre a superfície de base da mola (Fig. 12.22b). Havendo contato com atrito entre as espiras (enrolamento justo), cumpre levar-se em consideração as correspondentes fôrças de atrito. Utilizando-se as expressões apresentadas no parágrafo 4, podem-se calcular, aproximadamente, as tensões aplicadas a cada secção transversal de uma mola cônica de secção transversal variável, sendo, entretanto, bem mais difícil calcular satisfatòriamente as correspondentes deformações axiais. Em [12/36] e [12/37], podem-se obter informações mais precisas sôbre êste tipo de mola.

12.8. MOLAS DE BORRACHA

1) Apesar de a borracha natural tornar-se quebradiça ("envelhecer") quando exposta à luz, ao calor ou ao oxigênio, e de ser sensível à ação do óleo e da gasolina, e embora a borracha artificial que, entretanto, não apresenta as desvantagens acima citadas tenha menor elasticidade, é crescente, hoje, o emprêgo da borracha nas suspensões e apoios de máquinas e aparelhos, e, principalmente, como amortecedora de vibrações, choques e ruídos. O emprêgo da borracha é vantajoso porque, uma vez convenientemente disposta, ela permite obter molejos em várias direções e possibilita obter-se uma combinação de molejo e amortecimento. Revestindo-se a borracha de metal, obtêm-se molas resistentes à compressão e ao cisa-

Molas Elásticas

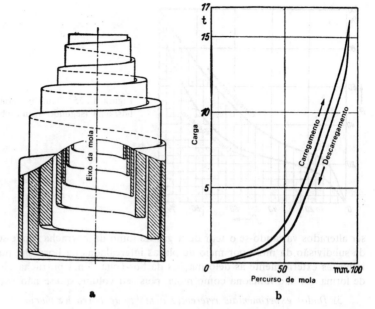

Figura 12.21 — Mola cônica de secção transversal circular constante

Figura 12.22 — Mola cônica de secção transversal retangular variável (mola de pára-choque) e respectiva curva característica

lhamento — tais revestimentos se constituem de placas **metálicas** (Fig. 12.23), tubos (Fig. 12.24) ou anéis entre **os** quais se vulcaniza a borracha. É consideràvelmente elevado o fator de pêso η_Q das molas de borracha. Geralmente, estas são solicitadas à compressão ou ao cisalhamento (Fig. 12.23) (maiores deformações), e à tração apenas em casos de menor importância (cordões trançados de borracha). As solicitações por cisalhamento podem ser oriundas de fôrças cortantes (Fig. 12.23 e fôrça P_2 da Fig. 12.24), de fôrças tangenciais (fôrça P_4 da Fig. 12.24) ou de momentos torçores (**eixo ou anel de borracha montado entre dois anéis metalicos sujeitos a torção**).

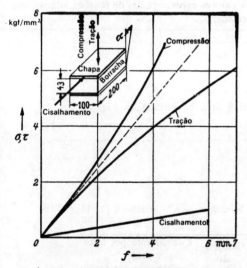

Figura 12.23 — Curvas características, correspondentes a vários tipos de carregamento, de um coxim de borracha de dureza média (DVM 63) e módulo de elasticidade transversal $G = 8$ kgf/cm²

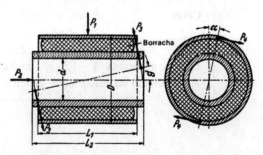

Figura 12.24 — Boge-Silentblock (borracha vulcanizada entre dois tubos) sujeito a carregamento, de vários tipos (P_1 a P_4)*

Em publicação da firma Boge und Sohn, G. m. b. H., Eitorf (Sieg) são apresentadas dimensões dos Silentblock e dados sôbre os respectivos carregamentos. Deformações admissíveis: $\alpha = \pm 15°$ a $\pm 30°$; $\beta = \pm 1°$ a $\pm 7°$; deformação radial 0,5 a 1,5 mm; deformação axial $0{,}5 \cdot (L_2 - L_1)$

2) *Tipo de carregamento e curvas características.* Ao coxim de borracha da Fig. 12.23 podem ser aplicadas solicitações de tração, de compressão e de torção, às quais correspondem curvas características diferentes, que dependem também das variações das secções transversais e das resistências opostas às deformações pelo atrito ou pelas fixações (vulcanização) das placas de revestimento. A curva característica correspondente ao descarregamento apresenta menores ordenadas que a correspondente ao carregamento, devido aos atritos internos e, em alguns casos, também aos atritos externos (Fig. 12.25).

Rigidez: a rigidez da mola de borracha é função não só do módulo de elasticidade (tipo de borracha), como também da "oposição à deformação", que se pode exprimir como sendo a relação entre a superfície carregada e a superfície livre da mola (fator de forma). O módulo de elasticidade e os atritos internos podem

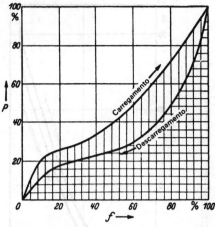

Figura 12.25 — Curvas características de um cabo trançado de borracha (segundo Kampschulte)

ser alterados variando-se o teor de negro de fumo da borracha; pode-se variar o fator de forma através da subdivisão da mola por meio de placas intercaladas na borracha ou através de quaisquer limitações impostas externamente às deformações da borracha. Uma borracha bloqueada de todos os lados (fator de forma ∞) não funciona como mola, pois seu volume quase não varia quando sujeito a compressão.

3) *Dados experimentais referentes a molas de borracha macia.*

Temperaturas admissíveis: $-30°$ a $60°C$ ($-65°$ a $100°C$, em caráter transitório)[14].

Limite de ruptura estática: $\sigma_r = 175 - 270$ kgf/cm^2, com alongamentos de 400 a 800%; limite de ruptura estática da superfície de aderência entre borracha e metal: $\sigma_r \cong 30$ kgf/cm^2 (dinâmica $\pm$ 4 kgf/cm^2); módulo de elasticidade (compressão): $E = 18$ a 100 kgf/cm^2; módulo de elasticidade transversal: $G = 3$ a 12 kgf/cm^2.

Outros dados podem ser obtidos nas referências [12/38] a [12/51] da bibliografia dêste capítulo.

4) *Molas de compressão (ou de tração) de borracha.* São constituídas, geralmente, de blocos de borracha ou de placas de borracha revestidas de metal (Fig. 12.23). Em casos especiais, utilizam-se molas de tração muito macias, constituídas de cabos de borracha revestidos, e cujas curvas características são análogas às apresentadas na Fig. 12.25.

Para o cálculo destas molas de borracha se utilizam os valores experimentais de tensões admissíveis apresentados na Tab. 12.11, bem como as seguintes expressões:

Carga $\qquad P = S \cdot \sigma \quad$ (kgf)

Deformação $\qquad f = \dfrac{P \cdot L}{S \cdot E_m} = \dfrac{\sigma \cdot L}{E_m} \quad$ (cm)

Energia absorvida $A = \int P \cdot df \;$ (cmkgf) é igual à área hachurada da Fig. 12.25

$E_m =$ módulo de elasticidade médio

TABELA 12.11 — *Tensões admissíveis em molas de borracha, segundo* Steinborn [12/42].

Carregamento	Tração kgf/cm^2	Compressão kgf/cm^2	Cisalhamento por fôrça cortante Cisalhamento por torção Torção (kgf/cm^2)
Estático	10···20	30···50	10···20
Choques eventuais.	10···15	25···40	10···20
Dinâmico, aplicado constantemente.	5···10	10···15	3···5
Carregamentos especiais de amplitude limitada	10···20	30···50	5···10*

*Para os casos de cisalhamento por torção acrescentar 5 kgf/cm^2 a êstes valores da tabela.

[14]Temperaturas admissíveis de Perbunan: $-25°$ a $85°C$ (em caráter transitório, $-50°$ a $150°C$).

5) *Molas de borracha solicitada por cisalhamento* (Fig. 12.23). Para o cálculo destas molas se utilizam os valores experimentais de tensões admissíveis apresentados na Tab. 12.11, bem como as seguintes expressões:

$$\text{Carga} \quad P = S \cdot \tau \quad (\text{kgf})$$

$$\text{Deformação} \quad f = h \cdot \alpha = \frac{h \cdot P}{S \cdot G} = \frac{h \cdot \tau}{G} \quad (\text{cm})$$

$$\text{Energia absorvida} \quad A = P \cdot \frac{f}{2} = \frac{S \cdot \tau^2 \cdot h}{2 \cdot G} \frac{V \cdot \tau^2}{2 \cdot G} \quad (\text{cmkgf})$$

12.9. CHOQUE ELÁSTICO

Choque elástico é um fenômeno de caráter oscilatório durante o qual a energia cinética $m \cdot v^2/2$ se transforma em energia potencial (energia absorvida pela mola), a qual, novamente, converte-se em energia cinética ao se inverter o sentido do movimento da massa m solidária à mola (exemplo: uma bola que salta). Se houver, devido a atritos ou a deformações plásticas, absorções adicionais de energia (amortecimentos), a energia cinética restituída será menor que a inicialmente aplicada.

A Fig. 12.26 mostra como varia a deformação da mola durante o fenômeno do choque elástico. O tempo T_a de absorção do choque, compreendido entre o instante da aplicação do choque e o instante da inversão do sentido do movimento da massa m, pode ser expresso em função do período T de uma oscilação completa: $T_a = T/4$. O tempo de duração do choque elástico, compreendido entre o instante de aplicação do choque e o instante em que a massa m se separa da mola, é $T_c = T/2$.

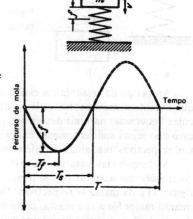

Figura 12.26 — Variação da deformação de uma mola durante o choque elástico (tempo de absorção do choque $T_a = T/4$)

Para um dado valor da energia de deformação A_c, a fôrça P aplicada no choque será tanto maior quanto maior fôr o coeficiente de rigidez $c = dP/df$ da mola, ou seja, quanto mais "dura" fôr a mola (Fig. 3.15).

Para os cálculos relativos ao choque elástico aplicado a uma mola cuja característica é uma linha reta se utilizam as seguintes expressões, nas quais $g = 981 \text{ cm/s}^2$ é a aceleração da gravidade e v (cm/s) é a velocidade da massa m (kgfs²/cm):

Energia de deformação oriunda de choque:

$A_c = m \cdot v^2/2 = A = P \cdot f/2 = c \cdot f^2/2$ (cmkgf); $c = P/f$ (kgf/cm)

Máxima fôrça aplicada no choque $P = f \cdot c = m \cdot v^2/f = v \sqrt{m \cdot c}$ (kgf)

Máximo valor absoluto de aceleração negativa $b_v = P/m = v^2/f$ (cm/s²)

Máxima deformação $f = m \cdot v^2/P_{max} = v \sqrt{m/c}$ (cm)

Tempo de absorção do choque $T_a = T/4 = \pi/2 \cdot \sqrt{m/c}$ (s)

Período da oscilação $T = 2\pi \cdot \sqrt{m/c}$ (s)

Exemplo: Um carrinho de ponte rolante de pêso $Q = 10\,000$ kgf e dotado de velocidade $v = 100$ cm/s deve ser retido durante o percurso $f = 50$ cm, correspondente às deformações de duas molas helicoidais que funcionam como pára-choques.

São calculados:

$$A_c = m \cdot v^2/2 = \frac{10\,000 \cdot 100^2}{981 \cdot 2} = 51\,000 \text{ cmkgf};$$

$P = m \cdot v^2/f = 2\,040$ kgf (aplicada ao par de molas helicoidais);
$b_v = v^2/f = 200$ cm/s^2; $c = P/f = 2\,040/50 = 40,8$ kgf/cm;

$$T_a = \pi/2 \cdot \sqrt{m/c}\, \pi/2 \cdot \sqrt{\frac{10\,000}{981 \cdot 40,8}} = 0,785 \text{ s}.$$

Note-se que o carrinho poderia ser retido por meio de um freio que aplicasse uma fôrça de frenagem P constante e absorvesse a mesma energia (51 000 cmkgf) durante o mesmo percurso (50 cm) – o tempo de frenagem, entretanto, seria 1s, e a fôrça de frenagem seria igual à metade (1 020 kgf) da máxima fôrça aplicada pelo par de molas (1 020 kgf), pois, nesse caso, $A = P \cdot f$ (ver o capítulo sôbre freios no vol. 2).

12.10. RESSONÂNCIA

Todo sistema constituído por uma massa associada a uma mola (Fig. 12.27) é oscilante e possui a própria freqüência natural, isto é, o número de oscilações que, quando excitado, o sistema efetua na unidade de tempo. Se a excitação fôr aplicada com freqüência idêntica à freqüência natural do sistema, dar--se-á o fenômeno da ressonância que, no caso de inexistência de amortecimento do sistema, provoca oscilações de grandes amplitudes.

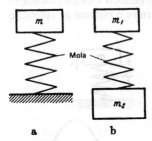

Figura 12.27 – Sistemas oscilantes constituídos de massas e mola. a) com uma massa; b) com duas massas

Ao perigo da ressonância estão sujeitas, principalmente, as máquinas ou os elementos de máquinas que executam movimentos cíclicos de elevadas freqüências ou que funcionam com elevadas rotações, cujas freqüências naturais devem ser, portanto, verificadas. Tais freqüências naturais devem ser alteradas, caso não sejam suficientemente maiores ou menores que as rotações ou as freqüências de funcionamento das respectivas máquinas ou elementos.

As freqüências naturais de eixos girantes são também denominadas "rotações críticas" (Cap. 17). As freqüências naturais dos sistemas oscilantes são determinadas em função da rigidez (coeficientes de rigidez c) e da massa m respectivas. Quanto menor fôr c, ou seja, quanto mais "elástico" fôr o sistema, e quanto maior fôr a sua massa, tanto menor será a sua freqüência natural. Além de reduzir as amplitudes das oscilações, um amortecimento adicional pode reduzir também a freqüência natural do sistema. Em [12/55] e [12/56], podem-se obter informações mais detalhadas.

As seguintes expressões são válidas para um sistema oscilante constituído de uma massa oscilante m e uma mola (Fig. 12.27a), desde que se suponha que a massa da mola seja desprezível em relação à massa oscilante m[15]:

Pulsação[16] $\omega = \sqrt{c/m} = \sqrt{g/f} = 31,3/\sqrt{f}$ (1/s)
   para $c =$ constante e deformação f causada pela carga $m \cdot g$.

Freqüência (Hertz) ou n.° de oscilações por segundo $f_r = \omega/2\pi$ (1/s)

Número de oscilações por minuto $n = 60 \cdot f_r = 30 \cdot \omega/\pi = 9,55 \cdot \sqrt{c/m}$ (1/min)

Período $T = 1/f_r = 60/n = 2\pi/\omega = 2\pi\sqrt{m/c}$ (s)
Nos casos de oscilações angulares a relação c/m deve ser substituída pela relação $M_t/\varphi \cdot J_m$.

Exemplo: máquina-ferramenta apoiada sôbre vários coxins de borracha.
Dados: carga $P = 4\,500$ kgf; rotações de funcionamento = 1 000 a 3 000 (1/min); soma das secções transversais dos coxins $S = 200$ cm^2; altura dos coxins $h = 10$ cm; módulo de elasticidade $E = 65$ kgf/cm^2.

---

[15]Para os casos em que as massas das molas, por serem maiores, devam ser levadas em consideração, consultar [12/2].

[16]A pulsação coincide com a velocidade angular de oscilações torcionais.

São calculados: $\sigma = P/S = 22,5$ kgf/cm² (admissível); $f = \sigma \cdot h/E = 3,47$ cm; $c = P/f = 1\,300$ kgf/cm.

Número de oscilações por minuto $n = 9,55\sqrt{g/f} = 161$ (1/min). Não há, portanto, por que temer a ressonância, pois a rotação da máquina é consideràvelmente mais elevada que a freqüência natural da suspensão.

12.11. BIBLIOGRAFIA

Generalidades (veja mais literatura em [12/2]:

[12/1] Normas DIN: Símbolos para molas 29; aços para molas de lâmina e cônicas (veja p. 91), aço para molas nervuradas 1 570; aço liso para molas nervuradas 1 570; aço liso para molas 74 151; arame de aço para molas, redondo 2 076; mola de chapa de liga de Cu 1 777 a 1 781; molas de lâmina para estrada de ferro 1 571, 1 573, 5 541 ... 5 543, 5 610, 34 010, 34 016; molas helicoidais, 2 075, 2 088, 2 089, 2 090; molas de barra de torção 2 091; molas de lâminas 4 621, 4 626.
[12/2] GROSS, S. e E. LEHR: Die Federn. Berlin: VDI-Verlag 1938; além disso: GROSS, S.: Berechnung und Gestaltung der Federn. Berlin: Springer 1939.
[12/3] LEHR E. e A. WEIGAND: Spannungsverteilung in Federn. Forschg. Ing.-Wes. Vol. 8 (1937) p. 161.

Resistência à fadiga (veja mais literatura em [12/1] e [12/4]):

[12/4] ZÖGE VON MANTEUFFEL.: − von Kraftfahrzeugfedern. Dtsch. Kraftfahrtforsch. Fasc. 49. Berlin VDI--Verlag 1941.
[12/5] HELLWIG, W.: − von Federdrähten. Z. VDI Vol. 83 (1939) p. 639.
[12/6] POMP. A. e M. HEMPEL: − von Ventilfedern. Mitt. Kais.-Wilh.-Inst. Eisenforschg. Vol. 22 (1940).
[12/7] ZIMMERLI, F. P.: − von Schraubenfedern. Z. VDI Vol. 80 (1936) p. 787.
[12/8] WALZ, K.: Federfragen. Oberndorf: Fa. Mauser 1944.
[12/9] FÖPPL, O.: Die Setzgrenze, Mitt. Wöhler-Inst. Braunschweig (1948) Fasc. 40.
−: Statische Eichung und Setzgefahr von Verdrehstäben. Werkstatt u. Betrieb 79 (1946) p. 205.
−: Drehstabfedern für verschiedene Verwendungszwecke bei Kraftfahrzeugen. A. T. Z. 49 (1947) p. 54.

Molas de veiculos (veja [12/17], [12/2], [12/4] e [12/9]), e além disso:

[12/10] KREISSIG, E.: Die Berechnung des Eisenbahnwagens. Köln: Ernst Stauf 1937.
[12/11] von MEIER: − Technik in der Landwirtschaft. Vol. 18 (1937) p. 71.
[12/12] WEIGAND, A.: Progressive −. Forsch. Ing.-Wes. Vol. 11 (1940) p. 309.
[12/13] WEIGAND, A. e E. LEHR.: Progressive −. Dtsch. Kraftfahrtforsch. Fasc. 58 (1941).
[12/14] IRMER, H.: Luftfederung bei Flug- und Kraftfahrzeugen. Z. VDI Vol. 81 (1937) p. 1182.
[12/15] −: Flugzeugfederbeine. Schrift. Fa. Elektron u. Co. Bad Cannstadt.
[12/16] RICHTER, E.: Ringfederbeine. Z. VDI Vol. 83 (1939) p. 652.
[12/17] LEHR, E.: Flüssigkeitsdämpfung bei −. Z. VDI Vol. 78 (1934) p. 721.

Apoio das molas:

[12/18] STABE, H.: Federgelenke im Messgerätebau. Z. VDI Vol. 83 (1939) p. 1189.
[12/19] RIEDIGER, B.: − von V- und Stern-Motoren. Z. VDI Vol. 82 (1938) p. 315.
[12/20] RIEDIGER, B.: − des Antriebsmotors. Z. VDI Vol. 81 (1937) p. 713.
[12/21] WAAS, H.: − von Kolbenmaschinen. Z. VDI Vol. 81 (1937) p. 763.

Molas de anel: veja [12/2] e [12/16] e, além disso:

[12/22] − Schriften der Fa. "Ringfeder" GmbH, Uerdingen a. Rhein.

Molas a flexão (veja [12/1], [12/2] até [12/4] e [12/8], e, além disso:

[12/23] STARK, H.: Hütte. Vol. 1, 27.ª ed. p. 722. Berlin 1941.
[12/24] −: Schriften von F. Krupp AG, Essen, Bochumer Verein, Bochum. J. P. Grueber: Hagen.

Molas prato (veja [12/2] e rodapé na p. 197, e, além disso:

[12/25] ALMEN, J. O. e A. LASZLO: Untersuchungen an −. Z. VEI Vol. 81 (1937) p. 1390.
[12/26] −: Schrift Fr. Krupp AG, Essen.

Molas helicoidais (veja [12/1], [12/2] até [12/8] e [12/23], e, além disso:

[12/27] WEBER, C.: Die Lehre von der Dehungsfestigkeit. Forsch.-Arb. Ing.-Wes. Fasc. 249. Berlin 1921.
[12/28] RÖVER, A.: Beanspruchung von −. Z. VDI Vol. 57 (1913) p. 1906 e Vol. 58 (1914) p. 342.
[12/29] GÖHNER, O.: Spannungsverteilung in −. Ing.-Arch. Vol. 1 (1930) p. 619 e. Vol. 2 (1931) p. 1 e 381 e Z. VDI Vol. 76 (1932) p. 269 e 735.
[12/30] BIECENO, C. B. e J. J. KOCH: Knickung von −. ZAMM Vol. 5 (1925) p. 279.
[12/31] LIESECKE, G.: − mit Rechteckquerschnitt. Z. VDI Vol. 77 (1933) pp. 425 e 892.
[12/32] GROSS, S.: Elastische Linie von −. Z. VDI Vol. 85 (1941) p. 52.
[12/33] THIERSCH, F.: Spannungsmessungen an −. Forschg. Ing.-Wes. Vol. 5 (1934) p. 53.
[12/34] DE GRUBEN, K.: Knicksicherheit und Querfederung von −. Z. VDI Vol. 86 (1942) p. 31.
[12/35] RAUSCH, E.: Steifigkeit von −. senkrecht zur Achse. Z. VDI Vol. 78 (1934) p. 388 e 964.

Molas cônicas [12/1] e [12/2], e, além disso:

[12/36] STARK, H.: Formänderung und Spannungszustand der −. Z. VDI Vol. 79 (1935) p. 727.
[12/37] GROSS, S.: Berechnung der −. Z. VDI Vol. 79 (1935) p. 865.

Molas de borracha:

[12/38] — : Stoffhütte. p. 691. Berlin 1937.
[12/39] — : VDI-Richtlinien. Gestaltung von Gummiteilen. VDI 2005 (1942).
[12/40] THUM, A. e K. OESER: Gummigefederte Mschinen. Z. VDI Vol. 78 (1934) p. 587.
[12/41] FÖPPL, O.: — Mitt. Wöhler-Inst. Braunschweig (1937) Fasc. 31 (1940) Fasc. 39 e Z. VDI Vol. 85 (1941) p. 184.
[12/42] STEINBORN, B.: Die Dämpfung als Qualitätsmass für Gummi Mitt. Wöhler-Inst. Braunschweig (1937) Fasc. 31.
— : Werkstoff Gummi. A. T. Z. Vol. 42 (1939) p. 323.
[12/43] BRAUDORN, K. H.: Gummi als Konstruktionswerkstoff. Z. VDI Vol. 86 (1942) p. 303.
[12/44] KOSTEN, C. W.: Berechnung von Federungselementen aus Gummi. Z. VDI Vol. 86 (1942) p. 535.
[12/45] ROELIG, H.: Die techn. Eigenschaften von Weichgummi bei Druckbeanspruchung. Z. VDI Vol. 86 (1942) p. 251.
[12/46] ROELIG, H.: Technischen Eigenschaften von synthetischem Kautschuk. Z. VDI Vol. 82 (1938) p. 139.
[12/47] GÖBEL, F.: Hülsen — bei zügiger und wechselnder Beanspruchung. Z. VDI Vol. 85 (1941) p. 631.
— : Gummifedern. Berlin: Springer 1945.
[12/48] — : Gummikabel, Flugzeugtypenbuch. Leipzig 1936, p. 201 u. Schrift Fa. Dr. W. Kampschulte, Solingen.
[12/49] KREMER, PH.: Gummi in Rädern für —. Z. VDI Vol. 77 (1933) p. 955.
[12/50] — : Schrift Gummigefederte Radsätze. Bochumer Verein Bochum u. Gummifedern, Fa. Continental, Hannover.
[12/51] PROSCKE: Gummi-Metallbindung-. Metalloberfläche. Vol. 2 (1948) p. 79.

Outras molas:

[12/52] WUEST, W.: Hundert Jahre Röhrenfedermanometer. Die Technik Vol. 3 (1948) p. 23.
[12/53] — Federrohre. Schrift Berlin-Karlsruher Industrie-Werke Karlsruhe.
[12/54] KOLLMANN, F.: Holz im Maschinenbau. Holzfedern. Mitt. Fachausschuss für Holzfragen, Fasc. 16. Berlin 1936.

Oscilações de molas (veja também [12/2], [12/15] até [12/19] e Cap. 17, Rotações Críticas:

[12/55] FÖPPL, O.: Grundzüge der technischen Schwingungslehre. Berlin: Springer 1931.
[12/56] LEHR, E.: Schwingungstechnik. Vol. 1 e 2. Berlin: Springer 1930 e 1934.
[12/57] RAUSCH: Maschinenfundamente. Vol. 1. Berlin 1936.
[12/58] LEHR: Schwingungen in Ventilfedern. Z. VDI Vol. 77 (1933) p. 457.
[12/59] LEHR: Schwingungstechnische Eigenschaften des Kraftwagens. Z. VDI Vol. 78 (1934) p. 329.
[12/60] KARRAS, K.: Die kritischen Drehzahlen wichtiger Rotorformen. Wien: Springer 1935.

Anexo:

[12/61] WOLF, W. A.: Vereinfachte Formeln zur Berechnung zylindrischer Schrauben, — Druck- und Zugfedern mit Rechteckquerschnitt. Z. VDI Vol. 91 (1949) p. 259.
[12/62] ÖEHLER, G.: Die Berechnung der Tellerfedern, Werkstatt und Betrieb Vol. 82 (1949] p. 132.
[12/63] RICHARDS, J. T.: Beryllium-Kupfer als Werkstoff für Feden. USA Maschinery, abril 1949.

13. Pares de rolamento

13.1. GENERALIDADES

Os mais importantes pares de rolamento apresentam-se na Fig. 13.1: roda sôbre trilho, arco rolante para o apoio de uma peça numa plaina limadora de engrenagens cônicas, alavanca rolante para a transmissão de movimentos angulares e longitudinais com variação contínua da relação de multiplicação, apoio por cutelos sôbre os berços em alavancas de balanças, patim rolante com esferas ou roletes como corpos intermediários, mancal de anel ou disco com esferas ou rolete como corpos intermediários rolantes, mancal de ponta apoiado sôbre 3 esferas, excêntrico, e rôlo para o movimento do comando de válvulas, articulação rolante (não representado), engrenagens e redutores por roda de atrito.

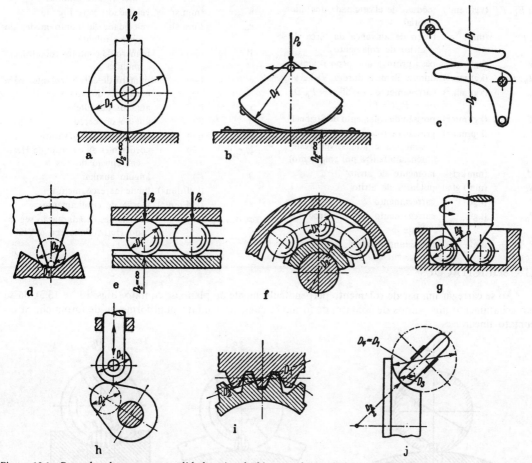

Figura 13.1 – Pares de rolamento, generalidades. a) roda, b) arco rolante, c) alavanca rolante, d) cutelo e berço, e) patim rolante, f) mancal radial, g) mancal de ponta, h) camo com seguidor, i) engrenagens, j) rodas de atrito

Temos em comum para todos os pares de rolamento um contato de superfícies abauladas com diversos raios de curvatura e um atrito de rolamento pequeno em relação ao atrito de deslizamento[1]. Variam, no entanto:

1) O tipo de apoio, por exemplo, contato puntiforme de uma esfera contra um plano ou contato linear de um rôlo contra um plano.

2) O tipo de movimento, como o perfeitamente rolante da roda livre; o acompanhado de deslizamento, como o das engrenagens; o rotacional, como o da esfera ou o de uma ponta que gira sob seu próprio eixo; ou, no limite, a ausência de movimento. Além disso, o movimento pode ser de ida e volta ou rotacional.

3) O tipo de carregamento, podendo ser sòmente perpendicular ao plano de contato, como nos mancais de rolamento, ou acompanhado por uma componente tangencial, como nas rodas motrizes ou nos redutores por roda de atrito. Além disso, o carregamento pode ser estático, oscilante ou com choque.

[1] O Acoplamento Rolante de Stieber (Fig. 19.6, Cap. 19) mostra como se podem conseguir vantagens especiais da diferença entre o coeficiente de atrito de rolamento e de deslizamento.

Elementos de Máquinas

4) O tipo de manutenção do contato e de guia dos corpos rolantes, quer por meio de fôrças, quer por meio de formas, como gaiolas, canaletas ou bordas, ou por meio de esticamento de tiras rolantes (veja arco rolante Fig. 13.1).

Assim divergem os respectivos carregamentos admissíveis e perdas por atrito.

13.2. SÍMBOLOS

a, b	(mm)	raio grande e pequeno da superfície de contato
B	(mm)	largura útil de rolamento
D_1, D_2	(mm)	diâmetro de curvatura dos corpos rolantes nos planos principais 1 2
D_3, D_4	(mm)	diâmetro de curvatura dos corpos rolantes nos planos principais 3 4
E, E_1, E_2	(kgf/mm²)	módulo de elasticidade dos materiais 1 e 2
f, f'	(mm)	braço de alavanca da fôrça de atrito de rolamento
G	(kgf)	pêso próprio do corpo rolante
H_B, H_V	(kgf/mm²)	dureza Brinell, dureza Vickers
k_0	(kgf/mm²)	carregamento específico $= P_0/D_1^2$ ou $= P_0/(D_1 B)$
K	(kgf/mm²)	pressão de rolamento de Stribeck
K_D	(kgf/mm²)	pressão de rolamento de Stribeck contínua e admissível (resistência à fadiga por rolamento)
M_r	(mm kgf)	momento de atrito
N_r	(mm kgf/s)	potência de atrito
P	(kgf)	carregamento
P_0	(kgf)	carregamento de um corpo rolante
P_u	(kgf)	fôrça tangencial
P_w	(kgf)	resistência ao rolamento
p	(kgf/mm²)	pressão de Hertz
p_D	(kgf/mm²)	pressão de Hertz contínua e admissível
p_m	(kgf/mm²)	pressão média
u	(mm)	aproximação dos dois corpos rolantes
u_V	(mm)	aproximação permanente dos dois corpos rolantes
v	(mm/s)	velocidade, veja Fig. 13.7
v_w	(mm/s)	velocidade do ponto médio do corpo rolante
W	(—)	número de contatos rolantes, em milhões
z	(—)	número de corpos rolantes para o cálculo do apoio
α, α'	(°)	ângulos do cutelo
β	(°)	ângulo do berço
δ	(—)	coeficiente da curvatura
ξ, η, ψ	(—)	coeficientes da equação de Hertz em função do cos ϑ
ϑ	(°)	ângulo auxiliar
σ_e	(kgf/mm²)	limite de escoamento
τ	(kgf/mm²)	tensão de cisalhamento
$\varphi, \varphi_P, \varphi_V$	(—)	coeficientes de adaptação segundo Hertz, Palmgren e VKF

13.3. SOLICITAÇÕES

Ao se carregar um par de rolamento perpendicularmente ao plano de contato (Figs. 13.2 e 13.3), dá-se um achatamento nos pontos de contato, de forma circular no contato puntiforme ou de forma elítica no contato linear.

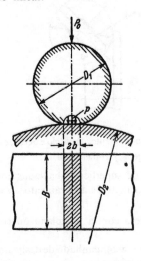

Figura 13.2 — Par de rolamento com contato linear e respectiva distribuição das pressões de Hertz: superfície comprimida retangular $2b \cdot B$. As superfícies côncavas possuem raios de curvatura negativos

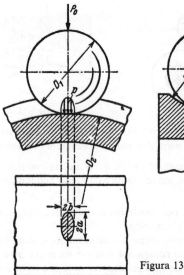

Figura 13.3 — Par de rolamento com contato puntiforme e respectiva distribuição das pressões de Hertz: superfície comprimida igual a um círculo ou uma elipse $\pi \cdot a \cdot b$. As superfícies côncavas possuem, raios de curvatura negativos (veja D_4)

As dimensões e a solicitação das superfícies comprimidas podem ser calculadas pelas equações de Hertz. Na realidade, elas valem sòmente para materiais homogêneos no campo dos limites de elasticidade e de proporcionalidade, assim como para superfícies comprimidas muito pequenas em relação ao diâmetro do corpo rolante, e para carregamentos perfeitamente normais à superfície de compressão (não tangenciais). De acôrdo com as pesquisas de Stribeck [13/2], Weibull e outros, elas são perfeitamente adaptáveis a corpos rolantes de aço.

Segue-se um resumo das equações de Hertz 1) para o contato linear e 2) para o contato puntiforme. O coeficiente de Poisson foi adotado igual a 0,3. Os diâmetros de curvatura D_1 a D_4 devem obedecer às Figs. 13.2 e 13.3 (negativos para as curvaturas côncavas). Quando os dois corpos rolantes apresentam módulos de elasticidade diferentes, E_1 e E_2, deve-se adotar como módulo de elasticidade equivalente o valor $E = \dfrac{2E_1 \cdot E_2}{E_1 + E_2}$.

1) *Para o contato linear* (por exemplo, cilindro contra cilindro, segundo a Fig. 13.2):
Superfície comprimida = retângulo de área $2b \cdot B$

Carregamento específico $\boxed{k_0 = \dfrac{P_0}{D_1 \cdot B}}$ (kgf/mm²).

Pressão de rolamento de Stribeck $\boxed{K = k_0/\varphi = \dfrac{P_0}{\varphi \cdot D_1 \cdot B}}$ (kgf/mm²).

Coeficiente de adaptação $\boxed{\varphi = \dfrac{1}{1 + D_1/D_2}}$ (—).

Pressão média $\boxed{p_m = \dfrac{P_0}{2 \cdot b \cdot B}}$ (kgf/mm²).

Pressão de Hertz $\boxed{p = 1{,}27\, p_m = \sqrt{\dfrac{K \cdot E}{2 \cdot 86}}}$ (kgf/mm²).

Metade da largura da superfície comprimida $\boxed{b = 1{,}075\, D_1 \cdot \varphi\, (K/E)^{1/2} = 1{,}82\, D_1 \cdot \varphi \cdot p/E}$ (mm).

Casos especiais: Para $D_2 = \infty$ (plano), tem-se $\varphi = 1$.
Para aço sôbre aço com $E = 2{,}1 \cdot 10^4$ kgf/mm², têm-se

$\boxed{K = 1{,}36\, (p/10^2)^2}$ (kgf/mm²), $\boxed{p = 85{,}7 \cdot K^{1/2}}$ (kgf/mm²).

2) *Para o contato puntiforme*[2] (por exemplo, esfera contra superfície abaulada, de acôrdo com a Fig. 13.3):
Superfície comprimida = $\pi \cdot a \cdot b$ (superfície circular ou elítica)

Carregamento específico $\boxed{k_0 = \dfrac{P_0}{D_1^2}}$ (kgf/mm²).

Pressão de rolamento de Stribeck $\boxed{K = k_0/\varphi = \dfrac{P_0}{\varphi \cdot D_1^2}}$ (kgf/mm²).

Coeficiente de adaptação $\boxed{\varphi = \delta^2\, (\xi \cdot \eta)^3}$ (—).

[2] Sob a consideração de que são iguais as superfícies de contato dos corpos de menor e de maior curvaturas, respectivamente, o que geralmente se verifica para os pares de rolamento geralmente empregados na técnica.

Elementos de Máquinas

Coeficiente de curvatura
$$\delta = \frac{2}{1 + D_1/D_2 + D_1/D_3 + D_1/D_4}$$ (—).

Pressão média
$$p_m = \frac{P_0}{\pi \cdot a \cdot b}$$ (kgf/mm²).

Pressão de Hertz
$$p = 1,5 \, p_m = \sqrt[3]{\frac{K \cdot E^2}{4 \cdot 28}}$$ (kgf/mm²).

Superfície comprimida
$$\pi \cdot a \cdot b = 0,775 \cdot \pi (D_1 \cdot \varphi^{1/2} \cdot P_0/E)^{2/3}$$
$$= 0,775 \cdot \pi \cdot \varphi \cdot D_1^2 \cdot (K/E)^{2/3}$$ (mm²).

$a/b = \xi/\eta$

Aproximação (achatamento)
$$u = 1,55 \, D_1 \frac{\psi}{\xi} \sqrt[3]{\frac{k_0^2}{E^2 \cdot \delta}}$$ (mm).

η, ξ e ψ pela Tab. 13.1

$$\cos \vartheta = \frac{(1 + D_1/D_2) - (D_1/D_3 + D_1/D_4)}{(1 + D_1/D_2) + (D_1/D_3 + D_1/D_4)}$$ (—).

Casos especiais:

Para esfera contra plano, têm-se $\xi = 1, \eta = 1, \delta = 1, \varphi = 1$.

Para esfera contra esfera, têm-se $\xi = 1, \eta = 1, \delta = \dfrac{1}{1 + D_1/D_2}, \varphi = \delta^2$.

Para esfera contra guia côncava (Fig. 13.1e), têm-se

$$\delta = \frac{2}{2 + D_1/D_4}, \quad \cos \vartheta = \frac{-D_1/D_4}{2 + D_1/D_4}, \quad D_4 \text{ é negativo!}$$

Para aço sôbre aço $\quad K = 9,7 \, (p/10^3)^3 \quad$ (kgf/mm²), $\quad p = 468 \, K^{1/3} \quad$ (kgf/mm²)

TABELA 13.1 – *Coeficientes* ξ, η, ψ.

$\vartheta°$	90	80	70	60	50	40	30	20	10	0
cos ϑ	0	0,174	0,342	0,5	0,643	0,766	0,866	0,94	0,985	1
ξ	1	1,128	1,284	1,486	1,754	2,136	2,731	3,778	6,612	∞
η	1	0,893	0,802	0,717	0,641	0,567	0,493	0,408	0,319	0
ψ	1	1,12	1,25	1,39	1,55	1,74	1,98	2,3	2,8	∞

3) *Máxima tensão de cisalhamento*, veja [13/8], [13/9] e [13/11]. A máxima tensão de cisalhamento τ_{max} aparece inteiramente um pouco abaixo da superfície comprimida. No contato linear temos $\tau_{max} = 0,304 \, p$, a uma distância 0,78 b da superfície; no contato puntiforme temos $\tau_{max} = 0,31 \, p$, a uma distância 0,47 b da superfície (valendo para a superfície comprimida = a superfície de cunha). As respectivas linhas de escoamento passando pelo ponto de τ_{max}, em forma de arco e dirigindo-se para a superfície de contôrno, foram comprovadas por L. Föppl [13/9] em superfícies comprimidas de aço St 37. Elas constituem um bom fundamento para a formação de crateras ("crateração", ver abaixo) em superfícies rolantes sobrecarregadas com rolamento continuamente repetido, e cujo limite de carga dinâmica pode ser considerado função da resistência a tensões alternantes de cisalhamento nas linhas de escoamento. Mas, como τ_{max} permanece proporcional a p, é suficiente o cálculo comum de p ou K para analisar as tensões atuantes durante o carregamento normal.

4) *Solicitação devida à pressão de lubrificação:* Nas superfícies de rolamento lubrificadas, sujeitas a grande velocidade de rolamento ou a grande viscosidade de óleo, tem-se, devido às teorias de lubrificação hidrodinâmica (veja Cap. 15), uma pressão considerável de lubrificante, que modifica a distribuição simétrica da pressão de Hertz (veja Figs. 13.2 e 13.3), tornando-a assimétrica. A consideração matemática da distribuição resultante da pressão de Hertz e da pressão do lubrificante, e das conseqüentes máximas tensões de cisalhamento, ainda não foi concluída [13/27], dificultada que é pelo fato de serem os raios de curvatura das superfícies e a viscosidade do óleo, fundamentais para a determinação da distribuição, funções da temperatura e da pressão do óleo. Da inclinação do carregamento depende, por sua vez, a máxima tensão de cisalhamento sob a superfície de contôrno.

5) *Solicitação através das fôrças tangenciais:* nos pares de rolamento também podem aparecer, além das fôrças normais, fôrças tangenciais periféricas, de módulos máximos iguais aos das fôrças de atrito. Devido a isto aparecem, na superfície de contôrno, tensões tangenciais que se sobrepõem às tensões normais (pressão de Hertz, pressão de lubrificação) e influenciam as máximas tensões de cisalhamento sob a superfície. A consideração matemática da resultante dessas tensões ainda não foi concluída [13/33] a [13/35].

Sôbre a influência das fôrças tangenciais na resistência dinâmica de rolamento veja pág. 217.

13.4. CARREGAMENTO ADMISSÍVEL

1) *Carregamento estático admissível.* Podem-se comprimir os corpos rolantes entre si numa máquina de ensaio, medir as correspondentes áreas de contato, a aproximação elástica e permanente dos corpos rolantes e relacioná-los ao carregamento; além disso, podem-se observar as variações externas que aparecem após um carregamento crescente.

Êstes tipos de ensaios são conhecidos, principalmente, para esferas de aço temperado, mas sòmente em pequena escala para outros corpos rolantes de outros materiais. A Tab. 13.2 mostra um resumo dos limites assim determinados (esfera contra esfera e esfera contra placa), estabelecidos por ensaios fundamentais de Stribeck [13/2].

TABELA 13.2 — *Limites médios dos ensaios de compressão estática com esferas de aço de rolamento temperadas* (segundo Stribeck [13/2]).

Tipo de limitação	Esfera contra esfera $\varphi = 0,25$ k_0 kgf/mm²	K kgf/mm²	Esfera contra plano $k_0 = K$ kgf/mm²
Deformação permanente igual a 1/50 da elástica	0,3	1,2	0,4
Limite da equação de Hertz (limite de proporcionalidade)	0,5	2	2
Limite para igual p_m com igual K de esfera contra esfera e esfera/placa	5	20	20
1a. fissura circular (no contôrno da superfície comprimida)	10	40	35
Carga de ruptura da esfera	52	208	80

Os ensaios mostram, acima de tudo, que as equações de Hertz para corpos rolantes de aço temperado justificam perfeitamente as deformações aparentes e a pressão média, até mesmo no campo das deformações plásticas.

No entanto, uma outra questão consiste em determinar qual é o sinal do limite de carregamento e como êle está relacionado com o carregamento, ou melhor, com K, com a adaptação e com a resistência dos materiais. Em cada caso, deve-se observar qual é a deformação plástica ainda admissível. Uma determinação exata da carga para o próprio limite de elasticidade (deformação plástica = 0) de diferentes contatos e adaptações ainda não foi conseguida por ser a transição pouco nítida[3].

Palmgren [13/12] dá como limite de carregamento o primeiro aparecimento, visível a ôlho nu, de deformações permanentes, e obtém de ensaios para o contato puntiforme e linear

$$k_0 \leqq 1,8 \left(\frac{H_V}{750}\right)^3 \varphi_P \quad (\text{kgf/mm}^2),$$

sendo H_V dureza Vickers (kgf/mm²),

e o coeficiente de adaptação $\quad \varphi_P = (\xi/\psi)^{3/2} \delta^{1/2} \quad$ (—), ξ e ψ pela Tab. 13.1.

---

[3]Ensaios recentes; veja Niemann-Kraupner: Das Plastische Verhalten umlaufender Stahlrollen bei Punktberührung, VDI-Forschungsheft 434. Düsseldorf 1952.

Esta observação corresponde, segundo Mundt [13/13], a uma relação constante u/D_1. Daí são conseguidos, para algumas relações particulares, os valores φ_P de acôrdo com a Tab. 13.3 e as grandezas de carregamento k_0 da Tab. 13.4.

A VKF [13/14] publicou novas medições de contatos puntiformes e lineares de corpos rolantes de aço temperado com diversas adaptações. Ela adota como limite $u_V/D_1 = 10^{-4}$, onde u_V é a aproximação permanente. Obtêm-se daí, para o contato linear e $H_V = 780$:

$$k_0 = 12\,\varphi_V \quad (\text{kgf/mm}^2), \qquad \varphi_V = \left(\frac{1}{1 + D_1/D_2}\right)^{1/2} \quad ; \quad \varphi_V = 1 \text{ para rôlo/plano};$$

para contato puntiforme e $H_V = 840$:

$$k_0 = 1{,}4\,\varphi_V \quad (\text{kgf/mm}^2); \qquad \varphi_V = \left[\frac{1}{(1 + D_1/D_2)(D_1/D_3 + D_1/D_4)}\right]^{1/2} \quad ; \quad \varphi_V = 1 \text{ para esfera/plano}.$$

Daí se obtêm, para diversas adaptações, os valores de φ_V da Tab. 13.3, e de k_0 da Tab. 13.4. Atualmente tais valores são utilizados como limitação para a capacidade de carga estática dos rolamentos. No movimento rolante rotativo, são ultrapassados até 100%. Um exagêro dêsse tipo parece ser justificável para o contato puntiforme, pois uma deformação plástica neste caso aumenta a adaptação e, portanto, diminui, por sua vez, as solicitações locais.

TABELA 13.3 – *Exemplos de coeficientes de adaptação dos pares de rolamento mais conhecidos.* Coeficiente de adaptação φ segundo Hertz para p constante; coeficiente de adaptação φ_P segundo Palmgren para u/D_1 constante; φ_V segundo VKF para u_V/D_1 constante.

Disposição	Dimensões	δ	$\cos\vartheta$	φ	φ_P	φ_V
Esfera contra esfera	$D_2 = D_1$	0,5	0	0,25	0,706	0,5
Esfera contra plano	$D_2 = \infty$	1	0	1	1	1
Esfera contra esfera ôca	$D_2 = -2\,D_1$	2	0	4	1,41	2,0
Esfera contra guia vazada	$D_4 = -D_1 \cdot 4/3$	1,6	0,6	3,42	1,5	2,0
Esfera contra guia vazada	$D_4 = -D_1 \cdot 9/8$	1,8	0,803	7,0	1,9	3,0
Mancal axial de esferas	$D_4 = -1{,}08 \cdot D_1$	1,86	0,862	8,57	2,2	3,68
Mancal autocompensador, de esferas, no anel externo	$D_2 = D_4 = -7\,D_1$	1,166	0	1,36	1,08	1,16
Mancal radial, de esferas, no anel interno	$D_2 = 5 \cdot D_1$ $D_4 = -1{,}04 \cdot D_1$	1,615	0,938	9,5	2,67	4,6
Rôlo contra plano	$D_2 = \infty$	1	—	1	4,5	1,0
Mancal radial de rolos	$D_2 = 7 \cdot D_1$	0,875	—	0,875	4,5	0,935

TABELA 13.4 – *Valores experimentais de k_0 para carregamentos estáticos* (para rolamentos veja Cap. 14).

Dado por	Campo de aplicação disposição	Limitação	Material	k_0 (kgf/mm²)
Palmgren [13/12]	Esfera contra plano	$u/D_1 = $ constante	aço temp. $H_V = 750$	1,8
Mundt [13/13]	Esfera contra guia vazada, $D_4 = -1{,}08 \cdot D_1$	$u/D_1 = $ constante	aço temp. $H_V = 750$	4,0
	Rôlo contra plano	$u/D_1 = $ constante	aço temp. $H_V = 750$	8,0
VKF [13/14]	Esfera contra plano	$u_V/D_1 = 10^{-4}$	aço temp. $H_V = 840$	1,4
	Esfera contra guia vazada, $D_4 = -1{,}08 \cdot D_1$	$u_V/D_1 = 10^{-4}$	aço temp. $H_V = 840$	4,2
	Rôlo contra plano	$u_V/D_1 = 10^{-4}$	aço temp. $H_V = 780$	12
Hütte II	Gancho de guindaste, mancal axial de esferas, $D_4 = -D_1\,4/3$	segurança de funcionamento	aço temp. $H_V = 750$	1,5 ⋯ 3
	Apoio de ponte:			
Schönhöfer [13/15]	Esfera contra plano	deformação plástica	aço temp. $H_V = 750$	1
Hütte III	Rôlo contra plano	seg. de funcionamento	GG 14	0,6 ⋯ 0,85
	Rôlo contra plano	seg. de funcionamento	GS 52	1 ⋯ 1,36
	Rôlo contra plano	seg. de funcionamento	C 35	1,2 ⋯ 2

Para o carregamento de cutelos e berços de balança extremamente duros, adota-se, para cada mm linear de carga, em balanças de precisão, até 0,2 kgf, em balanças comuns, até 10 kgf, em balanças pesadas, até 100 kgf e em máquinas de ensaio, até 200 kgf. Na realidade, o carregamento admissível é aqui também função da pressão de rolamento, isto é, da curvatura do cutelo e do berço, onde uma sobrecarga pode provocar uma deformação plástica e, assim, uma adaptação própria da curvatura. Dados práticos para o ângulo e a curvatura dos cutelos e berços, segundo a Fig. 13.4, encontram-se na Tab. 13.5. Para outras dimensões dos cutelos e dos berços, veja-se DIN 1 921, 1 922.

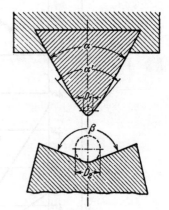

Figura 13.4 — Ângulos e arredondamentos no cutelo e no berço

TABELA 13.5 — *Valores práticos de ângulos e curvaturas de cutelos e berços extremamente duros, segundo a Fig. 13.4.*

Aplicação	Carregamento P/B kgf/mm	Cutelo ∢α	∢α'	D_1 mm	Berço ∢β	D_2 mm	K kgf/mm^2
Balança de precisão	até 0,2	45°	75°	0,03	120°	0,15	5
Balança comum	10	60°	80°	0,2	140°	0,5	15
Balança pesada	100	90°	90°	1,5	140°	3,0	33
Máquina de ensaio	200	90°	110°	2,35	160°	4,0	35

2) *Carregamento dinâmico admissível.* Quando o movimento de rolamento é continuamente repetido por rotação ou por vaivém, aparece, com o tempo, um desfolhamento (descascamento), e, se houver lubrificação, surgirá também uma crateração (formação de cavidades) na pista de rolamento. Quanto mais alta fôr a pressão de rolamento, tanto mais cedo aparecerão tais defeitos. Assim podemos determinar, com ensaios de funcionamento, a pressão de rolamento admissível em função da vida, isto é, do número de contatos até a formação das cavidades. A Fig. 13.5 mostra tais curvas de vida para diversos pares de materiais com contato linear e simples movimento de rolamento. O limite inferior da pressão de rolamento, com a qual não se conseguiu mais formar cavidades (inflexão de curva para uma horizontal), pode ser definido como resistência de rolamento permanente K_D, ou melhor, p_D.

Pelos resultados dos ensaios acima temos, para corpos rolantes de aço com contato linear sob as condições mencionadas de ensaio,

$$\boxed{p_D \cong 0,3\, H_B \quad \text{ou} \quad K_D \cong 0,125\, (H_B/100)^2} \qquad (\text{kgf/mm}^2).$$

Com lubrificação escassa, maior viscosidade de óleo e melhor qualidade da superfície, cresce um pouco a resistência dinâmica de rolamento.

Ainda não há suficientes ensaios relativos ao contato puntiforme[4], em relação ao qual não se pode, portanto, afirmar se há um limite de resistência de rolamento (p_D) ou se a vida continua diminuindo, como se considera até agora para os mancais de rolamento, com base em ensaios de funcionamento (veja Tab. 14.4, Cap. 14).

Nos movimentos de rolamento com deslizamento simultâneo (por exemplo nas engrenagens) a resistência de rolamento dos flancos com deslizamento negativo (por exemplo na base do dente) é menor[5],

---

[4]Enquanto isto, determinou-se, no Instituto de Elementos de Máquinas da Faculdade de Engenharia de Braunschweig, uma curva de vida correspondente ao contato puntiforme de corpos de prova de aço temperado para rolamentos ($H_B = 710$), curva esta que também fornece um limite inferior para a pressão de Hertz, sob o qual não há mais formação de cavidades. Tal limite foi atingido após 33 milhões de contatos, e era igual a $p_D = 0,525\, H_B$ (kgf/mm^2) quando referido aos raios de curvatura dos corpos de prova anteriores ao ensaio, ou a $p_D = 0,44\, H_B$ (kgf/mm^2) quando referido aos maiores raios de curvatura dos corpos de prova posteriores ao ensaio. Anàlogamente, aos contatos lineares correspondeu um limite $p_D = 0,31\, H_B$ (kgf/mm^2). As experiências continuam a ser realizadas.

[5]A Tab. 13.6 apresenta dados experimentais, que permitem comparar contatos entre dentes de engrenagens e entre pares de rolos sem deslizamento. Ver, ainda, [13/21], [13/22], [13/23], [13/27] e [13/28].

Elementos de Máquinas

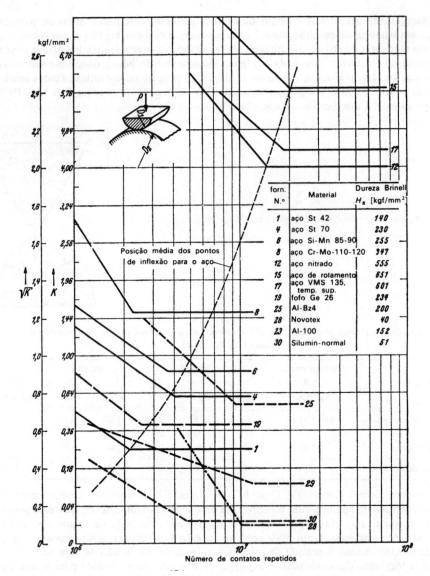

Figura 13.5 – Resistência de rolamento $K = \dfrac{P}{D_1 \cdot B \cdot \varphi} = 2{,}86\, p^2/E$ em função do número de contatos repetidos de rolamento até a formação de cavidades, para diversos materiais, segundo Niemann [13/24] e Helbig [13/25]. Abaixo da horizontal, ou abaixo do limite de resistência à fadiga por rolamento K_D, não aparece a formação de cavidades. Condições de ensaio: movimento de rolamento sem deslizamentos, $D_1 = 40$ mm (corpo de ensaio), $D_2 = 90$ mm (rôlo de compressão de aço temperado), $\varphi = 0{,}692$, lubrificação por gotejamento de óleo de 11 graus Engler e superfície finamente retificada

sendo maior[6] a resistência dos flancos com deslizamento positivo (por exemplo na cabeça do dente) do que a dos simples movimentos de rolamento. A Fig. 13.6 mostra as condições de deslizamento acima. Para uma melhor observação das tensões que aqui aparecem, deve-se considerar que os flancos com deslizamento negativo entram no campo de pressão de rolamento com tensões adicionais tangenciais de tração, e os com deslizamento positivo entram no campo de pressão com tensões tangenciais de compressão.

Além disso, devem-se observar, no movimento de rolamento com deslizamento simultâneo, outros limites de carregamento: o de desgaste admissível de deslizamento e o de aquecimento admissível.

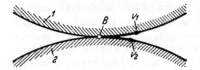

Figura 13.6 – Deslizamento positivo e negativo. Para o deslizamento positivo (flanco 1), a velocidade de deslizamento $v_1 - v_2$ é positiva. Para o deslizamento negativo (flanco 2), a velocidade de deslizamento $v_2 - v_1$ é negativa. v_1 e v_2 são velocidades periféricas dos flancos 1 e 2, relativas à linha de contato B (normal ao plano da figura)

[6]Segundo várias pesquisas realizadas, não deve haver crateração quando houver deslizamento positivo, mesmo sob cargas elevadas [13/21], [13/27], [13/29] a [13/31]. No Instituto de Elementos de Máquinas da Faculdade de Engenharia de Braunschweig, entretanto, foi recentemente constatada uma intensa crateração também nos topos dos dentes de engrenagens temperadas, em ensaios várias vêzes repetidos.

3) *Influência do diâmetro e da adaptação.* Para a mesma pressão de rolamento, um rôlo de diâmetro D_1 carrega tanto quanto z rolos de mesma largura B, mas com diâmetro D_1/z, representando a mesma superfície fundamental $D_1 \cdot B$. Correspondentemente, uma esfera com o diâmetro D_1 e igual carga carrega tanto quanto z esferas com o diâmetro $D_1/\sqrt{z}$, dando também a mesma exigência de superfície quadrada D_1^2. Na realidade, as esferas menores carregam até mais, pois a resistência de rolamento cresce um pouco para êste caso, como se verifica experimentalmente.

Adotando-se uma adaptação mais conveniente, a mesma esfera pode carregar um múltiplo da carga. Assim, uma esfera contra uma guia cavada carrega, segundo a Tab. 13.3, com $D_4 = -D_1 \cdot 9/8$,

7 vêzes ($\varphi = 7$) para a mesma pressão de rolamento,
3 vêzes ($\varphi_V = 3$) para a mesma deformação plástica u_V/D_1, } em relação ao par esfera/plano
1,9 vêzes ($\varphi_P = 1,9$) para o mesmo u/D_1

TABELA 13.6 — *Valores experimentais de K* (kgf/mm²) para contatos lineares e cárregamentos dinâmicos (para contatos puntiformes e mancais de rolamento, veja Cap. 14).

Dado por	Aplicação Disposição	Sinal de limitação	Material	K kgf/mm²	Lubrificação
Niemann [13/24]	Par de rolos sem deslizamento, segundo a Fig. 13.5	Funcionamento contínuo ($p_D = 0,3\ H_B$)	Aço/aço	$0,125\ (H_B/100)^2$	
Niemann *		$p_D = 0,27\ H_B$		$0,1\ (H_B/100)^2$	
Grupo técnico máquinas motrizes (1940)	Flancos de engrenagens	Funcionamento contínuo ($p = 1 \cdot \sigma$)	Aço/aço	$1,36\ (\sigma_e/100)^2$	Lubrificação a óleo
Niemann Hütte II	Redutor de disco de atrito	Vida suficiente	Aço temperado GG/GG	até 3,0 0,03 ··· 0,05	
			Novotex/GG	0,02 ··· 0,04	
Hütte II	*Roda/trilho* a) para guindastes	Vida suficiente	GG 21/St 70 GS 52/St 70 GS 60/St 70 liga St 80/St 80	0,2 ··· 0,3 0,4 ··· 0,6 0,4 ··· 0,7 0,5 ··· 0,8	Funcionamento sêco
Hütte III	b) para estrada de ferro	(quando $B = 40$ mm)	St 80/St 70	até 0,25	

* Segundo ensaios de engrenagens do Instituto de Elementos de Máquinas da Faculdade de Engenharia de Braunschweig.

4) *Influência do tipo de contato.* É importante notar que a pressão admissível de Hertz p, relativa ao contato puntiforme, é bem maior que a relativa ao contato linear, tanto para o carregamento estático como para o dinâmico. Assim, p admissível para esfera de aço temperado contra plano é 1,75 vêzes maior do que para rôlo contra plano (valores práticos de k_0 da Tab. 13.4 (dados de ensaio da VKF)), e para o carregamento dinâmico, cêrca de 1,4 a 1,7 vêzes maior (dados de ensaio da nota ao pé da página)[7].

A causa deve estar no estado triplo de tensões que aparece no contato puntiforme e no estado duplo do contato linear. Correspondentemente, um rôlo levemente abaulado de aço temperado, com uma superfície de contato elítica alongada, carrega tanto ou mais ainda que um rôlo cilíndrico de mesma espessura e largura, com uma superfície de compressão retangular.

13.5. ATRITO DE ROLAMENTO

No rolar de um corpo rolante, por exemplo de uma roda com o diâmetro D_1 (mm) sôbre uma pista retilínea (Fig. 13.7a), deve-se vencer uma resistência de deformação que é proporcional à carga P_0 (kgf). O momento de torção necessário para mover êste corpo rolante é definido como "Momento de atrito de rolamento"

$$\boxed{M_r = f \cdot P_0 = P_w \cdot D_1/2}\quad \text{(mmkgf)}$$

[7] Veja nota à pág. 215.

e a respectiva potência de atrito é

$$N_r = M_r \cdot \omega = P_w \cdot v_w \quad \text{(mmkgf/s)},$$

onde f (mm) é o braço de alavanca do atrito de rolamento, P_w (kgf) a resistência ao rolamento, ω (1/s) a velocidade angular no ponto médio do corpo rolante.

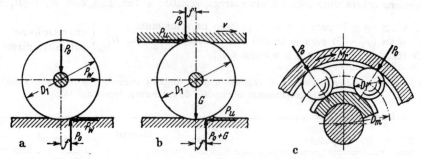

Figura 13.7 – Atrito de rolamento, a) rôlo sôbre pista de rolamento, b) rôlo entre duas pistas de rolamento, c) mancal radial

Na distribuição da carga P sôbre vários corpos rolantes, o momento resultante de atrito de rolamento é $M_r = f \cdot P$. Para corpos rolantes entre duas pistas (Fig. 13.7b) temos respectivamente

$$M_r = (P_0 + G)f + P_0 \cdot f' = P_u \cdot D_1 \quad \text{(mmkgf)},$$

onde G (kgf) é o pêso próprio do rôlo, f' (mm) o braço de alavanca do atrito de rolamento no contato superior e P_u (kgf) a fôrça tangencial necessária. Se G é pequeno em relação a P_0 e $f = f'$, temos

$$M_r = 2P_0 \cdot f = P_u \cdot D_1 \quad \text{(mmkgf)} \quad \text{e} \quad N_r = P_u \cdot v \quad \text{(mmkgf/s)},$$

onde v (mm/s) é a velocidade da pista superior relativa à inferior.

Correspondentemente devemos aplicar, nos mancais de rolamento, o momento de torção ao anel interno ou externo (Fig. 13.7c).

$$M_r = \sum P_0 \cdot f \cdot D_m/D_1 \quad \text{(mmkgf)} \quad \text{e} \quad N_r = M_r \cdot \omega \quad \text{(mmkgf/s)},$$

onde ω (1/s) é a velocidade angular do anel interno em relação ao anel externo, e D_m (mm) o diâmetro do círculo divisor.

Braço de alavanca f. Em geral, adota-se $f = 0{,}5$ mm para pares de rolamento de aço, aço fundido e ferro fundido. Nos mancais de rolamento de aço temperado e retificado, tem-se, na condição mais favorável, $f = 0{,}005$ até 0,01 mm. Através de ensaios com rodas de estrada de ferro sôbre trilhos [13/30], verificou-se que f é função do diâmetro da roda D_1 (mm): $f \cong 0{,}013\sqrt{D_1}$ (mm).

Atrito adicional de deslizamento. Quando houver contato de um corpo rolante além da linha de rolamento, por exemplo nas bordas de uma roda, na guia lateral, frontal e na gaiola dos mancais de rolamento, ou quando houver atrito adicional de deslizamento entre vedações e eixos, será necessário vencer um momento de atrito adicional, que muitas vêzes é maior do que o momento de atrito de rolamento. Sôbre o atrito adicional em mancais de rolamento, veja Cap. 14.

13.6. EXEMPLOS DE CÁLCULO

Exemplo 1. Roda de guindaste, de aço fundido (Fig. 13.1a). $D_1 = 800$ mm, largura de apoio no trilho $B = 65$ mm. Com $K = 0{,}4$ kgf/mm², segundo Tab. 13.6, o carregamento admissível da roda será $P_0 = K \cdot D_1 \cdot B = 0{,}4 \cdot 800 \cdot 65 = 20\,800$ kgf, e o momento de atrito de rolamento $M_r = f \cdot P_0 = 0{,}5 \cdot 20\,800 = 10\,400$ mmkgf, ou a resistência ao rolamento $P_w = 2M_r/D_1 = 2 \cdot 10\,400/800 = 26$ kgf. Tem-se ainda aqui a resistência de atrito de deslizamento P_z (kgf) do mancal da roda, que corresponde várias vêzes à resistência de rolamento; por exemplo $P_z = P_0 \cdot \mu \cdot d/D_1 = 20\,800 \cdot 0{,}1 \cdot 80/800 = 208$ kgf, quando o diâmetro do eixo possui $d = 80$ mm e o coeficiente de atrito $\mu = 0{,}1$.

Exemplo 2. Camo e rolete de comando de válvulas (Fig. 13.1h) de aço temperado, $H_B = 600$ kgf/mm², $D_1 = 5$ mm, $D_2 = 20$ mm, $B = 10$ mm. Para o funcionamento contínuo com $K = 0{,}125\,(H_B/10^2)^2 = 4{,}5$ kgf/mm² (veja Tab. 13.6) e $\varphi = \dfrac{1}{1 + D_1/D_2} = \dfrac{1}{1 + 0{,}25} = 0{,}8$, o máximo carregamento de choque admissível será $P_0 = K \cdot \varphi \cdot D_1 \cdot B = 4{,}5 \cdot 0{,}8 \cdot 5 \cdot 10 = 180$ kgf.

Exemplo 3. Patim de rolamento com esferas em guias vazadas (Fig. 13.1e), de aço temperado. Carregamento $P = 5000$ kgf, diâmetro das esferas $D_1 = 15$ mm, perfil da guia vazada $D_4 = -D_1 \cdot 4/3$. Têm-se aqui, segundo a Tab. 13.3, $\varphi = 3{,}42$, $\varphi_V = 2$, $\cos \vartheta = 0{,}6$ e, segundo a Tab. 13.1, $\xi = 1{,}66$, $\psi = 1{,}48$. Adotando-se, de acôrdo com a pág. 214, $k_0 = \varphi_V \cdot 1 = 2 \cdot 1 = 2$ kgf/mm², tem-se $P_0 = k_0 \cdot D_1^2 = 2 \cdot 15^2 = 450$ kgf, ou o número necessário de esferas $z = P/P_0 = 5000/450 \cong 11$.

A aproximação entre o patim e o apoio será $2 \cdot \mu = 2 \cdot 1{,}55 \, D_1 \dfrac{\psi}{\xi} \sqrt[3]{\dfrac{k_0^2}{E^2 \cdot \delta}} \cdot$ Com $E = 2{,}1 \cdot 10^4$ kgf/mm²

e $\delta = \dfrac{2}{2 + D_1/D_4} = \dfrac{2}{2 - 3/4} = 1{,}6$ tem-se $2 \cdot u = 2 \cdot 1{,}55 \cdot 15 \cdot \dfrac{1{,}48}{1{,}66} \sqrt[3]{\dfrac{2^2}{2{,}1^2 \cdot 10^8 \cdot 1{,}6}} = \dfrac{31{,}3}{103} = 0{,}0313$ mm. A fôrça necessária aplicada ao patim para vencer o atrito de rolamento será

$$P_u = \frac{M_r}{D_1} = \frac{2 \cdot P \cdot f}{D_1} = \frac{2 \cdot 5000 \cdot 0{,}007}{15} = 4{,}67 \text{ kgf, quando } f = 0{,}007.$$

Exemplo 4. Redutor de roda de atrito (Fig. 13.1k), de aço temperado, $H_B = 650$ kgf/mm², lubrificado a óleo. $D_1 = 100$ mm, $D_2 = 100$ mm, $B = 10$ mm. Para $K = 2{,}5$ kgf/mm² (veja Tab. 13.6) e $\varphi = \dfrac{1}{1 + D_1/D_2} = 0{,}5$ tem-se a fôrça admissível de compressão $P_0 = K \cdot \varphi \cdot D_1 \cdot B = 2{,}5 \cdot 0{,}5 \cdot 100 \cdot 10 = 1250$ kgf. Para um coeficiente mínimo de atrito $\mu = 0{,}065$ tem-se a fôrça tangencial transmissível $P_u = P_0 \cdot \mu = 1250 \cdot 0{,}065 = 81$ kgf. A pressão de Hertz é $p = 85{,}7 \cdot K^{1/2} = 85{,}7 \cdot 2{,}5^{1/2} = 135{,}5$ kgf/mm².

Para contato puntiforme: O perfil da roda de atrito tem uma curvatura um pouco maior do que o perfil do disco oposto, $D_3 = 80$ mm, $D_4 = -100$ mm. Têm-se:

$$\delta = \frac{2}{1 + D_1/D_2 + D_1/D_3 + D_1/D_4} = \frac{2}{1 + 1 + 100/80 - 1} = 0{,}888 \text{ e}$$

$\cos \delta = \dfrac{1 + 1 - (1{,}25 - 1)}{1 + 1 + (1{,}25 - 1)} = 0{,}778$ e com isso, segundo a Tab. 13.1, $\xi = 2{,}20$, $\eta = 0{,}56$.

Daí $\varphi = \delta^2 (\xi \cdot \eta)^3 = 0{,}88^2 (2{,}2 \cdot 0{,}56)^3 = 1{,}44$; $K = \dfrac{P_0}{\varphi \cdot D_1^2} = \dfrac{1250}{1{,}44 \cdot 100^2} = 0{,}0868$ kgf/mm², ou $p = 468$ $K^{1/3} = 207$ kgf/mm². Como, de acôrdo com a pág. 217, p pode ser aproximadamente 1,7 vêzes maior no contato puntiforme do que no contato linear ($= 1{,}7 \cdot 135{,}5 = 230$ kgf/mm²), deve-se preferir aqui o contato puntiforme (menor perda de atrito).

Para outros exemplos de cálculo, veja Mancais de Rolamento (Cap. 14), engrenagens e redutores de atrito (Vol. II).

13.7. BIBLIOGRAFIA (veja também Mancais de Rolamento, Cap. 14.4)

Tensões:

[13/1] *HERTZ, H.:* Über die Berührung fester elastischer Körper.... Leipzig: Ges. Werke, Vol. I. Barth 1895 und J. reine angew. Math. 92 (1881) p. 156 − Auszug s. Hütte I, 27.ª ed. 1942, p. 736.

[13/2] *STRIBECK, R.:* Kugellager für beliebige Belastungen. Mitt. Forsch.-Arb. VDI 2. Berlin 1901 und Z. VDI 45 (1901) pp. 73 e 118 e Glasers Ann. n.° 577, 1. Juli 1901 e Z. VDI 51 (1907) p. 1495.

[13/3] *COKER, E. C., CHAKKE, K. C. e M. S. AHMED:* Contact pressures and Stresses. Proc. Instn. mech. Engr. 1921, p. 365.

[13/4] *MESMER, G.:* Verfleichende spannungsoptische Untersuchungen und Fliessversuche unter konzentriertem Druck. Z. f. Techn. Mech. u. Thermodynamik Vol. 1 (1930) p. 85 e 106.

[13/5] *COKER, E. G.:* The optical analysis of stress in rollers, cams and wheels. Proc. Instn. mech. Engr. 1931; Engineering Vol. 131 (1931) p. 116.

[13/6] *FISCHER, O. F.:* Näherungslösung zur Ermittlung der wirklichen Spannungsverteilung an konzentriert belasteten Zylinderenden. Ing.-Arch. II (1931) p. 178.

[13/7] *LUNDBERG, G. e ODQUIST, F. K. G.:* Studien über die Spannungsverteilung in der Umgebung der Berührungsstellen von elastischen Körpern, mit Anwendungen. Ing. Vet. Akad. Handl. 1932, n.° 116.

[13/8] *WEBER, C.:* Beitrag zur Berührung gewölbter Oberflächen beim ebenen Formänderungszustand. ZAMM. Vol. 13 (1933) p. 11.

[13/9] *FÖPPL:* Der Spannungszustand und die Anstrengung des Werksstoffs bei Berührung zweier Körper. Forschg. Ing.-Wess. 7 (1936) p. 209.

[13/10] *LÖFFLER, J.:* Die Spannungsverteilung in der Berührungsfläche gedrückter Zylinder auf Grund spannungsoptischer Messungen. Diss. T. H. Dresden 1938.

[13/11] *KARAS, Fr.:* Der Ort grösster Beanspruchung in Wälzverbindungen mit verschiedenen Druck-figuren. Forschg. Ing.-Wes. 12 (1941) p. 237; ferner Vol. 11 (1940) p. 334.

Carga Estática:

[13/12] *PALMGREN A.:* Untersuchung über die statische Tragfähigkeit von Kugellagern. Diss. Stockholm 1930.
[13/13] *MUNDT, R.:* Höchstbelastbarkeit von Wälzlagern. Forschg. Ing.-Wes. Vol. 7 (1936) p. 292 e Hütte Vol. II 27.ª ed. p. 192. Berlin 1944.
− Zur Berechnung der Tragfähigkeit.... Z. VDI 85 (1941) p. 801.

[13/14] VKF: Statische Tragfähigkeit von Wälzlagern. Das Kugellager – Hausmitt. der VKF Schweinfurt Vol. 18 (1943) p. 33.
[13/15] SCHÖNHÖFER, R.: Neuartige Ausführungen von Brückenauflagern. Z. VDI 85 (1941) p. 215.

Cutelos e Berços:

[13/16] SCHLEE: Gleicharmige Hebelwaagen. Arch. techn. Mess. J. 131–4; T 80, julho 1940.
[13/17] GÖTZ, E.: Waagen- und Wiegeeinrichtungen. Leipzig: M. Jänecke 1931.

Carga Dinâmica (vida e crateração):

[13/18] BACON, F.: Fatigue Stresses with Special reference to the breakage of rolls. Engineering Vol. 131 (1931) p. 280 e 341.
[13/19] KÜHNEL, R.: Abblätterungen am Radreifen. Stahl u. Eisen 57 (1937) p. 553.
[13/20] ULRICH, M.: Zur Frage der Grübchenbildung bei Zahnrädern. Z. VDI 78 (1934) p. 53; ferner Versuchsbericht n.° 4 (1932) Reichsverb. der Automobilind. Berlin.
[13/21] NISHIHARA e KOBAYASHA: Pittings of Steel under lubricated Rolling Contact.... Trans. Soc. mechan. Engr. Japan Vol. III (1937) p. 292 e Vol. V (1939) p. 90.
[13/22] NIEMANN, G.: Walzenpressung und Grübchenbildung bei Zahnrädern. Maschinenelemente-Tagung Düsseldorf 1938, Berlin: VDI-Verlag 1940.
[13/23] KARAS, Fr.: Dauerfestigkeit von Laufflächen gegenüber Grübchenbildung. Z. VDI 85 (1941) p. 341.
[13/24] NIEMANN, G.: Walzenfestigkeit und Grübchenbildung von Zahnrad- und Wälzlagerwerkstoffen. Z. VDI 87 (1943) p. 521.
[13/25] HELBIG, Fr.: Walzenfestigkeit und Grübchenbildung von Zahnrad- und Wälzlagerwerkstoffen. Diss. T. H. Braunschweig 1943.
[13/26] TUSCHY, H.: Gleit-Wälzversuche an Stahlrollen. Diss. TH. Danzig 1937.
[13/27] MELDAHL, A.: Prüfung von Zahnradmaterial mit dem Brown-Boverie-Apparat. Schweiz. Arch. angew. Wiss. Techn. Vol. 6 (1940) p. 285; ferner: Automob. Engr. (1941) p. 97; ferner: Brown-Bovery-Review out. 1939.
[13/28] GLAUBITZ, H.: Zahnradversuchsergebnisse zum Schlupfeinfluss auf die Walzenfestigkeit von Zahnflanken. Forschg. Ing.-Wes. Vol. 14 (1943) p. 24.
[13/29] WAY, St.: Pitting Due to Rolling contact. J. appl. Mechan. Vol. 2 (1935) pp. A 49 e A 110.
– Westinghouse Roller a. Gear Pitting Tests, A. G. M. A. 24. Ann. Meeting Report. maio 1941.
[13/30] BUCKINGHAM, E.: Surface Fatigue of Plastic Materials. Progr. Report n.° 16 of the ASME (1944).
[13/31] BEECHING, NICHOLIS: A Theoretical Discussion of Pitting Failures in Gears. Instn. mech. Engrn., J. Proc. Dez. 1948. pp. 317/326.

Atrito de Rolamento:

[13/32] REYNOLDS, OSBORN: On rolling friction. Philos. Trans. Roy. Soc. London 1885.
[13/33] FROMM, H.: Berechnung des Schlupfes beim Rollen deformierbarer Scheiben. Z. angew. Math. Mech. Vol. 7 (1927) p. 27.
[13/34] FROMM, H.: Arbeitsverlust, Formänderungen und Schlupf beim Rollen von treibenden und gebremsten Rädern oder Scheiben. Z. techn. Physik 9. Jg. (1928) p. 299.
[13/35] FÖPPL, L.: Die strenge Lösung für die rollende Reibung. München: Leibnitz-Verlag 1947.
[13/36] ENGEL, J.: Die Fahrwiderstände des Rollmaterials im Baubetrieb. Mitt. d. Forsch.-Inst. f. Masch.-Wes. beim Baubetrieb Fasc. 3. Berlin: VDI-Verlag 1932.
[13/37] KARAS, F.: Die äussere Reibung bei Walzendruck. Forschg. Ing.-Wes. Vol. 12 (1941) p. 266.
[13/38] K. KARDE, Die Grundlagen der Berechnung und Bemessung des Klemmrollen-Freilaufs. ATZ 51 (1949) p. 49.